21 世纪高等教育土木工程系列规划教材

工程结构抗震设计

郭仕群　吴传文　王亚莉　等编著

U0379311

机械工业出版社

本书是根据全国高等学校土木工程专业指导委员会对土木工程专业的培养要求和住建部高等教育土木工程专业认证要求，依据 GB 50011—2010《建筑抗震设计规范（2016 年版）》等现行规范和规程编写的。全书共 10 章，包括地震基本知识与抗震设防，场地、地基和基础抗震设计，结构地震反应分析与抗震验算，抗震概念设计，多、高层钢筋混凝土结构抗震设计，砌体结构抗震设计，钢结构抗震设计，单层工业厂房抗震设计，桥梁结构抗震，隔震和消能减震设计。各章章首均有学习要求，章后有本章小结，并附有多种类型的习题。

　　本书可作为高等学校土木工程专业结构抗震课程的教材，也可供从事建筑结构抗震设计、研究和施工的技术人员参考。

　　本书配有 PPT 课件、工程结构抗震素材包及习题答案，采用本书的教师可登录机械工业出版社教育服务网（www.cmpedu.com）注册，免费下载。

图书在版编目（CIP）数据

工程结构抗震设计/郭仕群，吴传文，王亚莉等编著. —北京：机械工业出版社，2018.1（2025.1重印）

21 世纪高等教育土木工程系列规划教材

ISBN 978-7-111-58569-5

Ⅰ. ①工⋯　Ⅱ. ①郭⋯　②吴⋯　③王⋯　Ⅲ. ①建筑结构-防震设计-高等学校-教材　Ⅳ. ①TU352. 104

中国版本图书馆 CIP 数据核字（2017）第 293482 号

机械工业出版社（北京市百万庄大街 22 号　邮政编码 100037）
策划编辑：马军平　责任编辑：马军平　责任校对：刘　岚
封面设计：张　静　责任印制：刘　媛
涿州市般润文化传播有限公司印刷
2025 年 1 月第 1 版第 3 次印刷
184mm×260mm · 23.25 印张 · 568 千字
标准书号：ISBN 978-7-111-58569-5
定价：59.00 元

凡购本书，如有缺页、倒页、脱页，由本社发行部调换

电话服务　　　　　　　　　　　　　网络服务
服务咨询热线：010-88379833　　　机工官网：www.cmpbook.com
读者购书热线：010-88379649　　　机工官博：weibo.com/cmp1952
　　　　　　　　　　　　　　　　　教育服务网：www.cmpedu.com
封面无防伪标均为盗版　　　　　金书网：www.golden-book.com

前　言

我国处于世界上最活跃的两大地震带上，近 100 年来遭遇多次大震强震，海城地震、唐山地震、汶川地震等均造成了巨大的人员伤亡和经济损失，因此我国土木工程技术人员防震减灾的任务非常艰巨。基于大学教育要以"厚基础、宽口径、高素质、强能力"的指导思想来培养学生，本书以"加强基础、强化概念、紧靠规范、增强实用指导、反映当代研究成果、拓宽知识面"为编写的指导思想。为了配合 GB 50011—2010《建筑抗震设计规范（2016 年版）》等的颁布执行，并适应工程抗震设计思想与方法的不断发展，同时考虑到工程抗震是一门交叉性学科，它广泛地涉及了地球物理学、地质学、地震学、结构动力学、工程结构学等多方面的知识，结合多年在工程抗震方面的教学与科研实践，吸取工程抗震方面的最新研究成果和汶川地震的经验教训，编写了本书。本书在内容体系上具有以下特色：

1. 加强了结构抗震的基础理论知识、基本原理及分析方法，使学生能将已有的数学、力学基础应用到本专业课程的学习中来，包括对振动原理的理解、对结构抗震的力学分析等。

2. 着重将理论知识用于指导工程设计的实践工作中，结合规范相关条文进行了实际工程应用中的相关说明，使学生能在理解基本原理的基础上应用所学理论，完成工程实践的各种要求。

3. 紧密结合现行规范介绍了建筑抗震性能化设计的基本概念，并介绍了工程抗震、结构隔震、减震等研究的最新进展，以开阔学生的视野，为土木工程专业学生的进一步学习深造打下基础。

4. 方便教师和学生有针对性地教学和自学，各章均编写了学习要求、本章小结和习题，配有 PPT 课件、素材包和习题解答等资源，并在主要章节编有计算实例。

本书共 10 章，第 1、2 章由郭仕群、郭文编写，第 3~5 章由郭仕群编写，第 6 章由吴传文编写，第 7 章由王亚莉编写，第 8~10 章由郭仕群、许立英编写。

由于编者水平有限，书中难免存在不妥之处，敬请读者不吝指正（Guoshiqun @ swust. edu. cn）。

作　者

目 录

学习要求：
- 了解地震基本知识和震害。
- 掌握地震波、震级和地震烈度等概念。
- 掌握建筑抗震设防分类标准。
- 深刻理解三水准设防目标和两阶段抗震设计方法。

1.1 地震成因与类型

地震是与地球内部构造，尤其是与地表结构密切相关的一种自然现象。其中大地震对人类社会构成严重威胁。一次突发性的大地震能让城市在数十秒内变成一片废墟，成片房屋破坏倒塌，交通、通信、供水、供电等生命线中断，并可能引发火灾、疾病等次生灾害，人员大量伤亡，城市瘫痪，并导致严重的经济损失。世界上破坏性的强地震平均每年约 18 次。本节主要介绍一些有关地震的基本知识。

1.1.1 地震成因

地球是一个实心椭圆形球体，其赤道半径为 6378km，简单地可分为地壳、地幔、地核三部分（图 1.1）。地球内部的温度是随距地表面深度增加而递增的，深度每增加 1km 温度

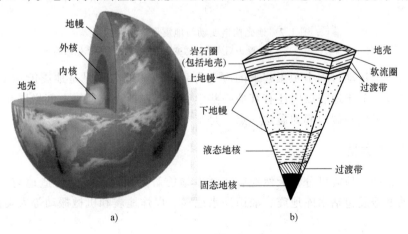

图 1.1 地球的构造

a）地球断面 b）分层结构

约升高 30℃。但增长率随着深度增加而减小。地球内部的压力也是随着距地表面的深度增加而增加的。有资料表明，地幔外部的压力约为 90kN/cm²，地核外部的压力约为14000kN/cm²，地核中的压力约为 37000kN/cm²。这些差别使得地壳不可避免地产生局部变形，而这种变形积累到一定程度，就会引起突变，爆发地震。

地震成因的研究已有近百年历史，主要有两个观点，一是断层破裂学说（主要是弹性回跳学说），另一个是板块运动学说。实际上这两个观点并不矛盾，主要是出发点不同，前者是从局部机制，而后者是从宏观背景来论述震源机制的。

弹性回跳学说认为地壳是由弹性的、有断层的岩层组成的，地壳运动（如上升、下沉，或倾斜）产生的能量以弹性应变能的形式在断层及其附近岩层中长期积累，原始水平状态的岩层（图 1.2a）就会发生形变，当作用力只能使岩层产生弯曲而没有丧失其连续完整性时，岩层只发生褶皱（图 1.2b），但当岩层脆弱部分岩石强度承受不了强大力的作用时，岩层便产生了断裂和错动（图 1.2c），即断层上某一点两侧岩体向相反方向突然滑动，地震因此产生。弹性回跳学说对地壳为何发生运动，弹性应变能怎样积聚等宏观原因没有给以说明，而板块学说则正好说明了这一点。板块学说认为，地球构造中的地幔软流物质的涌出与对流，促使板块的构造运动，当两个板块相遇时，其中一个板块俯冲插入另一个板块之下，在这个过程中，板块内的复杂应力状态引起其本身与附近地壳和岩石层的脆性破裂而发生地震。这就是全球大部分地震均发生在板块边缘及其附近的原因。另一方面，软流层与板块之间的界面是很不平坦的，且软流层本身仍具有较大刚度，因此造成板块内部的复杂应力状态和不均匀变形，这是发生板块内地震的根本原因。而板块内的岩体断层则提供了发生地震的内在条件。据统计，全球 85%左右的地震发生于板块边界地带，仅有 15%左右发生于大陆内部或板块内部。

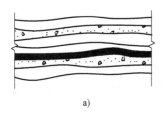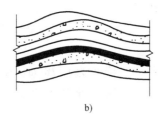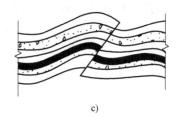

a)　　　　　　　　　　b)　　　　　　　　　　c)

图 1.2　地壳构造变动与地震形成示意图

a）岩层原始状态　b）受力后发生褶皱变形　c）岩层断裂产生振动

地震使得构造运动过程中积累起来的应变得到释放，地震波只是地震能量的一小部分，大部分变为热能。关于地震成因还有其他一些学说，但在地壳或地幔上部岩层在力的作用达到极限时，岩石发生破裂引起地震这一点上是基本一致的。

1.1.2　地震的类型

根据地震成因，地震可分为天然地震和诱发地震。天然地震包括构造地震、火山地震、塌陷地震。诱发地震包括水库地震、油田注水地震、爆炸地震和机械振动等人类活动诱发的地震。

构造地震有两种情况，一是由于地壳的缓慢变形，组成全球地壳的六大板块之间发生碰撞、插入等突变，形成地壳的震动，即形成第一种构造地震。它都发生在各板块的边缘或沿海的岛屿。我国的台湾岛和日本都位于大板块的交界处，所以是多地震的地区。二是由于地球内外层构造的巨大差异，地区之间也有很大差别，板块内部也会产生不均匀的应变，首先在地质构造不均匀处或薄弱处发生地层的错动或崩裂而形成地震，这是另一种构造地震。一般认为，这是主要的地震原因，并且释放的能量影响范围也很广。虽然后一种构造地震发生的概率较低，但有时其强度很大。如1976年的唐山大地震，在几十秒钟时间内，将一座用了近百年时间才建设起来的工业城市几乎夷为平地。

构造地震约占地震总数的90%，其特点是震源较浅、活动频繁、延续时间长、影响范围广、给人类带来的损失最严重。

构造地震按其地震序列可分为孤立型地震（前震、余震少而弱，地震能量几乎全部通过主震释放出来）、主震型地震（前震很少或无，但余震很多，90%以上地震能量通过主震释放出来）、震群型地震（没有突出的主震，地震能量通过若干次震级相近的地震分批释放出来）。

由于火山爆发时，岩浆猛烈冲击地面时引起地面振动，也能造成地震，即所谓的火山地震。它相对于前两种构造地震来说，其能量和影响都要小很多。火山地震约占发生地震的7%。

塌陷地震是地表或地下岩层较大的地下溶洞或古旧矿坑等突然发生大规模的陷落或崩塌引起的小范围内的地面震动；爆炸地震、水库地震和油田注水诱发地震是由爆炸、水库蓄水、深井注水等引起的地面震动。诱发地震引起的地震震级很小，对人类基本不构成威胁。

1.1.3 地震的分布

1. 全球地震带

世界上有两条主要的地震带：环太平洋地震带与欧亚地震带，如图1.3所示。

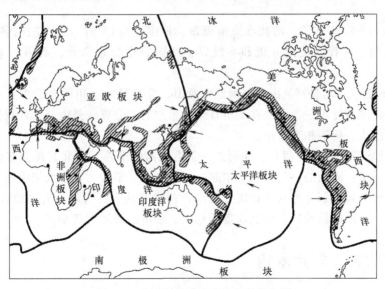

图1.3 全球板块及两大地震带分布图

环太平洋地震带基本上是太平洋沿岸大陆海岸线的连线，从南美洲的西海岸向北，到北美洲的西海岸的北端，再向西穿过阿留申群岛，到俄罗斯的堪察加半岛折向千岛群岛，沿日本列岛，地震带在此分为两支，一支沿琉球群岛南下，经过我国台湾省，到菲律宾、印度尼西亚；另一支转向马里亚纳群岛至新几内亚，两支汇合后，经所罗门到汤加，再突然转向新西兰。全世界75%左右的地震发生于这一地震带。

欧亚地震带是东西走向的地震带，西端从大西洋上的亚速尔岛起，向东途经意大利、希腊、土耳其、伊朗、印度，再进入我国西部与西南地区，向南经过缅甸与印度尼西亚，最后与环太平洋地震带的新几内亚相接。这一地震带是全球中、深源地震的多发地区，全世界22%左右的地震发生于这一地震带。

另外，在大西洋、印度洋等大洋的中部也有呈条状分布的地震带。

2. 我国境内的地震带

从地震发生位置的地理环境上看，全球地震可分为海洋地震和大陆地震两大类，其中发生在海洋的海洋地震占85%；发生在陆地的大陆地震占15%。但由于大陆是全球人类主要的聚居地，因此地球上的地震灾害绝大部分来自大陆地震。根据20世纪以来的地震灾害统计，大陆地震造成的地震灾害占全球地震灾害的85%。

我国恰恰是大陆地震最多的国家。根据20世纪以来有仪器记录资料的统计，我国占全球大陆地震的33%。我国平均每年发生30次5级以上地震，6次6级以上强震，1次7级以上大震。我国不仅地震频次高，而且地震强度极大。根据日本地震学家阿部胜征的研究，20世纪全球发生的面波震级大于等于8.5级的特别巨大地震一共有3次，即1920年中国宁夏海原8.6级、1950年中国西藏察隅8.6级和1960年智利南方省8.5级地震。可见我国的地震不但在世界上最多，而且最大。加之我国地震分布广泛（除浙江和贵州）两省之外，其余各省均有6级以上强震发生，震源很浅（一般只有10~20km），因而构成了我国地震活动频度高、强度大、分布广、震源浅的特征。我国几个地震活动较为强烈的地区是：青藏高原和云南、四川西部，华北太行山和京津唐地区，新疆及甘肃、宁夏，福建和广东沿海，台湾地区等。

我国东邻太平洋地震带，南接欧亚地震带，地震分布相当广泛，并且其中的地震大多数属于板内地震。从我国境内6级和6级以上地震震中分布来看，我国的主要地震带有两条：

1）南北地震带。北起贺兰山，向南经六盘山，穿越秦岭沿川西至云南省东北部，纵贯南北。地震带宽度各处不一，大致在十至百余千米左右，分界线是由一系列规模很大的断裂带和断陷盆地组成，构造相当复杂。

2）东西地震带。主要有两条，北面的一条沿陕西、山西、河北北部向东延伸，直至辽宁北部的千山一带；南面的一条自帕米尔起，经昆仑山、秦岭，直至大别山区。

由此，我国大致可划分为六个地震活动区：台湾及其附近海域、喜马拉雅山脉活动区、南北地震带、天山地震活动区、华北地震活动区、东南沿海地震活动区。

1.2 地震震害、常用术语

地震发生时及发生后，将引起自然和人工环境的变化，同时人们会有震动的感觉，通常将这些称为地震影响（地震后的宏观现象）。研究这些现象，不仅可以理解地震作用本质，更主要的目的是防止或减少地震产生的破坏与人民生命财产的损失。其中对工程结构物破坏的研究，不仅能定性地理解地震现象，而且可以总结经验教训，为制订和改进抗震设计规范以及制订抗震防灾对策等措施提供依据。

1.2.1　地表破坏

地震造成的地表破坏主要有山石崩裂、滑坡、地陷、地面裂缝和喷水冒砂等。

地震造成的山石崩裂的塌方量可达近百万立方米，石块最大的能超过房屋的体积，崩塌的石块可阻塞公路，使交通中断，并且在陡坡附近还会发生滑坡现象。如 2001 年萨尔瓦多 7.6 级地震引发了巨大的泥石流，数百户人家被埋在泥石里，估计有 1200 多人遇难（图 1.4）。

地陷大多发生在岩溶洞和采掘的地下坑道地区。在喷水冒砂的地段，也可能发生塌陷。

地裂缝的数量、长短、深浅等与地震的强度、地表情况、受力特征等因素有关。它可以是不受地形地貌影响的构造裂缝，其走向与地下断裂带一致，规模较大（裂缝带长可达几千米到几十千米，带宽约几米到几十米）（图 1.5）；也可以是受地形地貌及土质条件影响的非构造裂缝，这种裂缝大多沿河岸边、陡坡边缘、沟坑四周和埋藏的古河道分布，往往和喷水冒砂现象伴生。它穿过建筑物时会造成墙体和基础的断裂或错动，严重时会造成房屋的倒塌（图 1.6、图 1.7）。

图 1.4　萨尔瓦多地震引发的泥石流

图 1.5　2003 年巴基斯坦地震造成地面裂缝

图 1.6　地面喷水冒砂

图 1.7　房屋倾斜倒塌

1.2.2 工程结构的破坏

工程结构的破坏情况与结构类型、抗震措施等有关，结构破坏情况主要有以下几种：

（1）承重结构承载力不足或变形过大造成的破坏（图1.8、图1.9） 地震时，地震力作用在建筑物或构筑物上，使其内力和变形大量增加，并且常常改变了结构的受力形式，导致其因承载力不足或变形过大而破坏。如多层砖房的典型震害是纵、横墙墙面出现X裂缝、纵横墙开裂和屋顶塌落等；多高层钢筋混凝土房屋的典型震害为梁柱节点破坏，柱子上混凝土保护层脱落、钢筋外崩、呈灯笼状，特别是当箍筋的数量不足时，这种情况更是常见，钢筋混凝土墙的破坏形态和砖墙差不多，主要差别是裂缝比较分散，缝宽比较窄；钢筋混凝土厂房的破坏形态有屋面板掉落，柱顶连接破坏，阶形柱上段破坏折断，导致屋顶塌落。

图1.8 被地震破坏的民房

图1.9 地震造成的房屋倒塌

（2）结构丧失整体性造成的破坏 结构构件共同工作是依靠各构件之间的连接及各构件之间的支撑来保证的。在地震作用下，节点强度不足、延性不够、锚固质量差等会使结构丧失整体性而破坏。如多高层钢筋混凝土房屋的梁柱节点破坏。

（3）地基失效引起的破坏 在强烈地震作用下，一些建筑物上部结构无损坏，但可能因地基承载力下降或地基土液化等造成建筑物倾斜、倒塌（图1.10）。

1.2.3 地震次生灾害

地震造成的主要次生灾害有水灾、火灾、毒气污染、滑坡、泥石流和海啸等，由此引起的破坏也相当严重。例如，1923年9月1日日本关东大地震，直接震倒房屋13万栋，而火灾烧毁房屋达45万栋。

次生灾害的另一个表现是海啸。海底发生大地震能激起巨大的海浪，传到海岸形成几十米高的巨浪而形成海啸。如2004年12月26日印度尼西亚苏门答腊岛发生的8.9级地震引起的海啸造成30多万人死亡和无数人无家可归，波及东南亚多个国家。

图1.10 日本新潟地震中的地基液化

1.2.4　地震常用术语

（1）震源　在地质构造运动中，在断层形成的地方大量释放能量，产生剧烈振动，此处就叫作震源（图1.11）。震源不是一个点，而是有一定深度和范围的。强烈地震的能量大大超过原子弹爆炸。它不仅对一个城市的地上、地下产生毁灭性破坏，对周围地区也具有很大的破坏力。例如唐山地震时，对距离唐山近100km的天津市的地上设施产生了严重的破坏，还引起许多地基失效、喷水冒砂等，对150km之外的北京市也产生了许多破坏。

（2）震源深度　震源到地面的垂直距离称为震源深度，按震源的深浅可分为浅震（震源深度 $h<70km$）、中深震（$70km<h<300km$）、深震（$h>300km$）。

（3）震中　震源正上方的地面位置叫震中。震中周围地区称为震中区。

（4）极震区　地震时震动最剧烈、破坏最严重的地区称为极震区，一般位于震中附近。

（5）震中距　地面某处到震中的距离称为震中距。

（6）震源距　某一指定点至地震震源的距离称为震源距。

（7）等震线　一次地震中，在其波及的地区内，根据烈度表可以对每一个地点评估出一个烈度，烈度相同点的外包线称为等震线。

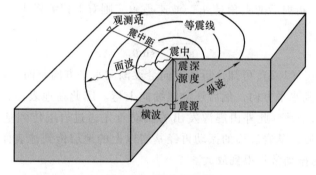

图1.11　震中与震源

1.3　地震波、震级与烈度

地震引起的振动以波的形式从震源向各个方向传播并释放能量，这就是地震波。地震波可以看作是一种弹性波，它主要包含在地球内部传播的体波和只限于在地面附近传播的面波。

1.3.1　体波

体波包括纵波和横波两种。纵波是由震源向外传递的胀缩波，其质点的振动方向与波的前进方向一致，声波就是在空气里的一种典型纵波，它的特点是周期短、振幅小；横波是由震源向外传递的剪切波，质点的振动方向与波的前进方向垂直，一般表现为周期较长、振幅较大（图1.12）。还应指出，横波只能在固体里传播，而纵波在固体、液体和气体里都能传播。

根据弹性理论，纵波的传播速度 v_p 与横波的传播速度 v_s 有以下关系

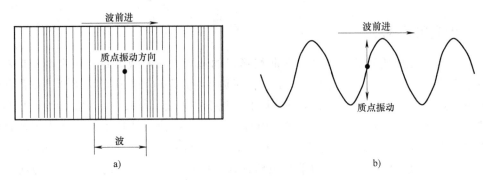

图 1.12　体波质点振动形式

a）压缩波　b）剪切波

$$v_p = 1.67v_s \tag{1.1}$$

由此可见，纵波的传播速度要比横波的传播速度快。因此，通常又把纵波叫作 P 波（即初波），把横波叫作 S 波（即次波）。

体波在地球中的传播速度随着深度的增加而加快，并且由于地球的层状构造特点，体波通过分层介质时，将在界面上反复发生反射和折射，若波的射线由震源出发时与垂直方向的夹角是 θ_1，波速 v_1，折射后的夹角是 θ_2，波速是 v_2，则有下列关系式

$$\frac{v_1}{\sin\theta_1} = \frac{v_2}{\sin\theta_2} \tag{1.2}$$

由于 $v_2 > v_1$，由式（1.2）可知，折射方向会逐渐向水平方向弯曲，直到速度增大到 $v_2 = v_1/\sin\theta_1$ 时，射线弯到水平方向，然后还会继续向上弯。因此在地表面，对纵波感觉是上下动，对横波感觉是水平动。此外由震源发出的振动首先通过岩层传到基岩表面（此间 S 波速度变化不大），然后，基岩表面的振动再经基岩以上的地层传到地表面，在此过程中由于重复反射，地表面的振动常常得到放大。

1.3.2　面波

面波只限于沿着地球表面传播，一般可以说是体波经地层界面多次反射形成的次生波，它包含瑞雷波和洛夫波两种类型。

瑞雷波传播时，质点在波的传播方向和自由面（即地表面）法向组成的平面内（图 1.13a 中的 xOz 平面）做与波前进方向相反的椭圆运动，而在与该平面垂直的水平方向（y

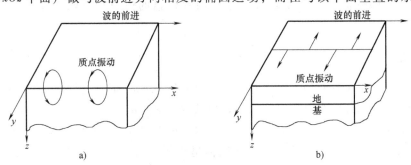

图 1.13　面波质点振动形式

a）瑞雷波质点振动　b）洛夫波质点振动

方向）没有振动，故瑞雷波在地面上呈滚动形式（图1.13a）。瑞雷波具有随着距地面深度增加其振幅急剧减小的特性，这可能是地震时地下建筑物比地上建筑物受害较轻的一个原因。

洛夫波传播时质点在地平面内做与波前进方向垂直的水平方向（y方向）的运动，即在地面上呈蛇形运动形式（图1.13b）。洛夫波也随深度而衰减。

面波振幅大，周期长，比体波衰减慢，故能传播到很远的地方。

综上所述，地震波的传播以纵波最快，横波次之，面波最慢。所以在任意一地震波的记录图上（图1.14），纵波总是最先到达，横波次之，面波到达最晚，但后者的振幅却最大。地震现象表明，纵波使建筑物产生上下颠簸，横波使建筑物产生水平方向摇晃，面波则使建筑物既产生上下颠簸又产生左右摇晃，一般是在横波和面波都到达时振动最为激烈。由于面波的能量要比体波大，所以对建筑物和地表的破坏主要以面波为主。

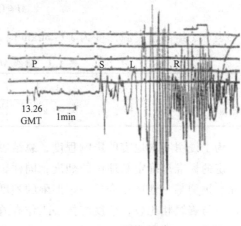

图1.14 地震波记录

1.3.3 震级

震级是表示一次地震本身强弱程度和大小的尺度。震级标度通常应用美国地震学家里克特（C·F·Richter）提出的以下计算公式

$$M = \lg A \tag{1.3}$$

式中 M——地震震级；

　　　A——标准地震仪（指摆的自振周期为0.8s，阻尼系数为0.8，放大倍数为2800倍的地震仪）在距震中100km处记录的以微米（$1\mu m = 10^{-6} m$）为单位的最大水平地动位移（单振幅）。

例如，在距离震中100km处地震仪记录的振幅是1mm，即1000μm，其常用对数为3，则这次地震的震级就是里氏3级。

实际上，地震时距震中恰好100km处不一定设置了标准地震仪，因此，如果测量地点和使用的地震仪与以上规定不同时，应当对测得的值进行适当修正。

震级表示一次地震释放能量的多少，一次地震只有一个震级。震级与地震释放能量 E（erg，$1erg = 10^{-7} J$）之间有如下关系

$$\lg E = 11.8 + 1.5M \tag{1.4}$$

上式表明，震级增加一级，地震波的振幅值增加10倍，地震释放出的能量约增加30多倍。所以震级给人们的一般概念是：4级以下地震为有感地震，5、6级地震将造成一定的破坏，7级以上的地震将造成严重破坏。

1.3.4 地震烈度

震级与震源在地震过程中释放的能量有关。相同震级的地震，随着震源深度的不同，考察地点离震中的距离和场地条件不同，同一次地震对不同地点的地表和建筑物的破坏也不相同。因此地震烈度是对一定地点地震强弱程度的总评价。一次地震只有一个震级，但地面上

的烈度却是因地而异的,一般都有若干个。一般来说,离震中越远,地震影响越小、烈度就越低;反之,越靠近震中,烈度就越高。此外,震中烈度一般可看作是地震大小和震源深度两者的函数,但发生最多的地震震源深度为 $10\sim30km$,因此可以近似认为震源深度不变来进行震中烈度 I_0 与震级 M 之间关系的研究。根据全国范围内既有的地震资料,《中国地震目录》(1983 年版)给出了根据宏观资料估定震级的经验公式

$$M = 0.58I_0 + 1.5 \tag{1.5}$$

表 1.1 给出了震源深度为 $10\sim30km$ 时,震级 M 与震中烈度 I_0 的大致对应关系。

表 1.1 震级 M 与震中烈度 I₀ 的关系

震级 M	2	3	4	5	6	7	8	8 以上
震中烈度 I_0	$1\sim2$	3	$4\sim5$	$6\sim7$	$7\sim8$	$9\sim10$	11	12

为了说明某次地震的影响程度,总结震害经验,分析、比较建筑物的抗震性能,需要根据一定的标准来确定某地区的烈度;同样,为了对地震区的工程建设进行抗震设防,也要求研究、预测某一地区在今后一定期限的烈度,作为强度验算和采取抗震措施的根据。因此可以说,与震级相比较,烈度与抗震工作有着更为密切的关系。

为了评定地震烈度,需要建立一个标准,这个标准就称为地震烈度表。它是以描述震害宏观现象为主的,即根据人的感觉、器物的反应、建筑物的损坏程度和地貌变化特征等宏观现象进行判定和区分。由于对烈度影响轻重的分段不同,以及在宏观现象和定量指标确定方面的差异,各国制定的地震烈度表也有所不同。现在,除了日本采用 $0\sim7$ 共 8 等的烈度表,绝大多数国家包括我国都采用分成 12 度的地震烈度表。我国 2008 年公布的地震烈度表如下:

表 1.2 中国地震烈度表 (GB/T 17742—2008)

地震烈度	人的感觉	房屋震害			其他震害现象	水平向地震动参数	
		类型	震害程度	平均震害指数		峰值加速度 m/s²	峰值速度 m/s
Ⅰ	无感	—	—	—	—	—	—
Ⅱ	室内个别静止中的人有感觉	—	—	—	—	—	—
Ⅲ	室内少数静止中的人有感觉	—	门窗轻微作响	—	悬挂物微动	—	—
Ⅳ	室内多数人、室外少数人有感觉,少数人梦中惊醒	—	门窗作响	—	悬挂物明显摇动,器皿作响	—	—
Ⅴ	室内绝大多数、室外多数人有感觉,多数人梦中惊醒	—	门窗、屋顶、屋架颤动作响,灰土掉落,个别房屋墙体抹灰出现细微裂缝,个别屋顶烟囱掉砖	—	悬挂物大幅度晃动,不稳定器物摇动或翻倒	0.31 (0.22~0.44)	0.03 (0.02~0.04)

（续）

地震烈度	人的感觉	房屋震害			其他震害现象	水平向地震动参数	
		类型	震害程度	平均震害指数		峰值加速度 m/s²	峰值速度 m/s
Ⅵ	多数人站立不稳，少数人惊逃户外	A	少数中等破坏，多数轻微破坏和/或基本完好	0.00～0.11	家具和物品移动，河岸和松软土出现裂缝，饱和砂层出现喷水冒砂，个别独立砖烟囱轻度裂缝	0.63 (0.45～0.89)	0.06 (0.05～0.09)
		B	个别中等破坏，少数轻微破坏，多数基本完好				
		C	个别轻微破坏，大多数基本完好	0.00～0.08			
Ⅶ	大多数人惊逃户外，骑自行车的人有感觉，行驶中的汽车驾乘人员有感觉	A	少数损坏和/或严重破坏，多数中等和/或轻微破坏	0.09～0.31	物体从架子上掉落；河岸出现塌方，饱和砂层常出现喷水冒砂，松软土上地裂缝较多；大多数独立砖烟囱中等破坏	1.25 (0.90～1.77)	0.13 (0.10～0.18)
		B	少数中等破坏，多数轻微破坏和/或基本完好				
		C	少数中等和/或轻微破坏，多数基本完好	0.07～0.22			
Ⅷ	多数人摇晃颠簸，行走困难	A	少数毁坏，多数严重和/或中等破坏	0.29～0.51	干硬土上出现裂缝，饱和砂层绝大多数喷水冒砂；大多数独立砖烟囱严重破坏	2.50 (1.78～3.53)	0.25 (0.19～0.35)
		B	个别毁坏，少数严重破坏，多数中等和/或轻微破坏				
		C	少数严重和/或中等破坏，多数轻微破坏	0.20～0.40			
Ⅸ	行动的人摔倒	A	多数严重破坏或/和毁坏	0.49～0.71	干硬土上多处出现裂缝，可见基岩裂缝、错动，滑坡、塌方常见；独立砖烟囱多数倒塌	5.00 (3.54～7.07)	0.50 (0.36～0.71)
		B	少数毁坏，多数严重和/或中等破坏				
		C	少数毁坏和/或严重破坏，多数中等和/或轻微破坏	0.38～0.60			
Ⅹ	骑自行车的人会摔倒，处于不稳定状态的人会摔离原地，有抛起感	A	绝大多数毁坏	0.69～0.91	山崩和地震断裂出现。基岩上的拱桥破坏。大多数砖烟囱从根部破坏或倒毁	10.00 (7.08～14.14)	1.00 (0.72～1.41)
		B	大多数毁坏				
		C	多数毁坏和/或严重破坏	0.58～0.80			

（续）

地震烈度	人的感觉	房屋震害				其他震害现象	水平向地震动参数	
		类型	震害程度	平均震害指数			峰值加速度 m/s²	峰值速度 m/s
XI	—	A	绝大多数毁坏	0.89~1.00		地震断裂延续很大,大量山崩滑坡	—	—
		B						
		C		0.78~1.00				
XII	—	A	几乎全部毁坏	1.00		地面剧烈变化,山河改观	—	—
		B						
		C						

注: 1. 评定地震烈度时, Ⅰ~Ⅴ度应以地面上以及底层房屋中的人的感觉和其他震害现象为主; Ⅵ~Ⅹ度应以房屋震害为主,参照其他震害现象,当用房屋震害程度与平均震害指数评定结果不同时,应以震害程度评定结果为主,并综合考虑不同类型房屋的平均震害指数; Ⅺ度和Ⅻ度应综合房屋震害和地表震害现象。

2. 用于评定烈度的房屋,包括以下三种类型: A 类(木构架和土、石、砖墙建造的旧式房屋)、B 类(未经抗震设防的单层或多层砖砌体房屋)、C 类(按照Ⅶ度抗震设防的单层或多层砖砌体房屋)。

3. 震害指数以房屋"完好"为 0、"毁坏"为 1,中间按表列震害程度分级。平均震害指数指同类房屋震害指数的加权平均值,即各级震害的房屋所占比率与其相应的震害指数的乘积之和。

4. 房屋破坏等级分为基本完好、轻微破坏、中等破坏、严重破坏和毁坏五类,其定义和对应的震害指数 d 如下: 基本完好,承重和非承重构件完好,或个别非承重构件轻微损坏,不加修理可继续使用,对应的震害指数范围为 $0.00 \leqslant d < 0.10$; 轻微破坏,个别承重构件出现可见裂缝,非承重构件有明显裂缝,不需要修理或稍加修理即可继续使用,对应的震害指数范围为 $0.10 \leqslant d < 0.30$; 中等破坏,多数承重构件出现轻微裂缝,部分有明显裂缝,个别非承重构件破坏严重,需要一般修理后可使用,对应的震害指数范围为 $0.30 \leqslant d < 0.55$; 严重破坏,多数承重构件破坏较严重,非承重构件局部倒塌,房屋修复困难,对应的震害指数范围为 $0.55 \leqslant d < 0.85$; 毁坏,多数承重构件严重破坏,房屋结构濒于崩溃或已倒毁,已无修复可能,对应的震害指数范围为 $0.85 \leqslant d \leqslant 1.00$。

5. 以下三种情况的地震烈度评定结果,应做适当调整:
① 当采用高楼上人的感觉和器物反应评定地震烈度时,适当降低评定值。
② 当采用低于或高于Ⅶ度抗震设计房屋的震害程度和平均震害指数评定地震烈度时,适当降低或提高评定值。
③ 当采用建筑质量特别差或特别好房屋的震害程度和平均震害指数评定地震烈度时,适当降低或提高评定值。

6. 当计算的平均震害指数值位于上表中地震烈度对应的平均震害指数重叠搭接区间时,可参照其他判别指标和震害现象综合判定地震烈度。

7. 农村可按自然村、城镇可按街区为单位进行地震烈度评定,面积以 1km² 为宜。

8. 表中数量词说明: 个别,10%以下; 少数,10%~45%; 多数,40%~70%; 大多数,60%~90%; 绝大多数,80%以上。

9. 当有自由场地强震动记录时,水平向地震动峰值加速度和峰值速度可作为综合评定地震烈度的参考指标。

应当指出,地震烈度既然是一个平均的概念,它的高低和它所联系的地面范围的大小是密切相关的。一般情况下,如果联系的地面范围取得越大,评出的最高烈度就越低; 反之亦然。所以评定烈度要选取一个标准大小的地面范围,在农村可以自然村为单位、在城市可以分区进行烈度评定,但面积以不超过 1km² 为宜。

1.4 工程结构抗震设防

抗震设防是指对建筑物进行抗震设计并采取一定的抗震构造措施,以达到结构抗震的效果和目的。国内外大量震害都表明,采用科学合理的抗震设计方法和措施,是当前减轻地震灾害最有效的途径。对各类建筑物和设施进行相同抗震设防,必定要增加工程的造价和投资,因此如何合理地采用设防标准,使之既能有效地减轻工程的地震破坏,避免人员伤亡,减小经济损失，又能合理地使用有限的资金，是当前工程抗震防灾中迫切需要解决的问题。

1.4.1　地震烈度区划

地震区划是对给定区域（一个国家或地区）按照其在一定时间内可能经受的地震影响强弱程度的划分，通常用图来表示。近年来，我国地震烈度区划的研究工作取得了很大进展，积累了大量的新资料和研究成果。现有的观测资料和研究结果都表明，地震的发生和地震动的特性都有一定的随机性。因此，地震烈度区划图的编制须采用地震危险性分析概率方法，并对烈度赋予有限时间、区限和概率水平的含义。我国最新的 GB 18306—2015《中国地震烈度区划图》，于 2016 年 6 月 1 日正式发布施行。它采用地震危险性分析概率方法，提供了Ⅱ类场地上，50 年超越概率为 10% 的地震动参数，包括中国地震动峰值加速度区划图、中国地震动反应谱特征周期区划图，将我国国土划分为不同抗震设防要求的区域，广泛应用于一般建设工程的规划选址和抗震设防，同时也是编制社会经济发展规划、国土利用规划、防震减灾规划、城乡规划，以及地震监测设施建设、社会防御措施制订和应急准备等防震减灾各项工作的基础依据，是国家地震安全的重要基础性和强制性国家标准，与各行业（房屋、水利、交通、能源、化工等）抗震设计标准共同构成了建设工程抗震设防标准体系。

地震区划作为工程结构抗震设防的主要依据，应该明确给出抗震设计需要的参数。目前在抗震设计中应用的最主要的参数包括地面运动加速度（或加速度反应谱的最大值 α_{max}）和反应谱的特征周期 T_g，进一步讲还需要给出可以用来确定输入地震加速度时程的地震强度、频谱特性（包括 T_g 值）和持续时间等，这三项通常称为强震地面运动的三要素。我国抗震规范给出了设计基本地震加速度值，它是指 50 年设计基准期超越概率为 10% 的地震加速度的设计取值。相应于设防烈度的设计基本地震加速度取值见表 1.3。

表 1.3　设计基本地震加速度值

抗震设防烈度	6 度	7 度	8 度	9 度
设计基本地震加速度值	0.05g	0.10(0.15)g	0.20(0.30)g	0.40g

注：g 为重力加速度。

1.4.2　抗震设防烈度

抗震设防烈度（seismic precautionary intensity），是指按国家规定权限批准作为一个地区抗震设防依据的地震烈度。一般情况下，取 50 年内超越概率为 10% 的地震烈度。GB 50011—2010（2016 版）《建筑抗震设计规范》（以下简称《抗震规范》）规定，一般情况下，建筑的抗震设防烈度应采用根据中国地震动参数区划图确定的地震基本烈度（即《抗震规范》中设计基本地震加速度值对应的烈度值）。对某一特定的地区，抗震设防烈度是该地区抗震设防的依据，应按《抗震规范》附录 A 确定。

1.4.3　设计地震分组

理论分析和震害表明，在同样的烈度下由不同震级和震中距的地震引起的地震动特征是不同的，对不同动力特性的结构造成的破坏程度也是不同的。一般来说，震级较大、震中距较远的地震对长周期柔性结构的破坏，比同样烈度下震级较小、震中距较近的地震造成的破坏要严重。产生这种差异的主要原因是地震波中的高频分量随着传播距离的增长衰减得比低频分量要快，震级大、震中距远的地震波的主导频率为低频分量，与长周期的高柔结构自振周期接近，存在"共振效应"。

为了反映同样烈度下，不同震级和震中距的地震对建筑物的影响，补充和完善烈度区划图的烈度划分，《抗震规范》将建筑工程的设计地震划分为三组，以近似反映近、中、远震的影响。不同的设计地震分组，采用不同的设计特征周期和设计基本地震加速度值。

1.4.4 抗震设防分类

根据建筑遭受地震破坏后可能造成的人员伤亡、直接和间接经济损失、社会影响的大小以及建筑功能在抗震救灾中的作用，GB 50223—2008《建筑工程抗震设防分类标准》将建筑分为以下四个抗震设防类别。

（1）特殊设防类 指使用上有特殊设施，涉及国家公共安全的重大建筑工程和地震时可能发生严重次生灾害等特别重大灾害后果，需要进行特殊设防的建筑，简称甲类。如国家和区域的电力调度中心、三级医院中承担特别重要任务的用房等。

（2）重点设防类 指地震时使用功能不能中断或需尽快恢复的生命线相关建筑，以及地震时可能导致大量人员伤亡等重大灾害后果，需要提高设防标准的建筑，简称乙类。如医疗、广播、通信、交通、幼儿园、小学、中学的教学用房以及学生宿舍和食堂、大型体育馆等建筑。

（3）标准设防类 指大量的除（1）、（2）、（4）款以外按标准要求进行设防的建筑，简称丙类。

（4）适度设防类 指使用上人员稀少且震损不致产生次生灾害，允许在一定条件下适度降低要求的建筑，简称丁类。如一般的储存物品的价值低、人员活动少、无次生灾害的单层仓库等。

其中，建筑各区段（区段指由防震缝分开的结构单元、平面内使用功能不同的部分，或上下使用功能不同的部分）的重要性有显著不同时，可按区段划分抗震设防类别，下部区段的类别不应低于上部区段。不同行业的相同建筑，当所处地位及地震破坏所产生的后果和影响不同时，其抗震设防类别可不相同。

1.4.5 建筑的抗震设防标准

抗震设防标准（seismic precautionary criterion）是衡量抗震设防要求高低的尺度，由抗震设防烈度或设计地震动参数及建筑抗震设防类别确定。各抗震设防类别建筑的抗震设防标准，应符合下列要求：

1）特殊设防类，应按高于本地区抗震设防烈度提高一度的要求加强其抗震措施（是指除地震作用计算和抗力计算以外的抗震设计内容，包括抗震构造措施。抗震构造措施是指根据抗震概念设计原则，一般不需计算而对结构和非结构各部分必须采取的各种细部要求）；但抗震设防烈度为9度时应按比9度更高的要求采取抗震措施。同时，应按批准的地震安全性评价的结果且高于本地区抗震设防烈度的要求确定其地震作用。

2）重点设防类，应按高于本地区抗震设防烈度一度的要求加强其抗震措施；但抗震设防烈度为9度时应按比9度更高的要求采取抗震措施；地基基础的抗震措施，应符合有关规定。同时，应按本地区抗震设防烈度确定其地震作用。注：对于划为重点设防类而规模很小的工业建筑，当改用抗震性能较好的材料且符合抗震设计规范对结构体系的要求时，允许按标准设防类设防。

3）标准设防类，应按本地区抗震设防烈度确定其抗震措施和地震作用，达到在遭遇高于当地抗震设防烈度的预估罕遇地震影响时不致倒塌或发生危及生命安全的严重破坏的抗震设防目标。

4）适度设防类，允许比本地区抗震设防烈度的要求适当降低其抗震措施，但抗震设防烈度为 6 度时不应降低。一般情况下，仍应按本地区抗震设防烈度确定其地震作用。

抗震设防烈度为 6 度时，除《抗震规范》有具体规定外，对乙、丙、丁类建筑可不进行地震作用计算。

由此可见，对某一特定地区，虽然抗震设防烈度是一定的，但处于该地区的建筑，由于其使用功能、规模及重要性等各不相同，其抗震设防标准是不同的。在我国现行抗震规范中，决定房屋抗震设防标准的主要影响因素有：

1）本地区的抗震设防烈度（如 6、7、8、9 度）及设计地震动参数（如 $0.05g$、$0.10g$、$0.15g$、$0.20g$、$0.30g$、$0.40g$），应查阅《抗震规范》附录 A 确定。

2）拟建建筑的抗震设防类别（如甲、乙、丙、丁类），应查阅 GB 50223—2008《建筑工程抗震设防分类标准》。

3）必须注意场地类别（场地类别可根据拟建工程相应的地质勘察报告确定）对抗震设防标准的影响。如建筑场地为 Ⅲ、Ⅳ 类时，对设计基本地震加速度为 $0.15g$（7 度）、$0.30g$（8 度）的地区，宜分别按抗震设防烈度为 8 度（$0.20g$）和 9 度（$0.40g$）时各抗震设防类别建筑的要求采用抗震构造措施。

1.4.6 "三水准"抗震设防的目标

工程抗震的成效在很大程度上取决于所采用的工程设防标准，而制定合理的设防标准不仅需要可靠的科学和技术依据，还受到社会经济、政治等条件的制约。比如日本东京，历史上曾发生过 8 级以上的大地震，日本政府和各界对此一向十分关心和重视，长期以来一直致力于将东京建成一个能抵御 8 级大地震的城市。1986 年一次 6.2 级地震就发生在东京城底下，但一座上千万人口的城市仅死亡 2 人，整个城市几乎未遭到破坏；但一向认为没有发生大地震危险的日本第二大港口城市神户对工程抗震设防就不那么重视，在 1995 年 1 月 17 日的一次 6.9 级地震中，就造成有近十万栋房屋毁坏，5500 人死亡和约 1000 亿美元的经济损失。合理、可行的设防标准需要在保证地震安全性与获得良好的经济效益和社会影响之间取得平衡。

近年来，国内外抗震设防目标的发展总趋势是要求建筑物在使用期间，对不同频率和强度的地震，应具有不同的抵抗能力，即"小震不坏、中震可修、大震不倒"。我国《抗震规范》也采用了这一抗震设防指导思想，称为"三水准"的抗震设防目标：第一水准，当遭受低于本地区设防烈度（基本烈度）的多遇地震影响时，一般不受损坏或不需修理可继续使用；第二水准，当遭受相当于本地区抗震设防烈度的地震影响时，可能损坏，但仅经一般修理或不需修理仍可继续使用；第三水准，当遭受高于本地区抗震设防烈度的地震影响时，不致倒塌或发生危及生命的严重破坏。

1.4.7 小震、中震与大震

根据大量数据分析，确定我国地震烈度的概率分布符合极值Ⅲ型分布。当设计基准期为50年时，则50年内众值烈度的超越概率为63.2%，这就是第一水准烈度，多遇地震或小震；50年内超越概率为10%的烈度大体上相当于现行地震区划图规定的基本烈度，将其定义为第二水准烈度，即中震；50年内超越概率为2%~3%的烈度为罕遇地震烈度，可作为第三水准烈度，即大震。三种烈度的关系如图1.15所示。由烈度概率分布分析可知，基本烈度与众值烈度相差约1.55度，基本烈度与罕遇烈度相差约1度。与各地震烈度水准相应的抗震设防目标是：在一般情况下（不是所有情况下），结构在多遇地震作用下处于正常使用状态，从结构抗震分析角度，可视为弹性体系；在相应于基本烈度的地震作用下，结构进入非弹性工作阶段，但非弹性变形或结构体形的损坏控制在可修复的范围内，在罕遇地震作用下，结构内力及变形在弹塑性阶段继续发展，有较大的非弹性变形，有可能产生严重破坏，但不应倒塌。

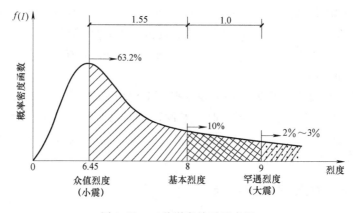

图 1.15　三种烈度关系示意图

1.4.8 两阶段设计方法

为了实现上述三个烈度水准的抗震设防要求，《抗震规范》采用了两阶段抗震设计方法。

第一阶段设计是多遇地震下的承载力验算和弹性变形计算。取第一水准的地震动参数计算结构的弹性地震作用标准值和相应的地震作用效应，然后与其他荷载作用效应按一定的组合系数进行组合，并对结构构件截面进行承载力验算，对较高的建筑物还要求进行变形验算，以控制其侧向变形。这样，既满足了第一水准下具有必要的承载力可靠度，又满足第二水准的损坏可修的目标。对大多数结构，可只进行第一阶段设计计算，其他则通过概念设计和抗震构造措施来满足第三水准的设计要求。

第二阶段设计是罕遇地震作用下的弹塑性变形验算。对特殊要求的建筑、地震时易倒塌的结构以及有明显薄弱层的不规则结构，除进行第一阶段设计外，还要按大震的地震动参数进行结构薄弱部位的弹塑性层间变形验算，并采取相应的抗震构造措施，以实现第三水准的设防要求。

本章小结

　　本章主要讲述地震与地震动的基本知识，介绍我国地震活动性，地震造成的地表破坏及其给工程结构造成的破坏，同时结合 GB 50011—2010（2016 版）《建筑抗震设计规范》中的相关内容对我国的地震区划、烈度等做了相应介绍。这些是结构抗震的理论基础和基本概念，学习时应认识领会并深刻理解。

习题

一、选择题

1. 地震类型可按其成因划分，其中分布最广、危害最大的是（　　）。

A. 火山地震　　　　B. 陷落地震　　　　C. 构造地震　　　　D. 诱发地震

2. 在任意一地震波的记录图上，最先到达的地震波是（　　）。

A. 横波　　　　　　B. 纵波　　　　　　C. 瑞雷波　　　　　D. 洛夫波

3. 在建筑抗震设防类别中，中学宿舍属于（　　）。

A. 甲类建筑　　　　B. 乙类建筑　　　　C. 丙类建筑　　　　D. 丁类建筑

4. 在建筑抗震设防类别中，二级医院的门诊大楼属于（　　）。

A. 甲类建筑　　　　B. 乙类建筑　　　　C. 丙类建筑　　　　D. 丁类建筑

5. 50 年期限内多遇地震烈度的超越概率为（　　）。

A. 2%　　　　　　　B. 60%　　　　　　 C. 63.2%　　　　　 D. 10%

6. 50 年期限基本烈度的超越概率为（　　）。

A. 2%　　　　　　　B. 5%　　　　　　　C. 10%　　　　　　 D. 63.2%

7. 建筑结构抗震设防的依据是（　　）。

A. 多遇地震烈度　　B. 基本烈度　　　　C. 设防烈度　　　　D. 罕遇地震烈度

8. 震级大的远震与震级小的近震对某地区产生相同的宏观烈度，则对该地区产生的地震影响是（　　）。

A. 震级大的远震对刚性结构产生的震害大

B. 震级大的远震对柔性结构产生的震害大

C. 震级小的近震对柔性结构产生的震害大

D. 震级大的远震对柔性结构产生的震害小

9. 纵波、横波和面波（L 波）之间的波速关系为（　　）。

A. $v_P > v_S > v_L$　　　B. $v_S > v_P > v_L$　　　C. $v_L > v_P > v_S$　　　D. $v_P > v_L > v_S$

10. 实际地震烈度与下列（　　）因素有关。

A. 建筑物类型　　　B. 离震中的距离　　C. 行政区划　　　　D. 城市大小

二、填空题

1. "三水准"的抗震设防目标可简单概括为：_____、_____和_____。

2. 根据地震成因，地震可分为_____、_____、_____、_____、_____、_____等类型。

3. 世界上有两条主要的地震带：_____和_____；我国的主要地震带有_____和_____两条。

4. 结构抗震设防目标为：_____、_____和_____。

5. 一般来说，离震中越近，地震影响越_____，地震烈度越_____。

6. 震源在地表的投影位置称为_____，震源到地面的垂直距离称为_____。

7. 《抗震规范》将50年内超越概率为_____的烈度值称为基本地震烈度，超越概率为_____的烈度值称为多遇地震烈度。

8. 地震震级的含义是_____，用符号_____表示。

9. 根据建筑物使用功能的重要性，建筑抗震设防类别分为_____类，分别为_____、_____、_____、_____类。

10. 地震现象表明_____使建筑物产生上下颠簸，_____使建筑物产生水平方向摇晃，而_____则使建筑物即产生上下摇晃，又产生左右摇晃。

三、判断改错题

1. 对应于一次地震，震级只有一个，烈度也只有一个。（   ）

2. 震害表明，坚硬地基上，柔性结构一般表现较差，而刚性结构则表现较好。（   ）

3. 震源深度 $h<90km$ 为浅源地震。（   ）

4. 横波的传播速度要比纵波的传播速度快。（   ）

5. 地震时振动最剧烈、破坏最严重的地区成为极震区。（   ）

6. 地震基本烈度是指一般场地条件下可能遭遇的超越概率为10%的地震烈度值。（   ）

7. 抗震设防是指对建筑物进行抗震设计并采取一定的抗震构造措施，以达到结构抗震的效果和目的。其依据是多遇地震烈度。（   ）

8. 多遇地震下的强度验算，是为了防止结构倒塌。（   ）

四、名词解释

地震波　震级　地震烈度　基本烈度　抗震设防烈度　多遇地震　罕遇地震　小震

五、简答题

1. 什么是震源、震中、震中距和震源距？

2. 什么是地震震级、地震烈度以及抗震设防烈度？

3. 什么是地震波？它包含了哪几种波？

4. 建筑抗震设防类别如何划分？

5. 不同抗震设防类别的建筑对抗震设防的标准有何要求？

场地、地基和基础抗震设计 | 第2章

学习要求:
- 理解建筑场地类别的划分标准及影响因素。
- 掌握地基基础抗震验算原则及天然地基抗震承载力验算方法。
- 掌握地基土液化概念,了解液化判别方法及抗液化措施。
- 了解桩基抗震设计的基本方法。

2.1 场地

场地是指工程群体所在地,具有相似的反应谱特征。其范围相当于厂区、居民小区和自然村或不小于 $1.0km^2$ 的平面面积。场地下的土层既是地震波传播介质,将地震波通过地基传给上部结构,引起结构振动,导致上部结构破坏;又是结构物的地基,地面振动可使地基土丧失稳定,发生砂土液化或软土震陷,引起结构倾斜倒塌等破坏。

虽然建筑物在地震作用下的破坏形态多种多样,但从破坏的性质和工程对策的角度,可以分为两大类。一类是由振动破坏引起的,即地震作用使结构产生惯性力,在与其他荷载组合下,结构因承载力不足而破坏。根据国内外破坏性地震的调查资料估计,95%以上的人员伤亡和建筑物破坏属于这类破坏。减轻这类震害的主要途径是合理地进行抗震和减震设计并采取抗震和减震措施,加强结构的抗震能力。另一类震害是由场地和地基的破坏作用引起的,即地震时首先是场地和地基受到破坏,如地面开裂、滑坡、坍塌和地基失效等,从而引起建筑物的破坏。这类破坏数量相对很少,具有区域性,但修复和加固非常困难。避免或减轻这类震害的主要方式是进行合理的场地选择和地基处理。

2.1.1 工程地质条件对震害的影响

影响震害的工程地质条件主要包括地质构造和局部地形。

1. 发震断裂的影响

地质构造主要是指断裂的影响。断裂是地质构造上的薄弱环节,多数的浅源强地震都与断裂活动有关。全新世以来的深大断裂,一般均与当地地震活动有着密切关系,这一类具有潜在地震活动的断层,在过去 3.5 万年以内曾活动过一次,或者在 5 万年内活动过两次,被认为是"发震断裂"。地震时,发震断裂附近地表可能发生新的错动,释放出大量能量,使地面建筑物遭到严重破坏。另一类断裂与当地地震活动没有成因上的联系,在地震作用下一般不会发生新的错动,通常称为"非发震断裂"。

一般来说，地震震级越高，出露于地表的断裂错动与断裂长度就越大；覆盖层厚度越大，出露于地表的断裂错动与断裂长度就越小；断裂活动性还和地质年代（地质年代的划分见表2.1）有关，对一般建筑工程只考虑全新世以来活动过的断裂。《抗震规范》规定，对符合下列规定之一的情况，可忽略发震断裂错动对地面建筑的影响：

1）抗震设防烈度小于8度。

2）非全新世活动断裂。

3）抗震设防烈度为8度和9度时，隐伏断裂的土层覆盖厚度分别大于60m和90m。

表2.1　地质年代划分表

地质时代			距今年龄值（百万年）	生物演化
宙	代			
显生宙 PH	新生代 Kz	第四纪 Q	1.64~现在	人类出现
		晚第三纪 N（第三纪 R）	23.3~1.64	近代哺乳动物出现
		早第三纪 E	65~23.3	
	中生代 Mz	白垩纪 K	135~65	被子植物出现
		侏罗纪 J	208~135	鸟类、哺乳动物出现
		三叠纪 T	250~208	
	古生代 Pz	晚古生代 Pz2	二叠纪 P	290~250	裸子植物、爬行动物出现
			石炭纪 C	362~290	两栖动物出现
			泥盆纪 D	409~362	节蕨植物、鱼类出现
		早古生代 Pz2	志留纪 S	439~409	裸蕨植物出现
			奥陶纪 O	510~439	无颌类出现
			寒武纪 C	570~510	硬壳动物出现
元古宙 PT	新元古代 Pt3	震旦纪 Z（中国）	800~570	裸露动物出现
			1000~800	
	中元古代 Pt2		1800~1000	真核细胞生物出现
	古元古代 Pt1		2500~1800	
太古宙 AR	新太古代 Ar2		3000~2500	晚期生命出现,叠层石出现
	古太古代 Ar1		3800~3000	

如果不符合上述情况，应避开主断裂带。其避让距离不宜小于表2.2对发震断裂最小避让距离的规定。在避让距离的范围内确有需要建造分散的、低于三层的丙、丁类建筑时，应按提高一度采取抗震措施，并提高基础和上部结构的整体性，且不得跨越断层线。这里所说的避让距离是指建筑物到断层面在地面上的投影或到断层破裂线的距离，不是指到断裂带的距离。

表2.2　发震断裂的最小避让距离　　　　　　　　　　（单位：m）

烈度	建筑抗震设防类别			
	甲	乙	丙	丁
8	专门研究	200m	100m	—
9	专门研究	400m	200m	—

2. 局部地形的影响

从我国多次地震震害调查来看，局部地形条件对地震时建筑物的破坏有很大的影响。位于局部孤立突出的地形，如孤立的小山包或山梁顶部的建筑，其震害一般较平地同类建筑严重。例如，1975 年辽宁海城地震后，在市郊盘龙山高差 58m 的两个测点上收到的强余震加速度记录表明，孤立突出地形上的地面加速度比坡脚下平均高出 1.84 倍。1976 年唐山 7.8 级地震中，迁西县景忠山山脚周围七个村庄的烈度普遍为 6 度，而高出平地 300m 的山顶烈度为 9 度，所建庙宇式建筑大多严重破坏和倒塌。位于非岩质地基的建筑物又较岩质地基的震害严重。1970 年云南通海地震和 2008 年汶川大地震的宏观调查表明，非岩质地形对烈度的影响比岩质地形的影响更为明显。如通海和东川的许多岩石地基上很陡的山坡，震害未见有明显的加重，但位于岩石地基的高度达数十米的条状突出的山脊和高耸孤立的山丘，由于鞭鞘效应明显，振动有所加大，烈度仍有增高的趋势。

所谓局部突出地形主要是指山包、山梁和悬崖、陡坎等。从宏观震害经验和地震反应分析结果所反映的总趋势，大致可以归纳为以下几点：①高突地形距离基准面的高度越大，高处的反应越强烈；②离陡坎和边坡顶部边缘的距离越大，反应相对减小；③从岩土构成方面看，在同样地形条件下，土质结构的反应比岩质结构大；④高突地形顶面越开阔，远离边缘的中心部位的反应越明显减小；⑤边坡越陡，其顶部的放大效应越大。基于以上变化趋势，以突出地形的高差 H、坡降角度的正切 H/L 以及场址距突出地形边缘的相对距离 L_1/H 为参数（图 2.1），归纳出各种地形的地震力放大作用如下

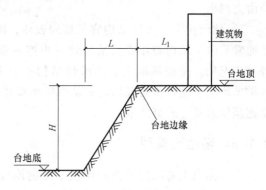

图 2.1　局部突出地形的影响

$$\lambda = 1 + \xi\alpha \qquad (2.1)$$

式中　λ——局部突出地形顶部的地震影响系数的放大系数；

α——局部突出地形地震影响系数的增大幅度，按表 2.3 采用；

ξ——附加调整系数，与建筑场地离突出台地边缘的距离 L_1 与相对高差 H 的比值有关。当 $L_1/H<2.5$ 时，ξ 可取为 1.0；当 $2.5\leqslant L_1/H<5$ 时，ξ 可取为 0.6；当 $L_1/H\geqslant5$ 时，ξ 可取为 0.3。L、L_1 均应按距离场地的最近点考虑。

表 2.3　局部突出地形地震影响系数的增大幅度

突出地形的高度 H/m	非岩质地层	$H<5$	$5\leqslant H<15$	$15\leqslant H<25$	$H\geqslant25$
	岩质地层	$H<20$	$20\leqslant H<40$	$40\leqslant H<60$	$H\geqslant60$
局部突出台地边缘的侧向平均坡降(H/L)	$H/L<0.3$	0	0.1	0.2	0.3
	$0.3\leqslant H/L<0.6$	0.1	0.2	0.3	0.4
	$0.6\leqslant H/L<1.0$	0.2	0.3	0.4	0.5
	$H/L\geqslant1.0$	0.3	0.4	0.5	0.6

因此，当需要在条状突出的山嘴、高耸孤立的山丘、非岩石和强风化岩石的陡坡、河岸

和边坡边缘等不利地段建造丙类及丙类以上建筑时，除保证其在地震作用下的稳定性外，尚应估计不利地段对设计地震动参数可能产生的放大作用，其水平地震影响系数最大值应乘以增大系数。其值应根据不利地段的具体情况确定，在 1.1~1.6 范围内采用。

2.1.2　不同场地特征对震害的影响

场地特征主要包括覆盖层厚度、地下水位、土体的软硬程度等。不同场地特征上的建筑物在地震作用下的震害有很大的差别。

1）不同覆盖层厚度的场地，其上建筑物的震害明显不同。覆盖层厚度越大，其上的长周期结构（如高层建筑）的破坏越严重；覆盖层厚度中等的场地上，中等高度的房屋破坏较严重；在岩石地基上的各类房屋破坏均较轻。

2）地下水位对建筑物的破坏有明显影响，水位越浅，震害越严重。同时，地下水位对震害的影响还与地基土的类别有关，按软弱土层、黏性土、卵石（碎石或砾石）的顺序影响由大到小。

3）软弱土上的柔性结构容易遭到破坏，刚性结构表现较好。该类场地土上建筑物的破坏通常是由于结构破坏或地基失效（由饱和砂土及粉土液化、软土震陷和地基不均匀沉降等）引起的。坚硬场地土上的柔性结构一般震害较轻，但刚性结构的震害情况却不一定。这类场地土上建筑物的破坏通常是由结构破坏引起的。总的来说，软土地基上的建筑物震害要比坚硬地基上的更严重。

2.1.3　场地土类型

土的类别主要取决于土的刚度。土的刚度可按土的剪切波速划分，土层剪切波速的测量，应按下列要求进行：

1）在场地初步勘察阶段，对大面积的同一地质单元，测试土层剪切波速的钻孔数量不宜少于 3 个。

2）在场地详细勘察阶段，对单幢建筑，测试土层剪切波速的钻孔数量不宜少于 2 个，测试数据变化较大时，可适量增加；对小区中处于同一地质单元内的密集建筑群，测试土层剪切波速的钻孔数量可适量减少，但每幢高层建筑和大跨空间结构的钻孔数量均不得少于 1 个。

3）对丁类建筑及丙类建筑中层数不超过 10 层、高度不超过 24m 的多层建筑，当无实测剪切波速时，可根据岩土名称和性状，按表 2.4 划分土的类型，再利用当地经验在表 2.4 的剪切波速范围内估算各土层的剪切波速。

表 2.4　土的类型划分和剪切波速范围

土的类型	岩土名称和性状	土层剪切波速范围/（m/s）
岩石	坚硬、较硬且完整的岩石	$v_s > 800$
坚硬土或软质岩土	破碎和较破碎的岩石或软和较软的岩石，密实的碎石土	$800 \geq v_s > 500$
中硬土	中密、稍密的碎石土，密实、中密的砾、粗、中砂，$f_{ak} > 150$ 的黏性土和粉土，坚硬黄土	$500 \geq v_s > 250$
中软土	稍密的砾、粗、中砂，除松散外的细、粉砂，$f_{ak} \leq 150$ 的黏性土和粉土，$f_{ak} > 130$ 的填土，可塑新黄土	$250 \geq v_s > 150$
软弱土	淤泥和淤泥质土，松散的砂，新近沉积的黏性土和粉土，$f_{ak} \leq 130$ 的填土，流塑黄土	$v_s \leq 150$

注：f_{ak} 为由荷载试验等方法得到的地基承载力特征值（kpa）；v_s 为岩土剪切波速。

实际工程中，场地只有单一性质场地土的情况很少见，一般是由各种类别的土层构成，这时应按反映各土层综合刚度的等效剪切波速 v_{se} 来确定土的类型。等效剪切波速可按下式计算

$$v_{se} = \frac{d_0}{t} \tag{2.2}$$

$$t = \sum_{i=1}^{n} \frac{d_i}{v_{si}} \tag{2.3}$$

式中　d_0——计算深度（m），取覆盖层厚度和 20m 两者的较小值；

　　　t——剪切波在地表与计算深度之间传播的时间（s）；

　　　d_i——计算深度范围内第 i 层土的厚度（m）；

　　　n——计算深度范围内土层的分层数；

　　　v_{si}——计算深度范围内第 i 层土的剪切波速（m/s）。

2.1.4　场地覆盖层厚度

覆盖层厚度是指从地表面至地下基岩面的距离。从地震波传播的观点来看，基岩界面是地震波传播途径中的一个强烈的折射与反射面，该界面以下的岩层振动刚度要比上部土层的相对值大得多，因此，《抗震规范》按下列要求确定场地覆盖层厚度：

1）一般情况下，应按地面至剪切波速大于 500m/s 且其下卧各层岩土的剪切波速均不小于 500m/s 的土层顶面的距离确定。

2）当地面 5m 以下存在剪切波速大于其上部各土层剪切波速 2.5 倍的土层，且该层及其下卧各层岩土的剪切波速均不小于 400m/s 时，可按地面至该土层顶面的距离确定。

3）剪切波速大于 500m/s 的孤石、透镜体，应视同周围土层。

4）土层中的火山岩硬夹层，应视为刚体，其厚度应从覆盖土层中扣除。

上述规定中，"孤石"和"透镜体"的体积相对较小，影响范围有限，可不考虑其对土层剪切的影响，而"硬夹层"则作为单独的一层来考虑，并将其从覆盖土层中扣除。

一般情况下，场地覆盖层厚度的确定与天然地面有关，而与设计地面标高无关，除非场地为深挖方或高填方地基，此时可能改变场地类别，必要时应提请勘察单位就深挖高填对场地的影响进行补充勘探及说明。

2.1.5　场地类别划分

由于场地土对建筑物震害的影响主要与场地的坚硬程度、土层组成等有关，因此，《抗震规范》以场地覆盖层厚度、土层等效剪切波速为依据，将工程中场地土的类型划分成四类，见表 2.5。其中 I 类分为 I_0、I_1 两个亚类。当有可靠的剪切波速和覆盖层厚度且其值处于表 2.5 所列场地类别的分界线附近时，允许按插值方法确定地震作用计算所用的特征周期。

在实际工程中，根据工程需要，有时会采用桩基或进行地基处理，这在一定程度上会影响建筑物的下卧土层，可以改善下卧层的地基性质。但这种改善作用是局部的，对整个建筑场地类别的影响不大，所以一般情况下，在结构抗震设计中常忽略桩基础或地基处理对场地条件改善的有利影响。

表 2.5 各类建筑场地的覆盖层厚度 （单位：m）

岩石的剪切波速或土的等效剪切波速/（m/s）	场地类别				
	I_0	I_1	II	III	IV
$v_s > 800$	0				
$800 \geqslant v_s > 500$		0			
$500 \geqslant v_{se} > 250$		<5	$\geqslant 5$		
$250 \geqslant v_{se} > 150$		<3	3～50	>50	
$v_{se} \leqslant 150$		<3	3～15	15～80	>80

注：表中 v_s 是岩石的剪切波速。

【例 2.1】 已知某建筑场地的地质钻探资料见表 2.6。要求：确定该建筑场地的类别。

表 2.6 场地的地质钻探资料

土层厚度/m	层底厚度/m	土层名称	土层剪切波速/（m/s）
2.1	2.1	黄土①	130
9.7	11.8	黄土②	90
15.2	27.0	粉土	380
37.5	59.5	砾石夹砂	530

解：（1）确定计算深度。因地表以下 27m 才有剪切波速大于 500m/s 的土层，即覆盖层厚度为 27m，大于 20m，故取等效剪切波速的计算厚度 $d_0 = 20m$。

（2）计算等效剪切波速

$$t = \sum_{i=1}^{n} \frac{d_i}{v_{si}} = \left(\frac{2.1}{130} + \frac{9.7}{90} + \frac{8.2}{380} \right) s = 0.146s$$

$$v_{se} = \frac{d_0}{t} = \frac{20}{0.146} m/s = 137 m/s$$

由表 2.4 可知，表层土属于软弱土。

（3）确定场地类别。由于 $v_{se} \leqslant 150 m/s$，且场地覆盖层厚度为 27m，查表 2.5 可知，该场地为 III 类场地。

2.1.6 场地选择

1. 抗震有利、一般、不利及危险地段的划分

建筑场地的地质条件与地形地貌对建筑物震害有显著的影响，且由地基失效造成的建筑物破坏，单靠工程措施很难达到预防目的，或者需要昂贵的代价。因此，合理地选择建筑场地，能够有效地减轻震害。

《抗震规范》将建筑场地划分为对建筑物抗震有利、一般、不利和危险地段，见表 2.7。场地岩土工程勘察，应根据实际需要划分对建筑有利、一般、不利和危险的地段，提供建筑的场地类别和岩土地震稳定性（含滑坡、崩塌、液化和震陷特性）评价，对需要采用时程分析法补充计算的建筑，尚应根据设计要求提供土层剖面、场地覆盖层厚度和有关的动力参数。

表 2.7　有利、一般、不利和危险地段的划分

地段类别	地质、地形、地貌
有利地段	稳定基岩，坚硬土，开阔、平坦、密实、均匀的中硬土等
一般地段	不属于有利、不利和危险地段
不利地段	软弱土，液化土，条状突出的山嘴，高耸孤立的山丘，陡坡，陡坎，河岸和边坡的边缘，平面分布上成因、岩性、状态明显不均匀的土层(含故河道、疏松的断层破碎带、暗埋的塘浜沟谷和半填半挖地基)，高含水量的可塑黄土，地表存在结构性裂缝等
危险地段	地震时可能发生滑坡、崩塌、地陷、地裂、泥石流等及发震断裂带上可能发生地表位错的部位

选择建筑场地时，应根据工程需要和地震活动情况、工程地质和地震地质的有关资料，对抗震有利、一般、不利和危险地段做出综合评价。对不利地段，应提出避开要求；当无法避开时应采取有效的措施。对危险地段，严禁建造甲、乙类建筑，不应建造丙类建筑。

2. 对山区建筑场地的要求

山区建筑的场地勘察应有边坡稳定性评价和防治方案建议，应根据地质、地形条件和使用要求，因地制宜设置符合抗震设防要求的边坡工程。

2.2　地基与基础的抗震设计及验算

基础在建筑结构中起着承上启下的作用，一方面要承担上部结构传来的荷载，另一方面要将内力传给基础下的地基。对结构的抗震设计，应根据场地土质的不同情况采用不同处理方案，采取相应抗震措施。

2.2.1　地基和基础抗震设计要求

地基和基础抗震设计应符合下列要求：

1）同一结构单元的基础不宜设置在性质截然不同的地基上。

2）同一结构单元不宜部分采用天然地基部分采用桩基；当采用不同基础类型或基础埋深显著不同时，应根据地震时两部分地基基础的沉降差异，在基础、上部结构的相关部位采取相应措施。

3）地基为软弱黏性土、液化土、新近填土或严重不均匀土时，应根据地震时地基不均匀沉降和其他不利影响，采取相应的措施。

因此，在进行结构基础设计时，若土层分类（如高压缩性土与低压缩性土等）截然不同，或土的承载力差异很大时，不宜在其上设置同一结构单元。若受到条件限制，同一结构单元采用了不同基础类型或基础埋深显著不同时，应当在不同地基或基础的交接范围内及其周围区域（可取不同基础类型或不同基础埋深交接处两侧各三跨及不小于 20m 的范围），对结构采取加强措施，如采用钢筋混凝土整体式基础、在独立基础之间增设基础拉梁、砌体墙下设置基础圈梁等。

2.2.2　山区建筑边坡设计要求

山区建筑的地基基础应符合下列要求：

1）边坡设计应符合 GB 50330—2013《建筑边坡工程技术规范》的要求；验算其稳定性时，有关的摩擦角应按设防烈度的高低进行相应修正。

2）边坡附近的建筑基础应进行抗震稳定性设计。建筑基础与土质、强风化岩质边坡的边缘应留有足够的距离，其值应根据设防烈度的高低确定，并采取措施避免地震时地基基础破坏。

其中，挡土结构抗震设计稳定验算时有关摩擦角的修正，指地震主动土压力按库仑理论计算时，土的重度除以地震角的余弦，填土的内摩擦角减去地震角，土对墙背的摩擦角增加地震角。地震角为 1.5°~10°，可根据地下水位以上和以下，设防烈度的高低取值，可参见 GB 50023—2009《建筑抗震鉴定标准》的相关规定。

2.2.3　不进行地基验算的范围

我国多次强烈地震的震害经验表明，在遭受破坏的建筑中，因地基失效导致的破坏较上部结构惯性力的破坏为少，这些地基主要由饱和松砂、软弱黏性土和成因岩性状态严重不均匀的土层组成。大量的一般天然地基都具有较好的抗震性能。因此，《抗震规范》规定下列建筑可不进行天然地基及基础的抗震承载力验算：

1）《抗震规范》规定可不进行上部结构抗震验算的建筑。

2）地基主要受力层范围内不存在软弱黏性土层的下列建筑：

① 一般的单层厂房和单层空旷房屋。

② 砌体房屋。

③ 不超过 8 层且高度在 24m 以下的一般民用框架和框架-抗震墙房屋。

④ 基础荷载与③项相当的多层框架厂房和多层混凝土抗震墙房屋。

注：上述软弱黏性土层指 7 度、8 度和 9 度时，地基承载力特征值分别小于 80kPa、100kPa 和 120kPa 的土层。

2.2.4　地基土抗震承载力调整

天然地基基础的抗震验算只要求对地基进行抗震承载力验算。首先确定天然地基土的抗震承载力 f_{aE}，然后进行天然地基基础的抗震验算。

地基土在静力作用下的承载力与地震作用下的承载力是有区别的。首先，地基土在静荷载作用下的变形包括弹性变形和永久变形，其中弹性变形可在短时间内完成，而永久变形则需要较长时间才能完成。而地震作用是一种动力作用，其性质属于不规则的低频有限次数的脉冲作用。由于地震持续时间很短，只能使土层产生弹性变形，因此地震作用时地基的变形要比相同条件静荷载产生的地基变形小得多。即要使地基产生相同的压缩变形，所需的由地震作用引起的压应力要比静荷载压应力大，即一般土的动承载力比静承载力高。一般情况下，稳定土的动强度均比其静强度有所提高，其中黏性土的提高幅度大于非黏性土，软弱土地震时土体絮状结构受扰，其动强度略低于静强度。另外，地震是偶发事件，在地震作用下结构可靠度允许有一定程度降低。

基于上述原因,《抗震规范》规定,在对天然地基基础进行抗震验算时,地基抗震承载力按下式计算

$$f_{aE} = \zeta_a f_a \qquad (2.4)$$

式中　f_{aE}——调整后的地基承载力设计值;

　　　ζ_a——地基土抗震承载力调整系数,应按表 2.8 采用;

　　　f_a——深宽修正后的地基承载力特征值,应按 (GB 50007—2012)《建筑地基基础设计规范》采用。

表 2.8　地基土抗震承载力调整系数

岩土名称与性状	ζ_a
岩石,密实的碎石土,密实的砾、粗、中砂,$f_{ak} \geq 300kPa$ 的黏性土和粉土	1.5
中密、稍密的碎石土,中密和稍密的砾、粗、中砂,密实和中密的细、粉砂,$150kPa \leq f_{ak} < 300kPa$ 的黏性土和粉土,坚硬黄土	1.3
稍密的细、粉砂,$100kPa \leq f_{ak} < 150kPa$ 的黏性土和粉土,可塑黄土	1.1
淤泥,淤泥质土,松散的砂,杂填土,新近堆积黄土及流塑黄土	1.0

2.2.5　天然地基抗震验算

地基基础的抗震验算,一般采用所谓的“拟静力法”,即假定地震作用如同静力,然后在这种条件下验算地基和基础的承载力和稳定性。作用于建筑物上的各类荷载与地震作用组合后,认为其在基础底面所产生的压力是直线分布的,基础底面平均压应力和边缘最大压应力应符合下列各式要求

$$p \leq f_{aE} \qquad (2.5)$$
$$p_{max} \leq 1.2 f_{aE} \qquad (2.6)$$

式中　p——地震作用效应标准组合的基底平均压力;

　　　p_{max}——地震作用效应标准组合的基底边缘最大压力;

另外,需要限制地震作用下过大的基础偏心荷载。对于高宽比大于 4 的高层建筑,在地震作用下基础底面不宜出现脱离区 (零应力区);其他建筑,基础底面与地基土之间脱离区 (零应力区) 面积不应超过基础底面面积的 15%。根据后一规定,对基础底面为矩形的基础,其受压宽度 b' 与基础宽度 b 之比应大于 0.85 (图 2.2),即

$$b' \geq 0.85b \qquad (2.7)$$

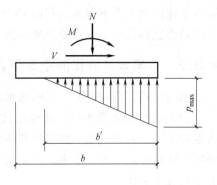

图 2.2　基底压力分布

2.3　液化地基和软土地基

2.3.1　地基土液化的概念

饱和松散的砂土或粉土在强烈地震作用下,地震时的剪切波由下卧土层向上传播,并在

土体中引起交变应力，从而产生振动孔隙水压力，土的颗粒结构趋于密实，如土本身的渗透系数较小，则孔隙水在短时间内排泄不走而受到挤压，孔隙水压力将急剧上升。当孔隙水压力增加到与剪切面上的法向压应力接近或相等时，砂土或粉土受到的有效压应力下降乃至完全消失，这时土颗粒全部或局部处于悬浮状态，土体丧失抗剪强度，形成犹如"液体"的现象，称为场地土的"液化"。

根据土力学原理，饱和砂土的抗剪强度 s 可写成

$$s \leqslant (\sigma - u)\tan\varphi \tag{2.8}$$

式中 σ——作用于剪切面上的总法向压应力；

       u——剪切面上孔隙水压力；

       φ——土的内摩擦角。

由式（2.8）可知，当 $\sigma = u$ 时，$s = 0$，即形成液化。这时液化区下部的水头比上部水头高，所以水向上涌，并把土粒带到地面上来，出现喷水冒砂现象。随着水和土粒的不断涌出，孔隙水压力逐渐降低，当降至一定程度时，就会只冒水而不喷土粒。当孔隙水压力进一步消散，冒水也最终停止，土粒逐渐沉落并重新堆积排列，砂土或粉土重新达到一个稳定状态，土的液化过程结束。砂土液化现象出露到地表需要一定的时间，可以在地震动之后，而且要持续一段时间。而且强地震可能使松散砂层变密，密实砂层变松。因为地基土中砂层常常是不均匀的水平层，相邻层的密度常常是不同的。在强地震作用下，松散的砂层可能液化，液化后的砂层的孔隙水会向相邻较密的砂层渗透，从而使相邻砂层的密砂变松散，而原来松散的砂层在液化后则会变密。下一次强地震时，这一过程又可能反过来。由此可见，液化了的砂层还可能再液化，而不是原来松散的砂层每经过一次强地震时就变得更密实些，直到密实得不能再液化为止。

当砂土或粉土液化时，其强度将完全丧失从而引起地基不均匀沉降导致建筑物破坏，甚至倒塌。例如，1964 年的美国阿拉斯加地震和日本新潟地震，都出现了大面积砂土液化，造成了建筑物的严重破坏。我国 1975 年辽宁营口、海城地震，1976 年唐山大地震和 2008 年汶川地震也都发生了大面积的地基液化震害。

2.3.2 影响地基液化的主要因素

国内外震害调查表明，影响场地土地基液化的主要因素有：

（1）土层的地质年代   地质年代的新老表示土层沉积时间的长短。一般，地质年代越古老的土层，其固结度、密实度和结构性能越稳定，抵抗液化的能力就越强。宏观震害调查表明，国内外历次大地震中，尚未发现地质年代属于第四纪晚更新世（Q_3）及其以前的饱和土层发生液化。

（2）土的组成   对饱和土而言，由于细砂、粉砂的渗透性比粗砂、中砂低。所以细砂、粉砂更容易液化。对粉土而言，随着黏粒（粒径小于 0.005mm 的颗粒）含量的增加，土的黏聚力增大，从而增强了抵抗液化的能力。理论分析和实践表明，当粉土中黏粒含量超过某一限值时，粉土就不会液化。此外，颗粒均匀的砂土较颗粒级配良好的砂土容易液化。

（3）土层的相对密度   相对密实程度较小的松砂，由于其天然孔隙一般较大，故容易液化。如 1964 年的新潟地震中，相对密度小于 50% 的砂土，普遍发生液化，而相对密度大于 70% 的土层，则没有发生液化。

（4）土层的埋深　砂土层的埋深越大，其上有效覆盖层压力就越大，则土的侧限压力也越大，就越不容易液化。从现场调查资料看，土层液化深度很少超过 20m，大多浅于 10m。

（5）地下水位的深度　地下水位越深，越不容易液化。对于砂土，一般地下水位小于 4m 时易液化，超过此值后一般就不会液化；对于粉土，7、8、9 度时，地下水位分别小于 1.5m、2.5m 和 6m 时容易液化，超过这些深度后几乎不发生液化。

（6）地震烈度和地震持续时间　地震烈度越高，越容易发生液化，一般液化主要发生在烈度为 7 度及以上地区，而 6 度以下的地区，很少看到液化现象；地震持续时间越长，越容易发生液化。日本新潟在过去发生过的 25 次地震中，只在地面运动加速度超过 0.13g 的地震中发生液化现象，而地震加速度小于 0.13g 的地震均未发生液化。

2.3.3　液化土的判别

液化场地的震害调查结果表明，在 6 度区液化对房屋结构造成的震害是比较轻的，因此《抗震规范》规定，当建筑物的地基有饱和砂土或粉土（不含黄土）时，6 度时，一般情况下可不进行判别和处理（但 6 度的甲类建筑的液化问题需要专门研究），但对液化沉陷敏感的乙类建筑可按 7 度的要求进行判别和处理；7~9 度时，乙类建筑可按本地区抗震设防烈度的要求进行判别和处理。地面下存在饱和砂土和饱和粉土（不含黄土、粉质黏土）时，除 6 度外，应进行液化判别；存在液化土层的地基，应根据建筑的抗震设防类别、地基的液化等级，结合具体情况采取相应的措施。关于黄土的液化可能性及其危害在我国的历史地震中虽不乏报道，但缺乏较详细的评价资料，在 20 世纪 50 年代以来的多次地震中，黄土液化现象很少见到，对黄土的液化判别尚缺乏经验，但值得重视。近年来的国内外震害与研究还表明，砾石在一定条件下也会液化，但是由于黄土与砾石液化研究资料还不够充分，还有待于进一步研究。

地基土液化判别过程可以分为初步判别和标准贯入试验判别两大步骤。

1. 初步判别

饱和的砂土或粉土（不含黄土），当符合下列条件之一时，可初步判别为不液化或可不考虑液化影响：

1）地质年代为第四纪晚更新世（Q_3）及其以前时，7、8 度时可判为不液化。

2）粉土的黏粒（粒径小于 0.005mm 的颗粒）含量百分率，7、8、9 度分别不小于 10、13、16 时，可判为不液化土。

3）浅埋天然地基的建筑，当上覆非液化土层厚度和地下水位深度符合下列条件之一时，可不考虑液化影响

$$d_u > d_0 + d_b - 2 \tag{2.9a}$$

$$d_w > d_0 + d_b - 3 \tag{2.9b}$$

$$d_u + d_w > 1.5d_0 + 2d_b - 4.5 \tag{2.9c}$$

式中　d_w——地下水位深度（m），宜按设计基准期内年平均最高水位采用，也可按近期内年最高水位采用；

d_u——上覆非液化土层厚度（m），计算时宜将淤泥和淤泥质土层扣除；

d_b——基础埋置深度（m），不超过 2m 时应采用 2m；

d_0——液化土特征深度（m），可按表 2.9 采用。

表 2.9 液化土特征深度　　　　　　　（单位：m）

饱和土类别	7 度	8 度	9 度
粉土	6	7	8
砂土	7	8	9

注：当区域的地下水位处于变动状态时，应按不利的情况考虑。

2. 标准贯入试验判别

当初步判别认为地基土存在液化可能时，应采用标准贯入试验法进一步判别其是否液化。标准贯入试验设备主要由贯入器、触探杆、穿心锤（标准质量 63.5kg）等组成，如图 2.3 所示。在试验时，先用钻具钻至试验土层标高以上 150mm，再将标准贯入器打至试验土层标高位置，然后在锤的落距为 760mm 的条件下，连续打入土层 300mm，记录所得锤击数为 $N_{63.5}$。

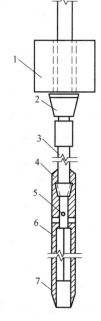

当地面（指天然地面，而非建筑最终完成地面）下 20m 深度范围内土的实测标准贯入锤击数 $N_{63.5}$（未经杆长修正）小于或等于按式（2.10）确定的液化判别标准贯入锤击数临界值 N_{cr} 时，应判别为液化土，否则为非液化土。

$$N_{cr} = N_0\beta\left[\ln(0.6d_s+1.5)-0.1d_w\right]\sqrt{3/\rho_c} \qquad (2.10)$$

式中　N_0——液化判别标准贯入锤击数基准值，可按表 2.10 采用；

　　　d_s——饱和土标准贯入点深度（m）；

　　　d_w——地下水位（m）；

　　　ρ_c——黏粒含量百分率，当小于 3 或为砂土时，应采用 3；

　　　β——调整系数，设计地震第一组取 0.80，第二组取 0.95，第三组取 1.05。

图 2.3　标准贯入器

1—空心锤　2—锤垫　3—触探杆

4—贯入器头　5—出水孔

6—贯入器身　7—贯入器靴

一般情况下，只需判别地面下 20m 范围内土的液化可能性；但对可不进行天然地基及基础的抗震承载力验算的各类建筑，可只判别地面下 15m 范围内土的液化。

表 2.10　液化判别标准贯入锤击数基准值 N_0

设计基本地震加速度/g	0.10	0.15	0.20	0.30	0.40
液化判别标准贯入锤击数基准值	7	10	12	16	19

从式（2.10）可以看出，地下水位越浅，黏粒含量越少，地面加速度越大，标准贯入锤击数临界值就越大，土层越容易液化。

标准贯入试验的实质是对土的密实程度做出评价，由此间接评价场地土液化的可能性。因此，《抗震规范》在指定用标准贯入试验作为判别土层液化依据的同时指出，当有成熟经验时，尚可采用其他判别方法。

2.3.4 液化地基的评价

上述判别仅是对地基液化的定性判别，不能对液化程度及液化危害做定量评价。液化程度不同，对结构造成的破坏程度存在很大差异。因此，对液化地基危害性的分析和评价是建筑抗震设计中一个十分重要的问题。

为了鉴别场地土液化危害的程度，《抗震规范》规定，对于存在液化土层的地基，应在探明各液化土层的深度和厚度后，根据式（2.11）确定液化指数，然后再根据表 2.11 综合划分地基的液化等级，以反映场地液化可能造成的危害程度。

地基的液化指数 I_{lE} 为

$$I_{lE} = \sum_{i=1}^{n} \left(1 - \frac{N_i}{N_{cri}} \right) d_i w_i \tag{2.11}$$

式中　n——在判别深度范围内每一个钻孔标准贯入试验点的总数；

N_i、N_{cri}——第 i 点标准贯入锤击数的实测值和临界值，当 $N_i > N_{cri}$ 时应取临界，当只需要判别 15m 范围内的液化时，15m 以下的实测值可按临界值采用；

d_i——i 点代表的土层厚度（m），可采用与该标准贯入试验点相邻的上、下两标准贯入试验点深度差的一半，但上限不高于地下水位深度，下限不深于液化深度；

w_i——i 土层单位土层厚度的层位影响权函数值（m^{-1}），当该层中点深度不大于 5m 时应采用 10，等于 20m 时应采用零值，5~20m 时应按线性内插法取值。

表 2.11　液化等级与液化指数的对应关系

液化等级	轻微	中等	严重
液化指数 I_{lE}	$0 < I_{lE} \leqslant 6$	$6 < I_{lE} \leqslant 18$	$I_{lE} > 18$

对于不同等级的液化地基，地面的喷水冒砂情况和对建筑物造成的震害有显著的不同，表 2.12 列出了不同液化等级的可能震害。

表 2.12　不同液化等级的可能震害

液化等级	地面喷水冒砂情况	对建筑物的危害
轻微	地面无喷水冒砂，或仅在洼地、河边有零星喷水冒砂点	危害性小，一般不致引起明显的震害
中等	喷水冒砂可能性大，从轻微到严重均有，多数属中等	危害性较大，可造成不均匀沉陷和开裂，有时不均匀沉陷可能达到 200mm
严重	一般喷水冒砂都很严重，地面变形很明显	危害性大，不均匀沉陷可能大于 200mm，高重心结构可能产生不容许的倾斜

【例 2.2】　某场地 8 度设防，设计基本地震加速度为 0.20g，工程地质年代为第四纪全新世，设计地震分组为一组，拟在上面建造一丙类建筑，基础埋深 2.0m。钻孔深度为 20m，地下水位埋深 1.0m，从地面往下有 4 层土：①层为细砂，饱和、松散，层厚 2.1m；②层为粉质黏土，可塑至硬塑，层厚 1.5m；③层为细砂，饱和，密实，层厚 4.4m；④层为粉土，硬塑，层厚 12m。各贯入点深度及锤击数实测值见表 2.13。试判别地基是否液化；若为液化土，求液化指数和液化等级。

表 2.13　标准贯入试验结果

编号	1	2	3	4	5
深度/m	1.4	4	5	6	7
实测 N	3	15	8	16	12

【解】　（1）液化判别

1）初步判别。地下水位深度 $d_w = 1\text{m}$，基础埋深 $d_u = 2\text{m}$，液化特征深度 $d_0 = 8\text{m}$（查表 2.9），上覆非液化土层厚度 $d_u = 0$，则

$$d_u = 0 < d_0 + d_b - 2 = 8.0\text{m}$$

$$d_w = 1 < d_0 + d_b - 3 = 7.0\text{m}$$

$$d_u + d_w < 1.5d_0 + 2d_b - 4.5 = 11.5\text{m}$$

均不满足不液化条件，需进一步判别。

2）标准贯入试验判别测点 1。由设计地震分组为一组，取 $\beta = 0.8$，由设计地震加速度 0.2g，查表 2.10 得液化判别标准贯入锤击数基准值 $N_0 = 12$，测点 1 标准贯入深度 $d_{s1} = 1.4\text{m}$，黏粒含量百分率取 3，则测点 1 标准贯入锤击数临界值为

$$N_{cr} = N_0\beta\left[\ln(0.6d_s + 1.5) - 0.1d_w\right]\sqrt{3/\rho_c}$$

$$= 12 \times 0.8 \times \left[\ln(0.6 \times 1.4 + 1.5) - 0.1 \times 1\right] \cdot \sqrt{3/3}$$

$$= 7.2 > 3 = N_1$$

为液化土。其余各点判别见表 2.14。

表 2.14　例 2.2 液化分析表

测点	贯入深度 d_{si}/m	实测值 N_i	临界值 N_{cri}	是否液化	液化土层厚度 d_i/m	中点深度 z_i/m	权函数 ω_i
1	1.4	3	7.2	是	1.1	1.55	10
2	4	15	12.1	否	—	—	—
3	5	8	13.5	是	1.0	5.0	10
4	6	16	14.7	否	—	—	—
5	7	12	15.75	是	1.5	7.25	8.5

（2）求液化指数

1）求各标准贯入点所代表的土层厚度 d_i 及其中点深度 z_i。

$$d_1 = (2.1 - 1.0)\text{m} = 1.1\text{m}, z_1 = \left(1.0 + \frac{1.1}{2}\right)\text{m} = 1.55\text{m}$$

$$d_3 = \frac{6-4}{2}\text{m} = 1.0\text{m}, z_3 = \left(4.5 + \frac{1.0}{2}\right)\text{m} = 5.0\text{m}$$

$$d_5 = \left(8.0 - \frac{6+7}{2}\right)\text{m} = 1.5\text{m}, z_3 = \left(6.5 + \frac{1.5}{2}\right)\text{m} = 7.25\text{m}$$

2）求 d_i 层中点对应的权函数值 ω_i。

$$z_1 、z_3 \leq 5\text{m}, \omega_1 、\omega_3 = 10; z_5 = 7.25\text{m}, \omega_5 = \frac{10}{15} \times 12.75 = 8.5$$

3）求液化指数。

$$I_{lE} = \sum_{i=1}^{n} \left(1 - \frac{N_i}{N_{cri}}\right) d_i w_i$$

$$= \left(1 - \frac{3}{7.2}\right) \times 1.1 \times 10 + \left(1 - \frac{8}{13.5}\right) \times 1.0 \times 10 + \left(1 - \frac{12}{15.75}\right) \times 1.5 \times 8.5$$

$$= 13.53$$

（3）判别液化等级

因 $6 \leqslant I_{lE} = 13.53 \leqslant 18$，由表 2.11，可判别其液化等级为中等。

2.3.5　地基抗液化措施的选择及相应要求

1. 地基抗液化措施的选择

由于液化是造成地基失效的主要原因，要减轻这种震害，应根据地基液化等级、抗震设防烈度和结构特点选择不同的措施。

当液化砂土层、粉土层较平坦且均匀时，宜按表 2.15 选用地基抗液化措施；尚可计入上部结构重力荷载对液化危害的影响，根据液化震陷量的估计适当调整抗液化措施。不宜将未经处理的液化土层作为天然地基持力层。

表 2.15　抗液化措施

建筑抗震设防类别	地基的液化等级		
	轻微	中等	严重
乙类	部分消除液化沉陷，或对基础和上部结构处理	全部消除液化沉陷，	全部消除液化沉陷
丙类	基础和上部结构处理，也可不采取措施	基础和上部结构处理，或更高要求的措施	全部消除液化沉陷，或部分消除液化沉陷且对基础和上部结构处理
丁类	可不采取措施	可不采取措施	基础和上部结构处理，或其他经济的措施

在对液化土层按上表的要求进行抗液化处理时，应注意：

1）倾斜场地的土层液化往往带来大面积土体滑动，造成严重后果，而水平场地土层液化的后果一般只造成建筑的不均匀下沉和倾斜，故此处规定的抗液化措施不适用于坡度大于 10° 的倾斜场地和液化土层严重不均的情况。

2）液化等级属于轻微者，除甲、乙类建筑由于其重要性需确保安全外，一般不做特殊处理，因为这类场地可能不发生喷水冒砂，即使发生也不致造成建筑的严重震害。

3）对于液化等级属于中等的场地，尽量多考虑采用较易实施的基础与上部结构处理的构造措施，不一定要加固处理液化土层。

4）在液化层深厚的情况下，消除部分液化沉陷的措施，即处理深度不一定达到液化下界而残留部分未经处理的液化层。

2. 全部消除地基液化沉陷措施的要求

1）采用桩基时，桩端伸入液化深度以下稳定土层中的长度（不包括桩尖部分），应按计算确定，且对碎石土，砾、粗、中砂，坚硬黏性土和密实粉土尚不应小于 0.8m，对其他非岩石土尚不宜小于 1.5m。

2）采用深基础（一般指基础埋深大于 5m 的基础）时，基础底面应埋入液化深度以下的稳定土层中，其深度不应小于 0.5m。

3）采用加密法（如振冲、振动加密、挤密碎石桩、强夯等）加固时，应处理至液化深度下限；振冲或挤密碎石桩加固后，桩间土的标准贯入锤击数不宜小于相应的液化判别标准贯入锤击数临界值。

4）用非液化土替换全部液化土层，或增加上覆非液化土层的厚度。

5）采用加密法或换土法处理时，在基础边缘以外的处理宽度，应超过基础底面下处理深度的 1/2 且不小于基础宽度的 1/5。

3. 部分消除地基液化沉陷措施的要求：

1）处理深度应使处理后的地基液化指数减少，其值不宜大于 5；大面积筏基、箱基的中心区域，处理后的液化指数可比上述规定降低 1；对独立基础和条形基础，尚不应小于基础底面下液化土特征深度和基础宽度的较大值。

注：中心区域指位于基础外边界以内沿长宽方向距外边界大于相应方向 1/4 长度的区域。

2）采用振冲或挤密碎石桩加固后，桩间土的标准贯入锤击数不宜小于相应的液化判别标准贯入锤击数临界值。

3）基础边缘以外的处理宽度，应超过基础底面下处理深度的 1/2 且不小于基础宽度的 1/5。

4）采取减小液化震陷的其他方法，如增厚上覆非液化土层的厚度和改善周边的排水条件等。

4. 减轻液化影响的基础和上部结构处理措施

1）选择合适的基础埋置深度。

2）调整基础底面积，减少基础偏心。

3）加强基础的整体性和刚度，如采用箱基、筏基或钢筋混凝土交叉条形基础，加设基础圈梁等。

4）减轻荷载，增强上部结构的整体刚度和均匀对称性，合理设置沉降缝，避免采用对不均匀沉降敏感的结构形式等。

5）管道穿过建筑处应预留足够尺寸或采用柔性接头等。

5. 对有液化侧向扩展或流滑可能的地段的抗震设计

由于液化层多属于河流中、下游的冲积层，在地质成因上常存在使液化层面稍稍带有走向河心的倾斜。在液化之后，液化层上覆的非液化土层的自重在倾斜方向形成的分力，还有尚未消失的水平地震力，二者的合力或仅仅土重就可能超出已液化土体的抗剪能力（液化后的土是液状物，几乎没有抗剪能力），从而导致已液化土层与上覆非液化土层一起流向河心，这种现象称为"液化侧向扩展或流滑"，通常发生在地面坡度小于 5° 的平缓岸坡或海滨。因此，《抗震规范》规定，在故河道以及临近河岸、海岸和边坡等有液化侧向扩展或流滑可能的地段内不宜修建永久性建筑，否则应进行抗滑动验算，采取防土体滑动措施或结构抗裂措施。

有液化侧向扩展或流滑可能的地段宽度，主要参考 1975 年海城地震、1976 年唐山地震及 1995 年日本阪神地震对液化侧扩区的大量调查确定。根据对阪神地震的调查，在距水线

50m 范围内，水平位移及竖向位移均很大；在 50~150m 范围内，水平地面位移仍较显著；大于 150m 以后水平位移趋于减小，基本不构成震害。上述调查结果与我国海城、唐山地震后的调查结果基本一致：海河故道、滦运河、新滦河、陡河岸坡滑坍范围约距水线 100~150m，辽河、黄河等则可达 500m。故一般在故河道、河岸、海岸的常时水线（一般可按设计基准期内年平均最高水位采用，也可按近几年最高水位采用）及边坡外宽度为 100~500m 的宽度范围作为有液化侧向扩展或流滑可能的地段。

此外，在进行抗滑动验算时，侧向流动土体对结构的侧向推力，可按下列原则确定：

1）非液化上覆土层施加于结构的侧压相当于被动土压力，破坏土楔的运动方向是土楔向上滑而楔后土体向下，与被动土压发生时的运动方向一致。

2）液化层中的侧压相当于竖向总压的 1/3；

3）桩基承受侧压的面积相当于垂直于流动方向桩排的宽度。当方桩截面边长与滑动方向不垂直时，应按桩垂直于滑动方向的投影长度计算。当采用多排桩时，应考虑所有桩在垂直于滑动方向上的宽度并扣除重叠部分。

6. 减小地裂对结构影响的主要措施

1）将建筑的主轴平行河流放置。

2）使建筑的长高比小于 3。

3）采用筏基或箱基，基础板内应根据需要加配抗拉裂钢筋，筏基内的抗弯钢筋可兼作抗拉裂钢筋，抗拉裂钢筋可由中部向基础边缘逐段减少。

2.3.6　软土地基抗震设计要求

从 1976 年唐山地震、1999 年台湾地区和土耳其地震中的破坏实例分析，软土震陷的确是造成震害的重要原因。因此，当地基中存在软弱黏性土层（7、8 和 9 度时，地基承载力特征值分别小于 80kPa、100kPa 和 120kPa 的土层）时，应进行震陷判别。可采用下列方法：饱和粉质黏土震陷的危害性和抗震陷措施应根据沉降和横向变形大小等因素综合研究确定，8 度（0.30g）和 9 度时，当塑性指数小于 15 且符合下式规定的饱和粉质黏土可判为震陷性软土

$$W_s \geq 0.9 W_L \tag{2.12}$$

$$I_L \geq 0.75 \tag{2.13}$$

式中　　W_s——天然含水量；

　　　　W_L——液限含水量，采用液、塑限联合测定法测定；

　　　　I_L——液限指数。

研究表明自重湿陷性黄土或黄土状土具有震陷性。若孔隙比大于 0.8，当含水量在缩限（指固体与半固体的界限）与 25% 之间时，应根据需要评估其震陷量。对含水量在 25% 以上的黄土或黄土状土的震陷量可按一般软土评估。关于软土及黄土的可能震陷，目前已有了一些研究成果可以参考。例如，当建筑基础底面以下非软土层厚度符合表 2.16 中的要求时，可不采取消除软土地基的震陷影响措施。

当地基主要受力层范围内存在软弱黏性土层和高含水量的可塑性黄土时，应结合具体情况综合考虑。采用桩基、地基加固处理或减轻液化影响的基础和上部结构处理的各项措施，也可根据软土震陷量的估计，采取相应措施。

表 2.16　基础底面以下非软土层厚度

烈度	基础底面以下非软土层厚度/m
7	$\geq 0.5b$ 且 ≥ 3
8	$\geq b$ 且 ≥ 5
9	$\geq 1.5b$ 且 ≥ 8

注：b 为基础底面宽度（m）。

此外，在故河道以及临近河岸、海岸和边坡等有液化侧向扩展或流滑可能的地段内不宜修建永久性建筑，否则应进行抗滑动验算，采取防土体滑动措施或结构抗裂措施。

2.4　桩基抗震设计

已有的地震经验表明，桩基础的抗震性能优于其他类型的基础，在桩基础的抗震设计中，应注意以下内容。

2.4.1　可不进行桩基抗震验算的条件

对平时主要承受竖向荷载为主的低承台桩基（指桩身全部埋入土中，承台底面与土体接触的桩基础），当地面下无液化土层，且桩承台周围无淤泥、淤泥质土和地基承载力特征值不大于 100kPa 的填土时，下列建筑可不进行桩基抗震承载力验算：

1）7~8 度时的下列建筑：一般的单层厂房和单层空旷房屋；不超过 8 层且高度在 24m 以下的一般民用框架房屋和框架-抗震墙房屋；基础荷载与不超过 8 层且高度在 24m 以下的一般民用框架房屋和框架-抗震墙房屋相当的多层框架厂房和多层混凝土抗震墙房屋。

2）《抗震规范》规定可不进行上部结构抗震验算的建筑。

3）砌体房屋。

2.4.2　非液化土中的桩基抗震验算

当建筑物桩基不满足上述条件时，应按下列规定进行桩基抗震验算：

1）单桩的竖向和水平向抗震承载力特征值，可均比非抗震设计时提高 25%。

2）当承台周围的回填土夯实至干密度不小于 GB 50007—2012《建筑地基基础设计规范》对填土的要求时，可由承台正面填土与桩共同承担水平地震作用；但不应计入承台底面与地基土间的摩擦力，如图 2.4 所示。

当地下室埋深大于 2m 时，桩所承担的地震剪力可按下式计算

$$V = V_0 \frac{0.2\sqrt{H}}{\sqrt[4]{d_f}} \qquad (2.14)$$

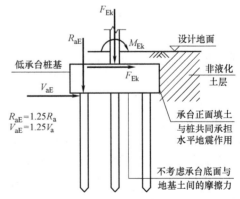

图 2.4　承台填土与桩承担的水平地震作用

式中　V_0——上部结构的底部水平地震剪力（kN）；

　　　V——桩承担的地震剪力（kN），当小于 $0.3V_0$ 时取 $0.3V_0$，大于 $0.9V_0$ 时取 $0.9V_0$；

H——建筑地上部分的高度（m）；

d_f——基础埋深（m）。

关于不计桩基承台底面与土的摩阻力为抗地震水平力的组成部分问题，主要是因为这部分摩阻力不可靠。软弱黏性土有震陷问题，一般黏性土也可能因桩身摩擦力产生的桩间土在附加应力下的压缩使土与承台脱空；欠固结土有固结下沉问题；非液化的砂砾则有震密问题等。实践中不乏静载下桩台与土脱空的报道，地震情况下震后桩台与土脱空的报道也屡见不鲜。此外，计算摩阻力也很困难，因为需明确桩基在竖向荷载作用下的桩、土荷载分担比。出于上述考虑，为安全计，《抗震规范》规定不应考虑承台与土的摩擦阻抗。

对于疏桩基础，如果桩的设计承载力按桩极限荷载取用则可以考虑承台与土间的摩阻力。因为此时承台与土不会脱空，且桩、土的竖向荷载分担比也比较明确。

2.4.3　液化土中的桩基抗震验算

存在液化土层的低承台桩基抗震验算，应符合下列规定：

1）承台埋深较浅时，不宜计入承台周围土的抗力或刚性地坪对水平地震作用的分担作用，如图 2.5 所示。

2）当桩承台底面上、下分别有厚度不小于 1.5m、1.0m 的非液化土层或非软弱土层时，可按下列两种情况进行桩的抗震验算，并按不利情况设计：

① 桩承受全部地震作用，桩承载力按非液化土层中的桩基取用，此时土尚未充分液化，只是刚度下降很多，所以液化土的桩周摩阻力及桩水平抗力均应乘以表 2.17 的折减系数。如图 2.6 计算方法一所示。

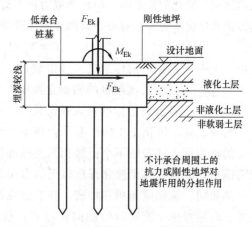

图 2.5　承台浅埋时的地震作用计算

表 2.17　土层液化影响折减系数

实际标贯锤击数/临界标贯锤击数	深度 d_s/m	折减系数
≤0.6	$d_s \leqslant 10$	0
	$10 \leqslant d_s \leqslant 20$	1/3
>0.6~0.8	$d_s \leqslant 10$	1/3
	$10 \leqslant d_s \leqslant 20$	2/3
>0.8~1.0	$d_s \leqslant 10$	2/3
	$10 \leqslant d_s \leqslant 20$	1

② 地震作用按水平地震影响系数最大值的 10% 采用，桩承载力仍按单桩的竖向和水平向抗震承载力特征值均比非抗震设计时提高 25% 取用，但应扣除液化土层的全部摩阻力及桩承台下 2m 深度范围内非液化土的桩周摩阻力。如图 2.7 计算方法二所示。

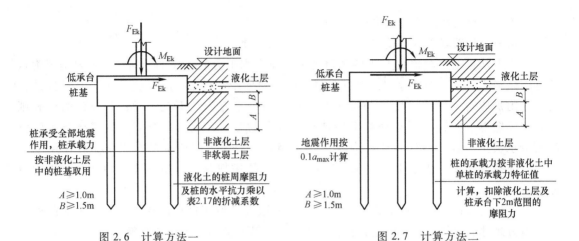

图 2.6　计算方法一　　　　　　　　　图 2.7　计算方法二

3）打入式预制桩及其他挤土桩，当平均桩距为 2.5~4 倍桩径且桩数不少于 5×5 时，可计入打桩对土的加密作用及桩身对液化土变形限制的有利影响。当打桩后桩间土的标准贯入锤击数值达到不液化的要求时，单桩承载力可不折减，但对桩尖持力层作强度校核时，桩群外侧的应力扩散角应取为零。打桩后桩间土的标准贯入锤击数宜由试验确定，也可按下式计算

$$N_1 = N_p + 100\rho\left(1 - e^{-0.3N_p}\right) \tag{2.15}$$

式中　N_1——打桩后的标准贯入锤击数；

　　　ρ——打入式预制桩的面积置换压入率；

　　　N_p——打桩前的标准贯入锤击数。

另外，处于液化土中的桩基承台周围，宜用密实干土填筑夯实，若用砂土或粉土则应使土层的标准贯入锤击数不小于液化判别标准贯入锤击数临界值，且液化土和震陷软土中桩的配筋范围，应自桩顶至液化深度以下符合全部消除液化沉陷所要求的深度，其纵向钢筋应与桩顶部相同，箍筋应加粗和加密。在有液化侧向扩展的地段，桩基除应满足本节中的其他规定外，尚应考虑土流动时的侧向作用力，且承受侧向推力的面积应按边桩外缘间的宽度计算。即对河湖岸边地段，结构设计应特别注意避让，或采取切实有效的结构措施，确保基础的稳定，距常时水线 100~500m 范围内的地段内不宜修建永久性建筑，否则应进行抗滑动验算、采取防土体滑动措施或结构抗裂措施。

本章小结

本章主要讲述场地土的分类，各类场地及地基的性状特征及其对地震作用的影响，地基基础抗震设计的基本原则和方法，场地土液化的概念及判别方法。这些是后续结构抗震设计，尤其是抗震概念设计的基础和重要组成部分，学习时应认真领会并深刻理解。

习题

一、选择题

1. 地基液化等级的划分依据是（　　）。

A. 液化土层的深度　　　　　　　　　　B. 标注贯入锤击数

C. 液化指数　　　　　　　　　　　　　D. 土层等效剪切波速

2. 《抗震规范》将建筑场地划分为四种类别，下面属于不利地段的是（　　　）。

A. 中硬土　　　　　　B. 陡坡　　　　　　C. 滑坡　　　　　　D. 坚硬土

3. 下面可以不进行天然地基及基础的抗震验算的是（　　　）。

A. 6度时建造于Ⅱ类场地上的木结构房屋的地基基础

B. 抗震设防烈度为7度时的建筑的地基基础

C. 砌体房屋的地基基础

D. 单层厂房的地基基础

4. 工程场地土的类别根据（　　　）进行分类。

A. 强度　　　　　　　　　　　　　　　B. 压缩模量

C. 湿度　　　　　　　　　　　　　　　D. 覆盖层厚度和剪切波速

5. 关于地基土的液化，下列说法错误的是（　　　）。

A. 饱和的砂土比饱和的粉土更不容易液化

B. 地震持续时间长，即使烈度低，也可能出现液化

C. 土的相对密度越大，越不容易液化

D. 地下水位越深，越不容易液化

6. 根据液化指数的大小，液化等级分为（　　　）。

A. 二级　　　　　　B. 三级　　　　　　C. 四级　　　　　　D. 五级

7. 地基土的抗震承载力与其静承载力相比（　　　）。

A. 稍大　　　　　　B. 稍小　　　　　　C. 相等　　　　　　D. 不确定

8. 下面可不进行桩基抗震验算的是（　　　）。

A. 7、8度时的多层厂房

B. 7、8度不超过8层且高度在24m以下的一般民用框架房屋

C. 7、8度时的多层混凝土抗震墙房屋

D. 7、8、9度时的一般单层空旷房屋

9. 下面不属于减轻液化影响的基础处理措施是（　　　）。

A. 选择合适的基础埋深　　　　　　　　B. 调整基础底面积

C. 减小基础偏心　　　　　　　　　　　D. 采用独立基础

10. 下列不属于全部消除地基液化沉陷措施的是（　　　）。

A. 采用深基础时，基础底面埋入液化深度以下稳定土层的深度达到1m

B. 用非液化土替换全部液化土层

C. 用振冲法加固地基，并使加固后的桩间土标准贯入锤击数小于相应的液化判别标准贯入锤击数临界值

D. 用强夯法加固地基，并处理至液化深度下限

二、填空题

1. 标准贯入试验判别液化的实质是_____。

2. 地基土液化过程可以分为_____和_____两大步骤。

3. 《抗震规范》按场地上建筑物的震害轻重程度把建筑场地划分为对建筑抗震_____、_____和_____地段。

4. 根据土层剪切波速的范围把土划分为_____、_____、_____、_____四类。

5. 当饱和砂土或饱和粉土在地面下20m深度范围内的实测标准贯入锤击数 $N_{63.5}$（为经杆长修正）小于液化判别标准贯入锤击数的临界值 N_{cr} 时，应判为_____。

6. 液化宏观现象一般有_____。

7. 《抗震规范》用_____来反映场地液化可能造成的危害程度。

8. 对于高宽比_____的高层建筑，地震作用下基础底面不宜出现零应力区。

9. 影响地基液化的主要因素为_____、_____、_____、_____、_____、_____。

10. 《抗震规范》要求，当地基为_____、_____、_____或_____时，应根据地震时地基不均匀沉降和其他不利影响，采取相应措施。

三、判断改错题

1. 一般来讲，震害随场地覆盖层厚度的增加而减轻。（   ）

2. 地下水位越深，地基越不容易液化。（   ）

3. 建筑场地类别主要是根据场地土的等效剪切波速和覆盖厚度来确定的。（   ）

4. 为防止地基失效，提高安全度，地基土的抗震承载力应在地基土静承载力的基础上乘以小于 1 的调整系数。（   ）

5. 一般情况下地基的抗震承载力设计值等于其深宽修正后的地基承载力特征值。（   ）

6. 边坡附近的建筑基础宜进行抗震稳定性设计。（   ）

7. 砌体房屋可不进行天然地基及基础的抗震承载力验算。（   ）

8. 软弱黏性土层是指 7 度时地基承载力特征值小于 70kPa 的土层。（   ）

9. 对于抗震危险地段，严禁建造甲类建筑，不应建筑乙类建筑。（   ）

10. 山区建筑的场地勘察应有边坡稳定性评价和防治方案建议。（   ）

四、名词解释

场地　等效剪切波速　场地覆盖层厚度　抗震有利地段　地基抗震承载力调整系数　液化　液化指数

五、简答题

1. 建筑场地类别是怎么划分的？

2. 如何确定地基抗震承载力？为什么地基的抗震承载力大于静承载力？

3. 什么是砂土液化？液化会造成什么危害？如何判别地基土的液化？

4. 地基抗液化措施有哪些？

5. 哪些建筑可不进行天然地基与基础抗震承载力验算？

6. 怎样确定调整后的地基土抗震承载力？

7. 哪些建筑的桩基不需要进行抗震验算？

六、计算题

1. 表 2.18 为某工程场地地质钻孔地质资料，试确定该场地类别。

表 2.18　某工程场地地质钻孔地质资料

土层底部深度/m	土层厚度 d_i/m	岩土名称	剪切波速 v_i/(m/s)
2.50	2.50	杂填土	200
4.00	1.50	粉土	280
4.90	0.90	中砂	310
6.10	1.20	砾砂	510

2. 图 2.8 为某场地地基剖面图。上覆非液化土层厚度 $d_u = 5.5m$，其下为砂土，地下水位深度 $d_w = 6.0m$。基础埋深 $d_b = 2.0m$，该场地为 8 度区。试按初步判别液化方法确定该砂土是否必须考虑液化的影响。

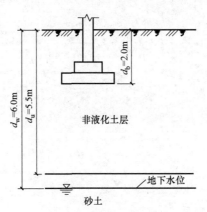

图 2.8　某场地地基剖面图

结构地震反应分析与 | 第 3 章
抗震验算

学习要求：
- 理解设计用反应谱的形成。
- 熟练掌握振型分解反应谱法、底部剪力法计算地震作用。
- 了解考虑扭转的地震作用效应计算方法。
- 掌握近似计算结构基本周期的能量法、顶点位移法等。
- 了解竖向地震作用的计算方法。
- 掌握两阶段抗震设计的基本内容和方法。

3.1 地震作用的性质、特点及分析方法

1. 地震作用的特点

地震释放的能量以地震波的形式传到地面，使地面产生加速度运动，并引起结构振动产生相应的加速度，由此产生相应的惯性力作用在结构上。地震时由地震动引起的作用在建筑物上的惯性力（或力矩）即地震作用。地震作用的大小不仅与结构所在地区场地的地震动特性（如地震烈度、场地卓越周期等）有关，还与结构的动力特性（自振周期、振型、阻尼等）有关。另外，地震作用的大小是时间的函数，在每个时刻，地震作用的大小都是变化的。每次地震发生持续的时间较短，一般从数秒到数十秒不等，因此地震是一个随机过程。根据其超越概率的大小，可分为多遇地震和罕遇地震。多遇地震的抗震设计属于短暂设计状况，罕遇地震的抗震设计属于偶然设计状况。

2. 地震作用及其效应的分析方法

由于地震是一个随机过程，所以地震作用也是一个随机过程。地震作用效应是指由地震动引起结构每一个瞬时内力（如弯矩、剪力、轴力、扭矩等）或应力、瞬时应变或位移、瞬时运动加速度、速度等。地震作用效应也是一种随时间快速变化的动力作用，故又称为地震反应，也是一个随机过程。

地震作用及其效应的分析方法有反应谱法和动力分析法两类。

谱的概念源于物理学，是把一种复杂事件分解成若干独立分量，并按一定次序排列起来形成的图形。地震反应谱就是把不同地震反应（如位移、速度、加速度等）按周期次序排列起来形成的图形。反应谱法是以线弹性理论为基础，根据结构的动力特性并利用地震反应谱，计算振型地震作用，再按静力方法求振型内力和变形。根据采用的振型多少，反应谱法又分为振型分解反应谱法和底部剪力法。

随着计算机技术的发展和强震记录的积累，地震作用及其效应可以输入结构和地震动，建立动力模型和运动微分方程，用动力学理论计算地震动过程中结构反应的时间历程，又称为时程分析法。

3.2　单自由度弹性体系的地震反应分析与抗震设计反应谱

3.2.1　单自由度弹性体系的计算简图

地震反应是结构物的质量在地震动加速度作用下产生的一种惯性运动和变形。结构变形可以通过结构中典型节点的运动来描述，结构惯性运动的内因是结构物的质量或转动惯量，因而动力分析中需对节点的运动自由度进行适当选取，对结构物的质量合理模型化。

各类建筑物均为连续体，质量沿结构高度是连续分布的。为了便于分析，需要做出某些假定进行离散化处理，以减少计算工作量。目前结构抗震分析中主要应用的是集中质量模型，即将结构构件的质量集中放在节点处，结构杆件本身则看成是无重弹性直杆。例如，水塔、单层房屋或各跨等高的单层厂房、大跨度结构等（图 3.1），其单质点可取在水塔的水箱处、单层房屋的屋盖标高处或大跨度结构的跨中位置；将水箱、屋盖或跨中的全部质量，以及塔身、房屋墙体或跨内的部分质量集中到该点；而将塔身、房屋墙柱或大跨结构的梁视为恢复力构件，从而形成单质点集中质量模型。

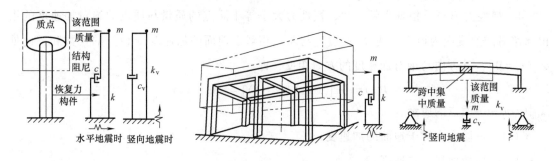

图 3.1　单自由度体系的动力计算模型实例

结构动力学中，一般将确定一个振动体系弹性位移的独立参数的个数称为该体系的自由度，如果只需要一个独立参数就可确定其弹性变形位置，该体系即为单自由度体系。在结构抗震分析中，水塔、单层厂房等通常只考虑质点做单向水平振动，因而可以看作单自由度弹性体系。

3.2.2　单自由度弹性体系的运动方程

分析图 3.2 所示单自由度弹性体系在随时间变化的干扰力 $P(t)$ 作用下的运动方程。取质点为隔离体，由结构动力学可知，作用在质点上的力有如下几种：

1）随时间变化的干扰力 $P(t)$。

2）弹性恢复力 $S(t)$。弹性恢复力 $S(t)$ 是使质点从振动位置恢复到原来平衡位置的一种力，力的大小与质点相对于地面的位移 $x(t)$ 成正比，方向与质点的位移方向相反，即

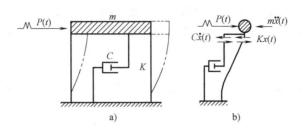

图 3.2　单自由度弹性体

$$S(t) = -Kx(t) \tag{3.1}$$

式中　K——体系的侧移刚度，即质点产生单位水平位移时，在质点处所需施加的力；

　　　$x(t)$——质点相对于地面的水平位移。

3）阻尼力 $R(t)$。阻尼力是使体系振动不断衰减的力，它来自结构材料的内摩擦、结构构件连接处的摩擦、结构周围介质的阻力及地基变形的能量耗散，通常采用黏滞阻尼理论，即假设体系阻尼力的大小与质点相对于地面的速度 $\dot{x}(t)$ 成正比，力的方向与相对速度 $\dot{x}(t)$ 的方向相反，即

$$R(t) = -C\dot{x}(t) \tag{3.2}$$

式中　C——阻尼系数；

　　　$\dot{x}(t)$——质点相对于地面的速度。

4）惯性力 $I(t)$。根据牛顿定律，惯性力大小等于质点的质量与质点的绝对加速度的乘积［绝对加速度应为地面加速度 $\ddot{x}_g(t)$ 与质点相对于地面的加速度 $\ddot{x}(t)$ 的代数和，此处 $\ddot{x}_g(t) = 0$］，其方向与绝对加速度的方向相反，即

$$I(t) = -m[\ddot{x}(t) + \ddot{x}_g(t)] = -m\ddot{x}(t) \tag{3.3}$$

式中　m——质点的质量；

　　　$\ddot{x}(t)$——质点相对于地面的加速度；

　　　$\ddot{x}_g(t)$——地面运动加速度。

根据达朗贝尔（D. Alembert）原理，质点在上述四个力作用下应处于平衡，单自由度弹性体系的运动方程可以表达为

$$I(t) + S(t) + R(t) = P(t) \tag{3.4}$$

$$m\ddot{x}(t) + C\dot{x}(t) + K \cdot x(t) = P(t) \tag{3.5}$$

图 3.3 表示单自由度弹性体系在水平地震作用下的变形情况。这时，体系上并无干扰力 $P(t)$ 作用，仅有地震引起的地面运动 $x_g(t)$。由式（3.4）可以推导出在水平地震作用下单自由度弹性体系的运动方程为

即　　$m[\ddot{x}(t) + \ddot{x}_g(t)] + C\dot{x}(t) + Kx(t) = 0$

$$m\ddot{x}(t) + C\dot{x}(t) + Kx(t) = -m\ddot{x}_g(t)$$

$$\tag{3.6}$$

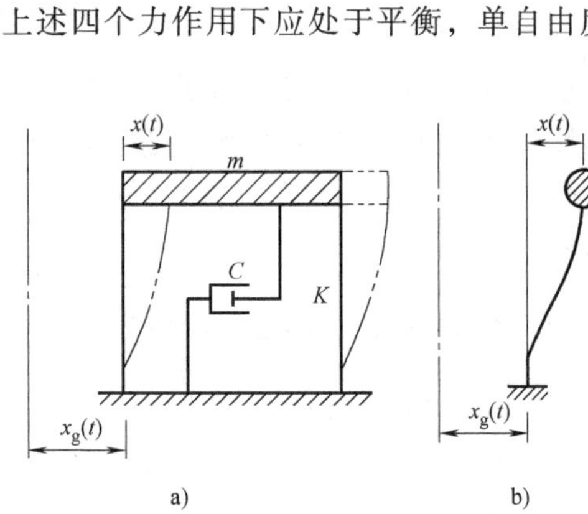

图 3.3　单自由度弹性体系在水平
地震作用下的变形

方程（3.6）的右端项质点的质量与地面运动的加速度的乘积 $m\ddot{x}_g(t)$ 相当于作用在体系上的干扰力 $P(t)$。当方程（3.6）中的第二式的右端项为零时，就成为一个齐次方程

$$m\ddot{x}(t)+C\dot{x}(t)+Kx(t)=0 \tag{3.7}$$

它描述了一个有阻尼单自由度弹性体系的自由振动。若去掉方程（3.7）左端第二项阻尼力 $C\dot{x}(t)$，就得到描述了无阻尼单自由度弹性体系的自由振动方程

$$m\ddot{x}(t)+Kx(t)=0 \tag{3.8}$$

通常用式（3.8）来求解体系固有的振动特性。

结构在地震作用下引起的振动常称为结构的地震反应，它包括地震作用下结构的内力、变形、速度、加速度和位移等。为了将式（3.6）进一步简化，设

$$\omega^2=\frac{K}{m},\zeta=\frac{C}{2\sqrt{Km}}=\frac{C}{2\omega m} \tag{3.9}$$

将式（3.9）代入方程（3.6）第二式，整理后得

$$\ddot{x}(t)+2\zeta\omega\dot{x}(t)+\omega^2x(t)=-\ddot{x}_g(t) \tag{3.10}$$

式中　ζ——体系的阻尼比，一般工程结构的阻尼比为 $0.01\sim0.1$，通常取为 0.05；

　　　ω——无阻尼单自由度弹性体系的圆频率，即 2πs 时间内体系的振动次数。

在结构抗震计算中，常常用到结构的自振周期 T，它是体系振动一次所需的时间，单位为 s。自振周期 T 的倒数为体系的自振频率 f，即体系在每秒钟内的振动次数，自振频率 f 的单位为 1/s 或 Hz。

$$T=\frac{2\pi}{\omega}=2\pi\sqrt{\frac{m}{K}} \tag{3.11}$$

$$f=\frac{1}{T}=\frac{\omega}{2\pi}=\frac{1}{2\pi}\sqrt{\frac{K}{m}} \tag{3.12}$$

单自由度弹性体系的地震反应分析就是对方程（3.10）求解。方程（3.10）为一常系数二阶非齐次方程，其解包含两个部分：一部分是与方程（3.10）对应的齐次方程的通解；另一部分是方程（3.10）的特解。前者代表体系的自由振动，后者代表体系在地震作用下强迫振动。

3.2.3　运动方程的解

1. 齐次方程的通解（自由振动）

当方程（3.10）中右端项地面运动加速度 $\ddot{x}_g(t)$ 为零时，可以得到齐次方程

$$\ddot{x}(t)+2\zeta\omega\dot{x}(t)+\omega^2x(t)=0 \tag{3.13}$$

由结构动力学得到方程（3.13）的解为

$$x(t)=e^{-\zeta\omega t}\left[x(0)\cos\omega't+\frac{\dot{x}(0)+\zeta\omega x(0)}{\omega'}\sin\omega't\right] \tag{3.14}$$

式中　$x(0)$、$\dot{x}(0)$——$t=0$ 时，质点相对于地面的位移和速度，即初位移和初速度；

　　　ω'——有阻尼单自由度弹性体系的圆频率，它与无阻尼体系的圆频率 ω 有以下关系。

$$\omega' = \omega\sqrt{1-\zeta^2} \tag{3.15}$$

当阻尼比 $\zeta = 0.05$ 时，$\omega' = 0.9987\omega \approx \omega$。

所以，通常可近似取 $\omega' = \omega$，也就是在计算体系的自振频率时可不考虑阻尼的影响，从而简化了计算过程。从式（3.14）可以看出，只有当体系的初位移 $x(0)$ 或初速度 $\dot{x}(0)$ 不为零时，体系才产生自由振动，而且振动幅值随时间不断衰减。用式（3.14）可以绘制出

有阻尼单自由度弹性体系做自由振动时的位移时程曲线，如图 3.4 所示，可以看出它是一条逐渐衰减的振动曲线，即其振幅 $x(t)$ 随时间增加而减小，阻尼比 ζ 的值越大，振幅的衰减也越快。将不同的阻尼比 ζ 值代入式（3.15），体系的振动可以有以下三种情况：

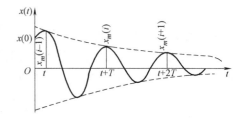

图 3.4 有阻尼单自由度弹性体系自由振动的位移曲线

（1）阻尼比 $\zeta < 1$ 时，$\omega' > 0$，则体系产生振动。

（2）阻尼比 $\zeta > 1$ 时，$\omega' < 0$，则体系不产生振动，这种形式的阻尼称为过阻尼。

（3）阻尼比 $\zeta = 1$ 时，$\omega' = 0$，$\zeta = \dfrac{C}{2\omega m} = \dfrac{C}{C_r} = 1$，$C_r = 2\omega m$ 称为临界阻尼系数，ζ 表示体系的阻尼系数 C 与临界阻尼系数 C_r 的比值，所以，ζ 又叫临界阻尼比，简称阻尼比。

2. 瞬时冲量作用下单质点弹性体系的动力反应

如图 3.5 所示，当在结构的质点上作用一荷载 F，该荷载作用的时间很短，为 Δt，称 $F \cdot \Delta t$ 为有限冲量。当 $\Delta t \to dt$ 时，这个冲量 $F \cdot dt$ 称为瞬时冲量。瞬时冲量作用的时间很短，结构的动力反应可以看作是以该瞬时冲量作用以后在 $t = dt$ 时产生的位移和速度为初始条件的自由振动。

根据牛顿第二定律，有

$$F = m\frac{dv}{dt} \tag{3.16}$$

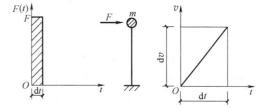

图 3.5 瞬时冲量作用下的单质点弹性体系

式中 $\dfrac{dv}{dt}$ ——质点运动加速度。

速度增量为

$$dv = \frac{F dt}{m} \tag{3.17}$$

若质点 m 的初始速度为零，那么 dv 即瞬时冲量 $F dt$ 作用上去后质点 m 在 $t = dt$ 时的速度，则质点在 dt 时间内的平均速度为

$$\bar{v} = \frac{1}{2}(0 + dv) = \frac{F dt}{2m} \tag{3.18}$$

当初位移为零时，质点在 $t = dt$ 时的位移是

$$dx = \bar{v} dt = \frac{F}{2m}(dt)^2 \tag{3.19}$$

当 $t>dt$ 后，由于荷载 F 已不在结构上，故结构的振动情况与以 dx 和 dv 为初始条件的自由振动相同。考虑到 dt 是一无穷小量，计算时间的起点就不妨认为从荷载开始的那一点 $t=0$ 算起。以 dx 和 dv 代替式（3.14）中的 $x(0)$ 和 $\dot{x}(0)$，再注意到 dx 与 dv 相比是一高阶无穷小量，可略去 dx 不计，故由式（3.14）表示的位移可写为

$$x(t) = e^{-\zeta\omega t}\frac{Fdt}{m\omega'}\sin\omega't \tag{3.20}$$

若冲击力 F 不是从 $t=0$ 开始作用，而是从 τ 开始作用，如图 3.6 所示，则有

$$x(t) = e^{-\zeta\omega(t-\tau)}\frac{Fdt}{m\omega'}\sin\omega'(t-\tau) \tag{3.21}$$

3. 任意冲击荷载下单质点弹性体系的反应

图 3.7 所示为一任意冲击荷载随时间 t 变化的曲线 $F(t)$。

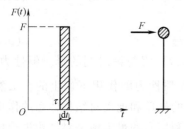

图 3.6　瞬时冲量冲 $t=\tau$ 开始作用

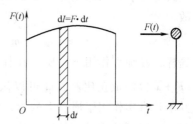

图 3.7　任意冲击荷载

设将时间划分为无限多个微段 dt，则在每一微段 dt 内的 $F(t)$ 可视为常量 F，它与 dt 的乘积构成一个瞬时冲量 dI。那么图 3.7 所示的任意冲击荷载 $F(t)$ 对质点的作用就可以看作无限多个冲量对它作用的结果。

根据线性微分方程的特性，可运用叠加原理，将各个瞬时冲量独立作用的影响分别求出，然后叠加以求得原来冲击荷载的影响。

考察某一时间 t 时的位移 $x(t)$，计算时应考虑时间 t 以前各个瞬时冲量 $dI_r = F(\tau)d\tau$ 的影响。式（3.21）是一个瞬时冲量产生的影响，若为多个瞬时冲量的影响，则可用积分得到

$$x(t) = \int_0^t \frac{F(\tau)}{m\omega'}e^{-\zeta\omega(t-\tau)}\sin\omega'(t-\tau)d\tau \tag{3.22}$$

上式即为杜哈梅积分，它是一般受迫振动微分方程式（3.5）的解。

通常情况下，结构的阻尼比 ζ 很小，$\omega'\propto\omega$，故式（3.22）也可近似写成

$$x(t) = \int_0^t \frac{F(\tau)}{m\omega}e^{-\zeta\omega(t-\tau)}\sin\omega(t-\tau)d\tau \tag{3.23}$$

4. 单质点弹性体系在水平地震作用的反应

考虑到地震作用时的地面加速度，令任意冲击荷载 $F(t) = -m\ddot{x}_g(t)$，则微分方程（3.10）的解可由杜哈梅积分式（3.23）写出

$$x(t) = -\frac{1}{\omega}\int_0^t \ddot{x}_g(\tau)e^{-\zeta\omega(t-\tau)}\sin\omega(t-\tau)d\tau \tag{3.24}$$

上式即为单质点弹性体系在水平地震作用下时间 t 处的位移反应。

若已知某一结构和其所遭遇的地面运动加速度历程，则可以通过式（3.24）用数值积分得到任一时间 t 时的质点位移 $x(t)$。

由于在推导过程中采用了叠加原理，杜哈梅积分只能用于弹性体系；地面运动加速度 $\ddot{x}_g(t)$ 是一个不规则函数，难以用解析式表达，杜哈梅积分只能通过数值积分求解。

3.2.4 水平地震作用的基本公式

当基础做水平运动时，根据式（3.6），可求得作用于单自由度弹性体系质点上的惯性力 $-m\left[\ddot{x}_g(t)+\ddot{x}(t)\right]$ 为

$$-m\left[\ddot{x}_g(t)+\ddot{x}(t)\right]=Kx(t)+C\dot{x}(t) \tag{3.25}$$

上式等号右边的阻尼力项 $C\dot{x}(t)$ 相对于弹性恢复力项 $Kx(t)$ 来说是一个可以略去的微量，故

$$-m\left[\ddot{x}_g(t)+\ddot{x}(t)\right]\approx Kx(t) \tag{3.26}$$

这样，在地震作用下，质点在任一时刻的相对位移 $x(t)$ 将与该时刻的瞬时惯性力 $-m\left[\ddot{x}_g(t)+\ddot{x}(t)\right]$ 成正比。因此可以认为这一相对位移是在惯性力的作用下产生的，虽然惯性力并不是真实作用于质点上的力，但惯性力对结构体系的作用和地震对结构体系的作用效果相当，所以可认为是一种反映地震影响效果的等效力，利用它的最大值来对结构进行抗震验算，就可以使抗震设计这一动力计算问题转化为相当于静力荷载作用下的静力计算问题。

质点的绝对加速度可由式（3.26）确定，即

$$a(t)=\ddot{x}_g(t)+\ddot{x}(t)=-\frac{K}{m}x(t)=-\omega^2 x(t) \tag{3.27}$$

将地震位移反应 $x(t)$ 的表达式即式（3.24）代入上式，可得

$$a(t)=\omega\int_0^t \ddot{x}_g(\tau)\mathrm{e}^{-\zeta\omega(t-\tau)}\sin\omega(t-\tau)\mathrm{d}\tau \tag{3.28}$$

由于地面运动的加速度 $\ddot{x}_g(\tau)$ 是随时间而变化的，故为了求得结构在地震持续过程中经历的最大地震作用，以便用于抗震设计，必须计算出质点的最大绝对加速度，即

$$S_a=\mid a(t)\mid_{\max}=\omega\left|\int_0^t \ddot{x}_g(\tau)\mathrm{e}^{-\zeta\omega(t-\tau)}\sin\omega(t-\tau)\mathrm{d}\tau\right|_{\max}$$

$$=\frac{2\pi}{T}\left|\int_0^t \ddot{x}_g(\tau)\mathrm{e}^{-\zeta\frac{2\pi}{T}(t-\tau)}\sin\frac{2\pi}{T}(t-\tau)\mathrm{d}\tau\right|_{\max} \tag{3.29}$$

由上式可知，质点的绝对最大加速度 S_a 取决于地震时的地面运动加速度 $\ddot{x}_g(t)$、结构的自振频率 ω 或自振周期 T，以及结构的阻尼比 ζ。然而，由于地面水平运动的加速度 $\ddot{x}_g(t)$ 极不规则，无法用简单的解析式来表达，故在计算 S_a 时，一般都采用数值积分法。

3.2.5 地震反应谱

根据式（3.29），若给定地震时地面运动的加速度记录 $\ddot{x}_g(\tau)$ 和体系的阻尼比 ζ，则可计算出质点的最大加速度 S_a 和体系自振周期 T 的一条关系曲线，并且对于不同的 ζ 值就可得到不同的 S_a-ζ 曲线，这类 S_a-ζ 曲线称为加速度反应谱。

图 3.8 是根据 1940 年埃尔森特罗（Elcentro）地震时地面运动加速度记录绘出的加速度反应谱曲线。由图可见：

（1）加速度反应谱曲线为一多峰点曲线。当阻尼比等于零时，加速度反应谱的谱值最大，峰点突出。但是，不大的阻尼比也能使峰点下降很多，并且谱值随着阻尼比的增大而减小。

（2）当结构的自振周期较小时，随着周期的增大，其谱值急剧增加，但至峰值点后，则随着周期的增大其反应逐渐衰减，而且渐趋平缓。

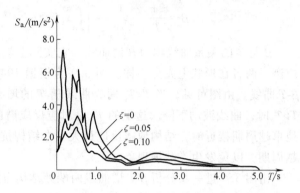

图 3.8　1940 年埃尔森特罗地震加速度反应谱

根据反应谱曲线，对于任何一个单自由度弹性体系，如果已知其自振周期 T 和阻尼比 ζ，就可以从曲线中查得该体系在特定地震记录下的地震作用的绝对最大值，即

$$F = mS_a \tag{3.30}$$

3.2.6　标准反应谱

式（3.30）是计算水平地震作用的基本公式。为了便于应用，可在式中引入能反映地面运动强弱的地面运动最大加速度 $|\ddot{x}_g(t)|_{max}$，并将其改写成下列形式

$$F = mS_a = mg\left(\frac{|\ddot{x}_g|_{max}}{g}\right)\left(\frac{S_a}{|\ddot{x}_g|_{max}}\right) = Gk\beta \tag{3.31}$$

式中，$G = mg$ 为重力，k 和 β 分别称为地震系数和动力系数，它们均具有一定的工程意义。

1. 地震系数 k

$$k = \frac{|\ddot{x}_g|_{max}}{g} \tag{3.32}$$

它表示地面运动的最大加速度与重力加速度之比，其值只与地震烈度的大小有关。一般地，地面加速度越大，则地震烈度越高，故地震系数与地震烈度之间存在着一定的对应关系。但必须注意，地震烈度的大小不仅取决于地面最大加速度还与地震的持续时间和地震波的频谱特性有关。根据统计分析，烈度每增加一度，地震系数 k 值将大致增加一倍。

2. 动力系数 β

$$\beta = \frac{S_a}{|\ddot{x}_g|_{max}} \tag{3.33}$$

它是单质点最大绝对加速度与地面最大加速度的比值，表示由于动力效应，质点的最大绝对加速度比地面最大加速度放大了多少倍。因为当 $|\ddot{x}_g(t)|_{max}$ 增大或减小时，S_a 相应增大或减小，因此 β 值与地震烈度无关，这样就可以利用所有不同烈度的地震记录进行计算和统计。

将 S_a 的表达式（3.29）代入式（3.33），得

$$\beta = \frac{2\pi}{T} \frac{1}{|\ddot{x}_g|_{max}} \left| \int_0^t \ddot{x}_g(\tau) e^{-\zeta \frac{2\pi}{T}(t-\tau)} \sin \frac{2\pi}{T}(t-\tau) d\tau \right|_{max} \qquad (3.34)$$

β 与 T 的关系曲线称为 β 谱曲线，它实际上就是结构相对于地面最大加速度的加速度反应谱，两者在形状上完全一样。图 3.9 为根据 1940 年 Elcentro 地震地面加速度记录绘制的 β-T 曲线。由图可见，当 $T < T_g$ 时，曲线随 T 的增大波动增长；当 $T = T_g$ 时 β 达到峰值；当 $T > T_g$ 时，曲线波动下降。这里的 T_g 是对应反应谱曲线峰值的结构自振周期，当此周期与场地卓越周期接近时，结构地震反应最大。在结构抗震设计中，应使结构自振周期避开场地卓越周期，以免发生类共振现象。

由图 3.9 进一步分析 β-T 谱曲线两端处结构自振周期与反应谱的关系。从理论角度，若单自由度体系的自振周期等于零，则表示该体系为绝对刚体（图 3.10a），质点与地面之间无相对运动，质点的绝对最大加速度 S_a 等于地面运动的最大加速度 $|\ddot{x}_g|_{max}$，此时 $\beta = 1$。若单自由度体系的自振周期很大，则表示该体系的质点和地面之间的弹性联系很弱（图 3.10b），质点基本处于静止状态，质点的绝对加速度 S_a 趋于零，β 亦趋于零。

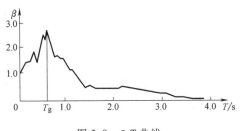

图 3.9 β-T 曲线

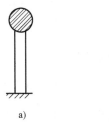

图 3.10 体系的质点和地面之间的联系

a）绝对刚体 b）联系很弱

3. 影响反应谱形状的因素

由于地震的随机性，即使在同一地点、同一烈度，每次地震的地面加速度记录也很不一致，因此需要根据大量的强震记录算出对应于每一条强震记录的反应谱曲线，然后统计求出最有代表性的平均曲线作为设计依据，这种曲线称为标准反应谱曲线。

根据不同地面运动记录的统计分析可以看出，场地土的特性、震级及震中距等都对反应谱曲线有比较明显的影响（图 3.11）。从图 3.11a 可以看出，场地土质松软，长周期结构反应较大，β 谱曲线峰值右移；场地土质坚硬，短周期结构反应较大，β 谱曲线峰值左移。从图 3.11b 可以看出，在相同烈度下，震中距较远时，加速度反应谱的峰点偏向较长周期，曲线峰值右移；震中距较近时，加速度反应谱的峰点偏向较短周期，曲线峰值左移。为反映这种影响，应根据设计地震分组的不同分别给出反应谱参数。

3.2.7 设计用反应谱

为了便于计算，《抗震规范》采用相对于重力加速度的单质点绝对最大加速度，即 $\frac{S_a}{g}$ 与体系自振周期 T 之间的关系作为设计用反应谱，并将 $\frac{S_a}{g}$ 用 α 表示，称 α 为地震影响系数。

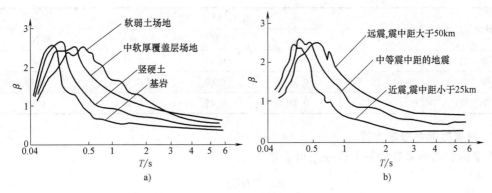

图 3.11　不同场地条件及震中距对反应谱的影响

a) 不同场地条件下的平均 β 反应谱　b) 不同震中距下的平均 β 反应谱

实际上，由式（3.31）可知

$$\alpha = \frac{S_a}{g} = k\beta \tag{3.35}$$

则式（3.31）还可写成

$$F = \alpha G \tag{3.36}$$

因此，α 实际上就是作用于单质点弹性体系的水平地震力与结构重力之比。《抗震规范》以地震影响系数 α 作为参数，给出 α 谱曲线作为设计用反应谱（图 3.12）。一般建筑结构的阻尼比可取 0.05。反应谱曲线由 4 部分组成：当 $T < 0.1\mathrm{s}$ 时，曲线为一段线性上升段；当 $0.1\mathrm{s} \leqslant T \leqslant T_g$ 时，曲线为一水平线，即取 α 的最大值 $\alpha_{\max}$；当 $T_g < T \leqslant 5T_g$ 时，曲线采用式（3.37）所示的下降段，衰减指数 γ 取 0.9；当 $5T_g < T \leqslant 6.0\mathrm{s}$ 时，曲线采用式（3.38）所示的直线下降段，下降斜率调整系数 η_1 为 0.02。但应注意，当 $T > 6.0\mathrm{s}$ 时就会超出设计反应谱的适用范围，此时采用的地震影响系数 α 需做专门研究。

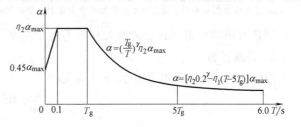

图 3.12　地震影响系数曲线

$$\alpha = \left(\frac{T_g}{T}\right)^{\gamma} \eta_2 \alpha_{\max} \tag{3.37}$$

$$\alpha = [\eta_2 0.2^{\gamma} - \eta_1 (T - 5T_g)] a_{\max} \tag{3.38}$$

式中　η_2——阻尼调整系数。

1. 特征周期

它是对应于反应谱峰值区拐点处的周期，可根据场地类别和设计地震分组按表 3.1 采用，但在计算罕遇地震作用时，其特征周期宜增加 0.05s。

表 3.1　特征周期 T_g　　　　（单位：s）

设计地震分组	场　地　类　别				
	I_0	I_1	II	III	IV
第一组	0.20	0.25	0.35	0.45	0.65
第二组	0.25	0.30	0.40	0.55	0.75
第三组	0.30	0.35	0.45	0.65	0.90

2. 地震影响系数最大值

水平地震影响系数的最大值 α_{max} 可表达为

$$\alpha_{max} = k\beta_{max} \tag{3.39}$$

建筑结构的地震影响系数应根据烈度、场地类别、设计地震分组和结构自振周期以及阻尼比确定，其水平地震影响系数最大值应按表 3.2 采用。同时，按照《抗震规范》的要求，对复杂结构及超限高层建筑，常要求对重要部位或重要构件按"中震"（即设防烈度地震）进行设计，当利用现有计算程序计算时，可通过调整水平地震影响系数最大值来实现。"中震"时的水平地震影响系数最大值一并列入表 3.2 中。

表 3.2　水平地震影响系数最大值

地震影响	烈　度			
	6 度	**7 度**	**8 度**	**9 度**
多遇地震	0.04	0.08(0.12)	0.16(0.24)	0.32
按"中震"设计	0.12	0.23(0.34)	0.45(0.68)	0.90
罕遇地震	0.28	0.50(0.72)	0.90(1.20)	1.40

注：括号中数值分别用于设计基本地震加速度为 $0.15g$ 和 $0.30g$ 的地区。

当建筑结构的阻尼比 ζ 按有关规定不等于 0.05 时，还需要计算以下参数。

3. 衰减指数

曲线下降段的衰减指数应按下式确定

$$\gamma = 0.9 + \frac{0.05 - \zeta}{0.3 + 6\zeta} \tag{3.40}$$

4. 直线下降段的下降斜率调整系数

考虑阻尼比不同对直线下降段的斜率进行修正，调整系数 η_1 按下式确定

$$\eta_1 = 0.02 + \frac{(0.05 - \zeta)}{4 + 32\zeta} \tag{3.41}$$

η_1 小于 0 时取 $\eta_1 = 0$。

5. 阻尼调整系数

阻尼调整系数 η_2 按下式确定

$$\eta_2 = 1 + \frac{0.05 - \zeta}{0.08 + 1.6\zeta} \tag{3.42}$$

η_2 小于 0.55 时取 $\eta_2 = 0.55$。

【**例 3.1**】　某钢筋混凝土排架（图 3.13a），集中于柱顶标高处的结构重量 $G = 600\text{kN}$，柱子刚度 $EI = 148 \times 10^3 \text{kN} \cdot \text{m}^2$，横梁刚度 $EI = \infty$，柱高 $h = 5\text{m}$，7 度设防，第二组，Ⅱ类场地土，阻尼比 $\zeta = 0.05$。计算该结构所受地震作用。

【**解**】　把结构简化为单自由度体系（图 3.13b），体系抗侧刚度 k 为各柱抗侧刚度之和，即

$$k = \frac{3 \times (EI \times 2)}{h^3} = \frac{3 \times (148 \times 10^3 \times 2)}{5^3} \text{kN/m}$$

$$= 7.104 \times 10^3 \text{kN/m}$$

体系自振周期

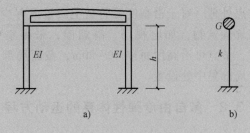

图 3.13　例 3.1 图

$$T = 2\pi \sqrt{\frac{m}{k}} = 2\pi \times \sqrt{\frac{600}{9.8 \times 7104}} \text{s} = 0.583\text{s}$$

7 度设防，$\alpha_{\max} = 0.08$，第二组，Ⅱ类场地土，$T_g = 0.4\text{s}$，$\zeta = 0.05$，$\eta_2 = 1$，则

$$\alpha = \left(\frac{T_g}{T}\right)^\gamma \eta_2 \alpha_{\max} = \left(\frac{0.4}{0.583}\right)^{0.9} \times 1 \times 0.08 = 0.057$$

$$F = \alpha G = 0.057 \times 600\text{kN} = 34.2\text{kN}$$

该结构柱顶处水平地震作用为 34.2kN。

3.3　多质点体系的地震反应分析

3.3.1　多质点体系计算简图

在实际工程中，有很多结构，如多高层房屋、不等高厂房、烟囱等，应将其质量相对集中于若干高度处，简化成多质点体系进行计算，才能得到切合实际的解答。

如图 3.14a 所示多层房屋，通常是将每一层楼面或屋盖的质量及上下各一半的楼层结构质量集中到楼面或屋盖标高处，作为一个质点，并假定由无重的弹性直杆支承于地面，把整个结构简化成一个多质点弹性体系。一般地，n 层的房屋应简化成 n 个质点的弹性体系。对

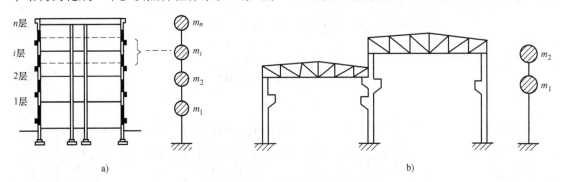

图 3.14　多质点体系计算简图

于图 3.14b 所示多跨不等高单层厂房，大部分质量集中于屋盖，可把厂房质量分别集中到高跨柱顶和低跨屋盖与柱的连接处，简化成两个质点的体系。如沿柱身具有较大质量的起重机，确定地震作用时，应把它当成单独质点处理。对于沿高度无明显主质量或有少量主质量的高耸构筑物，如电视塔、高烟囱，采用集中质量模型时，节点可沿高度每隔 10~20m、截面局部突变处或质量局部集中处设置。

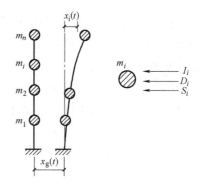

图 3.15　多自由度体系的变形

3.3.2　多自由度弹性体系的运动方程

多自由度弹性体系在水平地震作用下发生振动的情况如图 3.15 所示。设该体系各质点的相对水平位移为 x_i（$i=1,2,\cdots,n$，n 为体系自由度数）。为了建立运动方程，取第 i 质点为隔离体，作用在质点 i 上的力有

惯性力
$$I_i = -m_i(\ddot{x}_g + \ddot{x}_i) \tag{3.43}$$

阻尼力
$$D_i = -(c_{i1}\dot{x}_1 + c_{i2}\dot{x}_2 + \cdots + c_{in}\dot{x}_n) = -\sum_{r=1}^{n} c_{ir}\dot{x}_r \tag{3.44}$$

弹性恢复力
$$S_i = -(k_{i1}x_1 + k_{i2}x_2 + \cdots + k_{in}x_n) = -\sum_{r=1}^{n} k_{ir}x_r \tag{3.45}$$

式中　m_i——节点 i 的集中质量；

　　　c_{ir}——体系沿自由度方向的黏滞阻尼系数，即第 r 质点产生单位速度，其余点速度为零，在 i 质点产生的阻尼力，$c_{ir}=c_{ri}$，这里 c_{ir} 同样含有正负号，以表示施加力的正负方向；

　　　k_{ir}——体系沿自由度方向的刚度系数，即第 r 质点产生单位位移，其余质点不动，在 i 质点上产生的弹性反力，$k_{ir}=k_{ri}$，这里 k_{ir} 同样含有正负号，以表示施加力的正负方向。

根据达朗贝尔原理，得第 i 质点的动力平衡方程

$$m_i(\ddot{x}_g + \ddot{x}_i) = -\sum_{r=1}^{n} c_{ir}\dot{x}_r - \sum_{r=1}^{n} k_{ir}x_r \tag{3.46}$$

将上式整理，并推广到 n 个质点，得多自由度弹性体系在地震作用下的运动方程

$$m_i\ddot{x}_i + \sum_{r=1}^{n} c_{ir}\dot{x}_r + \sum_{r=1}^{n} k_{ir}x_r = -m_i\ddot{x}_g \quad (i=1,2,\cdots,n) \tag{3.47}$$

写成矩阵形式

$$M\ddot{x} + C\dot{x} + Kx = -\ddot{x}_g M\mathbf{1} \tag{3.48}$$

即

$$\begin{pmatrix} m_1 & & & 0 \\ & m_2 & & \\ & & \ddots & \vdots \\ 0 & & \cdots & m_n \end{pmatrix} \begin{Bmatrix} \ddot{x}_1 \\ \ddot{x}_2 \\ \vdots \\ \ddot{x}_n \end{Bmatrix} + \begin{pmatrix} c_{11} & c_{12} & \cdots & c_{1n} \\ c_{21} & c_{22} & \cdots & c_{2n} \\ \vdots & \vdots & & \vdots \\ c_{n1} & c_{n2} & \cdots & c_{nn} \end{pmatrix} \begin{Bmatrix} \dot{x}_1 \\ \dot{x}_2 \\ \vdots \\ \dot{x}_n \end{Bmatrix} + \begin{pmatrix} k_{11} & k_{12} & \cdots & k_{1n} \\ k_{21} & k_{22} & \cdots & k_{2n} \\ \vdots & \vdots & & \vdots \\ k_{n1} & k_{n2} & \cdots & k_{nn} \end{pmatrix} \begin{Bmatrix} x_1 \\ x_2 \\ \vdots \\ x_n \end{Bmatrix}$$

$$= -\ddot{x}_g \begin{pmatrix} m_1 & & & 0 \\ & m_2 & & \\ & & \ddots & \vdots \\ 0 & \cdots & & m_n \end{pmatrix} \begin{Bmatrix} 1 \\ 1 \\ \vdots \\ 1 \end{Bmatrix} \tag{3.49}$$

式中　M——集中质量矩阵；

　　　K——刚度系数矩阵，为 $n \times n$ 维，$K = K^{\mathrm{T}}$；

　　　C——黏滞阻尼系数矩阵。

当节点只有平动而无转动时，刚度系数可通过每一楼层的侧移刚度组合得到，此时 K 为三对角阵，其中除主对角及副对角元素外，其他元素均为 0。某些框架结构在水平地震作用下的变形为剪切型时可近似按此简化，设第 i 层刚度为 k_i，则 K 为

$$K = \begin{pmatrix} k_1+k_2 & -k_2 & & & 0 \\ -k_2 & k_2+k_3 & -k_3 & & \\ & & \ddots & & \\ & & -k_{n-1} & k_{n-1}+k_n & -k_n \\ 0 & & & -k_n & k_n \end{pmatrix} \tag{3.50}$$

3.3.3　多自由度弹性体系的自由振动

1. 自振频率

为简单起见，先分析两个自由度体系的无阻尼自由振动。在运动方程（3.48）中，令等号右端强迫力一项为零，略去阻尼项影响，可得

$$\begin{cases} m_1 \ddot{x}_1 + k_{11}x_1 + k_{12}x_2 = 0 \\ m_2 \ddot{x}_2 + k_{21}x_1 + k_{22}x_2 = 0 \end{cases} \tag{3.51}$$

上列微分方程的解为

$$\begin{cases} x_1 = X_1 \sin(\omega t + \varphi) \\ x_2 = X_2 \sin(\omega t + \varphi) \end{cases} \tag{3.52}$$

式中　ω——频率；

　　　φ——初相角；

　X_1、X_2——位移幅值。

将式（3.52）代入式（3.51），可得

$$\begin{cases} (k_{11} - m_1\omega^2)X_1 + k_{12}X_2 = 0 \\ k_{21}X_1 + (k_{22} - m_2\omega^2)X_2 = 0 \end{cases} \tag{3.53}$$

这个方程称为振幅方程。显然，$X_1 = X_2 = 0$ 是方程的解，由式（3.52）可知，此时位移 x_1、x_2 将始终为零，表示体系不振动。要使式（3.55）有非零解，其系数行列式必须等于零，即

$$\begin{vmatrix} k_{11} - m_1\omega^2 & k_{12} \\ k_{21} & k_{22} - m_2\omega^2 \end{vmatrix} = 0 \tag{3.54}$$

上式称为频率方程，展开后可得 ω^2 的两个实根

$$\omega_{1,2}^2 = \frac{1}{2m_1m_2}\left[(m_1k_{22}+m_2k_{11}) \mp \sqrt{(m_1k_{22}+m_2k_{11})^2 - 4m_1m_2(k_{11}k_{22}-k_{12}k_{21})}\right] \quad (3.55)$$

据此可求出 ω 的两个正号实根，其中数值较小的一个为 ω_1，称为第一自振频率或基本自振频率，较大的一个为 ω_2，称为第二自振频率。

对于一般多自由度体系，振幅方程可写成矩阵形式

$$(\boldsymbol{K}-\omega^2\boldsymbol{M})\boldsymbol{X} = 0 \quad (3.56)$$

频率方程为

$$|\boldsymbol{K}-\omega^2\boldsymbol{M}| = 0 \quad (3.57)$$

上式展开后即得 ω^2 的 n 次方程，解此方程可得 n 个正实根，这就是 n 个自由度体系的 n 个自振频率。

2. 主振型

对于双自由度体系，利用频率方程求出 ω_1 和 ω_2 后，将 ω_1、ω_2 分别代入振幅方程式（3.53），可求得质点 1 和质点 2 的位移幅值。对应于 ω_1 者，用 X_{11} 和 X_{12} 表示（第一个下标表示振型，第二个下标表示质点的位置，下同）；对应于 ω_2 者，用 X_{21} 和 X_{22} 表示。由于振幅方程的系数行列式等于零，所以两式不是独立的，只能由其中任一式求出振幅的比值。例如，由式（3.53）的第一式可得

当 $\omega = \omega_1$ 时

$$\frac{X_{12}}{X_{11}} = \frac{m_1\omega_1^2 - k_{11}}{k_{12}} \quad (3.58)$$

当 $\omega = \omega_2$ 时

$$\frac{X_{22}}{X_{21}} = \frac{m_1\omega_2^2 - k_{11}}{k_{12}} \quad (3.59)$$

由于体系的质量 m、刚度 k 和频率 ω 为定值，所以振幅比值为一常数，与时间无关。

由式（3.52）得各质点的位移为

当 $\omega = \omega_1$ 时

$$\begin{cases} x_{11} = X_{11}\sin(\omega_1 t + \varphi_1) \\ x_{12} = X_{12}\sin(\omega_1 t + \varphi_1) \end{cases} \quad (3.60)$$

当 $\omega = \omega_2$ 时

$$\begin{cases} x_{21} = X_{21}\sin(\omega_2 t + \varphi_2) \\ x_{22} = X_{22}\sin(\omega_2 t + \varphi_2) \end{cases} \quad (3.61)$$

则在振动过程中两质点的位移比值为

当 $\omega = \omega_1$ 时

$$\frac{x_{12}}{x_{11}} = \frac{X_{12}}{X_{11}} = \frac{m_1\omega_1^2 - k_{11}}{k_{12}} \quad (3.62)$$

当 $\omega = \omega_2$ 时

$$\frac{x_{22}}{x_{21}} = \frac{X_{22}}{X_{21}} = \frac{m_1\omega_2^2 - k_{11}}{k_{12}} \quad (3.63)$$

可见在振动过程中，各质点的位移比值等于振幅比值，也为常数。这就是说，在体系振动的任一时刻，两个质点的位移比始终保持不变，对应于某一个自振频率就有一个振幅比，

体系便按某一弹性曲线形状发生振动，振动时振动形状保持不变，只改变质点振动的大小和方向。这种振动形式称为主振型，简称振型。对应于第一自振频率 ω_1 的振型称为第一振型或基本振型；对应于第二自振频率 ω_2 的振型称为第二振型。一般地，体系有多少个自由度就有多少个频率，相应的也就有多少个主振型。

在一般初始条件下，体系的振动曲线将包含全部振型，任一质点的振动可视作由各主振型的简谐振动叠加而成的复合运动。例如，两个自由度体系的自由振动，可看作是第一主振型和第二主振型的叠加，即

$$\begin{cases} x_1(t)=X_{11}\sin(\omega_1 t+\varphi_1)+X_{21}\sin(\omega_2 t+\varphi_2) \\ x_2(t)=X_{12}\sin(\omega_1 t+\varphi_1)+X_{22}\sin(\omega_2 t+\varphi_2) \end{cases} \tag{3.64}$$

叠加后的复合振动不再是简谐振动，各质点之间位移的比值也不再是常数。

3. 主振型的正交性

n 个自由度系统有 n 个主振型，这些主振型只与系统本身的参数有关，所以对一定的系统，其主振型是确定的。这些主振型是否存在一定的联系呢？回答是肯定的。这种联系称为主振型的正交性。现在证明这个性质。

主振型关于质量矩阵的正交性：设系统对应固有频率 ω_i、ω_j 分别有第 i、j 阶主振型，利用方程（3.56）可写为

$$\boldsymbol{K}\boldsymbol{X}_i=\omega_i^2\boldsymbol{M}\boldsymbol{X}_i \tag{a1}$$

$$\boldsymbol{K}\boldsymbol{X}_j=\omega_j^2\boldsymbol{M}\boldsymbol{X}_j \tag{a2}$$

将式（a1）两边同时前乘以第 j 阶的主振型的转置向量 $\boldsymbol{X}_j^{\mathrm{T}}$，式（a2）两边同时前乘以第 i 阶的主振型的转置向量 $\boldsymbol{X}_i^{\mathrm{T}}$，则有

$$\boldsymbol{X}_j^{\mathrm{T}}\boldsymbol{K}\boldsymbol{X}_i=\omega_i^2\boldsymbol{X}_j^{\mathrm{T}}\boldsymbol{M}\boldsymbol{X}_i \tag{b1}$$

$$\boldsymbol{X}_i^{\mathrm{T}}\boldsymbol{K}\boldsymbol{X}_j=\omega_j^2\boldsymbol{X}_i^{\mathrm{T}}\boldsymbol{M}\boldsymbol{X}_j \tag{b2}$$

注意，由于刚度阵 $\boldsymbol{K}$ 和质量阵 $\boldsymbol{M}$ 都是对称矩阵，根据线性代数中的转置规则，等式（b2）两边转置可变为下式

$$\boldsymbol{X}_j^{\mathrm{T}}\boldsymbol{K}\boldsymbol{X}_i=\omega_j^2\boldsymbol{X}_j^{\mathrm{T}}\boldsymbol{M}\boldsymbol{X}_i \tag{c}$$

将等式（b1）减去等式（c），可得到下式

$$(\omega_i^2-\omega_j^2)\boldsymbol{X}_j^{\mathrm{T}}\boldsymbol{M}\boldsymbol{X}_i=0$$

当 $i\neq j$ 时，ω_i 与 ω_j 不相等，所以必有

$$\boldsymbol{X}_j^{\mathrm{T}}\boldsymbol{M}\boldsymbol{X}_i=0 \tag{3.65}$$

同样也能证明：阻尼矩阵 $\boldsymbol{C}$ 可以写成质量矩阵 $\boldsymbol{M}$ 与刚度矩阵 $\boldsymbol{K}$ 的线性组合，即

$$\boldsymbol{C}=\alpha_1\boldsymbol{M}+\alpha_2\boldsymbol{K} \tag{3.66}$$

这种形式的阻尼叫作比例阻尼，式中的 α_1 和 α_2 为比例系数，主振型关于刚度矩阵和阻尼矩阵（比例阻尼）也是正交的。

关于主振型的正交性的物理意义可以这样解释：如果把 $\omega_j^2\boldsymbol{X}_j^{\mathrm{T}}\boldsymbol{M}\boldsymbol{X}_i$ 看作第 j 阶主振型的惯性力在第 i 阶主振型作为虚位移上所做的虚功，则主振型关于质量的正交性就是任一阶主振型的惯性力在另一阶主振型作为虚位移上所做的虚功之和为零。同样主振型关于刚度和阻尼的正交性也有类似的意义。

4. 广义质量、广义刚度和广义阻尼

当 $i=j$ 时，振型关于质量、刚度及阻尼不是正交的，将 $\boldsymbol{M}_i = \boldsymbol{X}_i^{\mathrm{T}} \boldsymbol{M} \boldsymbol{X}_i$ 称为振型的广义质量。

同理，将 $\boldsymbol{K}_i = \boldsymbol{X}_i^{\mathrm{T}} \boldsymbol{K} \boldsymbol{X}_i$ 称为振型的广义刚度，将 $\boldsymbol{C}_{Ri} = \boldsymbol{X}_i^{\mathrm{T}} \boldsymbol{C}_R \boldsymbol{X}_i$ 称为振型的广义阻尼系数。

由振幅方程（3.57），对于第 j 振型有 $\boldsymbol{K} \boldsymbol{X}_j = \omega_j^2 \boldsymbol{M} \boldsymbol{X}_j$，其两边左乘 $\boldsymbol{X}_j^{\mathrm{T}}$，得

$$\boldsymbol{X}_j^{\mathrm{T}} \boldsymbol{K} \boldsymbol{X}_j = \omega_j^2 \boldsymbol{X}_j^{\mathrm{T}} \boldsymbol{M} \boldsymbol{X}_j \tag{3.67}$$

从而

$$\omega_j^2 = \frac{K_j}{M_j} \tag{3.68}$$

值得注意的是，上述自振周期、振型以及振型广义质量、广义刚度、广义阻尼系数等结构参数是与地震激励（包括激励方向和大小）无关的。而且，振型广义质量、广义刚度、广义阻尼系数并不具有质量、刚度和阻尼系数的通常意义的量纲，而是分别在质量、刚度和阻尼系数的量纲基础上乘以 L^2。

【例3.2】 某二层框架结构（图3.16），各层质量分别为 $m_1 = 50\mathrm{t}$，$m_2 = 40\mathrm{t}$，各层层间侧移刚度分别为 $k_1 = 3.5 \times 10^4 \mathrm{kN/m}$，$k_2 = 3 \times 10^4 \mathrm{kN/m}$。假定横梁刚度无限大，求该框架结构的自振频率与振型，并验证振型的正交性。

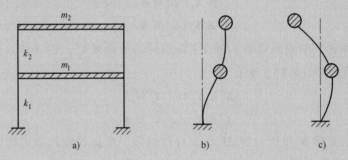

图3.16 例3.2示意图
a) 结构体系 b) 第一振型 c) 第二振型

【解】（1）计算层间刚度

$$k_{11} = k_1 + k_2 = (3.5+3) \times 10^4 \mathrm{kN/m} = 6.5 \times 10^4 \mathrm{kN/m}$$

$$k_{12} = k_{21} = -k_2 = -3 \times 10^4 \mathrm{kN/m}$$

$$k_{22} = k_2 = 3 \times 10^4 \mathrm{kN/m}$$

（2）求自振频率

由式（3.56）可得

$$\omega_{1,2}^2 = \frac{1}{2 \times 50 \times 40} \times (50 \times 3 \times 10^4 + 40 \times 6.5 \times 10^4) \mp$$

$$\sqrt{(50 \times 3 \times 10^4 + 40 \times 6.5 \times 10^4)^2 - 4 \times 50 \times 40[6.5 \times 10^4 \times 3 \times 10^4 - (-3 \times 10^4)^2]}$$

$$= \frac{300}{1750}$$

$$\omega_1 = 17.32 \text{s}^{-1},$$
$$\omega_2 = 41.83 \text{s}^{-1}$$

（3）求主振型

当 $\omega_1 = 17.32 \text{s}^{-1}$ 时，有

$$\frac{X_{12}}{X_{11}} = \frac{m_1 \omega_1^2 - k_{11}}{k_{12}} = \frac{50 \times 300 - 6.5 \times 10^4}{-3 \times 10^4} = \frac{1.667}{1}$$

当 $\omega_1 = 41.83 \text{s}^{-1}$ 时，有

$$\frac{X_{22}}{X_{21}} = \frac{m_1 \omega_2^2 - k_{11}}{k_{12}} = \frac{50 \times 1750 - 6.5 \times 10^4}{-3 \times 10^4} = \frac{-0.75}{1}$$

上列主振型分别示于图 3.16b、c。

（4）验证主振型的正交性

质量矩阵正交性

$$\boldsymbol{X}_1^{\mathrm{T}} \boldsymbol{M} \boldsymbol{X}_2 = \begin{Bmatrix} 1.000 \\ 1.667 \end{Bmatrix}^{\mathrm{T}} \begin{bmatrix} 50 & 0 \\ 0 & 40 \end{bmatrix} \begin{Bmatrix} 1.000 \\ -0.75 \end{Bmatrix} = 0$$

刚度矩阵正交性

$$\boldsymbol{X}_1^{\mathrm{T}} \boldsymbol{K} \boldsymbol{X}_2 = \begin{Bmatrix} 1.000 \\ 1.667 \end{Bmatrix}^{\mathrm{T}} \begin{bmatrix} 6.5 & -3 \\ -3 & 3 \end{bmatrix} \times 10^4 \begin{Bmatrix} 1.000 \\ -0.75 \end{Bmatrix} = 0$$

3.4 多自由度弹性体系地震反应分析的振型分解法

3.4.1 振型分解

如果运动方程式是以质点位移 $x_i(t)$ 作为坐标，在每一方程中包含所有未知的质点位移，方程组是耦联的，这给方程组的求解带来很大困难。如果用体系的振型作为基底，而用另一函数 $q(t)$ 作为坐标，就可以把联立方程组变为几个独立的方程，每个方程中只包含一个未知项，这样就可分别独立求解，从而使计算简化。这一方法称为振型分解法，它是求解多自由度弹性体系地震反应的重要方法。以下将对这一方法加以说明。

为简单起见，先考虑两自由度体系，如图 3.17 所示。将质点 m_1 和 m_2 在地震作用下任一时刻的位移 $x_1(t)$ 和 $x_2(t)$ 用其两个振型的线性组合来表示，即

$$\begin{cases} x_1(t) = q_1(t) X_{11} + q_2(t) X_{21} \\ x_2(t) = q_1(t) X_{12} + q_2(t) X_{22} \end{cases} \tag{3.69}$$

这里用新坐标 $q_1(t)$ 和 $q_2(t)$ 代替原有的两个几何坐标 $x_1(t)$ 和 $x_2(t)$。只要 $q_1(t)$ 与 $q_2(t)$ 确定，$x_1(t)$ 与 $x_2(t)$ 也就可以确定，而 $q_1(t)$ 与 $q_2(t)$ 实际上表示质点任一时刻的变位中第一振型与第二振型所占的分量。由于 $x_1(t)$ 和 $x_2(t)$ 是时间的函数，故 $q_1(t)$ 和 $q_2(t)$ 也是时间的函数，一般称为广义坐标。

当为多自由度体系时，式（3.70）可写成

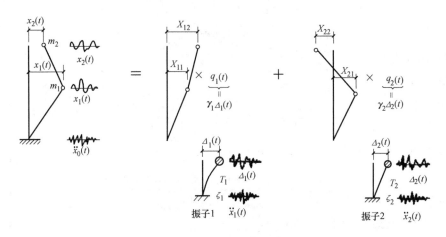

图 3.17 结构变形按振型分解

$$x_i(t) = \sum_{j=1}^{n} q_j(t) X_{ji} \tag{3.70}$$

也可以写成下述矩阵的形式

$$x = Xq \tag{3.71}$$

式中 $X = (X_1 \quad X_2 \quad \cdots \quad X_j \quad \cdots \quad X_n)$

$$x = \begin{Bmatrix} x_1(t) \\ x_2(t) \\ \vdots \\ x_i(t) \\ \vdots \\ x_n(t) \end{Bmatrix} ; \quad X = \begin{pmatrix} X_{11} & X_{21} & \cdots & X_{j1} & \cdots & X_{n1} \\ X_{12} & X_{22} & \cdots & X_{j2} & \cdots & X_{n2} \\ \vdots & \vdots & \vdots & \vdots & \vdots & \vdots \\ X_{1n} & X_{2n} & \cdots & X_{jn} & \cdots & X_{nn} \end{pmatrix} ; \quad q = \begin{Bmatrix} q_1 \\ q_2 \\ \vdots \\ q_j \\ \vdots \\ q_n \end{Bmatrix}$$

将式（3.71）代入运动方程式（3.58），并假定阻尼矩阵 C 是质量矩阵 M 和刚度矩阵 K 的线性组合，从而使阻尼矩阵也能满足正交条件，以消除振型之间的耦合，即令

$$C = \alpha_1 M + \alpha_2 K$$

式中 α_1、α_2——比例常数。

故得

$$MX\ddot{q} + (\alpha_1 M + \alpha_2 K) X\dot{q} + KXq = -M1\ddot{x}_g$$

将上式等号两边各项都乘以 X_j^{T}，得

$$X_j^{\mathrm{T}} MX\ddot{q} + X_j^{\mathrm{T}}(\alpha_1 M + \alpha_2 K) X\dot{q} + X_j^{\mathrm{T}} KXq = -X_j^{\mathrm{T}} M1\ddot{x}_g \tag{3.72}$$

式（3.72）等号左边的第一项为

$$X_j^{\mathrm{T}}MX\{\ddot{q}\} = X_j^{\mathrm{T}}M(X_1 \quad X_2 \quad \cdots \quad X_j \quad \cdots \quad X_n)\begin{Bmatrix} \ddot{q}_1 \\ \ddot{q}_2 \\ \vdots \\ \ddot{q}_j \\ \vdots \\ \ddot{q}_n \end{Bmatrix}$$

$$= X_j^{\mathrm{T}}M X_1 \ddot{q}_1 + X_j^{\mathrm{T}}M X_2 \ddot{q}_2 + \cdots + X_j^{\mathrm{T}}M X_j \ddot{q}_j + \cdots + X_j^{\mathrm{T}}M X_n \ddot{q}_n$$

根据振型对质量矩阵的正交性，上式中除了 $X_j^{\mathrm{T}}M X_j \ddot{q}_j$ 一项以外，其余各项均等于零，故有

$$X_j^{\mathrm{T}}MX\ddot{q} = X_j^{\mathrm{T}}M X_j \ddot{q}_j \tag{3.73a}$$

根据广义质量的定义，上式可表示为

$$X_j^{\mathrm{T}}MX\ddot{q} = M_j \ddot{q}_j \tag{3.73b}$$

同理，利用振型对刚度矩阵的正交性，式（3.72）等号左边的第三项可写成

$$X_j^{\mathrm{T}}KXq = X_j^{\mathrm{T}}K X_j q_j \tag{3.74a}$$

根据广义刚度的定义，上式可表示为

$$X_j^{\mathrm{T}}KXq = K_j q_j \tag{3.74b}$$

式（3.72）等号左边的第二项，同理可写成

$$X_j^{\mathrm{T}}(\alpha_1 M + \alpha_2 K)X\dot{q} = \alpha_1 X_j^{\mathrm{T}}M X_j \dot{q}_j + \alpha_2 X_j^{\mathrm{T}}K X_j \dot{q}_j$$

将广义质量 M_j、广义刚度 K_j 代入上式，得

$$X_j^{\mathrm{T}}(\alpha_1 M + \alpha_2 K)X\dot{q} = \alpha_1 M_j \dot{q}_j + \alpha_2 K_j \dot{q}_j = (\alpha_1 M_j + \alpha_2 K_j)\dot{q}_j \tag{3.75a}$$

再将式（3.68）代入上式，得

$$X_j^{\mathrm{T}}(\alpha_1 M + \alpha_2 K)X\dot{q} = (\alpha_1 + \alpha_2 \omega_j^2) M_j \dot{q}_j \tag{3.75b}$$

将式（3.73b）、式（3.74b）、式（3.75a）代入式（3.72），得

$$M_j \ddot{q}_j + (\alpha_1 M_j + \alpha_2 K_j)\dot{q}_j + K_j q_j = -X_j^{\mathrm{T}}M\mathbf{1}\ddot{x}_g \tag{3.76}$$

以广义质量 M_j 除各项，并将式（3.68）代入，简化后得

$$\ddot{q}_j + (\alpha_1 + \alpha_2 \omega_j^2)\dot{q}_j + \omega_j^2 q_j = -\gamma_j \ddot{x}_g \quad (j = 1, 2, \cdots, n) \tag{3.77}$$

式中

$$\gamma_j = \frac{X_j^{\mathrm{T}}M\mathbf{1}}{X_j^{\mathrm{T}}M X_j} = \frac{\sum_{i=1}^{n} m_i X_{ji}}{\sum_{i=1}^{n} m_i X_{ji}^2} \tag{3.78}$$

称为振型参与系数。

在式（3.77）中，令

$$\alpha_1 + \alpha_2 \omega_j^2 = 2\zeta_j \omega_j \tag{3.79}$$

则式（3.77）可写成

$$\ddot{q}_j + 2\zeta_j\omega_j\dot{q}_j + \omega_j^2 q_j = -\gamma_j\ddot{x}_g \quad (j=1,2,\cdots,n) \tag{3.80}$$

在式（3.80）中，ζ_j 为对应于 j 振型的阻尼比，系数 α_1 和 α_2 通常根据第一、第二振型的频率和阻尼比确定，即由式（3.79）得

$$\begin{cases} \alpha_1 + \alpha_2\omega_1^2 = 2\zeta_1\omega_1 \\ \alpha_1 + \alpha_2\omega_2^2 = 2\zeta_2\omega_2 \end{cases}$$

解方程组得

$$\alpha_1 = \frac{2\omega_1\omega_2(\zeta_1\omega_2 - \zeta_2\omega_1)}{\omega_2^2 - \omega_1^2} \tag{3.81a}$$

$$\alpha_2 = \frac{2(\zeta_2\omega_2 - \zeta_1\omega_1)}{\omega_2^2 - \omega_1^2} \tag{3.81b}$$

在式（3.80）中，依次取 $j=1$，2，$\cdots$，n，可得 n 个独立微分方程，即在每一个方程中仅含有一个未知量 q_j，由此可分别解得 q_1，q_2，$\cdots$，q_n。可以看出，式（3.80）与单自由度体系在地震作用下的运动微分方程式（3.10）在形式上基本相同，只是方程式（3.80）的等号右边多了一个系数 γ_j，所以方程式（3.80）的解就可以参照方程式（3.10）的解，即由式（3.24）写出

$$q_j(t) = -\frac{\gamma_j}{\omega_j}\int_0^t \ddot{x}_g(\tau)e^{-\zeta_j\omega_j(t-\tau)}\sin\omega_j(t-\tau)\,d\tau \tag{3.82}$$

或

$$q_j(t) = \gamma_j\Delta_j(t) \tag{3.83}$$

式中

$$\Delta_j(t) = -\frac{1}{\omega_j}\int_0^t \ddot{x}_g(\tau)e^{-\zeta_j\omega_j(t-\tau)}\sin\omega_j(t-\tau)\,d\tau \tag{3.84}$$

式（3.84）相当于阻尼比为 ζ_j、自振周期为 ω_j 的单自由度弹性体系在地震作用下的位移反应，这个单自由度体系称作与振型 j 相应的振子（图 3.18）。

将式（3.83）代入式（3.70），得

$$x_i(t) = \sum_{j=1}^n q_j(t)X_{ji} = \sum_{j=1}^n \gamma_j\Delta_j(t)X_{ji} \tag{3.85}$$

上式就是用振型分解法分析时，多自由度弹性体系在地震作用下任一质点 m_i 位移的计算公式。对于双自由度体系，这一分析方法可用图 3.17 表示。

式（3.85）中 γ_j 的表达式见式（3.78），称 γ_j 为体系在地震反应中第 j 振型的振型参与系数。实际上，γ_j 就是当质点位移 $x_1 = x_2 = \cdots = x_j = \cdots = x_n = 1$ 时的 q_j 值。证明如下：

考虑双质点体系，令式（3.69）中的 $x_1(t) = x_2(t) = 1$，得

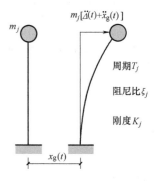

图 3.18 $\Delta_j(t)$ 的意义

$$\begin{cases} 1 = q_1(t)X_{11} + q_2(t)X_{21} \\ 1 = q_1(t)X_{12} + q_2(t)X_{22} \end{cases} \tag{3.86}$$

以 m_1X_{11} 及 m_2X_{12} 分别乘式（3.86）中的第一式和第二式，得

$$\begin{cases} m_1X_{11} = m_1X_{11}^2 q_1(t) + m_1X_{11}X_{12}q_2(t) \\ m_2X_{12} = m_2X_{12}^2 q_1(t) + m_2X_{12}X_{22}q_2(t) \end{cases} \tag{3.87}$$

将上述两式相加，并利用振型的正交性，可得

$$q_1(t) = \frac{m_1X_{11} + m_2X_{12}}{m_1X_{11}^2 + m_2X_{12}^2} = \gamma_1$$

同理，可得

$$q_2(t) = \frac{m_1X_{21} + m_2X_{22}}{m_1X_{21}^2 + m_2X_{22}^2} = \gamma_2$$

故式（3.86）可写成

$$\begin{cases} 1 = \gamma_1 X_{11} + \gamma_2 X_{21} \\ 1 = \gamma_1 X_{12} + \gamma_2 X_{22} \end{cases}$$

对于两个以上的自由度体系，还可写成一般关系式

$$\sum_{j=1}^{n} \gamma_j X_{ji} = 1 \ (j = 1, 2, \cdots, n) \tag{3.88}$$

3.4.2　水平地震作用计算的振型分解反应谱法

1. 第 i 质点水平地震作用基本公式

多自由度弹性体系的水平地震作用可采用振型分解反应谱法求得。多自由度弹性体系在地震时质点受到的惯性力就是地震作用。因此，若不考虑扭转耦联，质点 i 上的地震作用为

$$F(t) = -m_i [\ddot{x}_g(t) + \ddot{x}_i(t)] \tag{3.89}$$

式中　m_i——质点 i 的质量；

$\ddot{x}_g(t)$——地面运动加速度；

$\ddot{x}_i(t)$——质点 i 的相对加速度。

根据公式（3.85）

$$\ddot{x}_i(t) = \sum_{j=1}^{n} \gamma_j \ddot{\Delta}_j(t) X_{ji} \tag{3.90}$$

同理

$$\ddot{x}_g(t) = \sum_{j=1}^{n} \gamma_j \ddot{x}_g(t) X_{ji} \tag{3.91}$$

将式（3.90）及式（3.91）代入式（3.89），得

$$F_i(t) = -m_i \sum_{j=1}^{n} \gamma_j X_{ji} [\ddot{x}_g(t) + \ddot{\Delta}_j(t)] \tag{3.92}$$

式中　$[\ddot{x}_g(t) + \ddot{\Delta}_j(t)]$——与第 j 振型相应的振子的绝对加速度。

根据式（3.92）可以绘制 $F_i(t)$ 随时间变化的曲线，即时程曲线。曲线上的最大值就是设计

用的最大地震作用。但上述计算过程太烦琐，一般采用的方法是先求出对应于每一振型的最大地震作用及相应的地震效应，然后将这些效应进行组合，以求得结构的最大地震作用效应。

2. 振型的最大地震作用

由式（3.93）可知，作用在第 j 振型第 i 质点上的最大水平地震作用绝对最大标准值为

$$F_{ji} = m_i \gamma_j X_{ji} \left[\ddot{x}_g(t) + \ddot{\Delta}_j(t) \right]_{max} \tag{3.93}$$

令 $\alpha_j = \dfrac{\left[\ddot{x}_g(t) + \ddot{\Delta}_j(t) \right]_{max}}{g}$，$G_i = m_i g$，则式（3.93）可写成

$$F_{ji} = \alpha_j \gamma_j X_{ji} G_i \quad (i=1,2,\cdots,m; j=1,2\cdots,n) \tag{3.94}$$

式中　α_j——相应于第 j 振型自振周期 T_j 的地震影响系数，按图 3.12 确定；

　　　γ_j——第 j 振型的振型参与系数，可按式（3.79）计算。

　　　X_{ji}—— j 振型第 i 质点的水平相对位移；

　　　G_i——集中于 i 质点的重力荷载代表值。

式（3.94）就是第 j 振型第 i 质点上的地震作用的理论公式，也是《抗震规范》给出的水平地震作用计算公式。

3. 振型组合

求出 j 振型 i 质点上的地震作用后，就可按一般力学方法计算结构的地震作用效应 S_j（弯矩、剪力、轴力和变形等）。根据振型分解法，结构在任一时刻所受的地震作用为该时刻各振型地震作用之和，并且求得的相应于各振型的地震作用均为最大值。但是，在任一时刻当某一振型的地震作用达到最大值时，其他各振型的地震作用并不一定达到了最大值。根据分析，如假定地震时地面运动为平稳随机过程，则对于各平动振型产生的地震作用效应可近似地按下式确定

$$S_{Ek} = \sqrt{\sum S_j^2} \tag{3.95}$$

式中　S_{Ek}——水平地震作用标准值的效应（内力或变形）；

　　　S_j—— j 振型水平地震作用标准值产生的作用效应。

一般地，各个振型在地震总反应中的贡献将随着其频率的增加而迅速减小，故频率最低的几个振型往往控制着结构的最大地震反应。因此在实际计算中，一般采用前 2~3 振型即可。但考虑周期较长结构的各个自振频率比较接近，故《抗震规范》规定，当基本自振周期大于 1.5s 或房屋高宽比大于 5 时，可适当增加参与组合的振型个数。

4. 重力荷载代表值

在式（3.94）中引入了参数 G_i，称为重力荷载代表值。《抗震规范》规定，计算水平或竖向地震作用时，结构重力荷载应采用重力荷载代表值。抗震设计的重力荷载代表值用 G_E 表示，是指地震时的永久性的结构和构配件、非结构构件和固定设备等的自重标准值 G_k，再加上各可变重力荷载组合值，即

$$G_E = G_k + \sum_i \psi_{Qi} Q_{ki} \tag{3.96}$$

式中　Q_{ki}——第 i 个可变重力荷载的标准值；

　　　ψ_{Qi}——第 i 个可变重力荷载的抗震设计组合值系数，它是根据可变重力荷载与地震的遇合概率确定的，应按表 3.3 采用。

表 3.3　组合值系数

可变荷载种类		组合值系数
雪荷载		0.5
屋面积灰荷载		0.5
屋面活荷载		不计入
按实际情况计算的楼面活荷载		1.0
按等效均布荷载计算的楼面活荷载	藏书库、档案库	0.8
	其他民用建筑	0.5
起重机悬吊物重力	硬钩式起重机	0.3
	软钩式起重机	不计入

注：硬钩式起重机的吊重较大时，组合值系数应按实际情况采用。

【**例 3.3**】　试用振型分解反应谱法计算如图 3.19 所示框架多遇地震时的层间剪力。抗震设防烈度为 8 度，Ⅱ类场地，设计地震分组为第二组。已知体系的自振周期和振型如下：

$$T_1 = 0.467\text{s}, T_2 = 0.208\text{s}, T_3 = 0.134\text{s}, X_1 = \begin{Bmatrix} 0.334 \\ 0.667 \\ 1.000 \end{Bmatrix}, X_2 = \begin{Bmatrix} -0.667 \\ -0.666 \\ 1.000 \end{Bmatrix}, X_3 = \begin{Bmatrix} 4.019 \\ -3.035 \\ 1.000 \end{Bmatrix}。$$

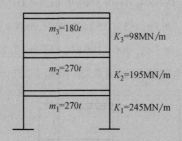

图 3.19　例 3.3 图

【**解**】　（1）查表 3.1、表 3.2 分别确定特征周期及地震影响系数的最大值，得

$$T_g = 0.4\text{s} \quad, \alpha_{max} = 0.16$$

（2）计算各振型的地震影响系数

第一振型：$T_g < T_1 = 0.647\text{s} < 5T_g$，得

$$\alpha_1 = \left(\frac{T_g}{T} \right)^{\gamma} \eta_2 \alpha_{max} = 0.139$$

第二振型：$0.1\text{s} < T_2 = 0.208\text{s} < T_g$，得

$$\alpha_2 = \eta_2 \alpha_{max} = 0.16$$

第三振型：$0.1\text{s} < T_3 = 0.134\text{s} < T_g$，得

$$\alpha_3 = \eta_2 \alpha_{max} = 0.16$$

（3）计算各振型的振型参与系数

第一振型　$\gamma_1 = \sum\limits_{i=1}^{3} m_i x_{1i} / \sum\limits_{i=1}^{3} m_i x_{1i}^2 = \dfrac{270 \times 0.334 + 270 \times 0.667 + 180 \times 1}{270 \times 0.334^2 + 270 \times 0.667^2 + 180 \times 1^2}$

　　　　　$= 1.363$

第二振型　$\gamma_2 = \sum\limits_{i=1}^{3} m_i x_{2i} / \sum\limits_{i=1}^{3} m_i x_{2i}^2 = \dfrac{270 \times (-0.667) + 270 \times (-0.666) + 180 \times 1}{270 \times (-0.667)^2 + 270 \times (-0.666)^2 + 180 \times 1^2}$

　　　　　$= -0.428$

第三振型　$\gamma_3 = \sum\limits_{i=1}^{3} m_i x_{3i} / \sum\limits_{i=1}^{3} m_i x_{3i}^2 = \dfrac{270 \times 4.019 + 270 \times (-3.035) + 180 \times 1}{270 \times 4.019^2 + 270 \times (-3.035)^2 + 180 \times 1^2}$

　　　　　$= 0.063$

（4）计算各振型各楼层的水平地震作用

第一振型　$F_{11} = 0.139 \times 1.363 \times 0.334 \times 270 \times 9.8 \text{kN} = 167.4 \text{kN}$

　　　　　$F_{12} = 0.139 \times 1.363 \times 0.667 \times 270 \times 9.8 \text{kN} = 334.4 \text{kN}$

　　　　　$F_{13} = 0.139 \times 1.363 \times 1.000 \times 180 \times 9.8 \text{kN} = 334.2 \text{kN}$

第二振型　$F_{21} = 0.16 \times (-0.428) \times (-0.667) \times 270 \times 9.8 \text{kN} = 120.9 \text{kN}$

　　　　　$F_{22} = 0.16 \times (-0.428) \times (-0.666) \times 270 \times 9.8 \text{kN} = 120.7 \text{kN}$

　　　　　$F_{23} = 0.16 \times (-0.428) \times 1.000 \times 180 \times 9.8 \text{kN} = -120.8 \text{kN}$

第三振型　$F_{31} = 0.16 \times 0.063 \times 4.019 \times 270 \times 9.8 \text{kN} = 107.2 \text{kN}$

　　　　　$F_{32} = 0.16 \times 0.063 \times (-3.035) \times 270 \times 9.8 \text{kN} = -80.9 \text{kN}$

　　　　　$F_{33} = 0.16 \times 0.063 \times 1.000 \times 180 \times 9.8 \text{kN} = 17.8 \text{kN}$

各振型下各楼层的水平地震作用如图 3.20 所示。

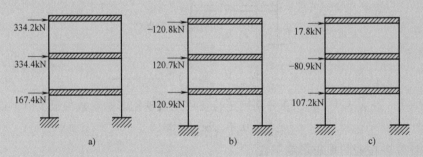

图 3.20　各振型下各楼层的水平地震作用

a）第一振型　b）第二振型　c）第三振型

（5）计算各振型的地震作用效应（层间剪力）

第一振型　$V_{11} = (167.4 + 334.4 + 334.2) \text{kN} = 836 \text{kN}$

　　　　　$V_{12} = (334.4 + 334.2) \text{kN} = 668.6 \text{kN}$

　　　　　$V_{13} = 334.2 \text{kN}$

第二振型　$V_{21} = (120.9 + 120.7 - 120.8) \text{kN} = 120.8 \text{kN}$

　　　　　$V_{22} = (120.7 - 120.8) \text{kN} = -0.1 \text{kN}$

$$V_{23} = -120.8\text{kN}$$

第三振型　　$V_{31} = (107.2-80.9+17.8)\text{kN} = 44.1\text{kN}$

$$V_{32} = (-80.9+17.8)\text{kN} = -63.1\text{kN}$$

$$V_{33} = 17.8\text{kN}$$

各振型的地震作用效应（层间剪力）如图 3.21 所示。

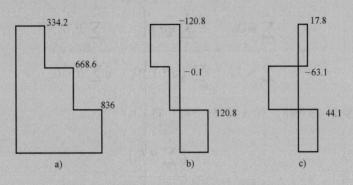

图 3.21　各振型的地震作用效应（层间剪力）
a）第一振型　b）第二振型　c）第三振型

（6）计算地震作用效应（层间剪力）

$$V_1 = \sqrt{V_{11}^2 + V_{21}^2 + V_{31}^2} = 845.8\text{kN}$$

$$V_2 = \sqrt{V_{12}^2 + V_{22}^2 + V_{32}^2} = 671.6\text{kN}$$

$$V_3 = \sqrt{V_{13}^2 + V_{23}^2 + V_{33}^2} = 335.8\text{kN}$$

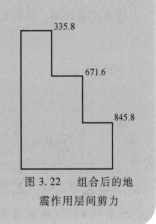

图 3.22　组合后的地震作用层间剪力

组合后的地震作用层间剪力如图 3.22 所示。

3.4.3　多自由度弹性体系地震反应分析的底部剪力法

用振型分解反应谱法计算建筑结构的水平地震作用比较复杂，特别是当建筑物的层数较多时不能用手算，必须使用计算机。理论分析研究表明：若建筑物高度不超过 40m、以剪切变形为主且质量和刚度沿高度分布比较均匀的结构，结构振动位移往往以第一振型为主，而且第一振型接近于直线，为一线性倒三角形，如图 3.23b 所示，即任意质点的第一振型位移与其高度成正比，即 $X_{1i} = \eta H_i$（其中 η 为比例常数）。故满足上述条件时，《抗震规范》建议采用底部剪力法。这时，水平地震作用的计算可以大大简化。此法是先计算出作用于结构的总水平地震作用，也就是作用于结构底部的剪力，然后将此总水平地震作用按照一定的规律再分配给各个质点。

1. 底部剪力的计算（结构总水平地震作用标准值）F_{Ek}

作用在第 i 质点上的水平地震作用为

$$F_{1i} = \alpha_1 \gamma_1 \eta H_i G_i \tag{3.97}$$

结构底部总剪力应是各质点水平地震作用之和

$$F_{Ek} = \sum_{i=1}^{n} F_{1i} = \alpha_1 \gamma_1 \eta \sum_{i=1}^{n} H_i G_i \tag{3.98a}$$

而

$$\gamma_1 = \frac{\sum\limits_{i=1}^{n} m_i X_{1i}}{\sum\limits_{i=1}^{n} m_i X_{1i}^2} = \frac{\sum\limits_{i=1}^{n} \eta H_i G_i}{\sum\limits_{i=1}^{n} (\eta H_i)^2 G_i} = \frac{\sum\limits_{i=1}^{n} H_i G_i}{\eta \sum\limits_{i=1}^{n} H_i^2 G_i} \tag{3.98b}$$

令 $G = \sum\limits_{i=1}^{n} G_i$，将式（3.98b）代入式（3.98a）得

$$F_{Ek} = \alpha_1 \frac{\left(\sum\limits_{i=1}^{n} H_i G_i \right)^2}{\sum\limits_{i=1}^{n} H_i^2 G_i}$$

将该式乘以 G，再除以 $\sum\limits_{i=1}^{n} G_i$，可得

$$F_{Ek} = \alpha_1 \frac{\left(\sum\limits_{i=1}^{n} H_i G_i \right)^2}{\sum\limits_{i=1}^{n} H_i^2 G_i} \cdot \frac{G}{\sum\limits_{i=1}^{n} G_i} = \alpha_1 \xi G \tag{3.98c}$$

式中，$\xi = \dfrac{\left(\sum\limits_{i=1}^{n} H_i G_i \right)^2}{\sum\limits_{i=1}^{n} H_i^2 G_i \cdot \sum\limits_{i=1}^{n} G_i}$，称为重力等效系数。经过大量计算和分析，$\xi$ 的变化范围不

大，约为 0.85。《抗震规范》取 $\xi = 0.85$。故有

$$F_{Ek} = \alpha_1 G_{eq} \tag{3.99}$$

式中　F_{Ek}——结构总水平地震作用标准值，即结构底部剪力标准值；

　　　α_1——相应于结构基本自振周期的水平地震影响系数，按图 3.12 确定，对于多层砌体房屋、底部框架砌体房屋，宜取水平地震影响系数的最大值；

　　　G_{eq}——结构等效重力荷载，对单质点体系，应取总重力荷载代表值，对多质点体系，取总重力荷载代表值的 85%。

2. 各质点的水平地震作用标准值

在求得结构的总水平地震作用后，就可将它分配于各个质点，以求得各质点上的地震作用。分析表明，对于质量和刚度沿高度分布比较均匀、高度不大并且以剪切变形为主的结构物，其地震反应将以基本振型为主，而基本振型接近于倒三角形，如图 3.23 所示。若按此假定将总水平地震作用进行分配，则根据式（3.94），质点 i 的水平地震作用为

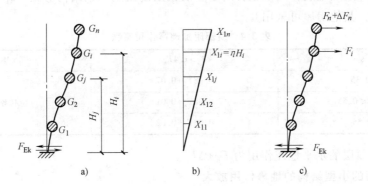

图 3.23　底部剪力法

a）计算简图　b）倒三角形基本振型　c）顶点附加水平地震作用

$$F_i \approx F_{1i} = \alpha_1 \gamma_1 X_{1i} G_i = \alpha_1 \gamma_1 G_i \frac{H_i}{H} \tag{3.100}$$

由于

$$F_{Ek} = \sum_{j=1}^{n} F_j = \sum_{j=1}^{n} F_{1j} = \sum_{j=1}^{n} G_j \gamma_1 \alpha_1 \frac{H_j}{H} = \frac{\gamma_1 \alpha_1}{H} \left(\sum_{j=1}^{n} G_j H_j \right)$$

由此可得

$$F_i = \frac{G_i H_i}{\sum\limits_{j=1}^{n} G_j H_j} F_{Ek} \tag{3.101}$$

式中　F_i——质点 i 的水平地震作用标准值；

G_i、G_j——集中于质点 i、j 的重力荷载代表值；

H_i、H_j——质点 i、j 的计算高度。

式（3.101）适用于基本周期 $T_1 \leqslant 1.4 T_g$ 的多高层钢筋混凝土或钢结构房屋，以及多层砌体结构和底部框架砌体房屋，其中 T_g 为特征周期，可根据场地类别及设计地震分组确定。

由此，可进一步计算结构的地震内力和变形，其中，i 楼层的剪力为 $V_i = \sum\limits_{j=i}^{n} F_j$。

当 $T_1 > 1.4 T_g$ 时，一方面，结构弯曲型变形的比例增大，基本振型形状仍采用斜直线时，振型的上部位移偏小；同时，由于高振型的影响，并通过对大量结构地震反应直接动力分析的结果可以看出，若按式（3.101）计算，则结构顶部的地震剪力偏小，故需进行调整。调整的方法是将结构总地震作用的一部分作为集中力作用于结构顶部，再将余下的部分按倒三角形分配给各质点。根据对分析结果的统计，这个附加的集中水平作用 ΔF_n 可表示为（图 3.23c）

$$\Delta F_n = \delta_n F_{Ek} \tag{3.102}$$

余下部分按下式分配给各质点

$$F_i = \frac{G_i H_i}{\sum\limits_{j=1}^{n} G_j H_j} F_{Ek} (1 - \delta_n) \tag{3.103}$$

式中 δ_n——顶部附加地震作用系数，对于多层钢筋混凝土和钢结构房屋，δ_n 可按表 3.4 确定，其他房屋可采用 0。

表 3.4 顶部附加地震作用系数

T_g/s	$T_1>1.4T_g$	$T_1 \leqslant 1.4T_g$
$T_g \leqslant 0.35$	$0.08T_1+0.07$	
$0.35<T_g \leqslant 0.55$	$0.08T_1+0.01$	不考虑
$T_g>0.55$	$0.08T_1-0.02$	

此时，最终顶层的水平地震作用为 $F_n+\Delta F_n$。

3. 突出屋面的小型结构的地震作用放大

当房屋顶部有突出屋面的小建筑物时，上述附加集中水平地震作用应置于主体房屋的顶层而不应置于小建筑物的顶部，单小建筑物顶部的地震作用仍可按式（3.103）计算。

前面已经提到，底部剪力法适用于质量和刚度沿高度分布比较均匀的结构。当建筑物有突出屋面的小建筑物如屋顶间、女儿墙和烟囱等时，由于该部分的质量和刚度突然减小，地震时将产生鞭端效应（图 3.24），使得突出屋面的小建筑的地震反应特别强烈，其程度取决于突出物与建筑物的质量比、刚度比及场地条件等。为了简化计算，《抗震规范》规定，采用底部剪力法时，突出屋面的屋顶间、女儿墙、烟囱等的地震作用效应，宜乘以增大系数 3，此增大部分不应往下传递，但与该突出部分相连的构件应予以计入；采用振型分解法时，突出屋面部分可作为一个质点；单层厂房突出屋面天窗架的地震作用效应的增大系数，应按规范有关规定采用。

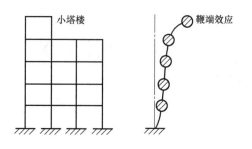

图 3.24 小塔楼的"鞭端效应"

注意，当顶层为空旷或轻钢结构时，由于质量和刚度较大，宜用振型分解反应谱法计算，将顶层作为一个质点；也可按底部剪力法顶部附加水平地震作用计算，但顶层不宜视为突出的小型结构按顶部效应乘以增大系数计算。

3.5 水平地震作用扭转影响的地震效应

3.5.1 结构扭转振动的概念与机理

国内外震害表明，质量和刚度在平面内明显不对称的结构极易遭受破坏，轻者使房屋产生局部破坏，如房屋平面局部突出部分、房屋角部、拐角或一侧边等，重者则引起整体破坏倒塌。相反，同一地震中相同场地上，结构类型、高度等与上述房屋类似的规则房屋结构，则往往破坏很轻或基本完好。震害还表明，即使房屋平面布置规则，当非结构构件平面布置不规则时，也会出现大量的局部破坏以致整体破坏倒塌现象。

产生这种现象的原因是，结构平面内的不均匀振动或平面内局部增大的振动，即扭转振动。结构的扭转，在动力学中是指结构抗侧力构件的同一平面标高处，除产生水平平动外，还在水平面内产生整体转动，因此平面内各节点的水平转动幅值不相等，这种振动也称为平动-扭转耦联振动。

3.5.2　刚心与质心

图 3.25 为框架结构，其纵、横框架为结构的抗侧力构件。假定该房屋的楼盖在自身平面内为绝对刚性，则当楼盖沿 y 方向平移单位距离时，会在每个横向抗侧力构件中引起恢复力，恢复力的大小与横向框架的侧移刚度成正比。由每个横向抗侧力构件恢复力对原点 O 的力矩之和等于这些恢复力的合力对原点的力矩，可得

$$x_c = \frac{\sum\limits_{j=1}^{n} k_{yj} x_j}{\sum\limits_{j=1}^{n} k_{yj}} \tag{3.104}$$

同理，当楼盖沿 x 方向平移单位距离时，有

$$y_c = \frac{\sum\limits_{i=1}^{n} k_{xi} y_i}{\sum\limits_{i=1}^{n} k_{xi}} \tag{3.105}$$

式中　k_{yj}——平行于 y 轴的第 j 片抗侧力构件的侧移刚度；
　　　k_{xi}——平行于 x 轴的第 i 片抗侧力构件的侧移刚度；
　　　y_i——坐标原点至第 i 片抗侧力构件的垂直距离；
　　　x_j——坐标原点至第 j 片抗侧力构件的垂直距离。

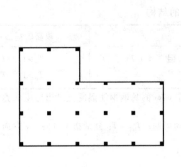 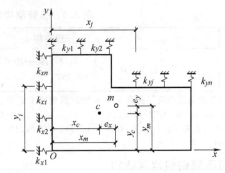

图 3.25　质心和刚心

坐标 x_c 及 y_c 确定的点，就是结构抗侧力构件恢复力合力的作用点，即结构的刚度中心，简称刚心。

结构的质心是地震惯性力合力作用点的位置，惯性力合力通过结构所有重力荷载的中心，因而，结构的质心就是结构的重心。如设结构质心的坐标为 x_m 及 y_m，其位置可通过材料力学求重心的方法求出。

结构刚心到质心的距离称为偏心距，楼盖沿 x 及 y 方向的偏心距分别为

$$\begin{cases} e_x = x_m - x_c \\ e_y = y_m - y_c \end{cases} \tag{3.106}$$

3.5.3 抗震规范关于结构扭转耦联振动计算的规定

结构扭转耦联计算的地震动输入，一般是按刚性地基基础各点输入相同的单向或双向水平地震动加速度反应谱或加速度时程（即刚性地基平动），计算结构由于自身平面内不规则导致的扭转效应，往往可不考虑地震动扭转输入（即基底各点水平地震动输入不相同）导致的扭转。

1. 平面规则的建筑结构

平面规则的建筑结构，其质心与平面刚心重合，在理想情况下，它不会由某水平方向的地震作用引起绕质心的扭转运动。但考虑到施工、使用等原因，以及地震时地面运动本身也存在扭转分量，实际上难免产生偏心，引起地震作用的扭转效应。因此，对于规则结构，也应当考虑水平地震作用的扭转影响。为简化计算，《抗震规范》规定，对这种情况应允许采用调整地震作用效应的方法计入扭转影响。因此：

1）规则结构不进行扭转耦联计算时，平行于地震作用方向的两个边榀各构件，其地震作用效应应乘以增大系数。一般情况下，短边可按 1.15 采用，长边可按 1.05 采用；当扭转刚度较小时，周边各构件宜按不小于 1.3 采用。角部构件宜同时乘以两个方向各自的增大系数。

2）当规则高层结构按单向地震作用计算时，应考虑偶然偏心的影响。每层质心沿垂直于地震作用方向的偏移值取垂直于地震方向上该层结构总长度 L_i 的 5%，且各层质心偏移取相同方向。

注意，上述规定中的扭转刚度较小指表 3.5 所列各结构，一般为稀柱框架-核心筒结构或类似的结构。

表 3.5 扭转刚度较小的结构

结构类型	一般结构		较高的高层建筑
限值指标	T_θ 为第一振型周期	T_θ 不为第一振型周期，但 $T_\theta > 0.75T_{x1}$、$T_\theta > 0.75T_{y1}$	$T_\theta > 1.33T_{x2}$ $T_\theta > 1.33T_{y2}$

注：1. "较高的高层建筑"指高于 40m 的钢筋混凝土框架、高于 60m 的其他钢筋混凝土民用房屋和类似的工业厂房，以及高层钢结构房屋。

2. T_θ 指扭转周期；T_{x1}、T_{y1} 分别指 x 方向、y 方向的第一平动周期；T_{x2}、T_{y2} 分别指 x 方向、y 方向的第二平动周期。

2. 平面不规则的建筑结构

对于平面布置有明显不对称的结构，在水平地震作用下将产生明显的平动-扭转耦联效应，因此，《抗震规范》规定，质量和刚度分布明显不对称的结构，应计入双向水平地震作用下的扭转影响。

对 n 层不对称建筑，假设楼盖平面内刚度可视为无限大。在自由振动条件下，任一振型 j 在任意层 i 可取两个正交的水平位移和一个转角共三个自由度，如图 3.26 所示，它们分别是两个正交的水平移动 X_{ij}、Y_{ij} 和一个转角 φ_{ij}，在 x 或 y 方向有水平地震作用时，第 j 振型第 i 层质心处水平地震作用具有 x 向、y 向的水平地震作用和绕

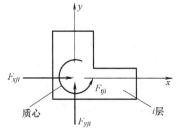

图 3.26 j 振型 i 层质心处地震作用

质心轴的地震作用扭矩。

按振型分解法，j 振型 i 层的水平地震作用标准值按下式确定

$$\begin{cases} F_{xji} = \alpha_j \gamma_{tj} X_{ji} G_i \\ F_{yji} = \alpha_j \gamma_{tj} Y_{ji} G_i \qquad (i = 1, 2, \cdots, n; j = 1, 2, \cdots, m) \\ F_{tji} = \alpha_j \gamma_{tj} r_i^2 \varphi_{ji} G_i \end{cases} \tag{3.107}$$

式中　F_{xji}、F_{yji}、F_{tji}——j 振型 i 层的 x、y 方向和转角方向的地震作用标准值；

$\quad\quad X_{ji}$、Y_{ji}——j 振型 i 层质心在 x、y 方向的水平相对位移；

$\quad\quad \varphi_{ji}$——j 振型 i 层的相对扭转角；

$\quad\quad r_i$——i 层转动半径。$r_i = \sqrt{J_i/M_i}$，J_i 为第 i 层绕质心的转动惯量，M_i 为第 i 层的质量。

$\quad\quad \gamma_{tj}$——考虑扭转的 j 振型参与系数，当仅考虑 x 方向地震时，按式（3.108）计算，当仅考虑 y 方向地震时，按式（3.109）计算，当考虑与 x 方向斜交 θ 角的地震时，按式（3.110）计算。

$$\gamma_{tj} = \sum_{i=1}^{n} X_{ji} G_i \Big/ \sum_{i=1}^{n} (X_{ji}^2 + Y_{ji}^2 + \varphi_{ji}^2 r_i^2) G_i \tag{3.108}$$

$$\gamma_{tj} = \sum_{i=1}^{n} Y_{ji} G_i \Big/ \sum_{i=1}^{n} (X_{ji}^2 + Y_{ji}^2 + \varphi_{ji}^2 r_i^2) G_i \tag{3.109}$$

$$\gamma_{tj} = \gamma_{xj} \cos\theta + \gamma_{yj} \sin\theta \tag{3.110}$$

式中，γ_{xj}、γ_{yj} 分别为由式（3.108）、式（3.109）求得的参与系数。

考虑单向水平地震作用下的扭转地震作用效应时，由于振型效应彼此耦联，所以采用如下完全二次型组合

$$S_{Ek} = \sqrt{\sum_{j=1}^{m} \sum_{k=1}^{m} \rho_{jk} S_j S_k} \tag{3.111}$$

$$\rho_{jk} = \frac{8\sqrt{\zeta_j \zeta_k}(\zeta_j + \lambda_T \zeta_k)\lambda_T^{1.5}}{(1 - \lambda_T^2)^2 + 4\zeta_j \zeta_k(1 + \lambda_T^2)\lambda_T + 4(\zeta_j^2 + \zeta_k^2)\lambda_T^2} \tag{3.112}$$

式中　S_{Ek}——地震作用标准值的扭转效应；

$\quad S_j$、S_k——j、k 振型地震作用标准值的效应，可取前 9~15 个振型；

$\quad \zeta_j$、ζ_k——j、k 振型的阻尼比；

$\quad\quad \rho_{jk}$——j 振型与 k 振型的耦联系数；

$\quad\quad \lambda_T$——k 振型与 j 振型的自振周期比。

考虑双向水平地震作用下的扭转耦联效应时，根据强震观测记录的统计分析，两个水平方向地震加速度的最大值不相等，二者之比约为 $1:0.85$，而且两个方向的最大值不一定发生在同一时刻。因此双向水平地震作用下的扭转耦联效应，可按以下公式中较大值确定

$$S_{Ek} = \sqrt{S_x^2 + (0.85 S_y)^2} \tag{3.113}$$

$$S_{Ek} = \sqrt{S_y^2 + (0.85 S_x)^2} \tag{3.114}$$

式中　S_x、S_y——x 向、y 向单向水平地震作用时按式（3.111）计算的扭转效应。

值得说明的是：

1）扭转影响与偶然偏心可不同时考虑，但应各自计算，取最不利值。

2）考虑到双向水平地震作用扭转耦联的复杂性及理论分析与实际工程之间的差异，当按式（3.113）、式（3.114）计算截面配筋时，一般可不再考虑框架柱的双向偏心受力（实际工程设计经验表明，考虑双向地震作用并按双向偏心受压计算公式计算框架柱的配筋时，计算结果偏大）。

3）规范对结构双向水平地震作用的扭转耦联效应计算，其本质是对单向水平地震作用扭转耦联效应的再组合计算，也即双向水平地震作用的扭转耦联效应计算，是对已经按式（3.107）~（3.112）计算出的单向水平地震作用扭转耦联效应，再按式（3.113）~（3.114）规定的组合要求计算而得出的。由于 S_x、S_y 不一定在同一时刻发生，因此采用平方和开方的方法（SRSS）估计双向地震作用效应。双向地震作用不是双向地震同时对结构作用的计算，而是采用较为简单的效应组合方法，是对双向地震作用效应的近似考虑。计算表明，双向地震作用对结构竖向构件（如框架柱）影响较大，而对水平构件（如框架梁）影响不明显。

4）在进行结构的弹性分析时，式（3.112）中振型阻尼比 ζ_j、ζ_k 一般取相同的数值，则式（3.112）可改写成

$$\rho_{jk} = \frac{8\zeta^2(1+\lambda_T)\lambda_T^{1.5}}{(1-\lambda_T^2)^2 + 4\zeta^2(1+\lambda_T^2)\lambda_T + 8\zeta^2\lambda_T^2} \tag{3.115}$$

式中，结构的阻尼比 ζ 可按表 3.6 取值。

表 3.6　各类结构的阻尼比

结构类型		混凝土结构	钢结构		预应力混凝土结构		型钢混凝土结构
			≤50m	>50m	抗侧力结构采用预应力	梁或板采用预应力	
阻尼比	小震	0.05	0.035	0.02	0.03	0.05	0.04
	大震	适当加大，宜取 0.08	0.05		0.05		0.05

当为钢筋混凝土结构时，取 $\zeta = 0.05$，根据式（3.112）可求出相应的 ρ_{jk} 与 λ_T 的关系，见表 3.7。从表中可以看出，ρ_{jk} 随两个振型周期比 λ_T 的减小而迅速衰减，当 $\lambda_T < 0.7$ 时，两个振型的相关性已经很小，常可以忽略不计。

表 3.7　各类结构的阻尼比

λ_T	1.0	0.95	0.9	0.85	0.8	0.7	0.6	0.5	0.4
ρ_{jk}	1.000	0.791	0.473	0.273	0.166	0.071	0.035	0.018	0.010

3.6　结构地震反应的时程分析法

3.6.1　概述

前面介绍了结构地震反应分析的反应谱方法，这一方法根据反应谱理论确定结构各振型的最大地震作用，然后把它们当成等效静力荷载作用在结构上，按弹性静力方法进行结构计

算，求出各振型的最大地震作用效应，再用平方和开方的振型组合法求得结构总的地震作用效应。目前反应谱方法广泛应用于各国的抗震设计规范中，然而人们在长期的实践中逐渐认识到这种等效静力方法存在一些缺陷，有时不足以保证结构的抗震安全性。地震作用是一个时间过程，反应谱法不能反映结构在地震过程中随时间的变化过程，有时判断不出结构真正的薄弱部位，并且反应谱法运用了叠加原理，只适用于弹性结构体系，当结构在强烈地震作用下进入塑性时，必须考虑弹塑性特性才能准确地分析结构各部位进入弹塑性阶段的受力和变形。结构抗震设计的目的是要控制结构在大震作用下不产生过大变形或不发生倒塌，现行反应谱方法尚不能提供相应的验算方法。时程分析法是由建筑结构的基本运动方程，输入对应于建筑场地的若干条地震加速度记录或人工加速度波形（时程曲线），通过积分运算求得在地面加速度随时间变化期间的结构内力和变形状态随时间变化的全过程，并以此进行构件截面抗震承载力验算和变形验算。时程分析法也称为数值积分法、直接动力法。

与振型分解反应谱法相比，时程分析法修正和补充了反应谱分析的不足：

1）反应谱法采用的是设计反应谱，只考虑了振动强度与平均频谱特性，而时程分析法则全面反映了地震动强度、谱特性和持续时间三要素。

2）反应谱法基于弹性假定，而时程分析法则能直接考虑构件与结构的弹塑性特性，可以正确地找出结构的薄弱环节基于弹性假定的反应谱法所确定的薄弱层往往是不够准确的，如图3.27所示的钢筋混凝土框架结构，地震时6层以上全部倒塌，即柱两端全部出现塑性铰，按弹塑性时程法的分析结果与震害现象基本吻合，而按振型分解反应谱法分析则不能找出真正的薄弱层。因为薄弱层问题本质上是结构弹塑性问题，因此，应采用时程分析法进行弹塑性补充分析，以控制在罕遇地震下结构的弹塑性反应，防止房屋倒塌。

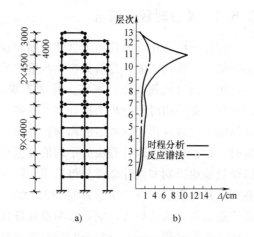

图3.27　反应谱法与时程分析法的计算比较

a）震害分布　b）最大层间位移

3）反应谱法只能分析最大地震反应，而时程分析法可以给出随时间变化的地震反应时程曲线，可以找出构件出现塑性铰的顺序，判别结构的破坏机理。

3.6.2　基本方程及其解法

时程分析法，即对结构进行地震作用计算分析时，以地震动的时间过程作为输入，用数值积分求解运动方程，把输入时间过程分为许多足够小的时段，每个时段内的地震动变化假定是线性的，从初始状态开始逐个时段进行积分，每一时段的终止作为下一时段积分的初始状态，直至地震结束，求出结构在地震作用下，从静止到振动，直至振动终止整个过程的反应（位移、速度、加速度）。主要的逐步积分法有：中点加速度法、线性加速度法、威尔逊 θ 法和纽马克 β 法等。

任一多层结构在地震作用下的运动方程可表示为

$$M\ddot{x} + C\dot{x} + Kx = -M\ddot{x}_g \tag{3.116}$$

计算模型不同时，质量矩阵 $\boldsymbol{M}$、阻尼矩阵 $\boldsymbol{C}$、刚度矩阵 $\boldsymbol{K}$、位移矢量 $\boldsymbol{x}$、速度矢量 $\dot{\boldsymbol{x}}$ 和加速度矢量 $\ddot{\boldsymbol{x}}$ 有不同的形式。

地震地面运动加速度记录波形是一个复杂的时间函数，方程的求解要利用逐步计算的数值方法，将地震作用时间划分成许多微小的时段，相隔 Δt，基本运动方程改写为 i 时刻至 $i+1$ 时刻的半增量微分方程

$$\boldsymbol{M}\,\ddot{\boldsymbol{x}}_{i+1}+\boldsymbol{C}_i^{i+1}\,\Delta\dot{\boldsymbol{x}}_i^{i+1}+\boldsymbol{K}_i^{i+1}\,\Delta\boldsymbol{x}_i^{i+1}+\boldsymbol{Q}_i=-\boldsymbol{M}\,\ddot{\boldsymbol{x}}_{g i+1}$$

$$\boldsymbol{Q}_i=\boldsymbol{Q}_{i-1}+\boldsymbol{K}_{i-1}^i\Delta\boldsymbol{x}_{i-1}^i+\boldsymbol{C}_{i-1}^i\Delta\dot{\boldsymbol{x}}_{i-1}^i$$

$$\boldsymbol{Q}_0=0 \tag{3.117}$$

然后，借助于不同的近似处理，把 $\Delta\ddot{\boldsymbol{x}}$、$\Delta\dot{\boldsymbol{x}}$ 等均用 $\Delta\boldsymbol{x}$ 表示，获得拟静力方程

$$\boldsymbol{K}_i^{*\,i+1}\,\Delta\boldsymbol{x}_i^{i+1}=\Delta\boldsymbol{P}_i^{*\,i+1}$$

求出 $\Delta\boldsymbol{x}_i^{i+1}$ 后，就可得到 $i+1$ 时刻的位移、速度、加速度及相应的内力和变形，并作为下一步计算的初值，一步一步地求出全部结果——结构内力和变形随时间变化的全过程。具体过程可参看相关书籍。

3.6.3 弹性时程分析法

时程分析法在合理性和可靠性方面较反应谱法前进了一大步，但其计算工作十分繁冗，必须借助计算机完成，目前只在一些重要的、特殊的、复杂的以及高层建筑结构的抗震设计中应用。故《抗震规范》规定，特别不规则的建筑、甲类建筑和表 3.8 所列高度范围的高层建筑，应采用时程分析法进行多遇地震下的补充计算；当取三组加速度时程曲线输入时，计算结果宜取时程法的包络值和振型分解反应谱法的较大值；当取七组及七组以上的时程曲线时，计算结果可取时程法的平均值和振型分解反应谱法的较大值。采用时程分析法时，应按建筑场地类别和设计地震分组选用实际强震记录和人工模拟的加速度时程曲线，其中实际强震记录的数量不应少于总数的 2/3，多组时程曲线的平均地震影响系数曲线应与振型分解反应谱法所采用的地震影响系数曲线在统计意义上相符，其加速度时程的最大值可按表 3.9 采用。弹性时程分析时，每条时程曲线计算所得结构底部剪力不应小于振型分解反应谱法计算结果的 65%，多条时程曲线计算所得结构底部剪力的平均值不应小于振型分解反应谱法计算结果的 80%。

表 3.8 采用时程分析法的房屋高度范围

烈度、场地类别	房屋高度范围/m
8 度 I、II 类场地和 7 度	>100
8 度 III、IV 类场地	>80
9 度	>60

表 3.9 时程分析所用地震加速度时程的最大值 （单位：cm/s²）

地震影响	6 度	7 度	8 度	9 度
多遇地震	18	35(55)	70(110)	140
罕遇地震	125	220(310)	400(510)	620

注：括号内数值分别用于设计基本地震加速度为 0.15g 和 0.30g 的地区。

《抗震规范》的上述规定，是对特别不规则的建筑、甲类建筑和表 3.8 所列高度范围的高层建筑，应采用弹性时程分析法进行抗震设计的补充分析。将式（3.117）中的刚度矩阵 K_i^{i+1}、阻尼矩阵 C_i^{i+1} 保持不变情况下的计算，称为弹性时程分析。

弹性时程方法的关键是选波要"靠谱"，即频谱特性、有效峰值和持续时间均要符合《抗震规范》的相关规定。这是因为实际地震记录还不很丰富，不同地震波输入进行时程分析的计算结果也不同且差异较大，目前情况下还不能完全依靠有限的实际地震记录来准确进行结构分析。所以"靠谱"即要求：一是选取的地震波要基本合理，符合反应谱的基本规律；二是计算结果应与反应谱接近，即"靠近反应谱"。

弹性时程分析可采用与反应谱法相同的计算模型（平面结构的层模型、复杂结构的三维空间分析模型等），计算时可以在反应谱法建立的侧移刚度矩阵和质量矩阵的基础上进行，无须重新输入结构的基本参数。

当需要考虑二向或三向地震作用时，弹性时程分析应同时输入二向或三向地震地面加速度分量的时程。

3.6.4　弹塑性时程分析法

《抗震规范》规定，对不规则且具有明显薄弱部位可能导致重大地震破坏的建筑结构，应按规范有关规定进行罕遇地震作用下的弹塑性变形分析。此时，可根据结构特点采用静力弹塑性分析或弹塑性时程分析方法。

将式（3.117）中的刚度矩阵 K_i^{i+1}、阻尼矩阵 C_i^{i+1} 随结构及其构件所处的变形状态，在不同时刻取不同数值的计算，称为弹塑性时程分析。

结构弹塑性时程分析法在实际应用中正趋向成熟及完善。目前实际电算程序中所用的计算模型有两类：一类是层模型，它包括层剪切模型和层弯剪模型（图 3.28、图 3.29）；另一类是较精确的杆系模型，其计算简图基本上同平面结构空间协同工作法及空间工作法。

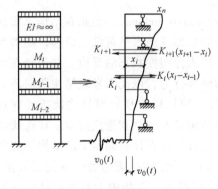

图 3.28　层剪切模型

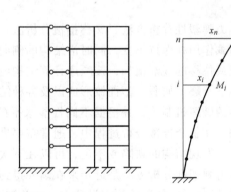

图 3.29　层弯剪模型

层剪切模型适用于以剪切变形为主的结构，如强梁弱柱的框架结构。层弯剪模型既考虑了柱子的剪切变形又计及梁、柱的弯曲变形，故可适用于框架结构、框架-抗震墙结构及带有壁式框架的抗震墙结构。杆系模型可适用于多种类型的结构，如框架结构、框架-抗震墙结构和抗震墙结构，经适当处理后也可用于筒体结构。

在弹塑性时程分析中，要用到结构或构件的恢复力模型。结构或构件在外力作用下受扰产生变形时，企图恢复原有状态的抗力称为恢复力，它反映荷载或内力与变形之间的关系。结构或构件处于弹性阶段时，刚度矩阵中的系数为常数，它相当于恢复力模型中的初始刚度，而当结构或构件进入弹塑性阶段后，随着杆件的屈服及伴随的刚度改变，需要对刚度矩阵进行相应的修改。弹塑性时程分析中常用的恢复力模型主要有两种，一是双折线模型，另一是三折线模型（图 3.30）。这两种模型均可用于钢筋混凝土构件，三折线模型能较好地反映以弯曲破坏为主的特性。

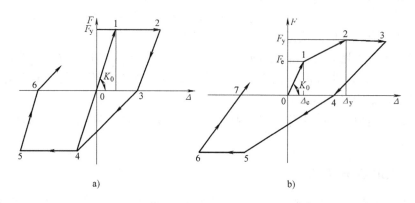

图 3.30　恢复力模型

a）双折线模型　b）三折线模型

3.7　结构静力弹塑性分析法概述

在上一节中提到，《抗震规范》规定，进行罕遇地震作用下的弹塑性变形分析时，可根据结构特点采用静力弹塑性分析或弹塑性时程分析方法，那么什么是静力弹塑性分析方法呢？

静力弹塑性分析方法，又称推覆分析法（push over analysis method），是指在结构上施加竖向荷载作用并保持不变，同时沿结构的侧向施加某种分布形式的水平荷载或位移，随着水平荷载或位移的逐渐增加，按顺序计算结构由弹性状态进入弹塑性状态的反应，并记录在每级加载下开裂、屈服、塑性铰形成以及各种结构构件的破坏行为，以此来发现结构薄弱环节及可能的破坏机制等，并根据不同性能水平的抗震需求（如目标位移）对结构抗震性能进行评估。在整个推覆分析过程中，通常需要进行一系列结构参数调整和迭代过程。在迭代过程中，如发现结构的缺陷或不足，可以在下次迭代前改正直至使设计达到预定的结构性能指标。静力弹塑性分析方法是近年来在国外得到广泛应用的一种结构抗震能力评价的新方法，是实现基于性能/位移的抗震设计方法的关键之一。其应用范围主要集中于对现有结构或设计方案进行抗侧力能力的计算，从而得到其抗震能力的估计，即建筑物在罕遇地震作用下的抗倒塌验算。

这种方法从本质上说是一种静力非线性计算方法，其大致步骤是：根据房屋的具体情况在房屋上施加某种分布的水平力，逐渐增加水平力使结构各构件依次进入塑性（屈服或开裂），修改其刚度，直到结构达到预定的状态（成为机构、位移超限或达到目标位移），分析结构由弹性状态进入弹塑性状态过程中的反应，从而判断结构及构件的变形能力是否满足设计及使用功能的要求。

推覆方法作为一种简化的结构弹塑性分析方法，并没有特别严密的理论基础，其成立主要是基于多自由度体系的地震反应可以用一对等效的单自由度体系的地震反应来预测，一般是基于以下两个假设：

（1）结构（实际过程中一般为多自由度体系）的地震反应由单一振型（一般为基本振型）控制，因此可用一个等效单自由度体系来代替。

（2）结构沿高度的变形由形状矢量 $\{\phi\}$ 表示，即在整个地震反应过程中，不管结构的变形大小，形状矢量 $\{\phi\}$ 保持不变。

上述两个假定在结构屈服后都只能近似描述结构的反应，并不完全符合实际，同时也应注意到，对于高阶振型在地震反应中占的比例较大的结构，其分析结果与动力时程分析所得的结果差别较大。但是已有的研究表明，对于刚度和质量沿高度分布较均匀、地震反应以第一振型为主的结构，推覆方法分析的结果与动力时程分析所得的结果有很好的近似。

对推覆分析结果的应用不像对动力弹塑性分析那样直接，单纯的推覆分析并不能得到结构的地震反应，通常需要将其与地震反应谱相结合（这也是区别于其他静力分析方法的独特之处），以确定在一定地面运动作用下结构的能力谱曲线、建立地震需求谱曲线、确定目标位移（即性能要求），从而来评估结构的抗震性能。

下面基于上述原理及美国 ATC 标准，说明罕遇地震下结构位移反应的弹塑性反应谱实施步骤。

1）准备工作。如同一般的有限元分析，建立结构的模型，包括几何尺寸、物理参数及节点和构件的编号。不同的软件对节点编号和构件编号的要求不同，使用中要注意。另外，结构上的荷载也要求出，包括竖向荷载和水平荷载，水平荷载的计算方法在第三步中描述。为了进行弹塑性分析，还应求出各个构件的塑性承载力。对于梁，应求出其两端上下两个方向的塑性弯矩和两端的极限抗剪承载力；对于柱，则应求出其 $M\text{-}N$ 曲线的三个控制点（轴压、平衡、纯弯）。

2）求出结构在竖向荷载作用下的内力。因为这个内力将来要和水平作用下的内力叠加，相当于荷载作用效应组合，因此竖向荷载标准值的分项系数要按照规范的规定取用。这时还要求出结构的基本自振周期。

3）施加一定量的水平荷载。水平力施加于各层的质量中心处，对于规则框架，各层水平力之间的比例关系，或沿结构高度的分布规律，可以按照底部剪力法确定。也有文献采用以下公式

$$F_i = \frac{W_i h_i^k}{\sum\limits_{j=1}^{n} W_j h_j^k} \cdot V_b \tag{3.118}$$

式中　　F_i、W_i、h_i、V_b——楼层剪力、楼层重量、楼层高度和基底剪力；

　　　　　　n——层数；

　　　　　　k——系数，当结构周期低于 0.5s 时，$k=1$；结构周期高于 2.5s 时，$k=2$；介于 0.5~2.5s 之间时用线性插值求取。

这种形式的水平力分布规律，如果取 $k=1$，就是我国规范底部剪力法中采用的公式，水平力在高度上为倒三角形分布。还有一些其他的水平荷载分布方式，例如，采用下面几层为

倒三角形分布，上面各层均为均匀分布。

在这一步中，水平力大小的确定原则是：水平力产生的内力与第2）步竖向荷载产生的内力叠加后，恰好能使一个或一批构件进入屈服。

4）对在上一步进入屈服的构件，改变其状态。最简单的办法是，用塑性铰来考虑构件进入塑性，将屈服的构件的一端甚至两端设成铰接点（对于柱子，还要考虑被压溃以至于失去全部承载力的情况，将其取消）。这样，相当于形成了一个新的结构。求出这个"新"结构的自振周期，在其上再施加一定量的水平荷载，又使一个或一批构件恰好进入屈服。

5）不断重复第4）步，直到结构的侧向位移达到预定的破坏极限，或由于铰接点过多而成为机构（这种情况一般很难出现）。记录每一次有新的塑性铰出现后结构的周期，累计每一次施加的荷载。

6）成果整理。将每一个不同的结构自振周期及其对应的水平力总量与结构自重（重力荷载代表值）的比值（地震影响系数）绘成曲线，也把相应场地的各条反应谱曲线绘在一起，如图3.31所示。这样，如果结构反应曲线能够穿过某条反应谱，就说明结构能够抵抗那条反应谱对应的地震烈度。还可以在图中绘出相应的变形，更便于评估结构的抗震能力。

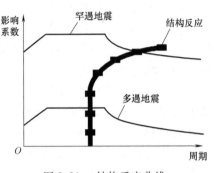

图3.31　结构反应曲线

可进行 Push-over 分析的软件有 ETABS、3D3S 及 EPDA 等。

3.8　水平地震作用下地基与结构的相互作用

3.8.1　水平地震作用下地基与结构的相互作用分析

前面的地震反应分析中，都是将基底地震动输入作为一个既定的量作用在结构上，这相当于作了如下假定：①地基基础质量相对于上部结构为无穷大；②地基基础为刚性。基于此假定，基底的地震动不受上部结构反应的影响，而仅取决于地震机制和地震波在地基土中的传播机制。

实际上，即使地基质量相对于上部结构为无穷大，但地基并非绝对刚性，上部结构部分与地基部分构成了一种结构体系。这样，上部结构部分与地基基础部分之间存在一定的反馈作用，故地基基础部分的振动反应（即地震动输入）是受上部结构影响的；反过来，上部结构的地震反应也会受到地基基础的影响。因此，地震作用下，地基与上部结构之间存在一定的相互作用，在强震弹塑性反应阶段，部分地震能量还可通过地基塑性变形而耗散。

地震观测表明，在同一地震中，地基基础附近的地震观测记录 $\ddot{x}_{g0}(t)$ 与无结构物的自由地面上的地震记录 $\ddot{x}_g(t)$（图3.32）的幅值不同，频谱组成也不相同。加速度峰值一般可减少 20%~30%，频谱组成中接近结构周期的频率分量增大。这说明，结构可以反过来改变邻近的地震动特性。

地震作用计算一般常用近地面的地震动输入（图 3.33）。实际上，除基岩外，一般地基土层的振动变形都会受到上部结构振动的影响，地基与结构是一混合结构体系，二者相互作用，应采用更深处的基岩地震动作为该联合体系的输入，如图 3.33c 所示。由于联合体中地基与结构的相互作用，使基本周期变长，其地震反应与刚性地基假定相比发生了一定变化。

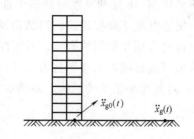

图 3.32　上部结构反应对地基振动影响

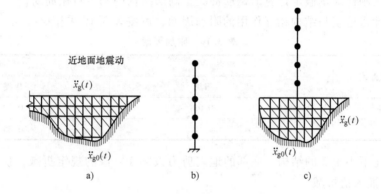

图 3.33　地基基础与上部结构

a）近地面地震运动　b）刚性地基上的结构　c）地基与结构联合受力体系

研究表明，由于地基与结构动力相互作用的影响，结构的水平地震剪力一般较按刚性地基假定计算的地震剪力要小。当结构按刚性地基假定的基本周期 T_1 在场地特征周期 T_g 的两侧附近时（如 $1.2T_g \leqslant T_1 \leqslant 5T_g$），其水平地震剪力会较刚性地基的结果明显减小。地基与上部结构相互作用对上部地震剪力的减小程度，主要取决于上部结构与地基基础的相对周期和相对质量。一般地，当基础的整体性刚性较大、上部结构的质量相对地基基础的质量不是太小、上部结构较地基的自振周期不是太大或太小时，地基与上部结构相互作用影响较大，水平地震剪力小于按刚性地基的计算结果，可考虑水平地震剪力的折减。

鉴于我国地震作用的取值较国外相对较小，故当地震动激励本身小，或折减量很小时，不再考虑水平地震剪力的折减。例如，6 度和 7 度的水平地震作用本身较小，不考虑地震剪力的折减；当结构基础的整体性刚性较差时，不考虑折减。另外，上部结构与地基基础相比，上部结构周期过大、远大于地基自振周期，或 Ⅰ、Ⅱ 类刚性场地地基的周期较小、远小于上部结构周期时，也不必考虑地震剪力的折减。

此外，对于高宽比较大的高层建筑，由于高振型的影响，考虑地基与结构相互作用影响时，各层折减系数并不相同，其沿高度的变化近似于抛物线形分布。为简化计，顶部水平地震作用一般不折减，中部楼层按高度采用插值法计算折减系数。

3.8.2　考虑地基与结构相互作用影响的楼层水平地震剪力修正

基于上述情况，《抗震规范》规定：结构抗震计算，一般情况下可不计入地基与结构相互作用的影响；8 度和 9 度时建造于 Ⅲ、Ⅳ 类场地，采用箱基、刚性较好的筏基和桩箱联合基础的钢筋混凝土高层建筑，当结构基本自振周期处于特征周期的 1.2~5 倍时，若计入地基与结构动力相互作用的影响，对刚性地基假定计算的水平地震剪力可按下列规定折减，其层间变形可按折减后的楼层剪力计算。

1）高宽比小于 3 的结构，各楼层水平地震剪力的折减系数，可按下式计算

$$\psi = \left(\frac{T_1}{T_1+\Delta T}\right)^{0.9} \tag{3.119}$$

式中　ψ——计入地基与结构动力相互作用后的地震剪力折减系数；

T_1——按刚性地基假定计算的钢筋混凝土高层结构的基本自振周期；

ΔT——计入地基与结构相互作用的附加周期，可按表 3.10 采用。

表 3.10　附加周期　　　　　　　　　　（单位：s）

设防烈度	场地类别	
	Ⅲ类	Ⅳ类
8	0.08	0.20
9	0.10	0.25

2）高宽比不小于 3 的结构，底部的地震剪力按第 1）条的规定折减，顶部不折减，中间各层按线性插入值折减。

3）折减后各楼层的水平地震剪力，应符合规范关于最小地震剪力限值的要求。

3.9　结构自振周期和振型计算

采用底部剪力法计算多质点体系的地震作用时，需要确定结构的基本自振周期；按照振型分解反应谱法计算多质点体系的地震作用时，则必须知道结构的多个自振频率及相应的主振型。从理论角度，它们可以通过求解频率方程得到，但是当结构体系的质点数多于 3 个时，手算就感到困难。因而，工程实际中手算一般采用近似方法，如本节介绍的能量法、顶点位移法和等效单质点法；电算采用数值方法计算自振周期，如矢量迭代法等，此处就不再详细叙述，可参考相关资料。

3.9.1　能量法

这里主要介绍能量法计算多质点弹性体系基本频率的瑞利法。它的理论基础是能量守恒原理：一个无阻尼的弹性体系做自由振动时，体系在任何时刻的总能量（变形位能与动能之和）应当保持不变。

图 3.34 所示为一多质点弹性体系，它的质量矩阵和刚度矩阵分别为 $\boldsymbol{M}$ 和 $\boldsymbol{K}$。令 $\boldsymbol{x}(t)$ 为体系在做自由振动过程中某一时刻 t 时质点水平位移向量。体系的自由振动是简谐振动，$\boldsymbol{x}(t)$ 可表示为

$$\boldsymbol{x}(t) = \boldsymbol{X}\sin(\omega t+\phi) \tag{3.120}$$

式中　$\boldsymbol{X}$——体系的振型位移幅值向量；

ω、ϕ——体系的圆频率和初相位。

将式（3.120）求导数，得 $\dot{x}(t) = \omega X \cos(\omega t + \phi)$

当体系振动到达平衡位置时，位移为 0，速度最大，体系动能将达到最大值 $T_{\max}$，而体系的变形位能等于零。

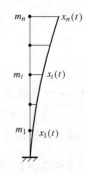

$$T_{\max} = \frac{1}{2} \dot{x}(t)_{\max}^{\mathrm{T}} M \dot{x}(t)_{\max} = \frac{1}{2} \omega_1^2 X_1^{\mathrm{T}} M X_1 = \frac{1}{2} \omega_1^2 \sum_{k=1}^{n} m_k X_k^2$$

$$(3.121)$$

当体系振动到达振幅最大值时，速度为 0，体系变形位能将达到最大值 $U_{\max}$，而体系的动能等于零。

图 3.34　多质点弹性体系

$$U_{\max} = \frac{1}{2} X(t)_{\max}^{\mathrm{T}} K X(t)_{\max} = \frac{1}{2} X_1^{\mathrm{T}} K X_1 \qquad (3.122)$$

根据能量守恒原理，$T_{\max} = U_{\max}$，可得

$$\omega^2 = \frac{X^{\mathrm{T}} K X}{X^{\mathrm{T}} M X} \qquad (3.123)$$

当体系质量矩阵 M 和刚度矩阵 K 为已知时，ω^2 是振型 X 的函数。在用瑞利法求自振频率时，首先要假设体系的振型 X，当假设的振型 X 与体系某个振型相符时，则可求得该振型对应频率的精确值。由于体系的振型无法在求得自振频率之前知道，因此，式（3.123）也无法直接使用。

工程设计中的许多情况，如底部剪力法，只关心结构的第一周期，并且只需满足工程设计的精度，而不必求得精确解。为此，我们寻求与第一振型的振型曲线比较接近的替代曲线。那么如何选取合理的基本振型形状呢？由于自由振动的振型位移是由惯性力引起的，而惯性力又是与质量分布 m_i 和振型位移 X_i 成正比的，精确的振动形状为正比于 $m_i X_i$ 的荷载 F_i 引起的挠曲线，即 $F_i = C m_i X_i$。能量法中，取基本振型位移由水平荷载 $F_i = m_i g = G_i$ 产生的（相当于取各质点振型位移 X_i 的初值相等），即把集中于各质点的重力作为水平荷载作用在该质点处得到的弹性曲线作为第一振型曲线来求解体系的基本频率。实践证明，计算精度可满足工程设计的需要。

设 $G_i = m_i g$ 为集中于质点 i 处的重力荷载，u_i 为质点 i 处的水平位移，则体系的最大变形位能和动能分别为

$$U_{\max} = \frac{1}{2} \sum_{i=1}^{n} G_i u_i = \frac{1}{2} g \sum_{i=1}^{n} m_i u_i \qquad (3.124)$$

$$T_{\max} = \frac{1}{2} \sum_{i=1}^{n} m_i (\omega_1 u_i)^2 \qquad (3.125)$$

令 $T_{\max} = U_{\max}$，得到结构体系的基本频率和基本周期为

$$\omega_1 = \sqrt{\frac{g \sum_{i=1}^{n} m_i u_i}{\sum_{i=1}^{n} m_i u_i^2}} \qquad (3.126)$$

考虑到 $g = 9.8 \mathrm{m/s}^2$，并且 $T_1 = 2\pi / \omega_1$ 与 $G_i = m_i g$，则式（3.126）可改写为

$$T_1 = 2\sqrt{\dfrac{\sum\limits_{i=1}^{n} G_i u_i^2}{\sum\limits_{i=1}^{n} G_i u_i}} \qquad (3.127)$$

式中　　u_i——将各质点的重力荷载 G_i 作为水平力作用在各质点处引起的质点 i 的水平位移（m）。

能量法适用于一般结构基本自振周期的计算，其优点是计算结果可靠。

【例 3.4】　某教学楼为四层现浇钢筋混凝土框架结构，楼层重力荷载代表值分别为：$G_4 = 5000\text{kN}$，$G_3 = G_2 = 7000\text{kN}$，$G_1 = 7800\text{kN}$。结构各楼层的抗侧移刚度分别为：$D_1 = 370880\text{kN/m}$，$D_2 = D_2 = D_3 = 595980\text{kN/m}$。试用能量法计算结构基本自振周期。

【解】　采用能量法计算结构自振周期，计算过程见表 3.11。

表 3.11　基本周期的计算

层位	G_i/kN	$\sum D_i$/(kN/m)	$\sum G_i$/kN	$\Delta u_i = \dfrac{\sum G_i}{D_i}$/m	$u_i = \sum \Delta u_i$/m	$G_i u_i$/kN·m	$G_i u_i^2$/kN·m²
4	5000	595980	5000	0.0084	0.1327	663.5	88.05
3	7000	595980	12000	0.0201	0.1243	870.1	108.15
2	7000	595980	19000	0.0319	0.1042	729.4	76.00
1	7800	370880	26800	0.0723	0.0723	563.9	40.77

$\sum G_i u_i = 2826.9\text{kN·m}$，$\sum G_i u_i^2 = 312.97\text{kN·m}$，

取 $\psi_T = 0.5$，$T_1 = 2\psi_T \sqrt{\dfrac{\sum\limits_{i=1}^{n} G_i u_i^2}{\sum\limits_{i=1}^{n} G_i u_i}} = 2 \times 0.5 \times \sqrt{\dfrac{312.97}{2826.9}}\text{s} = 0.333\text{s}$

故该结构的基本自振周期为 0.333s。

3.9.2　顶点位移法

顶点位移法是基于质量均匀分布的等截面悬臂直杆的基本自振周期表达式，用重力荷载代表值作为水平荷载所产生的顶点水平位移 Δ 为基本量来表示基本周期，并将此表达式推广到计算质量和刚度沿高度分布均匀的结构基本周期。

考虑一质量均匀的悬臂直杆如图 3.35 所示。当悬臂杆在水平作用下的变形为弯曲型变形时，其水平振动的基本周期是

$$T_1 = 1.78\sqrt{\dfrac{qH^4}{gEI}} \qquad (3.128)$$

将沿高度分布的重力荷载 q 作为水平分布荷载

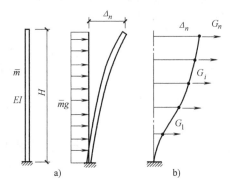

图 3.35　多高层结构自振周期计算的顶点位移法

a) 等截面质量均匀分布的悬臂直杆

b) 质量和刚度沿高度分布较均匀的多高层结构

作用在悬臂杆上，则顶点位移 u_n 为

$$u_n = \frac{qH^4}{8EI} \tag{3.129}$$

代入式 (3.128)，得

$$T_1 = 1.6 \sqrt{u_n} \tag{3.130}$$

式中 u_n——将沿高度分布的重力荷载作为水平分布力作用在悬臂杆时的顶点位移 (m)。

同理，对于质量均匀分布的等截面悬臂直杆，当其在水平作用下的变形为剪切型变形时，基本周期为

$$T_1 = 1.8 \sqrt{u_n} \tag{3.131}$$

对于质量均匀分布的等截面悬臂直杆，当其在水平作用下的变形为弯剪型变形时，基本周期为

$$T_1 = 1.7 \sqrt{u_n} \tag{3.132}$$

对质量、刚度沿高度分布较均匀的较高的多高层框架、框架-抗震墙和抗震墙结构，可视为质量均布的等截面悬臂杆，在水平作用下的变形一般为弯剪型变形，其基本周期可近似按式 (3.132) 计算。

这种方法是利用结构在一定水平荷载作用下的顶点位移求基本自振周期的，故称为顶点位移法。顶点位移法适用于质量和刚度沿高度分布较均匀的较高的多高层结构体系，以及质量和刚度沿高度分布较均匀的连续分布质量体系。

3.9.3 等效单质点法

等效单质点法又称为折算质量法。其基本原理是用一个单质点体系来代替原来的多质点体系或无限质点体系，在基本振动时，等效原则如下：

1) 两体系的基本自振周期相等。

2) 等效单质点体系自由振动的最大动能与原体系按基本振型振动的最大动能相等。

3) 等效单质点体系自由振动的最大变形能与原体系按基本振型振动的最大变形能相等。

如图 3.36a 所示为一多质点弹性体系，如图 3.32b 所示为替代的单质点体系。两者按第一振型振动时，最大动能相等，得

$$\frac{1}{2} M_{\mathrm{eq}} (\omega_1 x_{\mathrm{m}})^2 = \frac{1}{2} \sum_{i=1}^{n} (\omega_1 x_i)^2 \tag{3.133}$$

则

$$M_{\mathrm{eq}} = \frac{\sum_{i=1}^{n} m_i x_i^2}{x_{\mathrm{m}}^2} \tag{3.134}$$

式中 x_{m}——体系按第一振型振动时，相应于折算质点处的最大位移，对于图 3.32 来说，$x_{\mathrm{m}} = x_n$，图中 x_i 表示 i 质点处最大位移。

对于质量沿悬臂杆连续分布的无限质点体系，也可利用动能等效原理得到把分布质量集中到某一点的质量换算系数，其等效质量为

$$M_{eq} = \frac{\int_0^H \overline{m}(y) x^2(y) \, dy}{x_m^2} \quad (3.135)$$

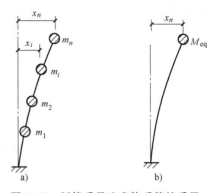

图 3.36　折算质量法求体系等效质量

式中　$\overline{m}(y)$——悬臂杆单位长度上的质量；

　　　$x(y)$——体系按第一振型振动时任一截面 y 处的位移；

　　　H——悬臂杆高度。

有了等效质量就可按单质点体系计算基本频率和基本周期，有

$$\omega_1 = \sqrt{\frac{1}{M_{eq}\delta}} \quad (3.136)$$

$$T_1 = 2\pi\sqrt{M_{eq}\delta} \quad (3.137)$$

式中　δ——单位水平力作用下悬臂杆的顶点位移。

按折算质量法求基本频率或基本周期时，需要假设一条接近第一振型的弹性曲线，才能应用上面的公式。

3.10　结构竖向地震作用效应计算

3.10.1　竖向地震及其作用特点

竖向地震的宏观现象是多方面的，最直观的是物体或结构被向上抛掷的现象，此时物体可能与支承体竖向分离，结构构件可能向上拉坏或向上弯曲。1971 年美国圣菲尔南多（San Fernando）地震时，据报道一名值班消防员从床上被抛到地板上，之后又被床腿压住，同时位于台阶上的值班房离开原地基，但台阶周边地面未见磨损痕迹。

关于竖向地震动特性，其时域分析表明：竖向地震加速度峰值 a_v 与水平峰值 a_h 的比一般为 $1/2\sim1/3$；震中区为 $0.5\sim2.5$，平均为 1.0。由于峰值相对大小 a_v/a_h 与震中距有关，因而竖向地震的影响随地区而异。《抗震规范》规定，8 度和 9 度时应计算竖向地震动作用，这也就是在震中区附近应重视竖向地震的影响。

结构的竖向地震作用是由质量和竖向加速度引起的，其作用方向类似于竖向重力荷载，是沿竖向的，其作用方向可向下或向上，是一种往复作用。

一般结构的竖向地震影响可不考虑，但下述情况下应考虑竖向地震影响：

1）竖向地震动分量可能很大时，如强震震中区的结构。

2）竖向地震效应较水平地震效应相对明显的结构，如水平长悬臂梁、大跨屋架或平板型网架屋盖等。

3）承载力对竖向地震动较为敏感的结构物，如依靠自重维持稳定的挡土墙和重力坝等、高层或高耸结构可能由偏压变为偏拉的顶部构件或由大偏压变为小偏压的底部构件、P-Δ 效应影响明显的结构部位等。

鉴于上述情况，《抗震规范》规定：8、9 度时的大跨度或长悬臂结构，9 度时的高层建

筑，应计算竖向地震作用；8、9度时的隔震结构应计算竖向地震作用，隔震层以上结构的竖向地震作用按有关规定计算。

3.10.2　高层建筑竖向地震作用计算的简化反应谱法

通过将一些台站同时记录到的水平与竖向地震波按场地条件分类，求出各类场地竖向和水平向平均反应谱，发现竖向和水平地震反应谱形状相差不大。如图3.37所示为Ⅰ类场地土竖向平均反应谱β_v和水平平均反应谱β_h的比较。

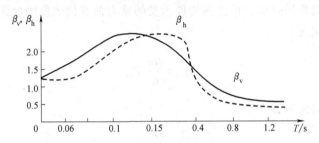

图3.37　竖向、水平平均反应谱（Ⅰ类场地）

因此，在竖向地震作用计算中，可近似用水平反应谱曲线。考虑到竖向地震加速度峰值平均约为水平地震加速度峰值的$1/2\sim2/3$，对震中距较小地区宜采用较大数值，所以，竖向地震系数k_v与水平地震系数k_h之比取$k_v/k_h=2/3$。地震影响系数$\alpha=k\beta$，因此，《抗震规范》规定，竖向地震系数α_v取水平地震影响系数α_h的65%，即

$$\alpha_v = k_v\beta_v = \frac{2}{3}k_h\beta_h = \frac{2}{3}\alpha_h \approx 0.65\alpha_h$$

高耸结构，以及高层建筑，其竖向地震作用标准值，应按反应谱法计算。

通过对上述结构的时程分析和竖向反应谱分析，发现有以下规律：

1）高耸结构、高层建筑的竖向地震内力与竖向构件所受重力之比，沿结构的高度由下往上逐渐增大，而不是一个常数。

2）高耸结构和高层建筑竖向第一振型的地震内力与竖向前5个振型按平方和开方组合的地震内力相比，误差仅在$5\%\sim15\%$。

3）竖向第一自振周期T_{v1}小于场地特征周期T_g（$T_{v1}=0.1\sim0.2s$），其第一振型接近于直线。

基于竖向地震作用的上述规律，《抗震规范》规定：9度时的高层建筑，其竖向地震作用标准值应按下列公式确定（图3.38）；楼层的竖向地震作用效应可按各构件承受的重力荷载代表值的比例分配，并宜乘以增大系数1.5。

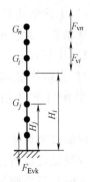

$$F_{Evk} = \alpha_{vmax} G_{eq} \tag{3.138}$$

$$F_{vi} = \frac{G_i H_i}{\sum_{j=1}^{n} G_j H_j} F_{Evk} \tag{3.139}$$

图3.38　结构竖向地震作用计算简图

式中　F_{Evk}——结构总竖向地震作用标准值；

　　　F_{vi}——质点 i 的竖向地震作用标准值；

　　　α_{vmax}——竖向地震影响系数最大值，取 $\alpha_{vmax} = 0.65\alpha_{hmax}$，$\alpha_{hmax}$ 为水平地震影响系数最大值，按表 3.2 取用；

　　　G_{eq}——结构等效总重力荷载，取 $G_{eq} = 0.75\sum G_i$；

　　　G_i——第 i 质点重力荷载代表值；

　　　H_i——第 i 质点的高度。

各构件竖向地震作用效应，可按各构件承受的重力荷载代表值的比例分配。其中梁板上的竖向均布地震作用为

$$q_{Evl} = \frac{q_{GEl}}{G_i}F_{vi}$$ （3.140）

梁板上的集中竖向地震作用为

$$F_{Evl} = \frac{G_l}{G_i}F_{vi}$$ （3.141）

式中　q_{GEl}——水平构件 l 承受的重力分布荷载。

　　　G_l——水平构件 l 承受的重力集中荷载。

根据中国台湾"9.21"大地震经验，《抗震规范》要求高层建筑楼层的竖向地震作用效应（主要是墙柱支撑等构件由竖向地震作用引起的轴力）应乘以增大系数 1.5，使结构总竖向地震作用标准值，8、9 度分别略大于重力荷载代表值的 10% 和 20%。

3.10.3　大跨度与长悬臂结构竖向地震作用计算的等效静力法

根据我国大陆和台湾地震的经验，9 度和 9 度以上时，跨度大于 18m 的屋架、1.5m 以上的悬挑阳台和走廊等震害严重甚至倒塌；8 度时，跨度大于 24m 的屋架、2m 以上的悬挑阳台和走廊等震害严重。对于大跨度和长悬臂结构，用振型分解反应谱法、时程分析法等分析竖向地震作用下的内力，结果表明：

1）上述结构各主要杆件的竖向地震作用的内力与重力荷载作用下的内力之比 μ 虽然不同，但相差不大，可取其最大值 μ_{max} 为设计依据。

2）比值 μ_{max} 与烈度和场地类别有关。

3）当结构竖向自振周期大于场地反应谱特征周期时，随跨度的增大，μ 值有所下降，但在目前常用的跨度范围内，这个下降还不很大，为了简化，可略去跨度的影响。

根据以上规律，《抗震规范》规定：跨度、长度小于有关规定（参考《抗震规范》关于大跨度屋盖建筑的有关规定，可认为跨度小于 120m、结构单元长度小于 300m 或悬挑长度小于 40m）且规则的平板型网架屋盖和跨度大于 24m 的屋架、屋盖横梁及托架的竖向地震作用标准值，宜取其重力荷载代表值 G_i 和竖向地震作用系数的乘积 λ；竖向地震作用系数可按表 3.12 采用，即竖向地震作用标准值，可按以下静力法公式计算

$$F_{vi} = \lambda G_i$$ （3.142）

表 3.12 竖向地震系数

结构类别	烈度	场 地 类 别		
		Ⅰ	Ⅱ	Ⅲ、Ⅳ
平板型网架、钢屋架	8	可不计算(0.10)	0.08(0.12)	0.10(0.15)
	9	0.15	0.15	0.20
钢筋混凝土屋架	8	0.10(0.15)	0.13(0.19)	0.13(0.19)
	9	0.20	0.25	0.25

注：括号中的数值用于设计基本地震加速度为 0.30g 的地区。

　　长悬臂构件和不属于上述跨度、长度的大跨结构的竖向地震作用标准值，8 度和 9 度可分别取该结构、构件重力荷载代表值的 10% 和 20%，设计基本地震加速度为 0.30g 时，可取该结构、构件重力荷载代表值的 15%。

　　此外，大跨度空间结构的竖向地震作用，尚可按竖向振型分解反应谱方法计算。其竖向地震影响系数可采用水平地震影响系数的 65%，但特征周期可均按设计第一组采用。

3.11　地震作用的一般规定及结构抗震验算

3.11.1　结构抗震计算内容

　　结构抗震设计中，当结构形式、布置等初步确定后，一般应进行抗震计算，结构抗震计算包括以下三方面内容。

　　1）结构受到的地震作用及其作用效应（包括弯矩、轴力、剪力和位移等）的计算。

　　2）将地震作用效应与其他荷载作用（如结构自重、楼屋面的可变荷载、风荷载等）效应进行组合，确定结构构件的最不利内力。

　　3）按《抗震规范》的两阶段设计法，对结构进行多遇地震作用下的抗震承载力计算和弹性水平位移验算；对符合《抗震规范》规定的相关结构进行罕遇地震作用下的薄弱层（部位）弹塑性变形验算。

3.11.2　地震作用的一般规定

1. 各类建筑结构在水平地震作用下的抗震计算

　　1）高度不超过 40m、以剪切变形为主且质量和刚度沿高度分布比较均匀的结构，以及近似于单质点体系的结构，可采用底部剪力法等简化方法。

　　2）除上述以外的建筑结构，宜采用振型分解反应谱法。

　　3）特别不规则的建筑、甲类建筑和表 3.8 所列高度范围的高层建筑，应采用时程分析法进行多遇地震下的补充计算，具体计算要求见本书 3.6.3 节。

　　4）计算罕遇地震下结构的变形，应按相关规定，采用简化的弹塑性分析方法或弹塑性时程分析法。

　　5）平面投影尺度很大（参考《抗震规范》关于大跨度屋盖建筑的有关规定，可认为跨度大于 120m、结构单元长度大于 300m 或悬挑长度大于 40m 的大跨钢屋盖建筑）的空间结构，应根据结构形式和支承条件，分别按单点一致、多点、多向单点或多向多点输入进行抗震计算。按多点输入计算时，应考虑地震行波效应和局部场地效应。6度和7度Ⅰ、Ⅱ类场地的支承结构、上部结构和基础的抗震验算可采用简化方法，根据结构跨度、长度不同，其短边构件可乘以附加地震作用效应系数1.15~1.30；7度Ⅲ、Ⅳ类场地和8、9度时，应采用时程分析方法进行抗震验算。

6）建筑结构的隔震和消能减震设计，应采用隔震和消能减震的相关计算方法。

7）地下建筑结构应采用与之适应的相关计算方法。

2. 结构地震作用的输入方向

各类建筑结构的地震作用，应符合下列规定：

1）一般情况下，应至少在建筑结构的两个主轴方向分别计算水平地震作用，各方向的水平地震作用应由该方向抗侧力构件承担。

2）有斜交抗侧力构件的结构，当相交角度大于15°时，应分别计算各抗侧力构件方向的水平地震作用。

3）质量和刚度分布明显不对称的结构，应计入双向水平地震作用下的扭转影响；其他情况，应允许采用调整地震作用效应的方法计入扭转影响。

4）8、9度时的大跨度和长悬臂结构及9度时的高层建筑，应计算竖向地震作用。8、9度时采用隔震设计的建筑结构，应按有关规定计算竖向地震作用。

3. 结构的楼层水平地震剪力的分配原则

1）现浇和装配整体式混凝土楼、屋盖等刚性楼、屋盖建筑，宜按抗侧力构件等效刚度的比例分配。

2）木楼盖、木屋盖等柔性楼、屋盖建筑，宜按抗侧力构件从属面积上重力荷载代表值的比例分配。

3）普通的预制装配式混凝土楼、屋盖等半刚性楼、屋盖的建筑，可取上述两种分配结果的平均值。

4）计入空间作用、楼盖变形、墙体弹塑性变形和扭转的影响时，可按《抗震规范》各有关规定对上述分配结果作适当调整。

4. 楼层水平地震剪力最小限值要求

由于地震影响系数在长周期段下降较快，对于基本周期大于3.5s的结构，由此计算所得的水平地震作用下的结构效应可能太小。然而对于长周期结构，地震动态作用中的地面运动速度和位移可能对结构的破坏具有更大影响，但是规范采用的振型分解反应谱法尚无法对此做出估计。出于结构安全的考虑，提出了对结构总水平地震剪力及各楼层水平地震剪力最小值的要求，规定了不同烈度下的剪力系数。

$$V_{Eki} > \lambda \sum_{j=i}^{n} G_j \qquad (3.143)$$

式中　V_{Eki}——第i层对应于水平地震作用标准值的楼层地震剪力；

λ——剪力系数（不应小于表3.13规定的楼层最小地震剪力系数值。对竖向不规则结构的薄弱层，尚应乘以1.15的增大系数）；

G_j——第j层的重力荷载代表值。

90

表 3.13 楼层最小地震剪力系数值

结 构 类 型	6 度	7 度	8 度	9 度
扭转效应明显或基本周期小于 3.5s 的结构	0.010	0.016(0.024)	0.032(0.048)	0.064
基本周期大于 5.0s 的结构	0.008	0.012(0.018)	0.024(0.032)	0.040

注：1. 基本周期为 3.5~5.0s 的结构，可插入取值。

2. 括号内数值分别适用于设计基本地震加速度为 0.15g 和 0.30g 的地区。

当不满足时，需改变结构布置或调整结构总剪力和各楼层的水平地震剪力使之满足要求。例如，当结构底部的总地震剪力略小于上述规定而中、上部楼层均满足最小值时，可采用下列方法调整：

1）当结构基本周期位于设计反应谱的加速度控制段（即 $0.1 \leqslant T_1 \leqslant T_g$）时，各楼层均需乘以同样大小的增大系数 K

$$K = \lambda / \lambda_0 \tag{3.144}$$

$$\lambda_0 = \frac{V_{Ek0}}{\sum\limits_{i=1}^{n} G_i} \tag{3.145}$$

式中　λ——规范规定的最小地震剪力系数，按表 3.13 取用；

λ_0——基底计算剪力系数；

V_{Ek0}——基底对应于水平地震作用标准值的楼层地震剪力。

2）当结构基本周期位于反应谱的位移控制段（即 $T_1 > 5T_g$）时，各楼层 i 均需按底部的剪力系数的差值 $\Delta\lambda_0$ 增加该层的地震剪力

$$\Delta F_{Eki} = \Delta\lambda_0 G_{Ei} \tag{3.146}$$

$$\Delta\lambda_0 = \lambda - \lambda_0$$

式中　ΔF_{Eki}——楼层 i 对应于水平地震作用标准值的楼层地震剪力的增加值。

3）当结构基本周期位于反应谱的速度控制段（即 $T_g < T_1 \leqslant 5T_g$）时，则增加值应大于 $\Delta\lambda_0 G_{Ei}$，顶部增加值可取动位移作用和加速度作用二者的平均值，即顶层增加的对应于水平地震作用标准值的楼层地震剪力为

$$\Delta V_{Ekn} = \frac{1}{2}\big[(K-1)+(\lambda-\lambda_0)\big]V_{Ekn} \tag{3.147}$$

底层增加的对应于水平地震作用标准值的楼层地震剪力为

$$\Delta V_{Ek0} = (K-1)V_{Ek0} \tag{3.148}$$

中间各层的增加值可近似按线性分布。

另外，需要注意的是：

1）当底部总剪力相差较多时，结构的选型和总体布置需重新调整，不能仅采用乘以增大系数方法处理。

2）只要底部总剪力不满足要求，则结构各楼层的剪力均需要调整，不能仅调整不满足的楼层。

3）满足最小地震剪力是结构后续抗震计算的前提，只有调整到符合最小剪力要求才能进行相应的地震倾覆力矩、构件内力、位移等的计算分析；即意味着，当各层的地震剪力需要调整时，原先计算的倾覆力矩、内力和位移均需要相应调整。

4）采用时程分析法时，其计算的总剪力也需符合最小地震剪力的要求。

5）本规定不考虑阻尼比的不同，是最低要求，各类结构，包括钢结构、隔震和消能减震结构均需一律遵守。

3.11.3 结构抗震设计承载力验算

在抗震承载能力极限状态计算中，地震作用效应与其他荷载效应的组合需采用基本组合。抗震设防区的结构设计与非抗震设防区的结构设计相比，差别在于抗震设防区的结构可能还同时出现地震作用，因此应按无地震和有地震两种情况分别进行设计或复核验算。

1. 抗震设防区的结构无地震作用时设计验算

无地震组合时，同时出现的有永久荷载、楼面活荷载、屋面可变荷载，可能还有风荷载或其他可变作用等。

无地震组合时，要求结构构件基本处于弹性工作阶段，并按承载能力、正常使用两个极限状态进行设计复核，式（3.149）为承载能力极限状态设计表达式，式（3.150）为正常使用极限状态设计表达式。

$$\gamma_0 S \leq R \tag{3.149}$$

$$S_d \leq C \tag{3.150}$$

式中 S、S_d——承载能力，正常使用极限状态设计的荷载效应组合值（结构作用效应按线弹性理论分析）；

R、C——构件在承载能力、正常使用极限状态下的相应设计值；

γ_0——重要性系数。

2. 多遇地震下截面抗震承载能力极限状态设计验算

抗震计算中，多遇地震下应满足基本组合的承载能力极限状态设计要求。其中，结构作用效应的分析一般以线弹性理论为基础，截面抗震承载力分析一般以塑性极限状态为基础并按有关规范的方法公式计算。

若地震作用较小或构件地震内力较小时，有地震组合的抗震计算则可能不起控制作用，而是无地震组合起控制作用。为此，《抗震规范》对抗震承载力计算范围作了以下规定：

1）6度时的不规则建筑及建造于Ⅳ类场地上的较高的高层建筑，7度及以上地区的除生土房屋和木结构房屋之外的建筑结构，应进行多遇地震下的截面抗震计算。采用隔震设计建筑结构的抗震计算应符合有关专门规定。

2）其他建筑，允许不进行抗震承载力计算，但应符合有关的抗震措施要求。包括6度时建造于Ⅰ、Ⅱ、Ⅲ类场地上的建筑，6度建造于Ⅳ类场地上层数较少的建筑，以及各烈度时的生土、木结构房屋等。

多遇地震下，截面抗震承载能力极限状态计算时极限状态设计表达式为

$$S_E \leq \frac{R_E}{\gamma_{RE}} \tag{3.151}$$

$$S_E = \gamma_G S_{GE} + \gamma_{Eh} S_{Ehk} + \gamma_{Ev} S_{Evk} + \gamma_w \psi_w S_{wk} \tag{3.152}$$

式中 S_E——建筑结构有地震组合时各种作用效应基本组合的设计值；

R_E——考虑地震往复作用影响的构件截面抗震承载力设计值（按有关章节公式计算）；

γ_{RE}——构件截面的承载力抗震设计调整系数（除另有规定者外，应按表3.14采用）；

γ_G——重力荷载分项系数（取 1.2，重力荷载对抗震承载力有利时不应大于 1.0）；

γ_w——风荷载分项系数（应采用 1.4）；

S_{GE}——重力荷载代表值的效应（有起重机时，计算地震作用效应时重力荷载代表值按悬吊物重力组合值计算，但计算重力荷载代表值的效应 S_{GE} 时，重力荷载代表值应考虑悬吊物的全部重力标准值，相当于悬吊物重力的效应与地震作用效应组合值系数为 1.0）；

S_{wk}——风荷载标准值的效应；

ψ_w——风荷载与地震作用组合值系数，风荷载可能起控制作用的高层建筑（如 60m 以上）采用 0.2，一般取 0，风荷载起控制作用是指其标准值产生的总剪力和倾覆力矩与地震作用标准值下的值相当；

γ_{Eh}，γ_{Ev}——水平、竖向地震作用的分项系数（应按表 3.15 采用）；

S_{Ehk}，S_{Evk}——水平、竖向地震作用标准值效应（尚应乘以有关增大系数或调整系数。本书中一般略去表示水平方向的下标）。

表 3.14 承载力抗震设计调整系数

结构构件材料	结构构件的类别	受力状态	γ_{RE}
混凝土	梁	受弯	0.75
	轴压比小于 0.15 的柱	偏压	0.75
	轴压比大于或等于 0.15 的柱	偏压	0.80
	抗震墙	偏压	0.85
	各类构件	偏拉、受剪	0.85
砌体	两端均有构造柱、芯柱的砌体抗震墙	受剪	0.9
	其他抗震墙	受剪	1.0
钢	梁、柱、支撑、节点板件、连接螺栓、焊缝	强度	0.75
	柱、支撑	稳定	0.80

注：当仅计算竖向地震作用时，各类构件的承载力抗震调整系数均应采用 1.0。

表 3.15 地震作用分项系数

地震作用	γ_{Eh}	γ_{Ev}
仅计算水平地震作用	1.3	0
仅计算竖向地震作用	0	1.3
同时计算水平与竖向地震作用（水平地震为主）	1.3	0.5
同时计算水平与竖向地震作用（竖向地震为主）	0.5	1.3

3. 极限状态设计验算表达式中的有关参量的说明

（1）结构构件的抗震承载力设计值 R_E、承载力抗震设计调整系数 γ_{RE} 后面章节中各类结构构件计算抗震承载力设计值 R_E 的有关公式，考虑了地震往复作用的影响。例如，混凝土构件的抗震受剪承载力公式考虑了往复对脆性破坏形态的影响，而地震往复作用对混凝土构件抗震受弯承载力公式影响不大，不考虑其影响。承载力抗震设计调整系数 γ_{RE} 对 R_E 调整时，考虑了下列因素：

1）地震作用的瞬时性。瞬时动力作用下材料强度及承载力比持久作用下的高。

2）抗震可靠指标较静力荷载下的低。

3）脆性破坏较延性破坏形态危险，失稳破坏较强度破坏危险等，因而采用承载力抗震调整系数进行调整。

γ_{RE} 的值介于 0.75~1.0，调整后的抗震承载力 R_E/γ_{RE} 一般不小于 R_E。

（2）各种作用的组合值系数 表3.3的可变荷载组合值系数，主要是用于计算重力荷载代表值的。在计算各重力荷载效应及其组合时，起重机悬吊物重力效应的组合值系数采用1.0，其他可变重力荷载效应的组合值系数仍按表3.3采用，而且，将可变重力荷载效应的组合值与恒荷载标准值的效应合并成重力荷载代表值的效应。因而，在式（3.152）中仅显示出风荷载的组合值系数。

（3）地震作用标准值效应的调整 考虑到地震计算模型的简化、强震下抗震放线及破坏形态的控制等，对水平或竖向地震作用效应应乘以相应的调整系数或增大系数。例如，突出屋面小结构、剪力增大系数、梁柱节点的柱弯矩增大系数、底部框架-抗震墙砖房的底部楼层、厂房高低跨交接处、抗震墙底部加强部位的剪力增大系数等。

（4）地震作用分项系数 多遇地震作用为可变作用，因而需要确定其分项系数。根据《建筑结构可靠度设计统一标准》的原则，水平地震作用的分项系数 γ_{Eh} 确定为1.3；竖向地震作用的分项系数 γ_{Ev} 参考了水平地震作用，同样取为1.3。当同时考虑水平与竖向地震时，由于二者峰值加速度一般不在同一时刻，结构反应的最大值也不同时发生，当水平地震作用起控制作用时，竖向地震作用约为其最大值的40%，故 $\gamma_{Ev}=0.4\times1.3\approx0.5$；反过来也类似。此外，抗震极限状态设计表达式中未引入重要性系数，因为结构抗震方面的重要性是通过抗震设防分类考虑的。

3.11.4 多遇地震下结构正常使用抗震极限状态验算

多遇地震是50年一遇的地震，发生频率较大，与风荷载、雪荷载等其他自然作用的概率水准相等。为保证工程设施的非结构构件，包括围护墙、隔墙、内外装修、附属机电设备等，不发生影响正常使用的裂缝或变形，不丧失正常使用功能，一般不需要修理可继续使用，应进行多遇地震下的正常使用极限状态验算。因此，《抗震规范》规定，表3.15所列各类结构应进行多遇地震作用下的抗震变形验算，其楼层内最大的弹性层间位移应符合下式要求

$$\Delta u_e \leqslant [\theta_e]h \tag{3.153}$$

式中 Δu_e——多遇地震作用标准值产生的楼层内最大的弹性层间位移；计算时，除以弯曲变形为主的高层建筑外，可不扣除结构整体弯曲变形；应计入扭转变形，各作用分项系数均采用1.0；钢筋混凝土结构构件的截面刚度可采用弹性刚度；

$[\theta_e]$——弹性层间位移角限值，宜按表3.16采用；

h——计算楼层层高。

表 3.16 弹性层间位移角限值

结 构 类 型	$[\theta_e]$
钢筋混凝土框架	1/550
钢筋混凝土框架-抗震墙、板柱-抗震墙、框架-核心筒	1/800

（续）

结 构 类 型	$[\theta_e]$
钢筋混凝土抗震墙、筒中筒	1/1000
钢筋混凝土框支层	1/1000
多、高层钢结构	1/250

计算 Δu_e 时应注意：

1）钢筋混凝土构件截面刚度一般可取弹性刚度，当局部变形较大时，可适当考虑截面开裂引起的刚度折减，折减系数可取 0.85。

2）在 Δu_e 的计算中楼层位移采用的是 CQC 效应组合，就是先求出各振型下的效应（即位移），再按 CQC 组合原则进行组合；而在判断结构是否存在扭转不规则时，计算的扭转位移比中计算的楼层位移采用考虑偶然偏心影响的"规定的水平作用"，即先采用振型组合方法（CQC 法或 SRSS 法，一般宜采用 CQC 法）求出楼层地震力，再将该地震力（其作用位置考虑偶然偏心影响）作用在楼层上并求出楼层水平位移。

3）应考虑扭转耦联（但不需要考虑偶然偏心）对楼层位移的影响，同时一般不扣除由于结构重力 $P\text{-}\Delta$ 效应产生的水平相对位移。

4）对于以弯曲变形为主的较高的高层建筑（如抗震墙结构等，高度超过 150m 或 $H/B>6$ 的高层建筑）可以扣除结构整体弯曲产生的楼层水平绝对位移，也可不扣除而直接放宽位移角限值（但应进行专门研究并征得施工图审查单位的认可）。

5）对结构弹性层间位移角的限值属于宏观控制的内容，且由于层间位移计算中未考虑如构件的实际配筋等因素对结构刚度的有利影响，因此，当结构设计中采取切实有效的结构措施（如采取加密框架柱箍筋等，以提高结构延性）后，允许对层间位移角限值予以适当放宽（一般情况下以不大于 10% 为宜）。

3.11.5　罕遇地震下结构弹塑性变形验算

震害经验表明，大震作用下，一般结构都存在塑性变形集中的薄弱层或薄弱部位，而这种薄弱层仅按承载力计算往往难以发现，这是因为结构构件的强度是按小震计算的，且各截面实际的配筋与计算也不一致，造成各部位在大震下的效应增加的比例不相同，从而使有些楼层先屈服，形成塑性变形集中，随着地震强度的增加而进入弹塑性状态，成为结构薄弱层。这就是《抗震规范》"三水准，二阶段"设计法中的抗震设计的第二阶段要求验算的内容。

1. 验算范围

《抗震规范》规定，除砌体结构外，钢筋混凝土结构、钢结构及采用隔震、消能设计的结构，应进行罕遇地震下的变形验算。

应进行弹塑性变形验算的结构有：①8 度Ⅲ、Ⅳ类场地和 9 度时，高大的单层钢筋混凝土柱厂房的横向排架；②7~9 度时楼层屈服强度系数小于 0.5 的钢筋混凝土框架结构和框排架结构；③高度大于 150m 的结构；④甲类建筑和 9 度时乙类建筑中的钢筋混凝土结构和钢结构；⑤采用隔震和消能减震设计的结构。

宜进行弹塑性变形验算的结构有：①表 3.8 所列高度范围且属于竖向不规则类型的高层

建筑结构；②7度Ⅲ、Ⅳ类场地和8度时乙类建筑中的钢筋混凝土结构和钢结构；③板柱-抗震墙结构和底部框架砌体房屋；④高度不大于150m的其他高层钢结构；⑤不规则的地下建筑结构及地下空间综合体。

2. 验算方法

考虑到弹塑性变形计算的复杂性，《抗震规范》对不同的建筑结构提出不同的要求。

1）不超过12层且层刚度无突变的钢筋混凝土框架和框排架结构、单层钢筋混凝土柱厂房可采用结构薄弱层（部位）弹塑性层间位移的简化计算方法。

2）除上述结构以外的建筑结构，可采用静力弹塑性分析方法或弹塑性时程分析法等。

3）规则结构可采用弯剪层模型或平面杆系模型，属于不规则结构应采用空间结构模型。

关于静力弹塑性分析或弹塑性时程分析方法已在前面介绍过了，这里重点说明结构薄弱层（部位）弹塑性层间位移的简化计算方法。

计算分析表明：结构的弹塑性层间变形沿高度分布是不均匀的（图3.39），影响的主要因素是楼层屈服强度分布情况。在屈服强度相对较低的薄弱部位，地震作用下将产生很大的塑性层间变形。而其他各层的层间变形相对较小，接近于弹性反应计算结果。因此，在抗震设计中，只要控制了薄弱部位在罕遇地震下的变形，就能确保结构的大震安全性。判别薄弱层位置和验算薄弱层的弹塑性变形也就成为第二阶段抗震设计（实现"大震不倒"设防目标）的主要内容。

（1）薄弱层位置判断　所谓结构的薄弱层，是指结构中某楼层的抗震承载力与地震内力的相对比值小于其他楼层，从而地震作用下薄弱层的变形最大、破坏最重。可通过结构的楼层屈服强度系数的大小及楼层屈服强度系数沿房屋高度的分布情况进行判断。

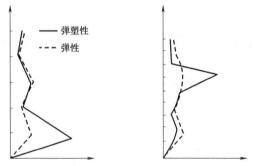

图3.39　结构在地震作用下的层间变形分布

钢筋混凝土框架结构第 i 层的楼层屈服强度系数定义为

$$\xi_y(i) = \frac{V_{uk}(i)}{V_{ek}(i)} \tag{3.154}$$

式中　$V_{uk}(i)$——第 i 层受剪实际承载力，根据第一阶段设计计算得到的截面实际配筋面积和材料强度标准值计算；

　　　　$V_{ek}(i)$——按罕遇地震作用标准值计算的第 i 层弹性地震剪力，计算时水平地震影响系数最大值 α_{max} 应采用罕遇地震时的数值。

钢筋混凝土排架结构的柱截面屈服强度系数为

$$\xi_y = \frac{M_{uk}}{M_{ek}} \tag{3.155}$$

式中　M_{uk}——根据第一阶段设计计算得到的截面实际配筋面积和材料强度标准值计算的柱正截面的抗震受弯承载力；

　　　　M_{ek}——按罕遇地震作用标准值计算的柱正截面弹性地震弯矩，计算时水平地震影响系数最大值 α_{max} 应采用罕遇地震时的数值。

屈服强度系数 ξ_y 反映了结构中楼层所具有的实际强度与该楼层所受罕遇地震下弹性地震剪力的相对关系。两者差值越大，ξ_y 越小，说明该楼层越弱，有可能率先屈服出现较大弹塑性层间变形。

薄弱层的位置相对于屈服强度系数沿高度分布均匀（屈服强度系数沿高度分布均匀是指每一楼层的 ξ_y 不小于相邻层平均值 $\overline{\xi}_y$ 的 80%）的结构多在底层；ξ_y 沿高度分布不均匀的结构，薄弱层取该系数最小或相对较小处，一般不需超过 2~3 个楼层；对单层厂房横向排架柱，薄弱部位取上柱。

（2）薄弱层层间弹塑性变形计算　多层剪切型结构薄弱层层间弹塑性位移与弹性位移之间有相对稳定的关系，因而，层间弹塑性位移可由层间弹性位移乘以增大系数得到，即

$$\Delta u_p = \eta_p \Delta u_e \tag{3.156}$$

或

$$\Delta u_p = \mu \Delta u_u = \frac{\eta_p}{\xi_y} \Delta u_u \tag{3.157}$$

式中　Δu_e——罕遇地震作用下按弹性计算的层间位移，对第 i 层，取 $\Delta u_e = \dfrac{V_{ek}(i)}{\sum D_{ik}}$，其中 $V_{ek}(i)$ 为第 i 层按罕遇地震作用标准值计算的弹性地震剪力，D_{ik} 为第 i 层第 k 根柱抗侧刚度；

　　Δu_u——薄弱层（或构件薄弱部位截面）的极限承载力标准值对应的层间位移；

　　μ——楼层弹塑性位移的延性系数；

　　η_p——弹塑性层间位移反应的增大系数，当薄弱层（部位）的屈服强度系数不小于相邻层（部位）该系数平均值的 0.8 时，可按表 3.17 采用，当不大于该平均值的 0.5 时，可按表内相应数值的 1.5 倍采用，其他情况可采用内插法取值；

　　ξ_y——楼层屈服强度系数。

表 3.17　弹塑性层间位移反应的增大系数

结构类型	总层数 n 或部位	ξ_y		
		0.5	0.4	0.3
多层均匀框架结构	2~4	1.30	1.40	1.60
	5~7	1.50	1.65	1.80
	8~12	1.80	2.00	2.20
单层厂房	上柱	1.30	1.60	2.00

（3）层间弹塑性变形限值　抗震变形验算要求结构薄弱层（部位）的层间弹塑性位移小于层间变形能力，如用层间位移角作为衡量结构变形能力的指标，则层间弹塑性位移应符合下式要求

$$\Delta u_p \leqslant [\theta_p] h \tag{3.158}$$

式中　$[\theta_p]$——弹塑性层间位移角限值，可按表 3.18 采用（对钢筋混凝土框架结构，当轴压比小于 0.40 时，可提高 10%；当柱子全高的箍筋构造比规定的体积配箍

率大 30% 时，可提高 20%，但累计不超过 25%）；

h——薄弱层楼层高度或单层厂房上柱高度。

表 3.18　弹塑性层间位移角限值

结 构 类 型	$[\theta_p]$
单层钢筋混凝土柱排架	1/30
钢筋混凝土框架	1/50
底部框架砌体房屋中的框架-抗震墙	1/100
钢筋混凝土框架-抗震墙、板柱-抗震墙、框架-核心筒	1/100
钢筋混凝土抗震墙、筒中筒	1/120
多高层钢结构	1/50

3.12　建筑抗震性能化设计

目前各国抗震规范中普遍采用的"小震不坏、中震可修、大震不倒"设防水准和"两阶段设计"方法，是一种较为简单，设计结果较为经济的方法，是目前处理高度不确定性的地震作用最科学合理的对策，目前的抗震设计中还存在以下局限性：

首先，设计阶段建筑的抗震性能并不明确。目前的抗震设计只是按照规范给出的步骤进行，很少对结构在地震作用下的性能进行评估，因为没有对要求的性能进行明确规定。

其次，业主和使用者很难了解建筑的抗震性能，因为没有人向业主和使用者进行说明。这样有时会引起误解，比如，工程师对建筑性能的期望是大震不倒，而业主对建筑性能的期望则可能是大震下建筑内财产不受损害。而建筑结构作为一种商品，业主和使用者有权知道它的实际性能。

第三，建筑结构的抗震性能没有进行经济评估。投资—效益准则作为平衡造价与性能的一个重要原则，在其他工业领域得到了广泛应用，而在建筑结构上却很少应用，其主要原因在于建筑结构的性能没有清晰明确，所以业主无法了解在付出一定的投资后能得到怎样的效益。建筑结构有着不同于其他批量生产的工业产品的特点，大部分建筑结构都是唯一的，业主很难在决定购买之前去使用或检验建筑的实际性能。

基于性能的抗震设计（Performance-Based Seismic Design，简称 PBSD，也称为基于性态的抗震设计或基于功能的抗震设计）概念是 20 世纪 90 年代初由美国学者提出的，它是使设计出的结构在未来的地震灾害下能够维持所要求的性能水平。投资—效益准则和建筑结构目标性能的"个性"化是基于性能的抗震设计的重要思想。基于性能的设计克服了目前抗震设计规范的局限性。在基于性能的设计中，明确规定了建筑的性能要求，而且可以用不同的方法和手段去实现这些性能要求，这样可以使新材料、新结构体系、新的设计方法等更容易得到应用。

3.12.1　抗震性能化设计的主要内容

当建筑结构采用抗震性能化设计时，应根据其抗震设防类别、设防烈度、场地条件、结构类型和不规则性，建筑使用功能和附属设施功能的要求、投资大小、震后损失和修复难易程度等，对选定的抗震性能目标提出技术和经济可行性综合分析和论证。

基于结构性能的抗震设计理论的主要内容应包括确定地震设防水准（即根据客观的设防环境和已定的设防目标，并考虑具体的社会经济条件来确定采用多大的设防参数）、结构性能水准（指结构在特定的某一级地震设防水准下预期损伤的最大程度）、结构抗震性能目标（是针对某一级地震设防水准而期望建筑物能够达到的性能水准或等级）、结构抗震分析和设计方法等方面。

性能化设计仍然是以现有的抗震科学水平和经济条件为前提的，一般需要综合考虑使用功能、设防烈度、结构的不规则程度和类型、结构发挥延性变形的能力、造价、震后的各种损失及修复难度等因素。不同的抗震设防类别，其性能设计要求也有所不同。

性能化抗震设计的基本步骤为：

1）分析结构的具体条件，以便灵活选择适当的、预期的性能目标，包括确定预期地震强度及对应的建筑使用要求或结构可能的破坏状态。

2）选择结构体系。

3）完成结构的常规抗震设计，确定相应的抗震等级、构件承载力和构造。

4）对结构进行不同地震强度下的弹性和弹塑性分析，根据分析结果判断是否达到预期性能目标，如果没有达到预定目标，则应调整结构的承载能力或变形能力，重新进行弹性和弹塑性分析，直到达到预定目标。

5）施工质量控制。

6）长期维修。

3.12.2　性能目标的确定方法

建筑的抗震性能化设计，立足于承载力和变形能力的综合考虑，具有很强的针对性和灵活性。针对具体工程的需要和可能，可以对整个结构，也可以对某些部位或关键构件，灵活运用各种措施达到预期的性能目标——着重提高抗震安全性或满足使用功能的专门要求。例如，可以根据楼梯间作为"抗震安全岛"的要求，提出确保大震下能具有安全避难通道的具体目标和性能要求；可以针对特别不规则、复杂建筑结构的具体情况，对抗侧力结构的水平构件和竖向构件提出相应的性能目标，提高其整体或关键部位的抗震安全性；也可针对水平转换构件，为确保大震下自身及相关构件的安全而提出大震下的性能目标；地震时需要连续工作的机电设施，其相关部位的层间位移需满足规定层间位移限值的专门要求；其他情况，可对震后的残余变形提出满足设施检修后运行的位移要求，也可提出大震后可修复运行的位移要求。建筑构件采用与结构构件柔性连接，只要可靠拉结并留有足够的间隙，如玻璃幕墙与钢框之间预留变形缝隙，震害经验表明，幕墙在结构总体安全时可以满足大震后继续使用的要求。

建筑结构的抗震性能化设计应符合下列要求：

（1）选定地震动水准　对设计使用年限 50 年的结构，可选用《抗震规范》的多遇地震、设防地震和罕遇地震的地震作用，其中，设防地震的加速度应按表 1.3 的设计基本地震加速度采用，设防地震的地震影响系数最大值，6 度、7 度（0.10g）、7 度（0.15g）、8 度（0.20g）、8 度（0.30g）、9 度可分别采用 0.12、0.23、0.34、0.45、0.68 和 0.90。对设计使用年限超过 50 年的结构，宜考虑实际需要和可能，经专门研究后对地震作用做适当调整。

对处于发震断裂两侧10km以内的结构，地震动参数应计入近场影响，5km以内宜乘以增大系数1.5，5km以外宜乘以不小于1.25的增大系数。

（2）选定性能目标　对应于不同地震动水准的预期损坏状态或使用功能，应不低于《抗震规范》对基本设防目标的规定。

（3）选定性能设计指标　设计应选定分别提高结构或其关键部位的抗震承载力、变形能力或同时提高抗震承载力和变形能力的具体指标，尚应计及不同水准地震作用取值的不确定性而留有余地。设计宜确定在不同地震动水准下结构不同部位的水平和竖向构件承载力的要求（含不发生脆性剪切破坏、形成塑性铰、达到屈服值或保持弹性等）；宜选择在不同地震动水准下结构不同部位的预期弹性或弹塑性变形状态，以及相应的构件延性构造的高、中或低要求。当构件的承载力明显提高时，相应的延性构造可适当降低。

建筑结构遭遇各种水准的地震影响时，其可能的损坏状态和继续使用的可能情况见表3.19，总体上可分为下列五级。

表3.19　建筑地震破坏等级划分

名称	破坏描述	继续使用的可能性	变形参考值
基本完好（含完好）	承重构件完好；个别非承重构件轻微损坏；附属构件有不同程度破坏	一般不需修理即可继续使用	$<[\Delta_{ue}]$
轻微损坏	个别承重构件轻微裂缝（对钢结构构件指残余变形），个别非承重构件明显破坏；附属构件有不同程度破坏	不需修理或需稍加修理，仍可继续使用	$(1.5\sim2)[\Delta_{ue}]$
中等破坏	多数承重构件轻微裂缝（或残余变形），部分明显裂缝（或残余变形），个别非承重构件严重破坏	需一般修理，采取安全措施后可适当使用	$(3\sim4)[\Delta_{ue}]$
严重破坏	多数承重构件严重破坏或部分倒塌	应排险大修，局部拆除	$<0.9[\Delta_{up}]$
倒塌	多数承重构件倒塌	需拆除	$>[\Delta_{up}]$

注：个别是指5%以下，部分是指30%以下，多数是指50%以上。

中等破坏的变形参考值，大致取规范弹性和弹塑性位移角限值的平均值，轻微损坏取1/2平均值。参照上述等级划分，地震下可供选定的高于一般情况的预期性能目标可大致归纳为表3.20。

表3.20　预期性能控制目标

地震水准	性能1	性能2	性能3	性能4
多遇地震	完好	完好	完好	完好
设防烈度地震	完好，正常使用	基本完好，检修后可继续使用	轻微损坏，简单修理后可继续使用	轻微至接近中等损坏，变形小于$3[\Delta_{ue}]$
罕遇地震	基本完好，检修后可继续使用	轻微至中等破坏，修复后可继续使用	其破坏需加固后可继续使用	接近严重破坏，大修后可继续使用

完好，即所有构件保持弹性状态：各种承载力设计值（拉、压、弯、剪、压弯、拉弯、稳定等）满足规范对抗震承载力的要求$S<R/\gamma_{RE}$，层间变形（以弯曲变形为主的结构宜扣除整体弯曲变形）满足规范多遇地震下的位移角限值3$[\Delta_{ue}]$。这是各种预期性能目标在多遇地震下的基本要求——多遇地震下必须满足规范规定的承载力和弹性变形的要求。

基本完好，即构件基本保持弹性状态：各种承载力设计值基本满足规范对抗震承载力的要求 $S \leqslant R/\gamma_{RE}$（其中的效应 S 不含抗震等级的调整系数），层间变形可能略微超过弹性变形限值。

轻微损坏，即结构构件可能出现轻微的塑性变形，但不达到屈服状态，按材料标准值计算的承载力大于作用标准组合的效应。

中等破坏，结构构件出现明显的塑性变形，但控制在一般加固即恢复使用的范围。

接近严重破坏，结构关键的竖向构件出现明显的塑性变形，部分水平构件可能失效需要更换，经过大修加固后可恢复使用。

实现上述性能目标，需要落实到具体设计指标，即各个地震水准下构件的承载力、变形和细部构造的指标。仅提高承载力时，安全性有相应提高，但使用上的变形要求不一定满足；仅提高变形能力，则结构在小震、中震下的损坏情况大致没有改变，但抗御大震倒塌的能力提高。因此，性能设计目标往往侧重于通过提高承载力推迟结构进入塑性工作阶段并减少塑性变形，必要时还需提高刚度以满足使用功能的变形要求，而变形能力的要求可根据结构及其构件在中震、大震下进入弹塑性的程度加以调整。

性能化设计寻求的是结构或构件在承载力及变形能力的合理平衡点。当承载能力提高幅度较大时，可适当降低延性要求；而当承载力水平提高幅度较小时，可相应提高结构或构件的延性（即当延性指标的实现有困难时，可通过提高结构或构件的承载力加以弥补；而当提高结构或构件的承载力有困难时，可通过提高结构或构件的延性加以弥补）。

对性能 1，结构构件在预期大震下仍基本处于弹性状态，则其细部构造仅需要满足最基本的构造要求。工程实例表明，采用隔震、减震技术或低烈度设防且风力很大时有可能实现；条件许可时，也可对某些关键构件提出这个性能目标。

对性能 2，结构构件在中震下完好，在预期大震下可能屈服，其细部构造需满足低延性的要求。例如，某 6 度设防的核心筒-外框结构，其风力是小震的 2.4 倍，风载层间位移是小震的 2.5 倍。结构所有构件的承载力和层间位移均可满足中震（不计入风载效应组合）的设计要求；考虑水平构件在大震下损坏使刚度降低和阻尼加大，按等效线性化方法估算，竖向构件的最小极限承载力仍可满足大震下的验算要求。于是，结构总体上可达到性能 2 的要求。

对性能 3，在中震下已有轻微塑性变形，大震下有明显的塑性变形，因而，其细部构造需要满足中等延性的构造要求。

对性能 4，在中震下的损坏已大于性能 3，结构总体的抗震承载力仅略高于一般情况，因而，其细部构造仍需满足高延性的要求。

3.12.3　性能化抗震设计的要求

1）分析模型应正确、合理地反映地震作用的传递途径和楼盖在不同地震动水准下是否整体或分块处于弹性工作状态。

2）弹性分析可采用线性方法，弹塑性分析可根据性能目标所预期的结构弹塑性状态，分别采用增加阻尼的等效线性化方法以及静力或动力非线性分析方法。

3）结构非线性分析模型相对于弹性分析模型可有所简化，但二者在多遇地震下的线性分析结果应基本一致；应计入重力二阶效应、合理确定弹塑性参数，应依据构件的实际截面、配筋等计算承载力，可通过与理想弹性假定计算结果的对比分析，着重发现构件可能破坏的部位及其弹塑性变形程度。

一般情况，应考虑构件在强烈地震下进入弹塑性工作阶段和重力二阶效应。鉴于目前的弹塑性参数、分析软件对构件裂缝的闭合状态和残余变形、结构自身阻尼系数、施工图中构件实际截面及配筋与计算书取值的差异等的处理，还需要进一步研究和改进，当预期的弹塑性变形不大时，可用等效阻尼等模型简化估算。为了判断弹塑性计算结果的可靠程度，可借助于理想弹性假定的计算结果，从下列几方面进行综合分析：

1）结构弹塑性模型一般要比多遇地震下反应谱计算时的分析模型有所简化，但在弹性阶段的主要计算结果应与多遇地震分析模型的计算结果基本相同，两种模型的嵌固端、主要振动周期、振型和总地震作用应一致。弹塑性阶段，结构构件和整个结构实际具有的抵抗地震作用的承载力是客观存在的，在计算模型合理时，不因计算方法、输入地震波形的不同而改变。若计算得到的承载力明显异常，则计算方法或参数存在问题，需仔细复核、排除。

2）整个结构客观存在的、实际具有的最大受剪承载力（底部总剪力）应控制在合理的、经济上可接受的范围，不需要接近更不可能超过按同样阻尼比的理想弹性假定计算的大震剪力，如果弹塑性计算的结果超过，则该计算的承载力数据需认真检查、复核，判断其合理性。

3）进入弹塑性变形阶段的薄弱部位会出现一定程度的塑性变形集中，该楼层的层间位移（以弯曲变形为主的结构宜扣除整体弯曲变形）应大于按同样阻尼比的理想弹性假定计算的该部位大震的层间位移；如果明显小于此值，则该位移数据需认真检查、复核，判断其合理性。

4）薄弱部位可借助于上下相邻楼层或主要竖向构件的屈服强度系数的比较予以复核，不同的方法、不同的波形，尽管彼此计算的承载力、位移、进入塑性变形的程度差别较大，但发现的薄弱部位一般相同。

5）影响弹塑性位移计算结果的因素很多，其计算值的离散性与承载力计算的离散性相比较大。注意到常规设计中，考虑到小震弹性时程分析的波形数量较少，而且计算的位移多数明显小于反应谱法的计算结果，需要以反应谱法为基础进行对比分析；大震弹塑性时程分析时，由于阻尼的处理方法不够完善，波形数量也较少（建议尽可能增加数量，如不少于7条；数量较少时宜取包络），不宜直接把计算的弹塑性位移值视为结构实际弹塑性位移，同样需要借助小震的反应谱法计算结果进行分析。建议按下列方法确定其层间位移参考数值：用同一软件、同一波形进行弹性和弹塑性计算，得到同一波形、同一部位弹塑性位移（层间位移）与小震弹性位移（层间位移）的比值，然后将此比值取平均或包络值，再乘以反应谱法计算的该部位小震位移（层间位移），从而得到大震下该部位的弹塑性位移（层间位移）的参考值。

3.12.4　性能化抗震设计方法

基于性能的抗震设计方法主要有：基于位移的抗震设计方法、基于损伤性能的设计方法、基于能量的设计方法、综合设计方法和基于可靠度的设计方法等。

当前，基于承载力的设计方法被世界各国规范所采用。以我国为例，它的设计思想是：第一阶段，对于一般结构在中、小地震作用下采用弹性计算方法，可根据结构的具体情况采用底部剪力法或振型分解反应谱法计算地震力，并与其他荷载通过分项系数法进行组合，计算截面的承载力和构件的配筋，对于较高的建筑物还要控制其侧向变形。第二阶段，对于有特殊要求的结构采用弹塑性计算方法。可根据结构的具体情况采用简化的计算方法、静力弹塑性分析法或者是弹塑性时程分析法，验算其基本烈度相对应的罕遇烈度地震作用下结构的弹塑性层间变形是否满足规范要求，防止结构由于薄弱部位产生的弹塑性变形，导致结构构件破坏甚至引起房屋倒塌。

基于位移的设计方法是基于性能设计理论推荐的配套设计方法。它以位移为设计起点，以层间位移或者其他变形作为抗震设计的抗震因素，进行结构的截面设计和配筋，这与传统的基于承载力的设计方法在设计顺序和控制因素的选取上有很大的区别，这也说明了该方法的出发点更接近于地震作用下结构的实际运行状态。

基于损伤的设计方法认为，在强烈地震的往复作用下，结构将呈现弹塑性变形和低周疲劳效应对结构地震损伤产生影响。震害调查和实际研究表明：结构的地震破坏形式可分为两类，一是首次超越；另一类是累积损伤破坏，前者是由于在强烈地震作用下结构的强度或延性等力学性能首次超过一个限值，从而导致结构的突发性破坏，后者是指结构动力反应。虽然结构反应在小的量值上波动而没有达到破坏极限，但是由于地震的往复作用使结构构件的材料力学性能（如强度、刚度）发生劣化，最终导致结构破坏。因此有学者提出结构损伤指数概念，通过控制结构损伤指数使结构在各级地震作用下达到其抗震性能目标。

能量法假设结构的总体破坏是由于地震输入的总能量造成的，结构及内部设施的破坏程度是由地震输入的能量和结构消耗的能量共同决定的。该方法的优点在于能够直接估计结构的破损状态，但是由于在参数的选取、能量的计算方法等方面没有一个确定的、合理的标准，所以这种方法还有待于深入研究。

综合设计法是由美国学者 Bertero 等提出来的，并被加州结构工程师协会委员会采纳。其基本思想是使建筑物在达到基本性能目标的前提下，总投资最少。综合设计法全面考虑抗震设计中的重要因数，最大限度地体现基于性能的抗震设计思想，从而能够提供最优的设计方案。其缺点是考虑因素多，涉及面广，设计过程复杂烦琐。

基于可靠度的设计方法认为，由于地震作用在时间、强度和空间上的随机性以及结构材料强度、设计和施工过程的影响，结构性能在地震作用下有很大的不确定性，所以可靠度理论在抗震设计中可用于处理一些不确定因素。基于可靠度的抗震设计方法是考虑结构体系的可靠度，直接采用可靠度的表达形式，将结构构件层次的可靠度应用水平过渡到考虑不同功能要求的结构体系可靠度水平上。

本 章 小 结

本章介绍了单自由度弹性体系在水平地震作用下的反应谱理论和设计用反应谱，以及多自由度弹性体系在水平地震作用下的振型分解反应谱法和底部剪力法。对结构扭转地震效应、时程分析法、静力弹塑性分析法、地基与结构相互作用时水平地震作用的计算以及竖向地震作用的基本原理和计算方法进行了介绍。同时，给出了工程结构地震作用考虑的原则和抗震验算方法。最后，介绍了抗震性能化设计的基本理论、方法等。本章内容属于结构抗震设计基本原理和分析方法，是本门课程学习的重点。

—————— 习题 ——————

一、选择题

1. 场地的地震动特性不包括（   ）。

A. 阻尼   B. 地震烈度   C. 场地卓越周期   D. 地震动频谱

2. 以下结构不可以简化为单自由度体系的有（   ）。

A. 水塔   B. 单层厂房   C. 单层房屋   D. 多层房屋

3. 下列因素与地震系数 k 有关的是（   ）。

A. 结构自振周期   B. 振型   C. 地震烈度   D. 阻尼

4. 以下结构不需要考虑竖向地震作用的是（   ）。

A. 8度时的大跨度结构 B. 9度时的大跨度结构 C. 8度时的长悬臂结构 D. 8度时的高层建筑

5. 当结构自振周期与场地的卓越周期接近时，结构地震反应（   ）。

A. 最小   B. 最大   C. 既不增大也不减小 D. 无法判断

6. 若单自由度体系的自振周期很大，则当地面振动时，质点的绝对加速度（   ）。

A. 趋于零   B. 最大   C. 与地面振动加速度相同 D. 无法判断

7. 在相同烈度下，震中距较远时，长周期结构的最大绝对加速度与短周期结构的相比，（   ）。

A. 相同   B. 减小   C. 增大   D. 无法比较

8. 控制多质点体系最大地震反应的一般是（   ）振型。

A. 前 1~3 阶   B. 高阶振型   C. 第 3~5 阶振型 D. 所有振型

9. β 谱曲线中，当 $T<T_g$ 时，曲线随 T 的增大而（   ）。

A. 波动增大   B. 波动下降   C. 无变化   D. 变化无规律

10. β 谱曲线中，当场地土质松软时，长周期结构反应（   ）。

A. 较小   B. 较大   C. 与短周期结构相同 D. 无规律

二、填空题

1. 地震作用及其效应的分析方法有_____和_____两类。

2. 结构的动力特性主要有_____、_____、_____。

3. 多跨不等高单层厂房可简化为_____质点体系。

4. 当结构的阻尼比 $\zeta<1$ 时，$\omega'>0$，则体系_____；当阻尼比 $\zeta>1$ 时，$\omega'<0$，则体系_____，这种形式的阻尼称为_____；当阻尼比 $\zeta=1$ 时，$\omega'=0$，$C_r=2\omega m$ 称为_____。

5. 结构的自振周期与圆频率之间的关系式为_____，与质量及刚度的关系式为_____。

6. 《抗震规范》给出的设计用反应谱曲线由_____部分组成。

7. 当_____时，会超出设计反应谱的适用范围，此时，地震影响系数应做专门研究。

8. 场地的特征周期根据_____和_____查我国现行《抗震规范》确定。

9. 影响地震影响系数 α 的值的因素有_____、_____、_____、_____、_____。

10. 钢筋混凝土结构的阻尼比一般可取为_____。

三、判断改错题

1. 只需要一个独立参数就可确定其弹性变形位置的体系称为单自由度体系。（   ）

2. 惯性力的大小等于质点的质量与质点的绝对加速度的乘积。（   ）

3. 阻尼比的值越小，振幅衰减越快。（   ）

4. 杜哈梅积分既能用于弹性体系，也能用于弹塑性体系。（   ）

5. 加速度反应谱曲线为一条单峰点曲线。（   ）

6. 当阻尼比等于零时，加速度反应谱的谱值最大。（　　）

7. 结构自振周期较小时，随着周期增大，加速度反应谱的谱值急剧增加，但至峰值点后，则随着周期增大其反应逐渐衰减。（　　）

8. 当求出某体系的自振周期和阻尼比时，该体系在特定地震作用下的最大地震作用可根据加速度反应谱求出。（　　）

9. 地震系数 k 是质点的最大绝对加速度与地面加速度之比。（　　）

10. 地震系数 k 的值只与地震烈度的大小有关。（　　）

四、名词解释

地震系数　动力系数　地震影响系数　地震反应谱　重力荷载代表值

五、问答题

1. 地震作用有哪些特点？

2. 地震作用及其效应的分析方法有哪些？

3. 哪些结构可简化为单自由度体系？

4. β 谱曲线的特点是什么？

5. 设计用反应谱分为哪几段？

六、计算题

1. 如图 3.40 所示单跨单层厂房，设屋盖刚度无穷大，屋盖自重标准值为 700kN，屋面雪荷载标准值为 185kN，忽略柱自重，柱抗侧移刚度系数 $k_1 = k_1 = 3 \times 10^3 \mathrm{kN \cdot m^{-1}}$，结构阻尼比 $\xi = 0.05$，Ⅱ类场地，设计地震分组为第一组，设计基本加速度为 $0.20g$。求该厂房在多遇地震时水平地震作用。

2. 某单层钢筋混凝土框架结构计算简图如图 3.41 所示。集中于屋盖处的重力荷载代表值 $G = 1200\mathrm{kN}$。梁的抗弯刚度 $EI = \infty$，柱的截面尺寸 $b \times h = 350\mathrm{mm} \times 350\mathrm{mm}$，采用 C20 混凝土。结构阻尼比为 0.05，Ⅱ类场地，设防烈度为 7 度，设计基本地震加速度为 $0.1g$，设计地震分组为第二组。试确定在多遇地震作用下的框架水平地震作用标准值，并绘出地震作用下结构的弯矩图。

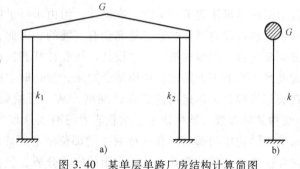

图 3.40　某单层单跨厂房结构计算简图

3. 某二层钢筋混凝土框架结构计算简图如图 3.42 所示。集中于屋盖处的重力荷载代表值 $G_1 = G_2 = 1200\mathrm{kN}$。梁的抗弯刚度 $EI = \infty$，柱的截面尺寸 $b \times h = 350\mathrm{mm} \times 350\mathrm{mm}$，采用 C30 混凝土。试求该结构的振动圆频率和主振型。

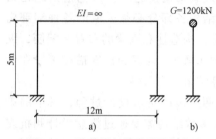

图 3.41　某单层钢筋混凝土框架
结构计算简图

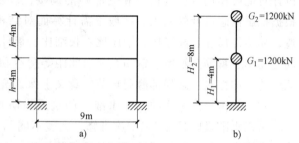

图 3.42　某二层钢筋混凝土框架结构计算简图

抗震概念设计 | 第4章

学习要求：
- 理解抗震概念设计的基本原理、指导思想，设计原则。
- 掌握抗震概念设计的基本思路和方法。

4.1 概述

建筑抗震概念设计是根据地震灾害和工程经验等形成的基本设计原则和设计思想，进行建筑和结构的总体布置并确定细部构造的过程。

由于目前的科学技术手段对实际地震的大小仍然是难以准确预估的，虽然在确定地震烈度区划图时尽量体现了科学性、准确性，但由于可供统计分析的历史地震资料有限，在一定地区发生超过设防烈度的地震是完全有可能的。因而，当前工程结构的抗震设计一般通过三个方面来进行，即结构抗震概念设计、抗震计算和抗震措施。结构抗震概念设计从总体上把地震及其影响的不确定性和规律结合起来，设计时着眼于结构的总体反应，依据结构破坏机制和破坏过程，灵活运用抗震设计准则，从一开始就全面合理地把握好结构设计本质问题（如结构总体布置、结构体系、承载能力与刚度分布、结构延性等），顾及关键部位的细节，力求消除结构中的薄弱环节（或对关键部位制定明确的抗震性能目标），从根本上保证结构的抗震性能。抗震计算是对地震作用的定量分析，包括荷载、地震作用标准值的计算，地震作用效应（内力和变形）设计值计算和抗力计算等。抗震措施是指除地震作用计算和构件抗力计算以外的抗震设计内容，包括建筑总体布置、结构选型、地基抗液化措施、考虑概念设计对地震作用效应（内力和变形）的调整，以及各种抗震构造措施（抗震构造措施是指根据抗震概念设计的原则，一般不需计算而对结构和非结构各部分必须采取的各种细部构造，如构件尺寸、高厚比、轴压比、长细比、板件宽厚比，构造柱和圈梁的布置和配筋，纵筋配筋率、箍筋配箍率、钢筋直径、间距等构造和连接要求等）。合理的抗震措施可以在保证结构整体性、加强局部薄弱环节等意义上保证抗震计算结果的有效性。

对于我国目前采用的"三水准"的抗震设防目标和两阶段的抗震设计过程，其中的第二、第三水准设防目标（"中震可修，大震不倒"），对大多数结构需要通过概念设计和抗震构造措施来实现；对强烈地震时易倒塌的结构、有明显薄弱层不规则结构及其他有特殊要求的建筑，则更需要抗震概念设计，并采取相应的抗震构造措施来实现第二、第三水准的设防目标。因而，对于建筑的抗震设计，抗震概念设计是其中的一个相当重要的内容，应当引起结构工程师们的高度重视。

那么应该如何进行抗震概念设计呢？我们从以下几个方面分析。

4.2 选择有利于抗震的场地

选择建筑场地时，应根据工程需要，掌握地震活动情况、工程地质和地震地质的有关资料，进行综合分析。宜选择表 2.7 中对建筑抗震有利的地段。对不利地段、危险地段、山区建筑场地等均应按《抗震规范》规定避开或采取有效措施。此部分内容要求详见 2.1.5 节部分内容，此处不再赘述。

4.3 选择有利于抗震的地基和基础

同一结构单元的基础不宜设置在性质截然不同的地基上，也不宜部分采用天然地基部分采用桩基。当采用不同基础类型或基础埋深显著不同时，应根据地震时两部分地基基础的沉降差异，在基础、上部结构的相关部位采取加强结构整体性和刚性的措施。地基为软弱黏性土、液化土、新近填土或严重不均匀土时，应根据地震时地基不均匀沉降和其他不利影响，采取地基处理等措施加强基础的整体性和刚性。边坡附近的建筑基础应进行抗震稳定性设计，建筑基础与土质、强风化岩质边坡的边缘应留有足够的距离。其他相关要求可参考 2.2 节。

4.4 选择合理的抗震结构体系

结构体系应根据建筑的抗震设防类别、抗震设防烈度、建筑高度、场地条件、地基、结构材料和施工等因素，经技术、经济和使用条件综合比较确定。从抗震角度讲，好的结构材料应具备下列性能：①延性系数高；②"强度/重力"比值大；③匀质性好；④正交各向同性；⑤构件的连接具有整体性、连续性和较好的延性，并能发挥材料的全部强度。

参考上述标准，常见建筑结构类型的抗震性能优劣性顺序为：①钢结构；②型钢混凝土结构；③混凝土-钢组合结构；④现浇钢筋混凝土结构；⑤预应力钢筋混凝土结构；⑥装配式钢筋混凝土结构；⑦配筋砌体结构；⑧砌体结构等。

结构体系应符合下列各项要求：

1）应具有明确的计算简图和合理的地震作用传递途径。抗震结构体系受力明确、传力途径合理且传力路线不间断，结构的抗震分析更符合结构在地震时的实际表现，对提高结构的抗震性能有利，是结构选型与布置结构抗侧力体系时优先考虑的因素之一。

2）宜有多道抗震防线，应避免因部分结构或构件破坏而导致整个结构丧失抗震能力或对重力荷载的承载能力。多道防线对于结构在强震下的安全是很重要的。多道防线通常指：第一，整个抗震结构体系由若干个延性较好的分体系组成，并由延性较好的结构构件连接起来协同工作。如框架-抗震墙体系是由延性框架和抗震墙两个系统组成；双肢或多肢抗震墙体系由若干个单肢墙分系统组成；框架-支撑框架体系由延性框架和支撑框架两个系统组成；框架-筒体体系由延性框架和筒体两个系统组成。第二，抗震结构体系具有最大可能数量的内部、外部赘余度，有意识地建立起一系列分布的塑性屈服区，使结构能吸收和耗散大量的地震能量，一旦破坏也易于修复。设计计算时，需考虑部分构件出现塑性变形后的内力重分布，使各个分体系承担的地震作用的总和大于不考虑塑性内力重分布时的数值。

3）应具备必要的抗震承载力、良好的变形能力和消耗地震能量的能力。

4）对可能出现的薄弱部位，应采取措施提高其抗震能力。包括：①结构在强烈地震下不存在强度安全储备，构件的实际承载力分析（而不是承载力设计值的分析）是判断薄弱层（部位）的基础；②要使楼层（部位）的实际承载力和设计计算的弹性受力之比在总体上保持一个相对均匀的变化，一旦楼层（或部位）的这个比例有突变时，会由于塑性内力重分布导致塑性变形的集中；③要防止在局部上加强而忽视整个结构各部位刚度、强度的协调；④在抗震设计中有意识、有目的地控制薄弱层（部位），使之有足够的变形能力又不使薄弱层发生转移，这是提高结构总体抗震性能的有效手段。

5）结构两个主轴方向的动力特性（周期和振型）宜相近。因为有些建筑结构，横向抗侧力构件（如墙体）很多而纵向很少，在强烈地震中往往由于纵向破坏导致整体倒塌。

4.5　选择有利于抗震的建筑平面和立面形式

国内外历次大地震震害表明，平面不规则、质量中心与刚度中心偏离过大和抗扭刚度太弱的结构，以及竖向刚度突变等不规则结构，在地震中会受到严重的破坏。因此，建筑设计应根据抗震概念设计的要求明确建筑形体的规则性，建筑物及其结构的平面布置宜优先选用规则的形体，其抗侧力构件的平面宜规则对称、侧向刚度沿竖向宜均匀变化、竖向抗侧力构件的截面尺寸和材料强度宜自下而上逐渐减小，避免刚度和承载力的突变。

结构平面布置的关键是避免扭转并确保水平传力途径的有效性。应使水平地震作用的合力作用线尽量与结构的抗侧刚度中心重合，以减小地震时在结构中产生的扭转耦联振动，避免远离刚度中心的构件侧向位移及分担的地震剪力过大，产生较严重的破坏。因此，对每个结构单元，尽量采用方形、圆形、正多边形、矩形、椭圆形等简单规则的平面形状。如图4.1、图4.2所示，避免主要抗侧力构件的偏置，如图4.3所示。

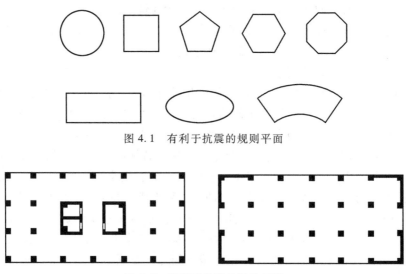

图 4.1　有利于抗震的规则平面

图 4.2　有利于抗震的结构布置

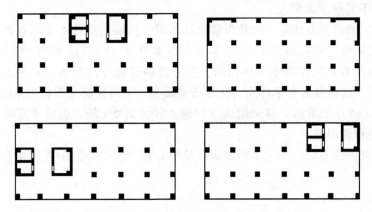

图 4.3　不利于抗震的结构布置

结构立面及竖向剖面布置的关键是避免承载力及楼层刚度的突变，避免出现薄弱层并确保竖向传力途径的有效性。应使结构的承载力和竖向刚度自下而上逐步减小，变化均匀、连续、不出现突变。因此，建筑立面应尽量采用矩形、梯形、三角形等均匀变化的几何形状，如图 4.4 所示。避免采用带有突变的阶梯形立面，如大底盘结构、上部收进尺寸过大等，都容易在刚度突变部位出现应力集中现象，如图 4.5 所示。

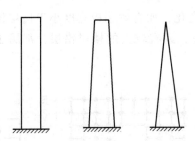

图 4.4　有利于抗震的建筑立面

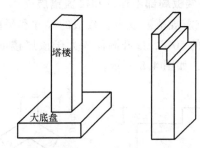

图 4.5　不利于抗震的建筑立面

4.5.1　平面不规则类型

1. 平面扭转不规则

《抗震规范》规定，在具有偶然偏心的规定水平力作用下，楼层两端抗侧力构件弹性水平位移（或层间位移）的最大值与平均值的比值大于 1.2 时，就属于扭转不规则，如图 4.6 所示。

在进行扭转不规则判断时，楼层弹性水平位移（或层间位移）的计算应注意以下问题：

1）刚性楼板假定；按国外的有关规定，楼盖周边两端位移不超过平均位移 2 倍的情况称为刚性楼盖，超过 2 倍则属于柔性楼盖。因此，

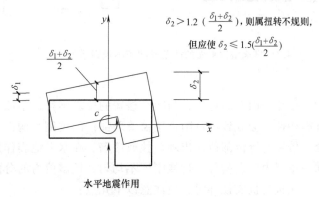

图 4.6　建筑结构平面的扭转不规则示例

"刚性楼盖"并不是刚度无限大。

2）采用规定的水平力计算；扭转位移比计算时，楼层的位移不采用各振型位移的 CQC 组合计算，而是采用"规定的水平力"，即采用振型组合（CQC 法或 SRSS 法，宜采用 CQC 法）后的楼层地震剪力换算的水平作用力，并考虑偶然偏心的影响。水平力换算时可按以下原则进行：每一楼面处的水平作用力，取该楼面上、下两楼层地震剪力差的绝对值。

3）偶然偏心大小的取值，除采用该方向最大尺寸的 5%外，也可考虑具体的平面形状和抗侧力构件的布置调整。

4）扭转不规则的判断，还可依据楼层质量中心和刚度中心的距离用偏心率的大小作为参考方法。

2. 平面凹凸不规则

平面凹凸不规则，外伸段容易产生局部振动而引发凹角处破坏。《抗震规范》规定，当平面凹进的尺寸大于相应投影方向总尺寸的 30%时，即为凹凸不规则，如图 4.7 所示。

应当注意的是，当建筑平面有深凹口，即使在凹口处设置楼面连梁，一般情况下，当该拉梁不能有效地协调两侧楼板的变形（即不符合刚性楼板的假定），而需要按弹性楼板计算时，则仍属于凹凸不规则，不能按楼板开洞计算，这种拉梁只能看作凹凸不规则的加强措施。

3. 楼板局部不连续和楼盖错层

《抗震规范》规定，楼板的尺寸和平面刚度急剧变化，如有效楼板宽度小于该层楼板典型宽度的 50%，或开洞面积大于该层楼面面积的 30%，或有较大的楼层错层，都属于平面不规则，如图 4.8 所示。

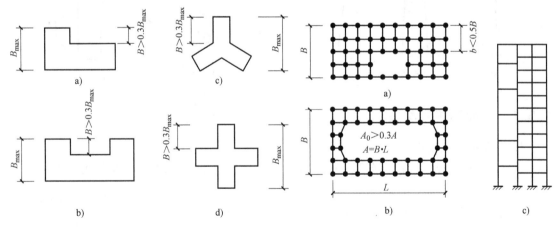

图 4.7　建筑结构平面的凸角或凹角不规则示例　　　图 4.8　建筑结构平面的局部不连续示例
（大开洞及错层）

楼盖平面开洞过大，与刚性楼盖的要求不符，不能保证水平地震剪力有效地传递给所有抗震构件，会导致洞口附近楼盖薄弱部位的抗侧力构件受力情况极为不利，从而使结构不安全。楼盖的错位部位会出现短柱或矮墙，在水平地震作用下，容易发生脆性剪切破坏，而且同一楼层内竖向构件的抗侧刚度不均匀，地震剪力的分配也难以合理控制。

在进行抗震设计时，应注意以下几点：

1）"有效楼板宽度"是指楼板实际传递水平地震作用时的有效宽度，即楼板的实际宽度，应扣除楼板实际存在的洞口宽度，当楼、电梯间周边无钢筋混凝土抗震墙时，还应扣除楼、电梯间在楼面处的开口尺寸等。

2）"楼板典型宽度"应按楼板外形的基本宽度计算。对平面形状比较规则的楼层，可以是楼板面积占大多数区域的楼板宽度；对抗侧力构件布置不均匀的结构，可以是主要抗侧力结构所在区域的楼板宽度。

3）"较大的错层"。可以认为当楼层高度差不小于 600mm，且大于楼层梁截面高度时，可确定为较大错层。同时，对错层及局部错层应优先考虑通过采取适当的措施，消除或减轻错层给结构带来的不利影响。错层处的框架柱抗震等级应提高一级，且在错层及错层上、下相关楼层（至少上、下各一层）箍筋应全柱加密。

4. 平面不规则的其他类型

抗侧力构件上下错位、与主轴斜交或不对称布置时，均属于平面不规则类型，如图 4.9 所示。

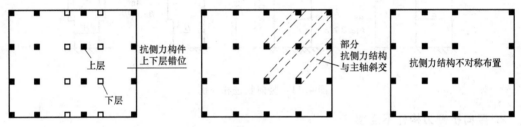

图 4.9　平面不规则的其他类型

4.5.2　竖向不规则类型

1. 侧向刚度不规则

侧向刚度的突变，在水平地震作用下会发生位移集中现象，大震下的这种水平弹塑性位移还会明显加大，导致建筑物的严重破坏，甚至倒塌。因此在设计中应该尽量避免。

侧向刚度不规则，有两种情况，如图 4.10 所示。

1）当该层的侧向刚度小于相邻上一层的 70%，或小于其上相邻三个楼层侧向刚度平均值的 80% 时。

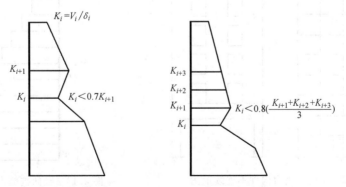

图 4.10　沿竖向的侧向刚度不规则（有软弱层）

2）除顶层或出屋面小建筑外，局部收进的水平向尺寸大于相邻下一层的 25%。

在进行抗震设计时，楼层的侧向刚度 K_i 一般采用楼层剪力 V_i 与层间位移 Δ_i 的比值计算。当采用刚性楼板假定时，V_i 为楼层剪力，Δ_i 为楼层质心处的层间位移。

此外应注意，结构的竖向收进和外挑也属于竖向不规则的范畴，如图 4.11 所示。图 4.11a 中，结构上部楼层收进部位到室外地面的高度 H_1 与房屋高度 H 比 $H_1/H>0.2$，且上层缩进尺寸超过相邻下层对应尺寸的 1/4 时，结构顶部鞭梢效应明显。图 4.11b 中，当上部结构楼层相对于下部结构楼层外挑时（主要指外挑范围内还包含柱、抗震墙等竖向抗侧力构件的情况），下部楼层的水平尺寸 B 不宜小于上部楼层水平尺寸 B_1 的 0.9 倍，且外挑水平尺寸不宜大于 4m。

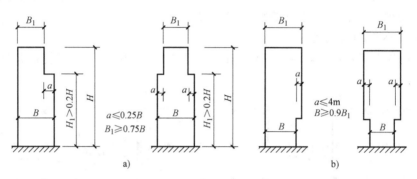

图 4.11　竖向收进和外挑

2. 竖向抗侧力构件不连续

《抗震规范》规定，竖向抗侧力构件（柱、抗震墙、抗震支撑）的内力由水平转换构件（梁、桁架等）向下传递时，属于竖向抗侧力构件不连续，如图 4.12 所示。此时，结构上部抗侧力构件承担的地震作用不能直接传递给基础，相当于结构坐落在软硬差异极大的地基上，一旦水平转换构件稍有损坏，结构将发生严重破坏。

3. 楼层承载力突变

《抗震规范》规定，抗侧力结构的层间受剪承载力小于相邻上一楼层的 80%，属于楼层承载力突变，如图 4.13 所示。楼层的水平抗剪承载力 Q 沿高度如有突变，会形成薄弱层，并在地震过程中首先产生较大的塑性变形，刚度骤然降低，变形增大并继续发震，产生明显

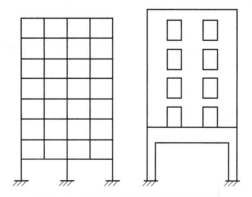

图 4.12　竖向抗侧力构件不连续示例

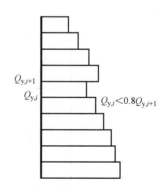

图 4.13　竖向抗侧力结构屈服抗剪
强度非均匀化（有薄弱层）

的塑性变形集中，一旦超过结构具有的变形能力，则有可能导致整个结构倒塌。其中楼层的水平抗剪承载力 Q 按钢筋混凝土构件实际配筋和材料强度标准值计算。

4.6　选择合理的结构构件

结构构件是结构体系的组成元素，保证了每个结构构件的抗震性能就为整个结构的抗震安全性夯实了基础，因此，在抗震设计时，应针对不同材料的结构构件采取相应的改善其变形能力的措施，其基本原则就是增强构件的延性，尽量避免脆性破坏或失稳破坏。因此对结构构件的设计应符合以下要求：

1）对砌体结构构件，由于其本身属于脆性材料，应通过设置钢筋混凝土圈梁和构造柱、芯柱（指在中小砌块墙体中，在砌块孔内浇筑钢筋混凝土所形成的柱），或采用约束砌体、配筋砌体等加强其约束，使砌体发生裂缝后不致崩塌和散落，地震时不致丧失对重力荷载的承载能力。

2）对钢筋混凝土结构构件，应控制截面尺寸（包括轴压比、截面长宽比，墙体高厚比、宽厚比等，当墙厚偏薄时，也有自身稳定问题）和受力钢筋、箍筋的设置，防止剪切破坏先于弯曲破坏、混凝土的压溃先于钢筋的屈服、钢筋的锚固粘结破坏先于钢筋破坏。

3）对预应力混凝土的构件，应配有足够的非预应力钢筋。预应力混凝土结构作为抗侧力构件时，应按 JGJ 140—2004《预应力混凝土结构抗震设计规程》的规定配置足够的非预应力钢筋，以改善预应力混凝土结构的抗震性能。

4）对钢结构构件，应合理控制截面尺寸，避免局部失稳或整个构件失稳。

5）多、高层的混凝土楼、屋盖宜优先采用现浇混凝土板。当采用预制装配式混凝土楼、屋盖时，应从楼盖体系和构造上采取措施确保各预制板之间连接的整体性。

结构各构件之间应连接可靠，保证结构的整体性，应符合以下要求：

1）主体结构构件之间的连接应通过连接的承载力来发挥各构件的承载力、变形能力，从而获得整个结构良好的抗震能力。

2）结构构件节点的破坏，不应先于其连接的构件。

3）预埋件的锚固破坏，不应先于连接件。

4）装配式结构构件的连接，应能保证结构的整体性。

5）预应力混凝土构件的预应力钢筋，宜在节点核心区以外锚固。

6）装配式单层厂房的各种抗震支撑系统应能保证厂房在地震时结构的整体性和稳定性。

4.7　注意非结构构件和主体结构的关系

非结构构件，包括建筑非结构构件和建筑附属机电设备，自身及其与结构主体的连接，应进行抗震设计。建筑非结构构件一般指下列三类：附属结构构件，如女儿墙、高低跨封墙、雨篷等；装饰物，如贴面、顶棚、悬吊重物等；围护墙和隔墙。

处理好非结构构件和主体结构的关系，可防止附加灾害，减少损失。在人流出入口、通道及重要设备附近的附属结构构件，其破坏往往伤人或砸坏设备，因此要求：

1）加强与主体结构的可靠锚固，在其他位置可以放宽要求。

2）附着于楼、屋面结构上的非结构构件，以及楼梯间的非承重墙体，应与主体结构有可靠的连接或锚固，避免地震时倒塌伤人或砸坏重要设备。框架结构的围护墙和隔墙，应估计其设置对结构抗震的不利影响，避免不合理设置而导致主体结构的破坏。

3）幕墙、装饰贴面与主体结构应有可靠连接，避免地震时脱落伤人。

4）安装在建筑上的附属机械、电气设备系统的支座和连接，应符合地震时使用功能的要求，且不应导致相关部件的损坏。

4.8 注意材料的选用和施工质量

建筑结构材料及施工质量的好坏直接影响建筑物的抗震性能。前面已经提到，抗震结构材料应满足延性系数（极限变形与相应屈服变形之比）高、"强度/重力"比值大、匀质性好、正交各向同性等要求，且结构构件的连接能具有整体性、连续性和较好的延性，并发挥材料的全部强度。

1. 材料要求

对具体的抗震结构，其材料性能指标，应符合下列最低要求。

（1）砌体结构材料

1）普通砖和多孔砖的强度等级不应低于 MU10，其砌筑砂浆强度等级不应低于 M5。

2）混凝土小型空心砌块的强度等级不应低于 MU7.5，其砌筑砂浆强度等级不应低于 Mb7.5。

（2）混凝土结构材料

1）混凝土的强度等级，框支梁、框支柱及抗震等级为一级的框架梁、柱、节点核芯区，不应低于 C30；构造柱、芯柱、圈梁及其他各类构件不应低于 C20。

2）抗震等级为一、二、三级的框架和斜撑构件（含梯段），其纵向受力钢筋采用普通钢筋时，钢筋的抗拉强度实测值与屈服强度实测值的比值不应小于 1.25；钢筋的屈服强度实测值与屈服强度标准值的比值不应大于 1.3，且钢筋在最大拉力下的总伸长率实测值不应小于 9%。

（3）钢结构的钢材

1）钢材的屈服强度实测值与抗拉强度实测值的比值不应大于 0.85。

2）钢材应有明显的屈服台阶，且伸长率不应小于 20%。

3）钢材应有良好的焊接性和合格的冲击韧性。

（4）抗震结构所用材料的其他要求

1）普通钢筋宜优先采用延性、韧性和焊接性较好的钢筋；普通钢筋的强度等级，纵向受力钢筋宜选用符合抗震性能指标的不低于 HRB400 级的热轧钢筋，也可采用符合抗震性能指标的 HRB335 级热轧钢筋；箍筋宜选用符合抗震性能指标的不低于 HRB335 级的热轧钢筋，也可选用 HPB300 级热轧钢筋。（注：钢筋的检验方法应符合现行国家标准 GB 50204—2015《混凝土结构工程施工质量验收规范》的规定。）

2）混凝土结构的混凝土强度等级，抗震墙不宜超过 C60，其他构件，9 度时不宜超过 C60，8 度时不宜超过 C70。

3）钢结构的钢材宜采用 Q235 等级 B、C、D 的碳素结构钢及 Q345 等级 B、C、D、E 的低合金高强度结构钢；当有可靠依据时，尚可采用其他钢种和钢号。

4）在施工中，当需要以强度等级较高的钢筋替代原设计中的纵向受力钢筋时，应按照钢筋受拉承载力设计值相等的原则换算，并应满足最小配筋率要求。

5）采用焊接连接的钢结构，当接头的焊接拘束度较大、钢板厚度不小于 40mm 且承受沿板厚方向的拉力时，钢板厚度方向截面收缩率不应小于国家标准 GB/T 5313—2010《厚度方向性能钢板》关于 Z15 级规定的允许值。

2. 施工要求

在结构施工中，应注意以下要求：

1）钢筋混凝土构造柱和底部框架-抗震墙房屋中的砌体抗震墙，其施工应先砌墙后浇构造柱和框架梁柱。

2）混凝土墙体、框架柱的水平施工缝，应采取措施加强混凝土的结合性能。对于抗震等级一级的墙体和转换层楼板与落地混凝土墙体的交接处，宜验算水平施工缝截面的受剪承载力。

抗震结构对材料和施工质量的特别要求，应在设计文件上注明。

本 章 小 结

本章主要介绍抗震概念设计的基本原理、指导思想、设计原则。这些是结构抗震设计的重要组成部分，学习时应认识领会、深刻理解并掌握。

习 题

一、选择题

1. 以下不属于抗震概念设计内容的是（　　　）。

A. 选择结构体系　　　　B. 结构布置　　　　C. 地震作用计算　　　　D. 工程项目选址

2. 以下不属于抗震计算内容的是（　　　）。

A. 地震作用计算　　　B. 荷载效应组合　　　C. 构件截面设计　　　D. 结构布置

3. 以下不属于抗震措施设计的是（　　　）。

A. 确定抗震等级　　　B. 地基抗液化处理　　　C. 地震作用效应的调整　　　D. 构件截面设计

4. 以下不属于有利于抗震的地基基础的是（　　　）。

A. 同一结构单元的基础设置在性质截然不同的地基上

B. 同一结构单元都采用桩基

C. 采取加强基础整体性的措施

D. 边坡附近的建筑物基础进行抗震稳定性设计

5. 以下属于合理抗震结构体系的是（　　　）。

A. 多层结构优先选用砌体结构

B. 钢筋混凝土抗震墙结构中部分抗震墙不落地

C. 采用具有多道抗震防线的结构

D. 结构两主轴方向的动力特性相差较大

6. 以下不属于有利于抗震的结构平面是（   ）。

A.　　　　　　　　B.　　　　　　　　C.　　　　　　　　D.

7. 以下有利于抗震的结构立面是（   ）。

A.　　　　　　　　B. 塔楼　大底盘　　　　C.　30m　100m　　　　D.　100m　15m

8. 以下属于竖向不规则的是（   ）。

A. 扭转不规则　　　　　　　　　　　　B. 凹凸不规则

C. 楼板局部不连续　　　　　　　　　　D. 竖向抗侧力构件不连续

9. 以下属于竖向不规则的是（   ）。

A. 侧向刚度不规则　　　B. 楼盖错层　　　C. 扭转不规则　　　　D. 楼板局部不连续

10. 以下最适宜抗震的结构体系是（   ）。

A. 型钢混凝土结构　　　　　　　　　　B. 现浇钢筋混凝土结构

C. 预应力钢筋混凝土结构　　　　　　　D. 加筋砌体结构

二、填空题

1. 非结构构件包括：_____、_____、_____和_____。

2. 砌体墙中的普通砖强度等级不应低于_____，砌筑砂浆强度等级不应低于_____。

3. 有钢筋混凝土构造柱的砌体抗震墙，其施工顺序是_____。

4. 要使结构具有良好的抗震性能，结构应具备_____、_____和_____。

5. 考虑偶然偏心时，偶然偏心大小的取值是_____。

6. 当建筑平面有凹口时，可采取_____的措施，以加强结构整体性。

7. 对砌体结构构件，应通过_____、_____、_____、_____及_____等加强其约束。

8. _____结构构件节点的破坏先于其连接的构件。

9. 预应力混凝土构件的预应力钢筋，宜在_____锚固。

10. _____、_____与主体结构应有可靠连接，避免地震时脱落伤人。

三、判断改错题

1. 雨篷属于非结构构件。（   ）

2. 抗侧力结构的层间受剪承载力小于相邻上一楼层的85%，属于楼层承载力突变。（   ）

3. 有抗震设防要求的钢筋混凝土框架梁的混凝土强度等级不应小于C30。（   ）

4. 抗震设计时，钢结构的钢材宜采用Q345。（   ）

5. 当楼层高度差不小于500mm且大于楼层梁截面高度时，可认为是较大错层。（   ）

6. 《抗震规范》规定，抗震支撑的内力由水平转换构件向下传递时，属于竖向抗侧力构件不连续。（   ）

7. 对钢筋混凝土构件应控制其截面尺寸和受力钢筋、箍筋的设置。（   ）

8. 附着于楼面上的非结构构件可不与主体结构可靠锚固。（   ）

9. 抗震设计中，钢材的抗拉强度实测值与屈服强度实测值的比值不应大于 0.85。（　　　）

10. 抗震设计时，应使水平地震作用的合力作用线尽量与结构的抗侧刚度中心重合。（　　　）

四、名词解释

抗震措施　抗震构造措施　抗震不利地段　多道抗震防线　结构的动力特性

五、简答题

1. 什么是建筑抗震概念设计？

2. 在进行抗震设计时，对场地、地基和基础有何要求？

3. 如何选择对抗震有利的建筑平面、立面和竖向剖面？

4. 怎样选择合理的结构体系？

5. 抗震设计对非结构构件有何要求？

6. 建筑抗震结构对建筑材料和施工质量有何要求？

多、高层钢筋混凝土结构抗震设计

第5章

学习要求：

- 了解多、高层钢筋混凝土结构房屋的震害特点。
- 熟练掌握结构抗震等级的确定方法。
- 掌握常用的钢筋混凝土框架结构、框架-抗震墙结构等在抗震设计时，结构体系的选用及结构布置要求。
- 理解延性结构的设计概念和要求。
- 掌握常用钢筋混凝土框架结构的内力及变形计算和验算方法，以及抗震构造措施等具体要求。
- 了解框架-抗震墙结构和抗震墙结构的设计要点和构造措施。

我国地震区中的多、高层房屋大量采用了钢筋混凝土结构，多年来国内外对其抗震性能进行了大量研究，积累了较多的工程经验。已有的研究和工程经验表明，钢筋混凝土结构具有足够的强度、良好的延性和较强的整体性，经过合理的抗震设计，在保证结构安全的前提下，具有较好的经济性。

5.1 震害及其分析

在地震作用下，钢筋混凝土结构如果选址不良、设计不当、缺乏合理有效的抗震措施或施工质量不良，房屋也会产生严重的震害，主要有以下几类震害现象。

5.1.1 与场地条件有关的震害

场地、地基对上部结构造成的震害主要有两方面：一是地基失效导致房屋不均匀沉降甚至倒塌。二是场地上的土质条件影响地震波的传播特性，使建筑物产生不同的地震反应，当房屋的自振周期与场地地基土的卓越周期相近时，有可能发生类共振现象。因此，远震或软弱场地的地面运动中，中长周期的地震波易引起较柔性的钢筋混凝土结构强烈地震反应。故对某些烈度和场地的高层建筑，宜按烈度和场地条件选用若干条实际记录或人工模拟的加速度时程曲线，采用时程分析法进行补充计算。

5.1.2 结构布置不当引起的震害

1. 平面不规则引起的震害

建筑平面不规则，质量和刚度分布不均匀、不对称会造成结构刚心与质心的不重合，引起结构在地震作用下的扭转和局部应力集中，而导致严重破坏。如天津市人民印刷厂车间为现浇钢筋混凝土框架结构，平面呈 L 形，高 27m，唐山地震时，二、三层角柱严重破坏，外墙和内填充墙产生不少裂缝。1985 年墨西哥城地震中，平面不规则的建筑也产生了扭转破坏，尤其是角柱破坏严重。

2. 竖向不规则引起的震害

结构的质量或刚度沿竖向有过大突变时，突变处应力集中，在地震中往往形成薄弱层，产生过大的塑性变形，发生严重破坏，甚至倒塌。美国 Olive View 医院主楼，1～2 层为框架，2 层有较多砖填充墙，3 层以上为框架-抗震墙，上刚下柔，刚度相差达 10 倍，在 1971 年 2 月 9 日美国圣费尔南多地震（震中烈度 8 度）中，底部框架严重酥裂，产生高达 600mm 的侧移（图 5.1）。图 5.2 所示的某钢筋混凝土结构，在 1995 年神户大地震中，由于竖向刚度突变产生了严重的破坏。

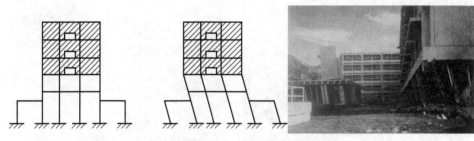

图 5.1　底层薄弱层破坏

3. 防震缝宽度不够引起的震害

防震缝两侧的结构单元由于各自的振动特性不同，在地震时会发生不同形式的振动，如果防震缝宽度不够或构造不当，就有可能发生碰撞而破坏。如唐山地震时，天津友谊宾馆东段为 8 层钢筋混凝土框架结构，西段为 11 层钢筋混凝土框架-抗震墙结构，东西段间设置宽度为 150mm 的防震缝，由于缝宽不足，两部分结构相互碰撞致使东段西山墙严重破坏。图 5.3 所示为 2008 年 5·12 汶川地震中，某多层办公楼单边走廊与端部外设楼梯间受震撞击破坏的情况。

图 5.2　神户大地震中破坏的钢筋混凝土房屋

图 5.3　多层办公楼单边走廊与端部外设楼梯间受震撞击

5.1.3 结构构件的震害

1. 框架柱的震害

一般情况下，柱的震害重于梁，角柱的震害重于内柱，短柱的震害重于一般柱，柱上端的震害重于下端。由于柱子同时承受竖向轴力和两个主轴方向的弯矩与剪力，受力复杂，同时，一旦柱子破坏，整栋房屋就有倒塌的危险，因此在抗震设计中要求"强柱弱梁"。

框架柱在地震时的破坏常有下列情形。

（1）柱端弯剪破坏 一般框架长柱的破坏多发生在柱上下两端，尤其是柱顶。通常会产生水平裂缝或交叉斜裂缝，严重时会发生混凝土压溃。图5.4a为2008年5·12汶川地震中框架柱柱顶的压溃。图5.4b是都江堰某框架柱柱底的压溃。

a)   b)

图 5.4 框架柱的破坏

a）柱顶压溃 b）柱底压溃

（2）角柱破坏 角柱处于双向偏压状态，受结构整体扭转影响大，受力状态复杂，同时受周边横梁的约束相对较弱，其震害一般较为严重。图5.5a为1999年台湾9·21大地震时角柱的破坏。

（3）短柱破坏 框架结构中设有错层、夹层、嵌砌于柱之间的窗台墙或支于框架柱的楼梯平台梁，都容易形成 $H/b<4$（H 为柱高，b 为柱截面的短边长）的短柱。短柱由于刚度较大，分担的地震剪力大，而剪跨比又小，容易在柱子全高范围内产生斜裂缝或交叉裂缝，导致脆性剪切破坏。图5.5b为2008年5·12汶川地震中短柱的破坏。

2. 框架梁的震害

框架梁的破坏多在梁端。在竖向荷载与地震作用下，梁端承受反复作用的剪力与弯矩，梁端纵筋屈服，出现上下贯通的垂直裂缝和交叉斜裂缝。在梁负弯矩钢筋切断处，由于抗弯能力削弱也容易产生裂缝，造成梁弯曲破坏。图5.6a为2008年5·12汶川地震中某框架梁弯剪破坏形态，其中可见明显的弯曲裂缝与剪切斜裂缝。另外，当梁主筋在节点内锚固不足时可能发生锚固失效破坏，这也属于脆性破坏，都应注意避免。

3. 框架梁柱节点的震害

在地震反复荷载作用下，节点核心区混凝土处于剪压复合应力状态。当节点配筋偏少

a)　　　　　　　　　　　　　　b)

图 5.5　角柱和短柱的破坏

a）框架角柱的破坏　b）框架短柱的破坏

时，会出现交叉斜裂缝，导致剪切破坏，严重时混凝土剪碎剥落（图 5.6b），柱纵筋屈服外鼓。当节点区剪压比较大时，箍筋可能尚未屈服，但混凝土被压碎而破坏。当节点构造不当时，常表现为节点箍筋过稀而产生脆性破坏，或由于节点核心区钢筋过密而影响混凝土浇筑质量引起破坏。另外，由于梁柱主筋通过节点时搭接不合理，结构的连续性难以保证而引起震害。

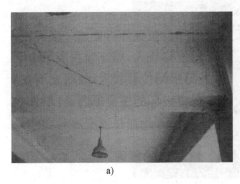

a)　　　　　　　　　　　　　　b)

图 5.6　框架梁的破坏

a）框架梁的弯剪裂缝　b）框架梁柱节点的剪切破坏

4. 填充墙的震害

框架中嵌砌的填充墙与框架共同工作，使结构在水平地震作用下早期刚度大大增加，吸收较大的地震能量，而填充墙本身的抗剪强度低，在地震作用下很快出现裂缝，在墙端、窗间墙和门窗洞口角部位破坏更严重。若墙体与梁柱无可靠连接，还会导致墙体外闪倒塌（图 5.7），威胁人身安全。

5. 抗震墙的震害

抗震墙的震害主要表现在抗震墙墙肢之间的连梁

图 5.7　填充墙的震害

由于剪跨比较小而产生交叉斜裂缝导致的剪切破坏（图5.8a），尤其是在房屋1/3高度处的连梁破坏更为明显。狭而高的墙肢，受力性能类似于竖向悬臂构件，墙肢底层在竖向和水平地震作用下处于剪压受力状态，墙体往往产生斜裂缝或交叉裂缝等破坏形式（图5.8b）。

a)   b)

图5.8 抗震墙的震害

a）抗震墙连梁的震害 b）底层抗震墙的震害

6. 楼梯的震害

框架结构中的楼梯与框架主体结构相连，形成了一个空间K形支承体系，称为压弯或拉弯构件。在反复的水平地震作用下，梯段板受到反复交替的轴向拉压力作用，发生梯段板屈服或断裂（图5.9）。

图5.9 框架楼梯的震害

5.2 抗震设计的基本要求

5.2.1 多、高层混凝土结构常用结构体系

结构体系应根据建筑的抗震设防类别、抗震设防烈度、建筑高度、场地条件、地基、结构材料和施工等因素，经技术、经济和使用条件综合比较确定。

抗震结构体系应具有良好的"强韧性"，即抗震结构体系应同时具备必要的强度、刚度和良好的韧性（延性或变形能力）。

目前，在多、高层混凝土房屋中，常用的抗震结构体系有下面几类。

1. 框架结构

框架结构（图 5.10a）在多层及高层民用建筑和多层工业建筑中应用较多。其自振周期较长，自重较轻，在较坚硬的地基上所受地震作用较小。但纯框架结构的侧向刚度小，属柔性结构，在强震下结构的层间变形大。国内外地震经验表明，由于层间变形大，框架的非结构构件，如填充墙、建筑装修等，在不大的地震作用下，也容易破坏。所以对框架结构的填充墙处理，目前有两种方法，一是把填充墙同框架结构在结构上分开，将填充墙视为非结构构件；另一种是填充墙同框架在结构上不分开，将填充墙作为结构的一部分，此时，必须考虑填充墙与框架的相互作用，即填充墙对整个结构和构件的刚度、强度和受力状态都有比较大的影响。

2. 框架-抗震墙结构

在框架结构房屋的纵向和横向布置适当数量的抗震墙，形成框架与抗震墙协同工作的结构体系，并且抗震墙成为主要的抗侧力构件，而框架主要承受竖向荷载。由于抗震墙承受了大部分水平地震剪力，使框架各层的梁、柱弯矩值降低，并且层间侧移减小。因此，框架-抗震墙结构（图 5.10b）可以比框架结构的建筑高度高，是一种应用最为广泛的抗震结构体系。

3. 抗震墙结构

抗震墙结构（图 5.10c）是全部由抗震墙组成的结构体系，相对于框架-抗震墙结构，其自重大、自振周期短、侧向刚度大，因而地震作用相对较大。但由于其截面惯性矩大，有较大的强度储备，抗震潜力大。国内外震害表明，高层建筑中采用抗震墙的破坏较轻，是一种抗震性较好的结构体系，在高层住宅、公寓、旅馆等居住建筑中广泛使用。有时，在建筑的底层需要较大的空间，可以将部分抗震墙在底层改为框架，形成"框支抗震墙"，但这样会使建筑底层形成刚度和强度的突变，对抗震不利。为减轻这种影响，落地抗震墙的榀数，不应少于相邻上层抗震墙总榀数的一半，其总的截面面积应能保证传递地震剪力及满足层高方向的均匀性，同时，底层楼盖在水平面内应具有足够大的刚度和强度，以保证底层水平剪力可靠地由落地抗震墙承担。

4. 筒体结构

筒体结构为空间结构体系，抗侧力刚度大，在层数较多的高层建筑中，常常采用这种结

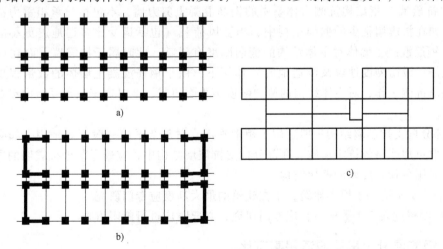

图 5.10　常见的结构平面布置
a）框架结构　b）框架-抗震墙结构　c）抗震墙结构

构体系。筒体结构可分为单筒、筒中筒、成束筒等几种形式。筒体结构的平面,一般为圆形、方形、多边形或接近方形的矩形。

5.2.2 钢筋混凝土房屋的适用高度

不同的结构体系的抗震性能、使用效果与经济指标也不同。《抗震规范》总结了国内外大量的震害和工程经验,根据地震烈度、场地类别、抗震性能、使用要求及经济效果等因素,规定了地震区各种结构体系的最大适用高度,见表5.1。平面和竖向均不规则的结构,适用的最大高度宜适当降低。

表5.1 现浇钢筋混凝土房屋适用的最大高度 （单位：m）

结构类型		烈度				
		6	7	8（0.2g）	8（0.3g）	9
框架		60	50	40	35	24
框架-抗震墙		130	120	100	80	50
抗震墙		140	120	100	80	60
部分框支抗震墙		120	100	80	50	不应采用
筒体	框架-核心筒	150	130	100	90	70
	筒中筒	180	150	120	100	80
板柱-抗震墙		80	70	55	40	不应采用

注：1. 房屋高度指室外地面到主要屋面板板顶的高度（不包括局部突出屋顶部分）。
    2. 框架-核心筒结构指周边稀柱框架与核心筒组成的结构。
    3. 部分框支抗震墙结构指首层或底部两层为框支层的结构,不包括仅个别框支墙的情况。
    4. 表中框架不包括异形柱框架。
    5. 板柱-抗震墙结构指板柱、框架和抗震墙组成抗侧力体系的结构。
    6. 乙类建筑可按本地区抗震设防烈度确定其适用的最大高度。
    7. 超过表内高度的房屋,应进行专门研究和论证,采取有效的加强措施。

在对结构进行体系选择,应用表5.1时,应注意以下问题：

1）表5.1中的6、7、8、9度均指本地区抗震设防烈度。

2）"抗震墙"指结构抗侧力体系中的钢筋混凝土剪力墙,不包括只承担重力荷载的混凝土墙。如在抗震墙很少的框架结构中,当受风荷载（包括遭受比多遇地震更小的地震作用）时,钢筋混凝土墙体对主体结构的侧向刚度有贡献,此时属于抗震墙。而在地震（包括多遇地震、设防烈度地震及罕遇地震）作用下,由于钢筋混凝土墙体的数量很少而很快开裂并退出抗侧工作,对主体结构的侧向刚度不再有贡献,此时属于只承受竖向荷载的钢筋混凝土墙。

3）部分框支抗震墙结构一般适用于矩形平面,对复杂平面一般不宜采用。如必须采用时,应采取更加严格的抗震措施。在部分框支抗震墙结构中,应确保落地抗震墙的数量,框支层不得采用少量抗震墙的框架结构。

4）表5.1不适用于甲类建筑,甲类建筑的最大高度应专门研究。

5）高度超过表5.1数值时,应专门研究,必要时应进行超限审查。

5.2.3 钢筋混凝土房屋的适用高宽比

高宽比是对结构（尤其是高层结构）刚度、整体稳定、承载能力和经济合理性的宏观调控。震害调查表明，房屋高宽比越大，地震作用产生的倾覆力矩越容易造成基础转动，使上部结构产生较大侧移，影响结构整体稳定。同时，倾覆力矩还会在两侧柱中引起较大轴力，使构件产生压屈破坏，因此，钢筋混凝土高层建筑结构的高宽比不宜超过表 5.2 的规定。

表 5.2　钢筋混凝土高层建筑结构适用的最大高宽比

结构体系	非抗震设计	抗震设防烈度		
		6、7 度	8 度	9 度
框架	5	4	3	—
板柱-剪力墙	6	5	4	—
框架-剪力墙、剪力墙	7	6	5	4
框架-核心筒	8	7	6	4
筒中筒	8	8	7	5

5.2.4　抗震等级

1. 抗震等级的划分

抗震等级是结构、构件抗震计算（指内力调整）和确定抗震措施的标准。一般来说，房屋越高，地震作用越大，抗震要求应越高，不同的结构体系，抗震性能不同，应有不同的抗震要求。此外，同一结构中的不同部位以及同一种结构形式在不同结构体系中所起的作用不同，其抗震要求也应有所区别。如框架在框架结构中是主要的抗侧力构件，在框架-抗震墙结构中则是次要抗侧力构件，因此在框架结构中的框架比在框架-抗震墙结构中的框架的抗震要求要高。

为此，《抗震规范》根据设防烈度、房屋高度、建筑类别、结构类型及构件在结构中的重要程度对钢筋混凝土结构划分了不同的抗震等级。抗震等级的划分考虑了技术要求和经济条件，随着设计方法的改进和经济水平的提高，抗震等级也将相应调整。抗震等级共分为 4 级，它体现了不同的抗震要求，其中一级抗震要求最高。《抗震规范》规定丙类建筑的抗震等级应按表 5.3 确定。

表 5.3　现浇钢筋混凝土高层建筑结构的抗震等级

结 构 类 型		设防烈度								
		6		7			8			9
框架结构	高度/m	≤24	>24	≤24	>24		≤24	>24		≤24
	框架	四	三	三	二		二	一		一
	大跨度框架	三		二			一			一
框架-抗震墙结构	高度/m	≤60	>60	≤24	25~60	>60	≤24	25~60	>60	≤24	25~50
	框架	四	三	四	三	二	三	二	一	二	一
	抗震墙	三		三	二		二	一		一
抗震墙结构	高度/m	≤80	>80	≤24	25~80	>80	≤24	25~80	>80	≤24	25~60
	抗震墙	四	三	四	三	二	三	二	一	二	一

（续）

结构类型		设防烈度							
		6		7			8		9
部分框支抗震墙结构	高度/m	≤80	>80	≤24	25~80	>80	≤24	25~80	
	抗震墙 一般部位	四	三	四	三	二	三	二	
	抗震墙 加强部位	三	二	三	二	一	二	一	
	框支层框架	二		二		一	一		
框架-核心筒结构	框架	三		二			一		一
	核心筒	二		二			一		一
筒中筒结构	外筒	三		二			一		一
	内筒	三		二			一		一
板柱-抗震墙结构	高度/m	≤35	>35	≤35		>35	≤35	>35	
	框架、板柱的柱	三	二	二		二	一	一	
	抗震墙	二	二	二		二	二	一	

注：1. 建筑场地为 I 类时，除 6 度外应允许按表内降低 1 度所对应的抗震等级采取抗震构造措施，但相应的计算要求不应降低。

2. 接近或等于高度分界时，应允许结合房屋不规则程度及场地、地基条件确定抗震等级。

3. 大跨度框架指跨度不小于 18m 的框架。

4. 高度不超过 60m 的框架-核心筒结构按框架-抗震墙的要求设计时，应按表中框架-抗震墙结构的规定确定其抗震等级。

由表 5.3 可见，在同等设防烈度和房屋高度的情况下，对于不同的结构类型，其次要抗侧力构件抗震要求可低于主要抗侧力构件，即抗震等级低些，如框架-抗震墙结构中的框架结构。相反，框架-抗震墙结构中的抗震墙则比抗震墙结构的抗震墙有更高的抗震要求。框架-抗震墙结构中，当抗震墙部分承受的地震倾覆力矩不大于结构总地震倾覆力矩的 50%，考虑到此时抗震墙的刚度较小，其框架部分的抗震等级应按框架结构划分。

2. 确定抗震等级应注意的问题

（1）设防烈度　表 5.3 中的"设防烈度"应理解为基本设防烈度（即根据《抗震规范》附录 A 查得的）根据抗震设防分类、场地类型调整后的抗震设防烈度。如，当建筑场地为 Ⅲ、Ⅳ 类时，对设计基本地震加速度为 7 度（0.15g）、8 度（0.30g）地区的丙类建筑，宜分别按抗震设防烈度为 8 度（0.20g）、9 度（0.40g）的地区确定抗震等级。这时，还应该注意，如果房屋高度超过对应 8 度（0.20g）或 9 度（0.40g）的房屋最大适用高度（表 5.1），则应采取比对应抗震等级更有效的抗震构造措施。

（2）大跨度框架　在框架结构中，只要存在大跨度框架，则该榀框架的抗震等级就应该按大跨度框架确定（大跨度框架的相邻层或相邻跨的抗震等级应根据具体情况作相应调整），其他框架可不调整。对框架-抗震墙结构（或框架-核心筒结构、板柱-抗震墙结构等）中的大跨度框架，也宜参考上述做法。顶层抽柱形成的大跨度屋盖结构，当屋盖采用网架等非混凝土结构时，其框架柱的抗震等级也应按大跨度框架结构确定。

（3）钢筋混凝土房屋抗震等级确定的其他要求

1）设置少量抗震墙的框架结构，在规定的水平力作用下，底层（指计算嵌固端所在的层）框架部分所承担的地震倾覆力矩大于结构总地震倾覆力矩的 50% 时，其框架的抗震等级应按框架结构确定，抗震墙的抗震等级可与其框架的抗震等级相同。

这类结构应该按纯框架的要求进行结构抗震计算，同时，还应按框架-抗震墙结构进行抗震计算，最后按两种计算结果进行包络设计。

在钢筋混凝土框架结构中，以下三种情况需设置少量的钢筋混凝土抗震墙：

① 在多遇地震（或风荷载）作用下，当纯框架结构的弹性层间位移角 θ_e 不能满足抗震规范的要求 $\theta_e \leqslant 1/550$ 时，通过布置少量抗震墙，使结构的弹性层间位移角满足相应的限值要求。

② 当纯框架的地震位移满足规范要求时，为适当减小结构在多遇地震作用下的侧向变形，而设置少量钢筋混凝土抗震墙，其目的是改善框架结构的抗震性能。

③ 在设置了防震缝的结构中，在防震缝两侧应设置钢筋混凝土抗撞墙，其本质就是少量抗震墙的框架结构。

2）裙房的抗震等级。裙房与主楼相连时，当主楼的抗震等级高于裙房时，除应按裙房本身确定抗震等级外，裙房内与主楼的相关范围（从主楼周边外延 3 跨且不小于 20m）不应低于主楼的抗震等级；当裙房的抗震等级高于主楼时，主楼内与裙房的相关部位（从裙房周边外延 3 跨且不小于 20m，考虑主楼的平面尺寸一般不很大，因此，宜取裙房高度范围内对应的全部主楼范围）的抗震等级不低于裙房；当主楼采用抗震墙结构，裙房采用框架结构时，在裙房及相邻上一层高度范围内，主楼抗震墙及相关范围内框架的抗震等级，还不应低于主楼按框架-抗震墙结构确定的抗震等级；主楼结构在裙房顶板对应的相邻上下各一层应适当加强抗震构造措施；裙房偏置时，其端部有较大扭转效应，也需要加强。

裙房与主楼分离时，应按裙房本身确定抗震等级。裙房与主楼之间设防震缝，在大震作用下可能发生碰撞，该部位也需要采取加强措施。

3）地下室的抗震等级。当地下室顶板作为上部结构的嵌固部位时，地下一层的抗震等级应与上部结构相同，地下一层以下抗震构造措施的抗震等级可逐层降低一级，但不应低于四级。当地下室顶板以上的主楼和裙房不相连，且主楼和裙房的抗震等级不相同时，地下一层相关范围（注意：当主楼的抗震等级高于裙房时，为裙房与主楼的相关范围；当裙房的抗震等级高于主楼时，为主楼内与裙房的相关范围，当主楼边长不大于 40m 时，应取整个主楼范围）的抗震等级应取较高的抗震等级，如图 5.11 所示。

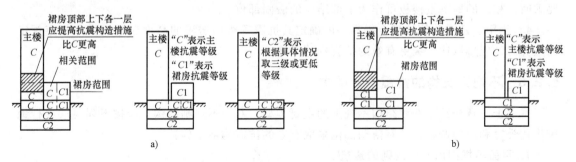

图 5.11 主楼、裙房、地下室的抗震等级
a）主楼抗震等级高于裙房时 b）主楼抗震等级低于裙房时

当地下室顶板不能作为上部结构的嵌固部位时，若地下一层地面作为上部结构的嵌固部位时，地下二层的抗震等级与地下一层相同，地下二层（不含）以下对应于抗震构造措施

的抗震等级可逐层降低一级，但不低于四级。嵌固在其他楼层时，可以此类推。

地下室中无上部结构的部分（即纯地下室），抗震构造措施的抗震等级可根据具体情况采用三级或四级。

上部结构嵌固部位的确定：

① 当地下一层结构的楼层侧向刚度与相邻的上部结构首层的楼层侧向刚度比 γ 满足下述要求时，地下室顶板可作为上部结构的嵌固端。γ 可按下列方法计算

电算时

$$\gamma = \frac{V_1 \Delta_2}{V_2 \Delta_1} \geqslant 2 \tag{5.1}$$

式中 γ——地下一层结构的楼层侧向刚度与相邻上部结构首层的楼层侧向刚度的比值，采用电算程序计算时，不应考虑回填土对地下室约束的相对刚度系数；

V_1、V_2——地下一层及上部结构首层的楼层剪力；

Δ_1、Δ_2——地下一层及上部结构首层的层间位移。

手算时（用于方案阶段及初步设计阶段估算）

$$\gamma = \frac{G_1 A_1 h_2}{G_2 A_2 h_1} \geqslant 1.5 \tag{5.2}$$

式中 G_1、G_2——地下一层及上部结构首层的混凝土剪切模量；

A_1、A_2——地下一层及上部结构首层的折算受剪面积；

$$A_1 = A_{w1} + 0.12 A_{c1}$$
$$A_2 = A_{w2} + 0.12 A_{c2}$$

A_{w1}、A_{w2}——抗震验算方向地下一层及上部结构首层抗震墙受剪总有效面积（一般只计算抗震墙腹板面积）；

A_{c1}、A_{c2}——地下一层及上部结构首层框架柱（包括抗震墙端柱）总截面面积，当柱截面宽度不大于 300mm 且柱截面高宽比不小于 4 时，可按抗震墙考虑；

h_1、h_2——地下一层及上部结构首层的高度。

② 当不满足上述①的要求时，地下室对上部结构的嵌固部位应下移（至地下二层或更下层的地下室楼层），直至地下室某楼层的侧向刚度与上部结构首层的楼层侧向刚度比满足要求时，相应的地下室楼板可作为上部结构的嵌固部位。

4）当甲、乙类建筑按规定提高一度确定其抗震等级而房屋的高度超过表 5.3 相应规定的上界时，应采取比一级更有效的抗震构造措施。

5.2.5   不规则结构的抗震设计要求

本书上一章介绍了 6 种结构不规则的主要类型。对于不规则结构，应按下列要求进行地震作用计算和内力调整，并对薄弱部位采取有效的抗震构造措施：

1. 平面不规则而竖向规则的建筑

应采用空间结构计算模型，并应符合下列要求：

1）扭转不规则时，应计入扭转影响，且在具有偶然偏心的规定水平力作用下，楼层两端抗侧力构件弹性水平位移或层间位移的最大值与平均值的比值不宜大于 1.5，当最大层间位移远小于规范限值时，可适当放宽。

2）凹凸不规则或楼板局部不连续时，应采用符合楼板平面内实际刚度变化的计算模型；高烈度或不规则程度较大时，宜计入楼板局部变形的影响。

3）平面不对称且凹凸不规则或局部不连续，可根据实际情况分块计算扭转位移比，对扭转较大的部位应采用局部的内力增大系数。

2. 平面规则而竖向不规则的建筑

应采用空间结构计算模型，刚度小的楼层的地震剪力应乘以不小于 1.5 的增大系数，其薄弱层应进行弹塑性变形分析，并应符合下列要求：

1）竖向抗侧力构件不连续时，该构件传递给水平转换构件的地震内力应根据烈度高低和水平转换构件的类型、受力情况、几何尺寸等，乘以 1.25~2.0 的增大系数。

2）侧向刚度不规则时，相邻层的侧向刚度比应依据其结构类型符合其对应规定（如地下室顶板作为上部结构的嵌固部位时、底部框架-抗震墙砌体房屋等的刚度比规定，详见本书具体章节）。

3）楼层承载力突变时，薄弱层抗侧力结构的受剪承载力不应小于相邻上一楼层的 65%。

3. 平面不规则且竖向不规则的建筑

应根据不规则类型的数量和程度，采取不低于上述 1、2 中的各项抗震措施。对特别不规则建筑，应经专门研究，采取更有效的加强措施或对薄弱部位采用相应的抗震性能化设计方法。

5.2.6 防震缝的设置

体型复杂、平立面不规则的建筑，应根据不规则程度、地基基础条件和技术经济等因素的比较分析，确定是否设置防震缝。由于是否设置防震缝各有利弊，历来有不同观点，总体倾向是：可设缝、可不设缝时，不设缝。无论设缝与否，应分别符合下列要求：

1）当不设置防震缝时，应采用符合实际的计算模型，分析判明其应力集中、变形集中或地震扭转效应等导致的易损部位，采取相应的加强措施。

2）设置抗震缝可使结构抗震分析模型较为简单，容易估计其地震作用和采取抗震措施。当在适当部位设置防震缝时，宜形成多个较规则的抗侧力结构单元，其两侧的上部结构应完全分开。防震缝应根据抗震设防烈度、结构材料种类、结构类型、结构单元的高度和高差以及可能的地震扭转效应的情况，留有足够的宽度，防止防震缝两侧结构在地震时发生碰撞引起局部损坏。

3）当设置伸缩缝和沉降缝时，其宽度应符合防震缝的要求。

当需要设置防震缝时，可以结合沉降缝要求贯通到地基，当无沉降问题时也可以从基础或地下室以上贯通。当有多层地下室，上部结构为带裙房的单塔或多塔结构时，可将裙房用防震缝自地下室以上分隔，地下室顶板应有良好的整体性和刚度，能将地震剪力分布到整个地下室结构。

防震缝的宽度应不小于《抗震规范》规定的最小宽度要求：

1）框架结构（包括设置少量抗震墙的框架结构）房屋的防震缝宽度，当高度不超过 15m 时不应小于 100mm；高度超过 15m 时，6、7、8、9 度分别每增加高度 5m、4m、3m 和 2m，宜加宽 20mm。

2）框架-抗震墙结构房屋的防震缝宽度不应小于上述1）项规定数值的70%，抗震墙结构房屋的防震缝宽度不应小于上述1）项规定数值的50%，且均不宜小于100mm。

3）防震缝两侧结构类型不同时，宜按需要较宽防震缝的结构类型和较低房屋高度确定缝宽。

8、9度框架结构房屋防震缝两侧结构层高相差较大时，防震缝两侧框架柱的箍筋应沿房屋全高加密，并可根据需要在缝两侧沿房屋全高各设置不少于两道垂直于防震缝的抗撞墙（注意框架结构中的抗震墙应均匀布置，避免设置抗震墙使结构产生明显的扭转），如图5.12所示。抗撞墙的布置宜避免加大扭转效应，其长度可不大于1/2层高，抗震等级可同框架结构；框架构件的内力应按设置和不设置抗撞墙两种计算模型的不利情况取值。

设置了防震缝的两侧结构在地震中由于侧移变形，容易发生碰撞导致结构破坏，为避免防震缝碰撞，可考虑采取下列措施：

1）有条件时应适当加大结构的刚度，以减少结构的水平位移。

2）当房屋高度较高时，避免采用侧向刚度较小的框架结构，可采用框架-抗震墙结构或少量抗震墙的框架结构。

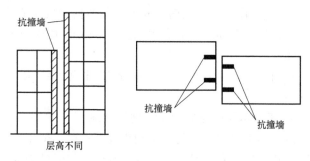

图5.12　抗震墙示意

3）适当加大防震缝的宽度，对重要部位或复杂部位可考虑按中震确定防震缝的宽度，同时注意采取大震防碰撞措施。

4）结合工程具体情况，设置阻尼器限制大震下结构的位移，减小结构碰撞的可能性。

5.2.7　结构布置

1. 框架梁、柱的布置

为使结构在纵向和横向均有较好的抗震能力，在框架结构和框架-抗震墙结构中，框架和抗震墙均应双向设置。以往的震害表明，梁中线与柱中线之间、柱中线与抗震墙中线之间有较大偏心距时，在地震作用下可能导致核心区受剪面积不足，给柱带来不利的扭转效应，故柱中线与抗震墙中线、梁中线与柱中线之间偏心距大于柱宽的1/4时，应计入偏心的影响，进行具体分析并采取有效措施，如采用水平加腋梁及加强柱的箍筋等，如图5.13所示。

单跨框架结构由于缺少必要的冗余度，地震破坏严重，因此，甲、乙类建筑以及高度大于24m的丙类建筑，不应采用单跨框架结构；高度不大于24m的丙类建筑不宜采用单跨框架结构。某个主轴方向有局部的单跨框架，可不作为单跨框架结构对待。一、二层的连廊采用单跨框架时，需要注意加强。框架-抗震墙结构中的框架，可以是单跨。对单跨框架和单跨框架结构，应特别注意采用平面结构计算模型进行补充计算。

2. 抗震墙的布置

（1）框架-抗震墙结构和板柱-抗震墙结构中的抗震墙设置要求

1）抗震墙宜贯通房屋全高。

2）楼梯间宜设置抗震墙，但不宜造成较大的扭转效应。由楼梯间抗震墙和连梁围合形

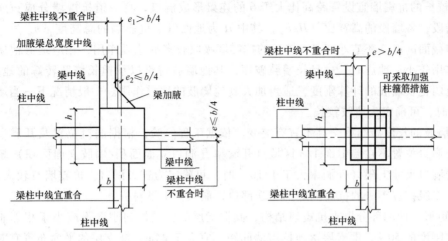

图 5.13　梁柱中心线间关系

成对楼梯的保护圈，可以减少楼梯踏步对框架-抗震墙结构的影响，同时也使得楼梯处在抗震墙的"保护"中，使大震时楼梯的疏散功能不受影响。但当楼梯间设置抗震墙对结构造成较大的扭转效应时，可考虑将楼梯踏步与主体结构脱开，以切断楼梯平台板（梯段板）与主体结构的水平传力途径，使每层楼梯梯段板对结构的侧向刚度的贡献降低到最低限度。如图 5.14 所示。采用图 5.14 做法时，楼梯柱的设置及截面面积应满足《抗震规范》关于框架柱的设计要求。

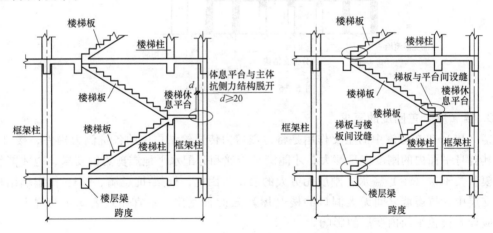

图 5.14　减小楼梯对主体结构影响的做法示意

3）抗震墙的两端（不包括洞口两侧）宜设置端柱或与另一方向的抗震墙相连。

4）房屋较长（一般指房屋的长度接近或超过 GB 50010—2010《混凝土结构设计规范》中规定的钢筋混凝土结构伸缩缝的最大间距）时，刚度较大的纵向抗震墙不宜设置在房屋的端开间，以避免设置抗震墙而引起结构温度应力的突增。

5）抗震墙洞口宜上下对齐，洞边距端柱不宜小于 300mm。

（2）抗震墙结构和部分框支抗震墙结构中的抗震墙设置要求

1）抗震墙的两端（不包括洞口两侧）宜设置端柱或与另一方向的抗震墙相连；框支部分落地墙的两端（不包括洞口两侧）应设置端柱或与另一方向的抗震墙相连。

2）较长的抗震墙宜设置跨高比大于 6 的连梁形成洞口，将一道抗震墙分成长度较均匀的若干墙段，各墙段的高宽比（H/h_w，其中 H 为地面以上抗震墙的总高度，h_w 为抗震墙墙肢长度即截面高度）不宜小于 3。较长的抗震墙吸收较多的地震作用，相应地其他墙肢分配的地震作用较小，地震时，一旦长墙肢破坏，其他墙肢将难以承担长墙肢转嫁的地震作用，因此，应弱化长墙肢的计算刚度，适当加大其他墙肢的地震作用。一般情况下，当墙肢长度超过 8m 时，可确定为墙肢较长。

3）墙肢的长度沿结构全高不宜有突变。依据工程经验，根据洞口位置及开洞率的大小确定，当洞口位置不在墙中部 1/3 区域且开洞率（洞口立面面积/墙肢立面面积）超过小开口抗震墙洞口尺寸上限（开洞率大于 1/16）时，可确定为较大洞口。抗震墙有较大洞口时，以及一、二级抗震等级的抗震墙底部加强部位，洞口宜上下对齐。

4）矩形平面的部分框支抗震墙结构，其框支层的楼层侧向刚度不应小于相邻非框支层楼层侧向刚度的 50%；框支层落地抗震墙间距不宜大于 24m，框支层的平面布置宜对称，且宜设抗震筒体；底层框架部分承担的地震倾覆力矩，不应大于结构总地震倾覆力矩的 50%。结构设计中，应采取措施控制框支层以上结构的抗震墙数量，尽可能采用大开间抗震墙结构，避免框支层上下结构的侧向刚度比过大，减小"鸡腿效应"。如图 5.15 所示。

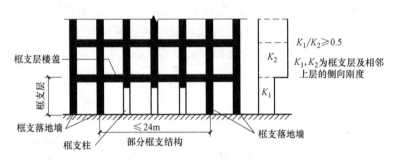

图 5.15 框支结构示意图

3. 楼（屋）盖刚度的要求

楼（屋）盖在地震中的主要作用是将地震剪力传递给结构中的各抗侧力构件，楼（屋）盖在其自身平面内的刚度应足够大，才能满足传递和分配水平地震剪力的要求，也才能符合计算模型关于楼（屋）盖水平刚度无穷大的假定。因此，框架-抗震墙、板柱-抗震墙结构以及框支层中，抗震墙之间无大洞口的楼（屋）盖的长宽比，不宜超过表 5.4 的规定；超过时，应计入楼盖平面内变形的影响。

表 5.4 抗震墙之间楼（屋）盖的长宽比

楼、屋盖类型		设防烈度			
		6	7	8	9
框架-抗震墙结构	现浇或叠合楼、屋盖	4	4	3	2
	装配整体式楼、屋盖	3	3	2	不宜采用
板柱-抗震墙结构的现浇楼、屋盖		3	3	2	—
框支层的现浇楼、屋盖		2.5	2.5	2	—

相应的抗震墙的间距不宜超过表 5.5 中的数值（取较小值），其中 B 为楼面传递水平力

的有效宽度(m)，一般可取抗侧力构件之间的楼面宽度。当房屋端部未布置抗震墙时，第一片抗震墙与房屋端部的距离，不宜大于表 5.5 间距的一半。

表 5.5　抗震墙间距　　　　　　　　　　　　　　　　　　　　　　（单位：m）

楼、屋盖类型		非抗震	抗震设防烈度		
			6、7	8	9
框架-抗震墙结构	现浇或叠合楼、屋盖	5B, 60	4B, 50	2B, 40	2B, 30
	装配整体式楼、屋盖	3.5B, 50	3B, 40	2B, 30	不宜采用
板柱-抗震墙结构的现浇楼、屋盖		3B, 40	3B, 40	2B, 30	
框支层的现浇楼、屋盖(转换层位置 n)		3B, 36	2B, 24(n≤2);1.58B, 20(n≥3)		

注意，表 5.4、表 5.5 中的"设防烈度"应理解为基本设防烈度（即根据《抗震规范》附录 A 查得的）根据抗震设防分类、场地类型调整后的抗震设防烈度。在设置地下车库的地下室中，混凝土墙体的间距常超过表 5.5 的数值，结构设计中应特别注意，适当设置混凝土墙，使地下室结构侧向刚度均匀，确保地下室结构的整体性及相同工作能力。

采用装配整体式楼、屋盖的结构，由于楼、屋盖的整体性较差，结构的协同工作能力也较差，故应采取措施保证楼、屋盖的整体性及其与抗震墙的可靠连接。装配整体式楼、屋盖采用配筋现浇面层加强时，其厚度不应小于 50mm。

4. 基础设计要求

基础设计应根据上部结构和地质状况进行，选择与之相适用的基础形式，使其有足够的承载能力承受上部结构的重力荷载和地震作用，并与地基一起保证上部结构的良好嵌固、抗倾覆能力和整体工作性能。高层建筑宜采用筏形基础，必要时可采用箱形基础以增强结构的整体性与稳定性；当地质条件好、荷载较小且能满足地基承载力和变形要求时，可采用桩基，桩基承台之间设基础系梁。单独柱基适用于地基土质较好、层数不多的框架结构，框架单独柱基有下列情况之一时，宜沿两个主轴方向设置基础系梁（图 5.16）：

1）一级抗震等级的框架和Ⅳ类场地的二级抗震等级的框架。

2）各柱基础底面在重力荷载代表值作用下的压应力差别较大。

3）基础埋置较深，或各基础埋置深度差别较大。

4）地基主要受力层范围内存在软弱黏性土层、液化土层或严重不均匀土层。

5）桩基承台之间。

框架-抗震墙结构、板柱-抗震墙结构中的抗震墙基础和部分框支抗震墙结构的落地抗震墙基础，应有良好的整体性和抗转动的能力，这样才能确保抗震墙的抗侧刚度和整体性，确保计算的内力和位移的准确性。

主楼与裙房相连且采用天然地基（可以是主楼、裙楼均采用整体式基础，也可以是主楼采用整体式基础，裙楼采用独立基础或条形基础，还可以主楼和裙楼均采用独立基础或条形基础），除应符合地基承载力验算的要求外，在多遇地震作用下主楼基础底面不宜出现零应力区，如图 5.17 所示。

5. 地下室设计要求

地下室顶板作为上部结构的嵌固部位时，地下室顶板必须具有足够的平面内刚度，以有效传递地震基底剪力，故应符合下列要求：

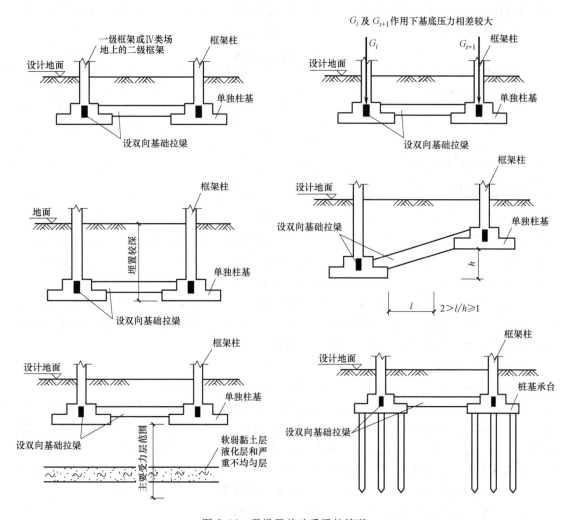

图 5.16　需设置基础系梁的情况

1）地下室顶板应避免开设大洞口，以确保上部结构嵌固部位的整体性，常有建筑因设置下沉式广场、商场自动步梯等导致楼板开大洞，对楼板整体性削弱太多，迫使嵌固部位下移。

地下室在地上结构相关范围的顶板应采用现浇梁板结构，相关范围以外的地下室顶板宜采用现浇梁板结构（不宜采用无梁楼盖结构）。

其楼板厚度不宜小于 180mm（若柱网内设置多根次梁使板跨度较小，一般可按板跨度不大于 4m 考虑，此时可适当减小板厚到 160mm），混凝土强度等级不宜小于 C30，应采用双层双向配筋，且每层每个方向的配筋率不宜小于 0.25%。注意对一般工程地下室顶板厚度也不宜太厚，否则将导致地下室顶板配筋过大（因为要满足每层每个方向的配筋率不宜小于 0.25% 的基本要求）。

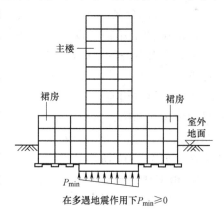

图 5.17　主楼基础底面应力

2）结构地上一层的侧向刚度，不宜大于相关范围（指主楼以外不大于 20m 的范围）地下一层侧向刚度的 0.5 倍（图 5.18）；地下室周边宜有与其顶板相连的抗震墙。

楼层的侧向刚度比的计算方法见 5.2.4 节。

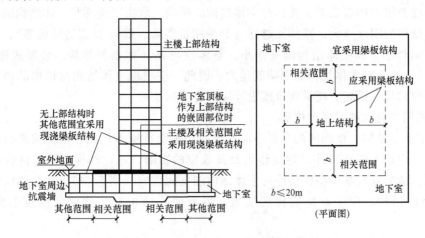

图 5.18　地下一层及其上一层的相对刚度计算

3）地下室顶板对应于地上框架柱的梁柱节点除应满足抗震计算要求外，尚应符合下列规定之一：

① 地下一层柱截面每侧纵向钢筋不应小于地上一层柱对应纵向钢筋的 1.1 倍，且地下一层柱上端和节点左右梁端实配的抗震受弯承载力之和应大于地上一层柱下端实配的抗震受弯承载力的 1.3 倍。

② 地下一层梁刚度较大时，柱截面每侧的纵向钢筋面积应大于地上一层对应柱每侧纵向钢筋面积的 1.1 倍；同时梁端顶面和底面的纵向钢筋面积均应比计算增大 10% 以上。

4）地下一层抗震墙墙肢端部边缘构件纵向钢筋的截面面积，不应少于地上一层对应墙肢端部边缘构件纵向钢筋的截面面积。

一般情况下，应尽量将上部结构的嵌固部位选择在地下室顶面。因为，地下室顶板作为上部结构的嵌固部位，有抗震墙结构的底部加强部位明确，地下室结构的加强范围高度较小，结构设计经济性好。嵌固部位越低，结构总底部加强范围越大，因而结构费用越高。

6. 楼梯设计要求

楼梯作为房屋的竖向交通联系，在地震震害发生时，起着重要的人流疏散功能，保证楼梯结构的安全，对减小地震时的人员伤亡起着重要的作用，因此，在结构抗震设计中应重视楼梯的设计。对抗震建筑中的楼梯设计应把握以下两点：一方面，楼梯结构对主体结构的抗震能力影响很大，一般楼梯的梯板作为传递水平地震作用的重要构件，往往对主体结构的墙和柱产生重大影响，使结构柱变成短柱或错层柱，因此在结构分析时应予以充分重视；另一方面，

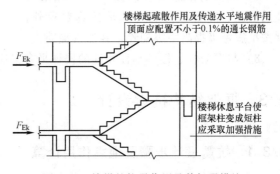

图 5.19　楼梯的抗震作用及其加强措施

楼梯的梯板与普通楼板一样传递水平地震作用，因此，需对梯板适当加强，一般情况下，应在梯板顶面加配跨中通长钢筋并与两端负钢筋满足受力搭接要求，其配筋率不宜小于0.1%，如图5.19所示。同时，在结构计算中应考虑楼梯构件的影响。

理论研究及震害调查表明，楼梯对主体结构的影响，取决于楼梯与主体结构的相对刚度之比，主体结构的刚度越大，整体性越好（如采用抗震墙、框架-抗震墙结构等），楼梯对主体结构的影响越小，而主体结构刚度越小，整体性越差（如框架结构、装配式楼盖结构、砌体结构等），楼梯对主体结构的影响就越大。因此，应根据主体结构与楼梯的侧向刚度大小，采取相应的设计措施。楼梯间抗震设计应符合下列要求：

1）宜采用现浇钢筋混凝土楼梯。

2）对于框架结构，楼梯间的布置不应导致结构平面特别不规则；楼梯构件与主体结构整体浇筑时，应计入楼梯构件对地震作用及其效应的影响，进行楼梯构件的抗震承载力验算；宜采取构造措施，减少楼梯构件对主体结构刚度的影响（图5.14）。对砌体结构及楼盖整体性较差的结构，应采取抗震构造措施，阻断楼梯梯板对结构侧向刚度的影响（图5.14）。

3）楼梯间两侧填充墙与柱之间应加强拉结。

4）对抗震墙结构、框架-抗震墙结构等，当楼梯周围有抗震墙（或抗震墙与连梁）围合时，计算中可不考虑楼梯的影响，而采取有效的构造措施（如加配梯段跨中板顶通长钢筋、抗震墙端柱箍筋加密等）确保楼梯及相应抗震墙端柱的安全。

5）楼梯对主体结构的影响及主体结构对楼梯的反作用主要集中在结构的底部，因此，应加强楼梯底部的抗震措施，如明确楼梯梯板的传力途径，加强梯板配筋，同时应加强与梯板相连的框架柱的抗剪承载力。

6）无地下室时，当楼梯在底层直接支承在孤独楼梯梁上（图5.20）时，地震时楼梯板吸收的水平地震作用在楼梯梁处的水平传递路径被截断，而梯板外的孤独楼梯梁将无法承担梯板传来的水平推力，破坏常发生在梯板边缘的孤独梁截面处，因此应尽量避免这种做法。如必须采用，应适当加大楼梯梁在承受水平地震作用平面内的配筋并加密箍筋。

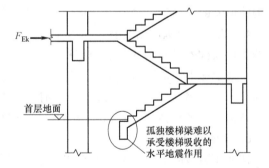

图5.20　地震时底部孤独楼梯梁的破坏

7）应特别注意楼梯间处形成的框架短柱的加强，除短柱箍筋应满足计算要求外，宜按抗震等级提高一级配置，并加密箍筋。

8）与框架柱、楼梯小柱相连的楼梯平台梁应满足《抗震规范》对框架梁的构造要求。

5.3　框架结构抗震设计

5.3.1　抗震设计步骤及地震作用计算

框架结构的抗震设计过程可用图5.21表示。

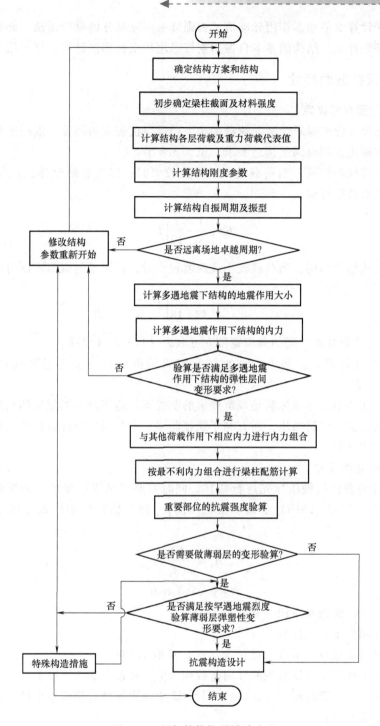

图 5.21　框架结构抗震设计流程

　　一般情况下，应在结构的两个主轴方向分别考虑水平地震作用并进行抗震验算，各方向的水平地震作用主要由该方向的抗侧力构件承担。除质量和刚度分布明显不对称的结构应考虑双向水平地震作用下的扭转影响外，其他情况宜采用调整作用效应的方向考虑扭转影响。

　　对于高度不超过 40m 以剪力变形为主且质量和刚度沿高度分布比较均匀的框架结构，

可按底部剪力法计算水平地震作用标准值，否则宜采用振型分解反应谱法，必要时应采用时程分析法进行补充计算。结构的基本自振周期可采用顶点位移法计算，详见第 3 章。

5.3.2 初定梁柱截面尺寸

1. 框架梁截面尺寸确定

框架梁截面尺寸应根据承受竖向荷载大小、跨度、抗震设防烈度、混凝土强度等级等诸多因素综合考虑确定，同时满足构造要求，见 5.3.8 节。

对现浇整体式框架结构，当荷载较大或跨度较大时；以及装配整体式或装配式框架结构，框架梁的截面高度可取

$$h = \left(\frac{1}{8} \sim \frac{1}{12}\right) l \tag{5.3}$$

对现浇整体式框架结构，当荷载较小或跨度较小时，框架梁的截面高度可取

$$h = \left(\frac{1}{12} \sim \frac{1}{18}\right) l \tag{5.4}$$

式中　h——梁的截面高度，梁的截面宽度 b 可取为 $(1/3.5 \sim 1/2)h$；

　　　l——梁的计算跨度，当 $l \geqslant 9\text{m}$ 时，宜将梁的截面高度按上述公式计算的值再乘以 1.2。

一般来说，在各项计算指标满足规范要求的前提下，适当减小框架梁的高度不仅有利于提高房屋的净高，提升建筑品质，还有利于强柱弱梁、强剪弱弯设计目标的实现，有利于提高框架结构的抗震性能。

2. 框架柱的截面尺寸

一般框架柱的截面按轴压比先进行估算，同时需要满足构造要求。如框架柱截面高度和宽度一般可取 $(1/15 \sim 1/10)$ 层高。由轴压比 μ_N 初步估算框架柱截面尺寸时，可按下式计算

$$A_c \geqslant \frac{N}{\mu_N f_c} \tag{5.5}$$

$$N = \gamma_G q S n \alpha_1 \alpha_2 \beta \tag{5.6}$$

式中　A_c——框架柱的截面面积（mm^2）；

　　　N——柱轴向压力设计值，

　　　γ_G——竖向荷载分项系数（已包含活载）可取 1.25；

　　　q——每个楼层上单位面积的竖向荷载标准值，可参考表 5.6 取值；

　　　S——柱一层的受荷面积（mm^2），图 5.22 中阴影部分分别表示中柱、边柱和角柱的受荷面积；

　　　n——柱承受荷载的楼层数；

　　　α_1——考虑水平力产生的附加系数，风荷载或四级抗震等级时，$\alpha_1 = 1.05$；三～一级抗震等级时，$\alpha_1 = 1.05 \sim 1.15$；

　　　α_2——边柱、角柱轴向力增大系数，边柱 $\alpha_2 = 1.1$，角柱 $\alpha_2 = 1.2$，中柱 $\alpha_2 = 1.0$；

　　　β——柱由框架梁与剪力墙连接时，柱轴力折减系数，可取为 $0.7 \sim 0.8$。

表 5.6　竖向荷载标准值

结构体系		竖向荷载标准值(已包含活载)/(kN/m²)
框架结构	轻质砖	10~12
	机制砖	12~14
框架-抗震墙结构	轻质砖	12~14
	机制砖	14~16
简体、抗震墙结构		15~18

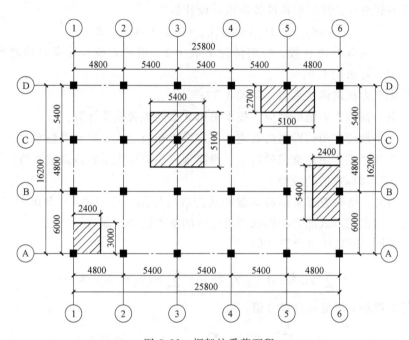

图 5.22　框架柱受荷面积

5.3.3　框架结构内力计算

1. 水平荷载作用下框架的内力和位移计算

在水平地震作用下框架的内力计算可以采用电算法;如果采用手算,一般采用迭代法、反弯点法及 D 值法。当梁柱的线刚度比大于 3 时,可以采用反弯点法;当梁柱的线刚度比小于 3 时,可以采用 D 值法。

2. 竖向荷载下框架的内力计算

在竖向荷载下,手算框架内力时一般采用力矩分配法或分层法。为了简化计算,对现浇框架或装配整体式框架在施工中预制梁有可靠支撑时,可以按全部荷载一次计算内力值。

5.3.4　内力组合

本书在第 3 章中,通过式(3.150)、式(3.151)给出了多遇地震下,截面抗震承载能力极限状态设计时,结构构件的地震作用效应和其他荷载效应的基本组合。以下结合几种具体工程情况，对式（3.151）分别进行说明：

1）一般结构可不考虑风荷载与地震荷载的组合，对多层框架结构也不考虑竖向地震作用，则式（3.151）可表达为

$$S = \gamma_G S_{GE} + 1.3 S_{Ehk} \leqslant R/\gamma_{RE} \tag{5.7}$$

2）8、9度设防的大跨度或长悬臂结构，9度设防时的高层建筑应考虑竖向地震作用与水平地震作用的不利组合，其效应组合表达式为

$$S = \gamma_G S_{GE} + 1.3 S_{Ehk} + 0.5 S_{Evk} \leqslant R/\gamma_{RE} \tag{5.8}$$

3）对于60m以上的高层建筑，9度抗震设防时，还应考虑水平地震作用、竖向地震作用与风荷载的不利组合，其结构构件效应组合设计值为

$$S = \gamma_G S_{GE} + 1.3 S_{Ehk} + 0.5 S_{Evk} + 0.2 \times 1.4 S_{wk} \leqslant R/\gamma_{RE} \tag{5.9}$$

式中　γ_G——重力荷载分项系数，一般情况下取1.2，当重力荷载效应对构件承载力有利时，可采用1.0；

γ_{RE}——承载力抗震调整系数，见表3.14；

S_{GE}——重力荷载代表值的效应，按本书第3章的相关说明计算；

S_{Ehk}——水平地震作用标准值的效应，尚应乘以相应增大系数或调整系数；

S_{Evk}——竖向地震作用标准值的效应，尚应乘以相应增大系数或调整系数；

S_{wk}——风荷载标准值的效应。

无地震作用时，结构考虑全部恒荷载和活荷载的作用，应按照 GB 50009—2012《建筑结构荷载规范》给出的承载能力极限状态设计时的基本组合，即

由可变荷载控制的效应组合设计值

$$S = \sum_{j=1}^{m} \gamma_{G_j} S_{G_j k} + \gamma_{Q_1} \gamma_{L_1} S_{Q_1 k} + \sum_{i=2}^{n} \gamma_{Q_i} \gamma_{L_i} \psi_{c_i} S_{Q_i k} \leqslant R \tag{5.10a}$$

由永久荷载控制的效应组合设计值

$$S = \sum_{j=1}^{m} \gamma_{G_j} S_{G_j k} + \sum_{i=1}^{n} \gamma_{Q_i} \gamma_{L_i} \psi_{c_i} S_{Q_i k} \leqslant R \tag{5.10a}$$

式（5.10）中各参数含义请自行参看《荷载规范》或混凝土结构等课程教材，此处不再赘述。

> 注意：一般情况下，有地震作用时的荷载效应组合值 S 大于无地震作用时竖向荷载作用下的荷载效应组合值 S，但考虑了承载力抗震调整系数 γ_{RE} 之后，谁起控制作用则难以区别，必须将两种内力组合后确定。

现以不考虑风荷载的多层框架结构为例，说明框架梁、柱的内力组合方法。

1. 梁的组合内力

框架梁端一般是在考虑地震作用的组合时出现最不利内力，跨间正弯矩则是在考虑和不考虑地震作用的组合时均有可能发生最不利的内力。

梁端负弯矩设计值

$$-M = -\gamma_{RE}(1.2 M_{GE} + 1.3 M_{Ek}) \tag{5.11}$$

梁端正弯矩设计值（重力荷载效应往往有利，取 $\gamma_{GE} = 1.0$）

$$+M = \gamma_{RE}(1.3M_{Ek} - 1.0M_{GE}) \tag{5.12}$$

梁端剪力设计值

$$V = \gamma_{RE}(1.2V_{GE} + 1.3V_{Ek}) \tag{5.13}$$

跨间正弯矩设计值，取下式两者中的较大值

$$\begin{cases} M = 1.2M_{Gk} + 1.4M_{Qk} \\ M = \gamma_{RE}M_{EGE} \end{cases} \tag{5.14}$$

式中　M_{Ek}、V_{Ek}——水平地震作用下梁的支座弯矩和剪力；

　　　M_{GE}、V_{GE}——重力荷载代表值作用下梁的支座弯矩与剪力；

　　　　　M_{Gk}——永久荷载在梁跨间产生的最大正弯矩标准值；

　　　　　M_{Qk}——可变荷载在梁跨间产生的最大正弯矩标准值；

　　　M_{EGE}——水平地震作用和重力荷载代表值共同作用下梁跨间最大正弯矩组合设计值。

M_{EGE}值可以用一般材料力学方法求出。若地震作用自左向右，且在均布荷载作用下（图 5.23），梁端在水平地震作用下和重力荷载代表值作用下的弯矩设计值分别为 M_{EA}、M_{GA} 和 M_{EB}、M_{GB}，在均布荷载和梁端弯矩共同作用下 A 支座处的支反力为 R_A，则离 A 支座为 x 处的梁截面正弯矩为

$$M_x = R_A x - \frac{qx^2}{2} - M_{GA} + M_{EA}$$

根据极值条件，令 $dM_x/dx = 0$，可以求出跨间最大弯矩位置离支座 A 的距离 $x = R_A/q$，代入上式得

$$M_{EGE} = \frac{R_A^2}{2q} - M_{GA} + M_{EA} \tag{5.15}$$

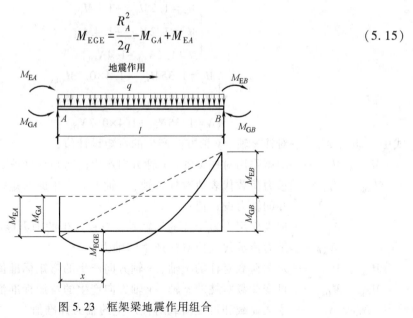

图 5.23　框架梁地震作用组合
跨间最大正弯矩计算示意

2. 柱的组合内力

框架应考虑两个主轴方向的地震作用。现以横向地震作用 x 方向为例，当框架柱在竖向荷载作用下仅沿结构某一主轴方向偏心受压，且所考虑的水平地震作用方向也与此方向平行时，框架柱沿此方向单向偏心受压，作用效应组合设计值为

有地震作用的组合

$$\begin{cases} M_x = \gamma_{RE}(1.2M_{GEx} + 1.3M_{Ehx}) \\ N = \gamma_{RE}(1.2N_{GE} + 1.3N_{Eh}) \end{cases} \tag{5.16}$$

无地震作用的组合

$$\begin{cases} M_x = 1.2M_{Gkx} + 1.4M_{Qkx} \\ N = 1.2N_{Gk} + 1.4N_{Qk} \end{cases} \tag{5.17a}$$

或

$$\begin{cases} M_x = 1.35M_{Gkx} + 1.4\times0.7M_{Qkx} \\ N = 1.35N_{Gk} + 1.4\times0.7N_{Qk} \end{cases} \tag{5.17b}$$

按上述三组内力求得截面配筋取其中的最大值。

当框架柱在竖向荷载作用下沿结构两个主轴方向均为偏心受压，或仅沿某一主轴方向偏心受压，但所考虑的水平地震作用沿另一主轴方向时，则框架柱处于双向偏心受压。

若考虑 x 方向有地震作用，且框架柱在竖向荷载作用下沿结构两个主轴方向均为偏心受压，柱子的作用效应设计值为

有地震作用的组合

$$\begin{cases} M_x = \gamma_{RE}(1.2M_{GEx} + 1.3M_{Ehx}) \\ M_y = \gamma_{RE}1.2M_{GEy} \\ N = \gamma_{RE}(1.2N_{GE} + 1.3N_{Ehx}) \end{cases} \tag{5.18}$$

无地震作用的组合

$$\begin{cases} M_x = 1.2M_{Gkx} + 1.4M_{Qkx} \\ M_y = 1.2M_{Gky} + 1.4M_{Qky} \\ N = 1.2N_{Gk} + 1.4N_{Qk} \end{cases} \tag{5.19a}$$

或

$$\begin{cases} M_x = 1.35M_{Gkx} + 1.4\times0.7M_{Qkx} \\ M_y = 1.35M_{Gky} + 1.4\times0.7M_{Qky} \\ N = 1.35N_{Gk} + 1.4\times0.7N_{Qk} \end{cases} \tag{5.19b}$$

式中　M_x、M_y——对柱 x 轴、y 轴方向产生的弯矩设计值；

M_{Ehx}、M_{Ehy}——地震作用对柱 x 轴、y 轴方向产生的弯矩标准值；

M_{GEx}、M_{GEy}——重力荷载代表值对柱 x 轴、y 轴方力产生的弯矩标准值；

N——柱的轴力设计值；

N_{Ehx}——地震作用垂直于柱的 x 轴时，对柱产生的轴力标准值；

N_{GE}——重力荷载代表值对柱产生的轴力；

M_{Gkx}、M_{Gky}——永久荷载对柱的 x 轴、y 轴方向产生的弯矩标准值；

M_{Qkx}、M_{Qky}——可变荷载对柱的 x 轴、y 轴方向产生的弯矩标准值；

N_{Gk}、N_{Qk}——永久荷载和可变荷载对柱产生的轴力标准值。

按上述三组内力进行双向偏压验算与配筋，取其中的不利者。

注意：在框架梁柱端部截面配筋计算中，应采用构件端部控制截面处的内力，而不是轴线处的内力。如图 5.24 所示，梁端截面的弯矩、剪力比轴线处的小，柱端截面的内力也较轴线处小。因此，在梁柱内力不利组合前，必须先求出构件端部截面内力，再进行内力组合。

5.3.5　组合内力的调整

1. 屈服机制

多高层钢筋混凝土房屋的屈服机制可分为总体机制（图5.25a）、楼层机制（图 5.25b）及由这两种机制组合而成的混合机制。总体机制表现为所有横向构件屈服而竖向构件除根部外均处于弹性，总体结构围绕根部做刚体转动。楼层机制则表现为仅竖向构件屈服而横向构件处于弹性。房屋总体屈服机制优于楼层机制，前者可在承载力基本保持稳定的条件下，持续变形而不倒塌，最大限度地耗散地震能量。为形成理想的总体机制，应一方面防止塑性铰在某些构件上出现，另一方面迫使塑性铰发生在其他次要构件上，同时尽量推迟塑性铰在某些关键部位（如框架根部、双肢或多肢抗震墙的根部等）的出现。为此，《抗震规范》对框架结构的抗震设计采用了"强柱弱梁""强剪弱弯""强节点、强锚固"的设计原则，以保证结构的延性。

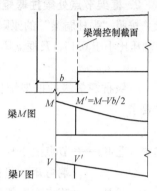

图 5.24　梁端弯矩、剪力图

"强柱弱梁"是指，对于框架结构，为使其具有必要的承载能力、良好的变形能力和耗能能力，应选择合理的屈服机制。理想的屈服机制是让框架梁首先进入屈服，形成梁铰机制（图 5.25a），以吸收和耗散地震能量，防止塑性铰首先出现在柱（底层柱除根部外），形成耗能性能差的层间柱铰机制（图 5.25b）。

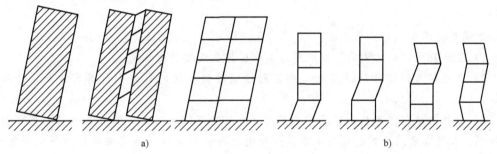

图 5.25　屈服机制

a）总体机制　b）楼层机制

"强剪弱弯"是指梁、柱构件的受剪承载力应大于构件弯曲破坏时相应产生的剪力，以防止构件在弯曲破坏前发生脆性的剪切破坏。

"强节点、强锚固"是指框架节点核心区的受剪承载力应不低于与其连接的构件达到屈服超强时所引起的核心区剪力，以防止发生剪切破坏。对于装配式框架结构的连接，应能保证结构的整体性，应采用有效措施避免剪切、梁筋锚固、焊接断裂和混凝土压碎等脆性破坏。

同时，应控制柱的轴压比和剪压比，加强对混凝土的约束，提高构件特别是预期首先屈服部位的变形能力，以增加结构延性。在抗震设计中，增强承载力要和刚度、延性要求相适应。不适当地将某一部分结构增强，可能造成结构另一部分相对薄弱。因此，不合理地任意加强配筋以及在施工中以高强钢筋代替原设计中主要钢筋的做法，都要慎重。

注意：本节对钢筋混凝土构件的内力调整是对组合内力（即已经按式（3.151）组合后的内力）设计值的再调整。

2. 框架节点处梁柱弯矩设计值调整

按照"强柱弱梁"的原则，抗震等级为一、二、三、四级的框架梁柱节点处，除框架顶层、柱轴压比小于 0.15，及框支梁与框支柱的节点外，柱端组合的弯矩设计值应符合下式要求

$$\sum M_c = \eta_c \sum M_b \tag{5.20}$$

一级抗震等级的框架结构和 9 度的一级抗震等级的框架可不符合上式要求，但应符合下式要求

$$\sum M_c = 1.2 \sum M_{bua} \tag{5.21}$$

式中　$\sum M_c$——节点上下柱端截面顺时针或反时针方向组合的弯矩设计值之和，上、下柱端弯矩，可按弹性分析分配；

$\sum M_b$——节点左右梁端截面反时针或顺时针方向组合的弯矩设计值之和，一级框架节点左右梁端均为负弯矩时，绝对值较小的弯矩应取零；

$\sum M_{bua}$——节点左右梁端截面反时针或顺时针方向实配的正截面抗震受弯承载力对应的弯矩值之和，根据实配钢筋（计入梁受压钢筋和相关楼板钢筋）面积和材料强度标准值确定；

η_c——框架柱端弯矩增大系数，对框架结构，抗震等级为一、二、三、四级时分别取 1.7、1.5、1.3、1.2，其他结构类型中的框架，一级时取 1.4，二级时取 1.2，三、四级时取 1.1。

当反弯点不在柱的层高范围内时，柱端截面组合的弯矩设计值可乘以上述柱端弯矩增大系数。

在调整柱端弯矩时，应注意：

1）上述规定中的"9 度"应理解为本地区抗震设防烈度 9 度。

2）在梁端弯矩设计值计算时，应分别按顺时针和反时针方向计算弯矩和，并取较大值。

3）当框架底部若干层的柱反弯点不在柱的层高范围内时，说明该若干层的框架梁相对较弱，虽较容易满足强柱弱梁要求，但为避免在竖向荷载和地震共同作用下变形集中，导致压屈失稳，柱端弯矩仍应乘以增大系数。

4）M_{bua} 可按下式计算

$$M_{bua} = M_{buk} / \gamma_{RE} = f_{yk} A_s^a (h_0 - a_s') / \gamma_{RE} \tag{5.22}$$

式中　A_s^a——梁及其有效翼缘宽度范围内与梁同方向的楼板配筋的总和，当梁与楼板采用不同等级的钢筋时，应分别计算，如图 5.26 所示。

γ_{RE}——承载力抗震调整系数，取 0.75。

5）计算 M_b 时，"一级框架"节点左、右梁端均为负弯矩时，绝对值较小的弯矩应取零；其他抗震等级的框架节点绝对值较小的弯矩可不取零，直接取实际值。

6）对于一级框架结构和 9 度时的一级框架，上述规定强调按梁端实配抗震受弯承载力确定柱端弯矩设计值 [式（5.21），即实配方法]，而采用增大系数的方法 [式（5.20）] 比实配方法保守，故也可不采用增大系数的方法。对于二、三级框架结构，也可按式（5.21）的梁端实配抗震受弯承载力确定柱端弯矩设计值，但式中的系数 1.2 可适当降低，如取 1.1。这样，有可能比按内力增大系数，即按式（5.20）调整的方法更经济、合理。

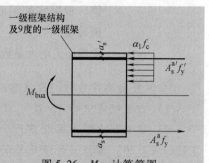

图 5.26　M_{bua} 计算简图

注：图中 $A_s'^a$、A_s^a 为梁及其有效翼缘宽度范围内楼板实配的钢筋面积。

7）节点上、下柱端截面的弯矩设计值之和 $\sum M_c$ 可按弹性分析分配到上、下柱端，如图 5.27 所示。

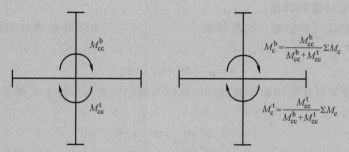

$$M_c^b = \frac{M_{cc}^b}{M_{cc}^b + M_{cc}^t} \sum M_c$$

$$M_c^t = \frac{M_{cc}^t}{M_{cc}^b + M_{cc}^t} \sum M_c$$

图 5.27　节点上、下柱端弯矩的分配

注：图中 M_{cc}^b、M_{cc}^t 为按弹性分析法计算的柱端弯矩；M_c^b、M_c^t 为柱端弯矩设计值。

8）在框架梁柱端部截面配筋计算中，应采用构件端部控制截面处的内力，而不是轴线处的内力。因为梁端截面的弯矩比轴线处的小，采用轴线处的弯矩值会加大梁端截面的配筋值，从而加大了强柱弱梁实现的难度。

3. 梁端剪力设计值调整

按照"强剪弱弯"的原则，抗震等级为一、二、三级的框架梁和抗震墙的连梁，其梁端截面组合的剪力设计值应按下式调整

$$V = \eta_{vb}(M_b^l + M_b^r)/l_n + V_{Gb} \qquad (5.23)$$

一级抗震等级的框架结构和 9 度的一级抗震等级的框架梁、连梁可不按上式调整，但应符合下式要求

$$V = 1.1(M_{bua}^l + M_{bna}^r)/l_n + V_{Gb} \qquad (5.24)$$

式中　　　V——梁端截面组合的剪力设计值；

M_b^l、M_b^r——梁左、右端顺时针或反时针方向组合的弯矩设计值，一级框架两端弯矩均为负弯矩时，绝对值较小端的弯矩取零；

l_n——梁的净跨；

V_{Gb}——梁在重力荷载代表值（9 度时高层建筑还应包括竖向地震作用标准值）作用下，按简支梁分析的梁端截面剪力设计值；

M_{bua}^l、M_{bna}^r——梁左、右端反时针或顺时针方向实配的正截面抗震受弯承载力对应的弯矩

值，根据实配钢筋面积（计入受压钢筋和相关楼板钢筋）和材料强度标准值确定；

η_{vb}——梁端剪力增大系数，抗震等级为一级时取 1.3，二级时取 1.2，三级时取 1.1。

在调整梁端剪力时，应注意：

1）上述规定中的"9度"应理解为本地区抗震设防烈度 9 度。

2）梁端剪力增大系数实际上是对梁端部分剪力（仅是对由梁端同时针方向组合的（包括实配的）弯矩设计值反算所得的最大剪力值）的增大，对重力荷载代表值的剪力不放大。

3）在梁端弯矩设计值计算时，应分别按顺时针和反时针方向计算弯矩和，并取较大值。

4. 柱端剪力设计值的调整

按照"强剪弱弯"的原则，抗震等级为一、二、三、四级的框架柱和框支柱组合的剪力设计值应按下式调整

$$V = \eta_{vc}(M_c^t + M_c^b)/H_n \tag{5.25}$$

一级抗震等级的框架结构和 9 度的一级抗震等级的框架可不按上式调整，但应符合下式要求

$$V = 1.2(M_{cua}^t + M_{cua}^b)/H_n \tag{5.26}$$

式中　　　V——柱端截面组合的剪力设计值，框支柱的剪力设计值尚应符合《抗震规范》关于部分框支抗震墙结构的框支柱的内力调整要求；

H_n——柱的净高；

M_c^t、M_c^b——柱的上、下端顺时针方向截面组合的弯矩设计值，应符合强柱弱梁和底层柱底的调整要求，框支柱尚应符合《抗震规范》关于部分框支抗震墙结构的框支柱的弯矩设计值调整要求；

M_{cua}^t、M_{cua}^b——偏心受压柱的上、下端顺时针或反时针方向实配的正截面抗震受弯承载力对应的弯矩值，根据实配钢筋面积、材料强度标准值和轴压力等确定；

η_{vc}——柱剪力增大系数，对框架结构，抗震等级为一、二、三、四级时分别取 1.5、1.3、1.2、1.1；其他结构类型中的框架，一级时取 1.4，二级时取 1.2，三、四级时取 1.1。

在调整柱端剪力时，应注意：

1）上述规定中的"9度"应理解为本地区抗震设防烈度 9 度。

2）M_c^t、M_c^b 应是按式（5.20）或式（5.21），或按底层柱底调整后的柱端弯矩设计值。

3）在柱端弯矩设计值计算时，应分别按顺时针和反时针方向计算弯矩和，并取较大值。但应注意，当柱的反弯点不在楼层内时，不再要求将较小弯矩值取零。因为当柱的反弯点不在楼层内时，说明这些楼层的框架柱相对较强（框架梁相对较弱），只需按两柱端弯矩设计值的差值计算，即可确保框架柱的强剪弱弯。

5. 底层柱柱底弯矩设计值的调整

抗震等级为一、二、三、四级的框架结构底层，柱下端截面组合的弯矩设计值，应分别乘以增大系数 1.7、1.5、1.3 和 1.2。底层柱纵向钢筋应按上、下端的不利情况配置。

注意：

1）底层指无地下室的基础以上或地下室以上的首层。

2）底层柱纵向钢筋应按柱上端［按式（5.25）或（5.26）调整］和下端（按本条规定调整）的不利情况配置。

3）本规定只适用于框架结构中的框架柱，不适用于框架-抗震墙结构、框架-筒体等结构中的框架柱。

6. 角柱弯矩、剪力设计值的调整

抗震等级为一、二、三、四级的框架角柱，按式（5.20）［或式（5.21）］、式（5.23）［或式（5.24）］以及式（5.25）［或式（5.26）］调整后的组合弯矩设计值、剪力设计值尚应乘以不小于 1.10 的增大系数。

7. 框架节点核心区剪力设计值调整

按照"强节点"的原则，必须保证节点核心区的受剪承载力和配置足够数量的箍筋，一、二、三级抗震等级的框架节点核心区应进行抗震验算；四级抗震等级框架节点核心区可不进行抗震验算，但应符合抗震构造措施的要求。因此，一、二、三级抗震等级框架梁柱节点核心区组合的剪力设计值，应按下列公式确定

$$V_{\mathrm{j}} = \frac{\eta_{\mathrm{jb}} \sum M_{\mathrm{b}}}{h_{\mathrm{b0}} - a_{\mathrm{s}}'} \left(1 - \frac{h_{\mathrm{b0}} - a_{\mathrm{s}}'}{H_{\mathrm{c}} - h_{\mathrm{b}}}\right) \tag{5.27}$$

一级抗震等级的框架结构和 9 度的一级抗震等级的框架可不按上式调整，但应符合下式要求

$$V_{\mathrm{j}} = \frac{1.15 \sum M_{\mathrm{bua}}}{h_{\mathrm{b0}} - a_{\mathrm{s}}'} \left(1 - \frac{h_{\mathrm{b0}} - a_{\mathrm{s}}'}{H_{\mathrm{c}} - h_{\mathrm{b}}}\right) \tag{5.28}$$

式中　V_{j}——梁柱节点核心区组合的剪力设计值；

h_{b0}——梁截面的有效高度，节点两侧梁截面高度不等时可采用平均值；

a_{s}'——梁受压钢筋合力点至受压边缘的距离；

H_{c}——柱的计算高度，可采用节点上、下柱反弯点之间的距离；

h_{b}——梁的截面高度，节点两侧梁截面高度不等时可采用平均值；

η_{jb}——强节点系数，对于框架结构，抗震等级为一级时宜取 1.5，二级时宜取 1.35，三级时宜取 1.2；对于其他结构中的框架，一级时宜取 1.35，二级时宜取 1.2，三级时宜取 1.1；

$\sum M_{\mathrm{b}}$——节点左、右梁端反时针或顺时针方向组合弯矩设计值之和，一级框架节点左、右梁端均为负弯矩时，绝对值较小的弯矩应取零；

$\sum M_{\mathrm{bua}}$——节点左、右梁端截面反时针或顺时针方向实配的正截面抗震受弯承载力对应的弯矩值之和，根据实配钢筋面积（计入受压钢筋）和材料强度标准值确定。

5.3.6　截面抗震验算

钢筋混凝土结构按 5.3.5 节规定调整地震作用效应后，可按《抗震规范》和 GB

50010—2010《混凝土结构设计规范》有关的要求进行构件截面抗震验算。

1. 框架梁

（1）正截面受弯承载力验算　求出梁控制截面处考虑地震作用的组合弯矩后，即可按一般钢筋混凝土结构受弯构件进行正截面受弯承载力计算，但注意在受弯承载力计算公式中，结构构件承载力设计值 R 应除以承载力抗震调整系数。

另外，在梁正截面受弯承载力计算中，计入纵向受压钢筋的梁端混凝土受压区高度 x 应符合下列要求

$$一级抗震等级 \qquad\qquad x \leqslant 0.25h_0 \tag{5.29}$$

$$二、三级抗震等级 \qquad\qquad x \leqslant 0.35h_0 \tag{5.30}$$

式中　h_0——截面有效高度。

（2）斜截面受剪承载力验算　为了保证梁的延性、耗能能力以及保持梁的承载力和刚度，必须限制梁塑性铰区的截面剪应力的大小，通常用剪压比来衡量。剪压比是截面上平均剪应力与混凝土轴心抗压强度设计值的比值，以 V/f_cbh_0 表示，用以说明截面上承受名义剪应力的大小。根据试验资料，梁端极限剪压比约为 0.24。当剪压比大于 0.30 时，即使增加箍筋，也很容易发生斜压破坏。为了确保梁截面不至于过小，使其不产生过高的主压应力，必须限制剪压比，故《抗震规范》规定，钢筋混凝土结构的梁和连梁，其截面组合的剪力设计值应符合下列要求

跨高比大于 2.5 的梁和连梁

$$V \leqslant \frac{1}{\gamma_{RE}}(0.2f_cbh_0) \tag{5.31}$$

跨高比不大于 2.5 的连梁、部分框支抗震墙结构的框支梁

$$V \leqslant \frac{1}{\gamma_{RE}}(0.15f_cbh_0) \tag{5.32}$$

跨高比可按 l_0/h 计算，$l_0 = 1.15l_n$，其中 l_0 为梁的计算跨度，l_n 为梁的净跨度，h 为梁的截面高度。在实际工程中，为便于施工控制，常用 l_n/h 来替代连梁的跨高比，且偏于安全。

国内外低周反复荷载作用下钢筋混凝土连续梁和悬臂梁受剪承载力试验表明，低周反复荷载作用使梁的斜截面受剪承载力降低，其主要原因是起控制作用的梁端下部混凝土剪压区因表层混凝土在上部纵向钢筋屈服后的大变形状态下剥落而导致的剪压区抗剪强度的降低，以及交叉斜裂缝的开展导致的沿斜裂缝混凝土咬合力及纵向钢筋暗销力的降低。试验表明，在抗震受剪承载力中，箍筋项承载力降低不明显。因此，仍以截面总受剪承载力试验值的下包线作为计算公式的取值标准，将混凝土项取为非抗震情况下的 60%，箍筋项则不予折减。同时，对各抗震等级均近似取用相同的抗震受剪承载力计算公式，这在抗震设防烈度偏低时偏安全。考虑地震组合的矩形、T形和I形截面的框架梁，其斜截面受剪承载力应符合下列规定

$$V \leqslant \frac{1}{\gamma_{RE}}\left(0.6\alpha_{cv}f_tbh_0 + f_{yv}\frac{A_{sv}}{s}h_0\right) \tag{5.33}$$

式中，α_{cv} 为斜截面混凝土受剪承载力系数，一般受弯构件取 0.7；集中荷载作用下（包括作用有多种荷载，其中集中荷载对支座截面或节点边缘产生的剪力值占总剪力的 75% 以上的情况）的独立梁，取 α_{cv} 为 $\dfrac{1.75}{\lambda+1}$，λ 为计算截面的剪跨比，可取 $\lambda = a/h_0$，a 为集中荷载作

用点至支座截面或节点边缘的距离，当 $\lambda > 3$ 时，取 $\lambda = 3$，当 $\lambda < 1.5$ 时，取 $\lambda = 1.5$。

2. 框架柱

（1）正截面受弯承载力验算　在反复荷载作用下，柱端弯矩按上节要求进行调整后，柱正截面承载力按 GB 50010—2010《混凝土结构设计规范》中相关公式计算，计算时承载力设计值应除以相应的承载力抗震调整系数。

（2）斜截面受剪承载力验算　对柱进行斜截面验算时，同样要限制剪压比。考虑地震组合的矩形截面框架柱和框支柱，其受剪截面应符合下列条件

剪跨比 λ 大于 2 的框架柱

$$V_c \leqslant \frac{1}{\gamma_{RE}}(0.2f_c bh_0) \tag{5.34}$$

框支柱和剪跨比 λ 不大于 2 的框架柱

$$V_c \leqslant \frac{1}{\gamma_{RE}}(0.15f_c bh_0) \tag{5.35}$$

剪跨比 λ 可按下式计算

$$\lambda = M^c / (V^c h_0) \tag{5.36}$$

式中，剪跨比应根据柱端或墙端截面组合的弯矩计算值 M^c、对应的截面组合剪力计算值 V^c 及截面有效高度 h_0 确定，并取上、下端计算结果的较大值；反弯点位于柱高中部的框架柱可按柱净高与 2 倍柱截面高度之比计算。

考虑地震组合的矩形截面框架柱和框支柱，其斜截面受剪承载力应符合

$$V_c \leqslant \frac{1}{\gamma_{RE}}\left(\frac{1.05}{\lambda+1}f_t bh_0 + f_{yv}\frac{A_{sy}}{s}h_0 + 0.056N\right) \tag{5.37}$$

式中　λ——框架柱、框支柱的计算剪跨比，当 $\lambda < 1$ 时，取 $\lambda = 1$，当 $\lambda > 3$ 时，取 $\lambda = 3$；

$\quad N$——考虑地震作用组合的框架柱、框支柱轴压力设计值，当 $N > 0.3f_c bh$ 时，取 $N = 0.3f_c bh$；

当考虑地震作用组合的框架柱出现拉力时，其斜截面受剪承载力应符合

$$V_c \leqslant \frac{1}{\gamma_{RE}}\left(\frac{1.05}{\lambda+1}f_t bh_0 + f_{yv}\frac{A_{sy}}{s}h_0 - 0.2N\right) \tag{5.38}$$

式中　N——考虑地震作用组合的框架柱轴向拉力设计值。

当式（5.38）右边括号内的计算值小于 $f_{yv}\dfrac{A_{sy}}{s}h_0$ 时，取等于 $f_{yv}\dfrac{A_{sy}}{s}h_0$，且 $f_{yv}\dfrac{A_{sv}}{s}h_0$ 值不应小于 $0.36f_t bh_0$。

考虑地震组合的矩形截面双向受剪的钢筋混凝土框架柱的剪压比及斜截面抗剪承载力验算可以参看 GB 50010—2010《混凝土结构设计规范》的第 11.4 节相关内容。

3. 框架节点核心区截面抗震验算

对一般框架梁柱节点核心区截面应按下列公式进行抗震验算（图 5.28）

$$V_j \leqslant \frac{1}{\gamma_{RE}}\left(1.1\eta_j f_t b_j h_j + f_{yv}A_{svj}\frac{h_{b0}-a'_s}{s} + 0.05\eta_j N\frac{b_j}{b_c}\right) \tag{5.39}$$

且

$$V_j \leqslant \frac{1}{\gamma_{RE}}(0.3\eta_j f_c b_j h_j) \tag{5.40}$$

9 度的一级抗震等级框架梁柱节点核心区

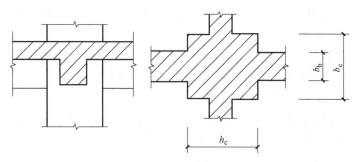

图 5.28 节点截面参数

$$V_j \leqslant \frac{1}{\gamma_{RE}} \left(0.9\eta_j f_t b_j h_j + f_{yv} A_{svi} \frac{h_{b0} - a'_s}{s} \right) \tag{5.41}$$

式中　η_j——正交梁的约束影响系数，楼板为现浇、梁柱中线重合、四侧各梁截面宽度不少于该侧柱截面宽度的 1/2，且正交方向梁高度不小于主梁高度的 3/4 时，可采用 1.5，9 度的一级宜采用 1.25，其他情况均可采用 1.0；

　　　γ_{RE}——承载力抗震调整系数，可采用 0.85；

　　　N——对应于组合剪力设计值的上柱轴向压力较小者，其值不应大于 $0.5f_c b_c h_c$，当 N 为拉力时，取 $N=0$；

　　　A_{svj}——核心区有效验算宽度 b_j 范围内同一截面验算方向各肢箍筋的总截面面积；

　　　s——箍筋间距；

　　　h_j——节点核心区的截面高度，可采用验算方向的柱截面高度；

　　　b_j——节点核心区的截面有效验算宽度，应按下列规定采用：

当 $b_b \geqslant 0.5b_c$ 时，取 $b_j = b_c$

当 $b_b < 0.5b_c$ 时，取下列两式中的较小值：

$$b_j = b_c \tag{5.42}$$

$$b_j = b_b + 0.5h_c \tag{5.43}$$

当梁、柱中线不重合且偏心距不大于柱宽的 1/4 时，核心区的截面有效验算宽度可取式（5.42）、式（5.43）及式（5.44）计算结果的较小值

$$b_i = 0.5(b_b + b_c) + 0.25h_c - e \tag{5.44}$$

式中　e——梁与柱的中线偏心距。

扁梁框架和圆柱框架的节点核心区截面抗震验算可参看《抗震规范》附录 D。

5.3.7　框架结构水平位移验算

1. 多遇地震作用下框架结构的抗震变形验算

框架（包括填充墙框架）宜进行低于本地区设防烈度的多遇地震作用下结构的抗震变形验算，其层间弹性位移 Δu_e 及结构顶点位移 u_e 应符合下列要求

$$\Delta u_e \leqslant [\theta_e]h \tag{5.45}$$

$$u_e \leqslant [\theta_e]_H H \tag{5.46}$$

计算层间弹性位移的方法很多，当只考虑柱的弯曲变形时，其位移计算公式为

$$\Delta u_{ei} = \frac{V_i}{\sum D_i} \tag{5.47}$$

$$u_e = \sum_{i=1}^{n} \Delta u_{ei} \tag{5.48}$$

式中　　$[\theta_e]$——层间弹性位移转角限值，轻质隔墙为 1/400，砌体填充墙为 1/450，考虑砖填充墙抗侧力作用时为 1/550；

$[\theta_e]_H$——结构顶点弹性位移转角限值，轻质隔墙为 1/500，砌体填充墙为 1/550；

h、H——层高与建筑总高度；

V_i、$\sum D_i$——层楼层地震剪力标准值与抗侧移刚度的 D 值。

当建筑物的高宽比 $H/B>4$ 时，宜在式（5.53）中考虑框架柱的轴向变形引起的水平位移值并将其计入 Δu_{ei} 之内。

2. 罕遇地震作用下框架层间弹塑性位移验算

7～9 度时楼层屈服强度系数 ξ_y 小于 0.5 的框架和甲类建筑以及 9 度时乙类建筑的框架结构，应进行高于本地区设防烈度预估的罕遇地震作用下薄弱层的层间弹性位移验算。

7 度Ⅲ、Ⅳ类场地和 8 度时乙类建筑的框架结构宜进行薄弱楼层的弹塑性变形验算。不超过 12 层且刚度无突变的框架结构（包括填充墙框架），可采用下述方法简化计算薄弱层弹塑性变形。

$$\Delta u_p = \eta_p \Delta u_e \tag{5.49}$$

$$\Delta u_p \leqslant [\theta_p] h \tag{5.50}$$

式中　　Δu_p——层间弹塑性位移；

Δu_e——罕遇地震作用下按弹性分析的层间位移，如果计算框架层间弹性刚度时未考虑填充墙刚度，但计算水平地震作用时却考虑填充墙刚度影响对框架周期折减，则 Δu_e 值应乘以原折减数值；

η_p——弹塑性位移增大系数（当薄弱层的屈服强度系数 ξ_y 不小于相邻该系数平均值的 0.8 时，可按表 3.16 采用；当不大于该平均值的 0.5 时，可按表内相应数值的 1.5 倍采用；其他情况可采用内插法取值）；

$[\theta_p]$——弹塑性层间位移角限值，可采用 1/50（当框架柱轴压比小于 0.4 时，可提高 10%；当柱子全高的箍筋构造比表 5.14 中的最小含箍率特征值大 30% 时，可提高 20%，但累计不超过 25%）。

框架薄弱层的位移位置，对楼层屈服强度系数沿高度分布均匀的结构可取底层；对分布不均匀的结构可取 ξ_y 最小的楼层和相对较小楼层；一般不超过 2～3 层。

【例 5-1】　某教学楼为四层现浇钢筋混凝土框架结构。建造在Ⅱ类场地上，结构阻尼比为 0.05。抗震设防烈度为 7 度，设计基本地震加速度为 0.10g，设计地震分组为第一组。楼层重力荷载代表值 $G_4 = 5000kN$，$G_3 = G_2 = 7000kN$，$G_1 = 7800kN$。梁的截面尺寸为 250mm×600mm，混凝土采用 C25；柱的截面尺寸为 450mm×450mm，混凝土采用 C30。结构平面图、剖面图及计算简图如图 5.29 所示。试验算在横向水平多遇地震作用下层间弹性位移。

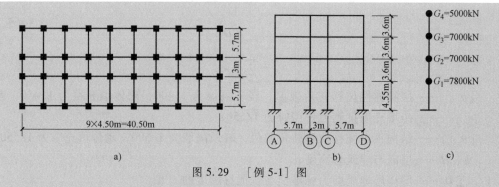

图 5.29 ［例 5-1］图

【解】 （1）梁、柱线刚度计算

梁的线刚度

边跨梁 $k_b = \dfrac{E_b I_b}{l} = \dfrac{2.8 \times 10^4 \times \frac{1}{12} \times 250 \times 600^3 \times 2}{5700} \, \mathrm{N \cdot mm} = 4.42 \times 10^{10} \, \mathrm{N \cdot mm}$

中跨梁 $k_b = \dfrac{E_b I_b}{l} = \dfrac{2.8 \times 10^4 \times \frac{1}{12} \times 250 \times 600^3 \times 2}{3000} \, \mathrm{N \cdot mm} = 8.4 \times 10^{10} \, \mathrm{N \cdot mm}$

柱的线刚度

首层柱 $k_c = \dfrac{E_c I_c}{h} = \dfrac{3.0 \times 10^4 \times \frac{1}{12} \times 450^4}{4550} \, \mathrm{N \cdot mm} = 2.25 \times 10^{10} \, \mathrm{N \cdot mm}$

其他层柱 $k_c = \dfrac{E_c I_c}{h} = \dfrac{3.0 \times 10^4 \times \frac{1}{12} \times 450^4}{3600} \, \mathrm{N \cdot mm} = 2.85 \times 10^{10} \, \mathrm{N \cdot mm}$

柱的侧移刚度

计算过程见表 5.7a、b。

表 5.7a   2~4 层 D 值的计算

D	$\bar{K} = \dfrac{\sum k_b}{2k_c}$	$\alpha = \dfrac{\bar{K}}{2 + \bar{K}}$	$D = \alpha k_c \dfrac{12}{h^2} / (\mathrm{kN/m})$
中柱（20 根）	$\dfrac{2 \times (44.2 + 84) \times 10^3}{2 \times 28.48 \times 10^3} = 4.5$	$\dfrac{4.5}{2 + 4.5} = 0.69$	$0.69 \times 28.48 \times 10^3 \times \dfrac{12}{3.6^2} = 18196$
边柱（20 根）	$\dfrac{2 \times 44.2 \times 10^3}{2 \times 28.48 \times 10^3} = 1.55$	$\dfrac{1.55}{2 + 1.55} = 0.44$	$0.44 \times 28.48 \times 10^3 \times \dfrac{12}{3.6^2} = 11603$

$$\sum D = (18196 + 11603) \times 20 \, \mathrm{kN/m} = 595980 \, \mathrm{kN/m}$$

表 5.7b   首层 D 值的计算

D	$\bar{K} = \dfrac{\sum k_b}{k_c}$	$\alpha = \dfrac{0.5 + \bar{K}}{2 + \bar{K}}$	$D = \alpha k_c \dfrac{12}{h^2} / (\mathrm{kN/m})$
中柱（20 根）	$\dfrac{(44.2 + 84) \times 10^3}{22.53 \times 10^3} = 5.69$	$\dfrac{0.5 + 5.69}{2 + 5.69} = 0.80$	$0.80 \times 22.53 \times 10^3 \times \dfrac{12}{4.55^2} = 10447$
边柱（20 根）	$\dfrac{44.2 \times 10^3}{22.53 \times 10^3} = 1.96$	$\dfrac{0.5 + 1.96}{2 + 1.96} = 0.62$	$0.62 \times 22.53 \times 10^3 \times \dfrac{12}{4.55^2} = 8097$

$$\sum D = (10447 + 8097) \times 20 \mathrm{kN/m} = 370880 \mathrm{kN/m}$$

（2）框架自振周期计算

采用能量法计算结构自振周期，计算过程见表5.8。

表5.8 基本周期的计算

层位	G_i/kN	$\sum D_i/(\mathrm{kN/m})$	$\sum G_i/\mathrm{kN}$	$\Delta u_i = \dfrac{\sum G_i}{D_i}/\mathrm{m}$	$u_i = \sum \Delta u_i/\mathrm{m}$	$G_i u_i/\mathrm{kN \cdot m}$	$G_i u_i^2/\mathrm{kN \cdot m^2}$
4	5000	595980	5000	0.0084	0.1327	663.5	88.05
3	7000	595980	12000	0.0201	0.1243	870.1	108.15
2	7000	595980	19000	0.0319	0.1042	729.4	76.00
1	7800	370880	26800	0.0723	0.0723	563.9	40.77

$$\sum G_i u_i = 2826.9, \quad \sum G_i u_i^2 = 312.97$$

取 $\psi_T = 0.5$，$T_1 = 2\psi_T \sqrt{\dfrac{\sum\limits_{i=1}^{n} G_i u_i^2}{\sum\limits_{i=1}^{n} G_i u_i}} = 2 \times 0.5 \times \sqrt{\dfrac{312.97}{2826.9}} \mathrm{s} = 0.333 \mathrm{s}$

（3）多遇水平地震作用标准值和位移计算

房屋高度15.35m，且质量和刚度沿高度分布比较均匀，故可采用底部剪力法计算多遇地震作用标准值。

查表3.1可知，$T_g = 0.35\mathrm{s}$。查表3.2可知，$\alpha_{\max} = 0.08$。且由设计地震反应谱，$\gamma = 0.9$，$\eta_2 = 1$，由公式（3.37）得

$$\alpha = \left(\frac{T_g}{T}\right)^{\gamma} \eta_2 \alpha_{\max} = \left(\frac{0.35}{0.333}\right)^{0.9} \times 0.08 = 0.085$$

因为 $T_1 < 1.4 T_g = 1.4 \times 0.35\mathrm{s} = 0.49\mathrm{s}$，故不必考虑顶部附加水平地震作用。

结构总水平地震作用标准值

$$F = \alpha_1 G_{eq} = 0.085 \times 0.85 \times 26800 \mathrm{kN} = 1936.3 \mathrm{kN}$$

质点 i 的水平地震作用标准值、楼层地震剪力及楼层层间位移的计算过程，见表5.9。

表5.9 F_i、V_i 和 Δu_e 的计算

层位	G_i/kN	H_i/m	$G_i H_i$	$\sum G_i H_i$	F_i/kN	V_i/kN	$\sum D_i/(\mathrm{kN/m})$	$\Delta u_e/\mathrm{m}$
4	5000	15.35	76750		590.80	590.80	595980	0.0010
3	7000	11.75	82250	251540	633.14	1223.94	595980	0.0021
2	7000	8.15	57050		439.16	1663.1	595980	0.0028
1	7800	4.55	35490		273.19	1936.29	370880	0.0052

（4）验算框架层间弹性位移

首层 $\dfrac{\Delta u_e}{h} = \dfrac{0.0052}{4.55} = \dfrac{1}{875} \leqslant [\theta_e] = \dfrac{1}{550}$

二层 $\dfrac{\Delta u_e}{h} = \dfrac{0.0028}{3.6} = \dfrac{1}{1285} \leqslant [\theta_e] = \dfrac{1}{550}$

层间弹性位移均满足规范要求。

5.3.8 钢筋混凝土框架结构的抗震构造要求

1. 框架梁

（1）梁的截面尺寸要求

1）截面宽度不宜小于 200mm。

2）截面高宽比不宜大于 4。

3）净跨与截面高度之比不宜小于 4。

采用梁宽大于柱宽的扁梁时，楼板应现浇，梁中线宜与柱中线重合，扁梁应双向布置，且不宜用于一级抗震等级的框架结构。扁梁的截面尺寸应符合下列要求，并应满足现行有关规范对挠度和裂缝宽度的规定

$$b_b \leqslant 2b_c \tag{5.51}$$
$$b_b \leqslant b_c + h_b \tag{5.52}$$
$$h_b \geqslant 16d \tag{5.53}$$

式中　b_c——柱截面宽度，圆形截面取柱直径的 0.8 倍；

　　b_b、h_b——梁截面宽度和高度；

　　d——柱纵筋直径。

（2）梁的钢筋配置要求

1）梁端计入受压钢筋的混凝土受压区高度和有效高度之比，一级抗震等级的不应大于 0.25，二、三级抗震等级的不应大于 0.35。

2）梁端截面的底面和顶面纵向钢筋配筋量的比值，除按计算确定外，一级抗震等级的不应小于 0.5，二、三级抗震等级的不应小于 0.3。

3）梁端箍筋加密区的长度、箍筋的最大间距和最小直径应按表 5.10 采用，当梁端纵向受拉钢筋配筋率大于 2% 时，表中箍筋最小直径数值应增大 2mm。

表 5.10　梁端箍筋加密区的长度、箍筋的最大间距和最小直径

抗震等级	加密区长度 （采用较大值）/mm	箍筋最大间距 （采用最小值）/mm	箍筋最小直径 /mm
一	$2h_b$,500	$h_b/4,6d,100$	10
二	$1.5h_b$,500	$h_b/4,8d,100$	8
三	$1.5h_b$,500	$h_b/4,8d,150$	8
四	$1.5h_b$,500	$h_b/4,8d,150$	6

注：1. d 为纵向钢筋直径，h_b 为梁截面高度；
　　2. 箍筋直径大于 12mm、数量不少于 4 肢且肢距不大于 150mm 时，一、二级抗震等级的最大间距应允许适当放宽，但不得大于 150mm。

4）梁端纵向受拉钢筋的配筋率不宜大于 2.5%。沿梁全长顶面、底面的配筋，一、二级抗震等级的不应少于 2φ14，且分别不应少于梁顶面、底面两端纵向配筋中较大截面面积的 1/4；三、四级抗震等级的不应少于 2φ12。

5）一、二、三级抗震等级的框架梁内贯通中柱的每根纵向钢筋直径，对框架结构不应大于矩形截面柱在该方向截面尺寸的 1/20，或纵向钢筋所在位置圆形截面柱弦长的 1/20；对其他结构类型的框架不宜大于矩形截面柱在该方向截面尺寸的 1/20，或纵向钢筋所在位

置圆形截面柱弦长的 1/20。

6）梁端加密区的箍筋肢距，一级抗震等级的不宜大于 200mm 和 20 倍箍筋直径的较大值，二、三级抗震等级的不宜大于 250mm 和 20 倍箍筋直径的较大值，四级抗震等级的不宜大于 300mm。

2. 框架柱

（1）柱的截面尺寸要求

1）截面的宽度和高度，四级抗震等级或不超过 2 层时不宜小于 300mm，一、二、三级抗震等级且超过 2 层时不宜小于 400mm；圆柱的直径，四级抗震等级或不超过 2 层时不宜小于 350mm，一、二、三级抗震等级且超过 2 层时不宜小于 450mm。

2）剪跨比宜大于 2。

3）截面长边与短边的边长比不宜大于 3。

（2）柱轴压比　柱的轴压比是指柱组合的轴压力设计值与柱的全截面面积和混凝土轴心抗压强度设计值乘积之比，即 $N/f_c b_c h_c$。轴压比是影响柱的破坏形态和变形能力的重要因素之一。试验研究表明，柱的延性随轴压比的增大会显著降低，并且有可能产生脆性破坏，当轴压比增大到一定数值时，即使增加约束箍筋，对柱的变形能力的影响也很有限，因此，有必要限制轴压比。

柱轴压比不宜超过表 5.11 的规定；建造于Ⅳ类场地且较高的高层建筑，柱轴压比限值应适当减小。

表 5.11　柱轴压比限值

结构类型	抗震等级			
	一	二	三	四
框架结构	0.65	0.75	0.85	0.90
框架-抗震墙，板柱-抗震墙、框架-核心筒及筒中筒	0.75	0.85	0.90	0.95
部分框支抗震墙	0.6	0.7	—	—

注：1. 轴压比指柱组合的轴压力设计值与柱的全截面面积和混凝土轴心抗压强度设计值乘积的比值；对本规范规定不进行地震作用计算的结构，可取无地震作用组合的轴力设计值计算。

2. 表内限值适用于剪跨比大于 2、混凝土强度等级不高于 C60 的柱；剪跨比不大于 2 的柱，轴压比限值应降低 0.05；剪跨比小于 1.5 的柱，轴压比限值应专门研究并采取特殊构造措施。

3. 沿柱全高采用井字复合箍且箍筋肢距不大于 200mm、间距不大于 100mm、直径不小于 12mm，或沿柱全高采用复合螺旋箍、螺旋间距不大于 100mm、箍筋肢距不大于 200mm、直径不小于 12mm，或沿柱全高采用连续复合矩形螺旋箍、螺旋净距不大于 80mm、箍筋肢距不大于 200mm、直径不小于 10mm，轴压比限值均可增加 0.10；上述三种箍筋的最小配箍特征值均应按增大的轴压比由表 5.10 确定。

4. 在柱的截面中附加芯柱，其中另加的纵向钢筋的总面积不少于柱截面面积的 0.8%，轴压比限值可增加 0.05；此项措施与注 3 的措施同时采用时，轴压比限值可增加 0.15，但箍筋的体积配箍率仍可按轴压比增加 0.10 的要求确定。试验研究和工程经验都表明，在矩形或圆形截面柱内设置矩形截芯柱，可以提高柱的受压承载力、变形能力，尤其有利于承受高轴压的短柱提高变形能力、延缓倒塌，故轴压比可适当增加。如图 5.30 所示为芯柱截面示意图，为了便于梁钢筋通过，芯柱边长不宜小于柱边长或直径的 1/3，且不宜小于 250mm。

5. 柱轴压比不应大于 1.05。

（3）柱的纵向钢筋配置要求

1）柱纵向钢筋的最小总配筋率应按表 5.12 采用，同时每一侧配筋率不应小于 0.2%；对建造于Ⅳ类场地且较高的高层建筑，表中的数值应增加 0.1%。

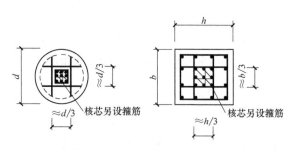

图 5.30 芯柱尺寸示意

表 5.12 柱截面纵向钢筋的最小总配筋率（百分率）

类别	抗震等级			
	一	二	三	四
中柱和边柱	0.9(1.0)	0.7(0.8)	0.6(0.7)	0.5(0.6)
角柱、框支柱	1.1	0.9	0.8	0.7

注：1. 表中括号中的数值用于框架结构的柱。
　　2. 钢筋强度标准值小于 400MPa 时，表中数值应增加 0.1；钢筋强度标准值为 400MPa 时，表中数值应增加 0.05。
　　3. 混凝土强度等级高于 C60 时应增加 0.1。

2）柱的纵向钢筋宜对称配置。

3）截面边长大于 400mm 的柱，纵向钢筋间距不宜大于 200mm。

4）柱总配筋率不应大于 5%；剪跨比不大于 2 的一级框架的柱，每侧纵向钢筋配筋率不宜大于 1.2%。

5）边柱、角柱及抗震墙端柱在小偏心受拉时，柱内纵筋总截面面积应比计算值增加 25%。

6）柱纵向钢筋的绑扎接头应避开柱端的箍筋加密区。

（4）柱箍筋

1）柱箍筋在规定的范围内应加密，加密区的箍筋间距和直径，应符合下列要求：

一般情况下，箍筋的最大间距和最小直径，应按表 5.13 采用；

表 5.13 柱箍筋加密区的箍筋最大间距和最小直径

抗震等级	箍筋最大间距（采用最小值）/mm	箍筋最小直径/mm
一	$6d$,100	10
二	$8d$,100	8
三	$8d$,150（柱根 100）	8
四	$8d$,150（柱根 100）	6（柱根 8）

注：d 为柱纵筋最小直径；柱根指底层柱下端箍筋加密区。

一级抗震等级的框架柱的箍筋直径大于 12mm 且箍筋肢距不大于 150mm 及二级抗震等级的框架柱的箍筋直径不小于 10mm 且箍筋肢距不大于 200mm 时，除底层柱下端外，最大间距应允许采用 150mm；三级抗震等级的框架柱的截面尺寸不大于 400mm 时，箍筋最小直径应允许采用 6mm；四级抗震等级的框架柱剪跨比不大于 2 时，箍筋直径不应小于 8mm。

框支柱和剪跨比不大于 2 的框架柱，箍筋间距不应大于 100mm。

2）柱的箍筋加密范围，应按下列规定采用：

① 柱端取截面高度（圆柱直径）、柱净高的 1/6 和 500mm 三者的最大值。

② 底层柱的下端不小于柱净高的 1/3；

③ 刚性地面上、下各 500mm。

④ 剪跨比不大于 2 的柱、因设置填充墙等形成的柱净高与柱截面高度之比不大于 4 的柱、框支柱、一级及二级抗震等级的框架的角柱，取全高。

3）柱箍筋加密区的箍筋肢距，一级不宜大于 200mm，二、三级抗震等级的不宜大于 250mm，四级抗震等级的不宜大于 300mm。至少每隔一根纵向钢筋宜在两个方向有箍筋或拉筋约束；采用拉筋复合箍时，拉筋宜紧靠纵向钢筋并钩住箍筋。

4）柱箍筋加密区的体积配箍率，应符合下列要求

$$\rho_v \geq \lambda_v f_c / f_{yv} \tag{5.54}$$

式中　ρ_v——柱箍筋加密的体积配箍率，抗震等级为一级时不应小于 0.8%，二级时不应小于 0.6%，三、四级时不应小于 0.4%；计算复合箍的体积配箍率时，其非螺旋箍的箍筋体积应乘以折减系数 0.80；

　　　f_c——混凝土轴心抗压强度设计值，强度等级低于 C35 时，应按 C35 计算；

　　　f_{yv}——箍筋或拉筋抗拉强度设计值；

　　　λ_v——最小配箍特征值，宜按表 5.14 采用。

表 5.14　柱箍筋加密区的箍筋最小配箍特征值

抗震等级	箍筋形式	柱轴压比								
		≤0.3	0.4	0.5	0.6	0.7	0.8	0.9	1.0	1.05
一	普通箍、复合箍	0.10	0.11	0.13	0.15	0.17	0.20	0.23	—	—
	螺旋箍、复合或连续复合矩形螺旋箍	0.08	0.09	0.11	0.13	0.15	0.18	0.21	—	—
二	普通箍、复合箍	0.08	0.09	0.11	0.13	0.15	0.17	0.19	0.22	0.24
	螺旋箍、复合或连续复合矩形螺旋箍	0.06	0.07	0.09	0.11	0.13	0.15	0.17	0.20	0.22
三、四	普通箍、复合箍	0.06	0.07	0.09	0.11	0.13	0.15	0.17	0.20	0.22
	螺旋箍、复合或连续复合矩形螺旋箍	0.05	0.06	0.07	0.09	0.11	0.13	0.15	0.18	0.20

注：普通箍指单个矩形箍和单个圆形箍，复合箍指由矩形、多边形、圆形箍或拉筋组成的箍筋；复合螺旋箍指由螺旋箍与矩形、多边形、圆形箍或拉筋组成的箍筋；连续复合矩形螺旋箍指用一根通长钢筋加工而成的箍筋。

箍筋的体积配筋率 ρ_v 可按下式计算（对复合箍重叠部分的箍筋体积应根据工程经验确定，当无可靠工程经验时，可扣除重叠箍筋的体积）

普通箍筋和复合箍筋（图 5.31）　　$\rho_v = \dfrac{n_1 A_{s1} l_1 + n_2 A_{s2} l_2 + n_3 A_{s3} l_3}{A_{cor} s}$ 　　　(5.55)

螺旋箍筋　　　　　　　　　$\rho_v = \dfrac{4 A_{ss1}}{d_{cor} s}$ 　　　　　　(5.56)

式中　$n_1 A_{s1} l_1 \sim n_3 A_{s3} l_3$——沿 1~3 方向（图 5.31）的箍筋肢数、肢面积及肢长（复合箍中

重复肢长宜扣除）；

A_{cor}、d_{cor}——普通箍筋或复合箍筋范围内、螺旋箍筋范围内最大的混凝土核心面积和核心直径；

s——箍筋沿柱高度方向的间距；

A_{ss1}——螺旋箍筋的单肢面积。

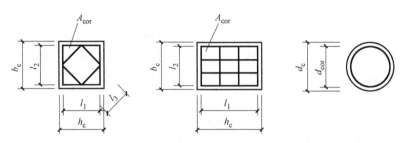

图 5.31　箍筋体积配箍率计算

5）柱箍筋非加密区的箍筋配置，应符合下列要求：柱箍筋非加密区的体积配箍率不宜小于加密区的 50%；箍筋间距，一、二级抗震等级的框架柱不应大于 10 倍纵向钢筋直径，三、四级抗震等级的框架柱不应大于 15 倍纵向钢筋直径。

3. 框架节点核心区

框架节点核心区箍筋的最大间距和最小直径宜符合柱箍筋加密区箍筋间距和直径的相关规定；一、二、三级抗震等级框架节点核心区配箍特征值分别不宜小于 0.12、0.10 和 0.08，且体积配箍率分别不宜小于 0.6%、0.5% 和 0.4%。柱剪跨比不大于 2 的框架节点核心区，体积配箍率不宜小于核心区上、下柱端的较大体积配箍率。

4. 钢筋的锚固和连接

混凝土结构构件纵向受力钢筋的锚固和连接除应符合 GB 50010—2010《混凝土结构设计规范》的有关规定外，尚应符合下列要求。

（1）纵向受拉钢筋的抗震锚固长度　纵向受拉钢筋的抗震锚固长度 l_{aE} 应按下式计算

$$l_{aE} = \zeta_{aE} l_a \tag{5.57}$$

式中　ζ_{aE}——纵向受拉钢筋抗震锚固长度修正系数，对一、二级抗震等级取 1.15，对三级抗震等级取 1.05，对四级抗震等级取 1.00；

l_a——纵向受拉钢筋的锚固长度，按《混凝土结构设计规范》规定采用。

（2）连接方式　纵向受力钢筋的连接可采用绑扎搭接、机械连接或焊接。纵向受力钢筋连接的位置宜避开梁端、柱端箍筋加密区；如必须在此连接时，应采用机械连接或焊接。混凝土构件位于同一连接区段内的纵向受力钢筋接头面积百分率不宜超过 50%。

当采用搭接连接时，纵向受拉钢筋的抗震搭接长度 l_{lE} 应按下式计算

$$l_{lE} = \zeta_l l_{aE} \tag{5.58}$$

式中　ζ_l——纵向受拉钢筋搭接长度修正系数，按《混凝土结构设计规范》规定采用。

5. 框架结构中非承重墙的构造要求

非承重墙体的材料、选型和布置，应根据烈度、房屋高度、建筑体型、结构层间变形、墙体自身抗侧力性能的利用等因素，经综合分析后确定，并应符合下列要求：

1）非承重墙体宜优先采用轻质墙体材料；采用砌体墙时，应采取措施减少对主体结构

的不利影响，并应设置拉结筋、水平系梁、圈梁、构造柱等与主体结构可靠拉结。

2）刚性非承重墙体的布置，应避免使结构形成刚度和强度分布上的突变；当围护墙非对称均匀布置时，应考虑质量和刚度的差异对主体结构抗震不利的影响。

3）墙体与主体结构应有可靠的拉结，应能适应主体结构不同方向的层间位移；8、9 度时应具有满足层间变位的变形能力，与悬挑构件连接时，尚应具有满足节点转动引起的竖向变形的能力。

4）外墙板的连接件应具有足够的延性和适当的转动能力，宜满足在设防地震下主体结构层间变形的要求。

5）砌体女儿墙在人流出入口和通道处应与主体结构锚固；非出入口无锚固的女儿墙高度，6~8 度时不宜超过 0.5m，9 度时应有锚固。防震缝处女儿墙应留有足够的宽度，缝两侧的自由端应予以加强。

钢筋混凝土结构中的砌体填充墙，尚应符合下列要求：

1）填充墙在平面和竖向的布置，宜均匀对称，宜避免形成薄弱层或短柱。

2）砌体的砂浆强度等级不应低于 M5；实心块体的强度等级不宜低于 MU2.5，空心块体的强度等级不宜低于 MU3.5；墙顶应与框架梁密切结合。

3）填充墙应沿框架柱全高每隔 500~600mm 设 2ϕ6 拉筋，拉筋伸入墙内的长度，6、7 度时宜沿墙全长贯通，8、9 度时应全长贯通。

4）墙长大于 5m 时，墙顶与梁宜有拉结；墙长超过 8m 或层高 2 倍时，宜设置钢筋混凝土构造柱；墙高超过 4m 时，墙体半高宜设置与柱连接且沿墙全长贯通的钢筋混凝土水平系梁。

5）楼梯间和人流通道的填充墙，尚应采用钢丝网砂浆面层加强。

5.4　框架-抗震墙结构的抗震设计

5.4.1　框架-抗震墙结构的受力特点

框架和抗震墙共同承受竖向荷载和侧向力，就成为框架-抗震墙结构。框架-抗震墙结构是一种双重抗侧力结构。结构中抗震墙的刚度大，承担大部分楼层剪力，框架承担的侧向力相对较小；在罕遇地震作用下，抗震墙的连梁往往先屈服，使抗震墙的刚度降低，由抗震墙抵抗的部分层剪力转移到框架。如果框架具有足够的承载力和延性抵抗地震作用，那么双重抗侧力结构的优势可以得到充分发挥，避免在罕遇地震作用下严重破坏甚至倒塌。

在水平力作用下，框架和抗震墙的变形曲线分别为剪切型和弯曲型，由于楼板的作用，框架和墙的侧向位移必须协调。在结构的底部，框架的侧移减小；在结构的上部，抗震墙的侧移减小。侧移曲线的形状呈弯剪型（图 5.32、图 5.33），层间位移沿建筑高度比较均匀，改善了框架结构及抗震墙结构的抗震性能，也有利于减少小震作用下非结构构件的破坏。

由于框架与抗震墙之间的相互影响，框架与抗震墙分担的水平剪力 V_f、V_w 也沿结构高度发生变化，但总有 $V_p = V_f + V_w$。在结构底部，框架承受的总剪力 V_f 总等于零，此时由外荷载产生的水平剪力全部由抗震墙承担。在结构顶部，总剪力总等于零，但 V_f 和 V_w 均不为零，两者大小相等，方向相反。

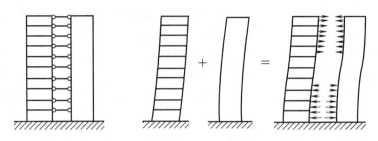

图 5.32　框架-抗震墙结构在侧向力作用下协同工作

5.4.2　框架-抗震墙结构设计的一般要求

框架和抗震墙都只能在自身平面内抗侧力，抗震设计时，框架-抗震墙结构应设计成双向抗侧力体系，结构的两个主轴方向都要布置抗震墙。框架-抗震墙结构布置的关键是抗震墙的数量和位置。抗震墙多一些，结构的刚度大一些，侧向变形小一些，但抗震墙太多不但在布置上困难，也没有必要。通常，抗震墙的数量以使结构的层间位移角不超过规范规定的限位为宜。抗震墙的数量也不能过少，在基本振型地震作用下抗震墙部分承受的倾覆力矩小于结构总倾覆力矩的 50% 时，说明抗震墙的数量偏少。这种情况下，虽然其适用高度可以比框架结构高一些，但其框架部分的抗震要求应当提高，与框架结构的抗震要求相同。

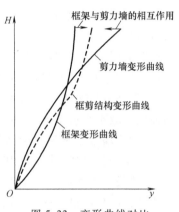

图 5.33　变形曲线对比

抗震墙的一般布置原则是"均匀、分散、对称、周边"。均匀、分散是要求抗震墙的片数多，每片的刚度不要太大；不要只设置一两片刚度很大、连续很长的抗震墙，因为片数太少，地震中个别抗震墙破坏后，剩下的一两片墙难以承受全部地震力，截面设计也困难（特别是连梁）。相应地，基础承受过大的剪力和倾覆力矩，处理尤为困难。所以，在方案阶段宜考虑布置很多片的抗震墙，在楼层平面上均匀布开，不要集中到某一局部区域。对称、周边布置是对高层建筑抵抗扭转的要求，抗震墙的刚度大，它的位置对楼层平面刚度分布起决定性的作用。抗震墙对称布置，就能基本上保证建筑物的对称性，避免和减少建筑物受到扭矩。另一方面，抗震墙沿建筑平面的周边布置可以最大限度地加大抗扭转的内力臂，提高整个结构的抗扭能力。

一般情况下，抗震墙宜布置在竖向荷载较大处，因抗震墙承受大的竖向荷载，可以避免设置截面尺寸过大的柱子，满足建筑布置的要求。抗震墙是主要抗侧力结构，承受很大的弯矩和剪力，需要较大的竖向荷载来避免出现轴向拉力，提高截面承载力，也便于基础设计。此外，抗震墙也宜布置在平面形状变化处和楼梯间和电梯间等。在平面变化较大的角隅部位，容易产生大的应力集中，设置抗震墙予以加强是很有必要的。楼（电）梯间楼板开大洞，削弱严重，特别是在端角和凹角处设置楼（电）梯间时，受力更为不利，采用楼（电）梯竖井来加强是有效的措施。另外，房屋较长时，纵向抗震墙不宜设置在端开间，以减少温度效应等不利影响。应布置 3 片以上抗震墙，各片抗震墙的刚度宜均匀，单片抗震墙底部承担的水平剪力不宜超过结构底部总水平剪力的 40%。抗震墙的间距不宜过大，建筑中若有较长平面时，在侧向力作用下，两片墙之间的楼板可能在楼板平面内产生弯曲变形，若抗震墙间距较大，楼盖在其平面内的变形过大，对框架柱产生不利影响，因此，要限制抗震墙的间距。当抗震墙之间的楼板有较大开洞时，开洞对楼盖平面刚度有所削弱，墙的间距还要适当减小。

抗震墙洞口宜上下对齐；洞边距端柱不宜小于300mm。

5.4.3 钢筋混凝土框架-抗震墙结构的抗震计算

1. 钢筋混凝土框架-抗震墙结构抗震计算的主要步骤

1）建立框架-抗震墙结构协同工作体系（即总抗震墙、总框架、总连梁体系）的计算简图。

2）计算协同工作体系在多遇地震下的水平地震作用。

3）协同工作体系在水平地震作用下的结构分析。

① 结构弹性变形验算。按相关位移计算公式、图表，求得结构各楼层的位移值及层间位移值，并进行层间弹性变形验算。

② 协同工作体系内力计算。分别计算出总抗震墙、总框架、总连梁的内力。

③ 总框架内力调控。

4）各单片抗震墙、框架、连梁的内力计算。

5）构件内力组合。

6）内力调整和截面抗震验算。

7）罕遇地震下弹塑性变形验算。

2. 钢筋混凝土框架-抗震墙结构的协同工作体系

根据框架-抗震墙结构的工作特点，我们可以得到计算的两个基本假定：

1）在同一楼层上，框架和抗震墙的水平位移都相等（这里不考虑扭转的影响）。

2）荷载的作用由抗震墙和框架共同承担，即

$$\begin{cases} P = P_w + P_f \\ V = V_w + V_f \end{cases} \qquad (5.59)$$

抗震墙与框架之间的连梁变形后，对抗震墙的轴线产生一个约束弯矩 M，这一弯矩与外荷载产生的弯矩方向相反，减少了抗震墙本身承受的弯矩，同时另一端提高了框架柱的剪切刚度，因此连梁的作用可以用剪切刚度来代表。

根据上述假定，框架-抗震墙结构的计算图形可如图5.34所示，由于同一层楼各片框架和抗震墙的位移都相同，所以结构单元中所有的抗震墙可以合并为总抗震墙，作为一个竖向悬臂弯曲构件；所有的框架可以合并为一个总框架，相当于一个悬臂剪切构件；所有的连梁合并为总连梁，相当于一个附加的剪切刚度。总抗震墙、总框架和总连梁的刚度分别为各种类型结构的刚度之和

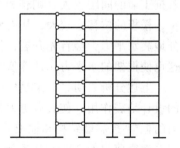

图 5.34 框架-抗震墙结构协同工作体系简图

$$EI_w = \sum EI_{wj} \qquad (5.60)$$

161

$$C_b = \sum C_{bj} \tag{5.61}$$

$$C_f = \sum C_{fj} \tag{5.62}$$

式中　EI_{wj}——第 j 片抗震墙的刚度，可根据抗震墙的类型（实体墙、小开口墙和联肢墙）取其各自的等效刚度；

　　　　C_{fj}——第 j 片框架的剪切刚度，$C_{fj} = D_j h$，D_j 为第 j 片框架的抗侧力刚度，h 为层高；

　　　　C_{bj}——第 j 列连梁的等效剪切刚度，计算连梁的弯曲刚度时，应考虑连梁的剪切变形予以折减。

为了表达框架-抗震墙结构中框架与抗震墙刚度的比值，引入刚度特征值 λ

$$\lambda = H \sqrt{\frac{C_f + C_b}{EI_w}} \tag{5.63}$$

刚度特征值 λ 是反映总框架和总抗震墙之间相对刚度的重要参数，对于结构体系的受力变形性能，总框架和总抗震墙之间的内力分配有很大的影响。纯抗震墙结构时，$\lambda = 0$；纯框架结构时，$\lambda = \infty$。当 λ 较小时，结构体系的变形曲线由抗震墙的变形起主导作用，接近于弯曲型，抗震墙承担很大比例的地震作用，框架分配到的地震剪力很少；而当 λ 较大时，情况则相反。因此，合理选择 λ 值很重要，一般在 $1 \leqslant \lambda \leqslant 2.4$ 范围内较为合适。

3. 钢筋混凝土框架-抗震墙结构的水平地震作用计算

整个结构沿其高度的地震作用可用底部剪力法计算。当用振型反应谱法等进行计算时，若采用葫芦串模型，则得出整个结构沿高度的地震作用；若采用精细的模型，则直接得出与该模型层次相应的地震内力。有时为简化，也可将总地震作用值沿结构高度方向按倒三角形分布考虑。

4. 钢筋混凝土框架-抗震墙结构的内力调整

要使框架-抗震墙结构具有较好的抗震性能，必须对抗震墙和框架按延性要求进行设计。框架延性设计的要求已经在框架结构抗震设计中介绍过了，即应做到"强柱弱梁""强剪弱弯""强节点、强锚固"，这里不再重复。除此以外，对框架-抗震墙结构还应满足"强墙弱梁"等要求，进行以下内力的调整。

（1）框架剪力的调整　对框架的剪力进行调整有两个理由：①在框架-抗震墙结构中，若抗震墙的间距较大，则楼板在其平面内是能够变形的。在框架部位，由于框架的刚度较小，楼板的位移会较大，从而使框架的剪力比计算值大。②抗震墙的刚度较大，承受了大部分地震水平力，会首先开裂，使抗震墙的刚度降低。这使得框架承受的地震力的比例增大，这也使框架的水平力比计算值大。

上述分析表明，框架是框架抗震墙结构抵抗地震的第二道防线。因此，应提高框架部分的设计地震作用，使其有更大的强度储备。《抗震规范》规定，侧向刚度沿竖向分布基本均匀的框架-抗震墙结构和框架-核心筒结构，任一层框架部分承担的剪力值，不应小于结构底部总地震剪力的 20% 和按框架-抗震墙结构、框架-核心筒结构计算的框架部分各楼层地震剪力中最大值 1.5 倍二者的较小值。调整的方法如下：

1）对 $V_F \geqslant 0.2 V_0$ 的楼层，可不调整，按计算得到的楼层剪力 V_F 进行设计。

2）对 $V_F < 0.2 V_0$ 的楼层，该层框架部分的剪力应取为以下两式中的较小值

$$\begin{cases} V_F = 0.2 V_0 \\ V_F = 1.5 V_{Fmax} \end{cases} \tag{5.64}$$

式中　V_F——对应于地震作用标准值且未经调整的各层（或某一段内各层）框架承担的地震总剪力；

V_0——对框架柱数量下至上基本不变的结构，应取对应于地震作用标准值的结构底层总剪力；对框架柱数量从下至上分段有规律变化的结构，应取每段底层结构对应于地震作用标准值的总剪力；

V_{Fmax}——对框架柱数量下至上基本不变的结构，应取对应于地震作用标准值且未经调整的各层框架承担的地震总剪力中的最大值；对框架柱数量从下至上分段有规律变化的结构，应取每段中对应于地震作用标准值且未经调整的各层框架承担的地震总剪力中的最大值。

注意：此处的楼层框架剪力调整是在保证楼层最小水平剪力后的调整，即应先按式（3.143）调整后，再按此规定调整各层框架剪力设计值。

（2）墙肢剪力调整　一、二、三级抗震等级的抗震墙底部加强部位，其截面组合的剪力设计值 V 应按下式调整

$$V = \eta_{vw} V_w \tag{5.65}$$

9 度的一级抗震等级可不按上式调整，但应符合下式要求

$$V = 1.1 \frac{M_{wua}}{M_w} V_w \tag{5.66}$$

式中　V_w——抗震墙底部加强部位截面组合的剪力计算值；

M_{wua}——抗震墙底部截面按实配纵向钢筋面积、材料强度标准值和轴力等计算的抗震受弯承载力对应的弯矩值，有翼墙时计入墙两侧各一倍翼墙厚度范围内纵向钢筋；

M_w——抗震墙底部截面组合的弯矩设计值；

η_{vw}——抗震墙剪力增大系数，抗震等级为一级时取 1.6，二级时取 1.4，三级时取 1.2。

（3）墙肢弯矩调整　为了通过配筋方式迫使塑性铰区位于墙肢的底部加强部位，一级抗震等级的抗震墙的底部加强部位以上部位，墙肢的组合弯矩设计值应乘以增大系数，其值可采用 1.2 倍剪力进行相应调整。

当抗震墙的墙肢在多遇地震下出现小偏心受拉时，在设防地震、罕遇地震下的抗震能力可能大大丧失；而且，多遇地震下为偏压的墙肢，当设防地震下转为偏拉时，其抗震能力有实质性的改变，也需要采取相应的加强措施。双肢抗震墙的某个墙肢为偏心受拉时，一旦出现全截面受拉开裂，则其刚度退化严重，大部分地震作用将转移到受压墙肢，因此，受压肢需适当增大弯矩和剪力设计值以提高承载能力。因此，部分框支抗震墙结构的落地抗震墙墙肢不应出现小偏心受拉。双肢抗震墙中，墙肢不宜出现小偏心受拉；当任一墙肢为偏心受拉时，另一墙肢的剪力设计值、弯矩设计值应乘以增大系数 1.25。注意到地震是往复的作用，实际上双肢墙的两个墙肢，都可能要按增大后的内力配筋。

（4）连梁的剪力调整和刚度折减

1）为了使连梁在发生弯曲屈服前不出现脆性剪切破坏，保证连梁有较好的延性，连梁应作"强剪弱弯"的调整。对于抗震墙中跨高比大于 2.5 的连梁，其剪力调整方法与框架

梁相同。即按式（5.29）进行调整。

2）为了实现"强墙弱梁"的要求，应使抗震墙的连梁屈服早于墙肢屈服，为此可降低连梁的弯矩后进行配筋，或者在多遇地震作用下计算结构内力时，抗震墙连梁刚度可折减，折减系数不宜小于 0.50；计算位移时，连梁刚度可不折减。抗震墙的连梁刚度折减后，如部分连梁尚不能满足剪压比限值，可采用双连梁、多连梁的布置，还可按剪压比要求降低连梁剪力设计值及弯矩，并相应调整抗震墙的墙肢内力。

5. 钢筋混凝土框架-抗震墙结构的抗震截面验算

（1）偏心受压及偏心受拉抗震墙的正截面承载力计算 反复荷载和单调荷载作用下的正截面承载力对比试验表明，在反复荷载作用下，大偏心受压抗震墙的正截面承载力与单调荷载作用下的正截面承载力比较接近。求出墙肢控制截面处考虑地震作用的组合弯矩后，即可按一般钢筋混凝土结构受弯构件进行正截面受弯承载力计算。但应注意在受弯承载力计算公式中，结构构件承载力设计值 R 应除以承载力抗震调整系数。

（2）抗震墙的斜截面承载力验算

1）剪压比限制

剪跨比大于 2.5 时 $\qquad V_w \leqslant \dfrac{1}{\gamma_{RE}}(0.2\beta_c f_c bh_0)$ （5.67）

剪跨比不大于 2.5 时 $\qquad V_w \leqslant \dfrac{1}{\gamma_{RE}}(0.15\beta_c f_c bh_0)$ （5.68）

式中 V_w——考虑地震组合的抗震墙的剪力设计值。

2）偏心受压抗震墙斜截面抗震受剪承载力计算和抗震验算公式为

$$V_w \leqslant \frac{1}{\gamma_{RE}}\left[\frac{1}{\lambda-0.5}\left(0.4f_t b_w h_{w0}+0.1N\frac{A_w}{A}\right)+0.8f_{yh}\frac{A_{sh}}{S}h_{w0}\right]$$ （5.69）

式中 V_w——抗震墙承受的组合剪力设计值；

N——考虑地震组合的抗震墙轴向压力设计值中的较小值，当 N 大于 $0.2f_c b_w h_w$ 时，取 $N=0.2f_c b_w h_w$；

A——抗震墙截面总面积；

A_w——抗震墙腹板面积，矩形截面取 $A_w=A$；

λ——计算截面处剪跨比，$\lambda=M_w/V_w h_{w0}$，$\lambda<1.5$ 时取 1.5，$\lambda>2.2$ 时取 2.2，其中 M_w 为与 V_w 相应的设计弯矩值，当计算截面与墙底之间的距离小于 $h_w/2$ 时，λ 应按 $h_w/2$ 处的设计弯矩与剪力值计算。

3）偏心受拉抗震墙斜截面受剪承载力按下式计算和验算

$$V_w \leqslant \frac{1}{\gamma_{RE}}\left[\frac{1}{\lambda-0.5}\left(0.4f_t b_w h_{w0}-0.1N\frac{A_w}{A}\right)+0.8f_{yh}\frac{A_{sh}}{S}h_{w0}\right]$$ （5.70）

当公式右侧计算值小于 $\dfrac{1}{\gamma_{RE}}\left(0.8f_{yh}\dfrac{A_{sh}}{S}h_{w0}\right)$ 时，取 $V_w=\dfrac{1}{\gamma_{RE}}\left(0.8f_{yh}\dfrac{A_{sh}}{S}h_{w0}\right)$。

4）抗震墙施工缝的受剪验算。抗震墙的水平施工缝是受剪的薄弱部位，特别是当剪应力较高、轴压力较小，甚至出现拉力时，一级抗震等级的抗震墙施工缝截面应进行受剪承载力验算，此时只考虑钢筋及摩擦力的作用。施工缝受剪承载力按下式验算

$$V_{wi} \leqslant \frac{1}{\gamma_{RE}}(0.6f_y A_s + 0.8N) \tag{5.71}$$

式中　V_{wi}——抗震墙水平施工缝组合的剪力设计值；

f_y——竖向钢筋抗拉强度设计值；

A_s——施工缝处抗震墙墙板竖向分布钢筋和边缘构件纵向钢筋（不包括边缘构件以外的两侧翼墙）的纵向钢筋总截面面积；

N——施工缝处不利组合的轴向力设计值，压力取正值，拉力取负值。

当不能满足式（5.71）要求时，应补充短钢筋，在施工缝的上下应满足锚固长度。

（3）连梁截面抗震验算

1）连梁正截面抗弯承载力验算。抗震墙洞口连梁，当采用对称配筋时，其正截面受弯承载力应符合下列要求：

$$M_b \leqslant \frac{1}{\gamma_{RE}}[f_y A_s(h_0 - a'_s) + f_{yd} A_{sd} z_{sd} \cos\alpha] \tag{5.72}$$

式中　M_b——考虑地震组合的剪力墙连梁梁端弯矩设计值；

f_y——纵向钢筋抗拉强度设计值；

f_{yd}——对角斜筋抗拉强度设计值；

A_s——单侧受拉纵向钢筋截面面积；

A_{sd}——单向对角斜筋截面面积，无斜筋时取 0；

z_{sd}——计算截面对角斜筋至截面受压区合力点的距离；

α——对角斜筋与梁总轴线夹角；

h_0——连梁截面有效高度。

2）剪压比限制。连梁截面组合的剪力设计值应符合下式要求

跨高比大于 2.5 时　　　　　　$V \leqslant \frac{1}{\gamma_{RE}}(0.2f_c b h_0) \tag{5.73}$

跨高比不大于 2.5 时　　　　　$V \leqslant \frac{1}{\gamma_{RE}}(0.15f_c b h_0) \tag{5.74}$

式中　V——连梁端部截面组合的剪力设计值，是按"强剪弱弯"调整后的剪力值；

b——抗震墙或连梁的宽度；

h_0——抗震墙截面长度或连梁截面有效高度。

3）抗震墙连梁斜截面受剪承载力应满足下式要求

跨高比大于 2.5 时　　$V_w \leqslant \frac{1}{\gamma_{RE}}\left(0.42f_t b_b h_{b0} + f_{yv}\frac{A_{sv}}{s}h_{b0}\right) \tag{5.75}$

跨高比不大于 2.5 时　　$V_w \leqslant \frac{1}{\gamma_{RE}}\left(0.38f_t b_b h_{b0} + 0.9f_{yv}\frac{A_{sv}}{s}h_{b0}\right) \tag{5.76}$

管道穿过连梁预留洞口宜位于连梁中部，洞口的加强设计同框架的要求，当不能满足要求时，连梁与抗震墙的连接应按铰接考虑。

对连梁中配置了斜向交叉钢筋的截面抗震验算，见 GB 50010—2010《混凝土结构设计规范》。

5.4.4 钢筋混凝土框架-抗震墙结构的抗震构造要求

1. 抗震墙厚度和边框设置

框架-抗震墙结构中的抗震墙，是作为该结构体系第一道防线的主要的抗侧力构件，需要比一般的抗震墙有所加强。

抗震墙通常有两种布置方式：一种是抗震墙与框架分开，抗震墙围成筒，墙的两端没有柱；另一种是抗震墙嵌入框架内，有端柱有边框梁，成为带边框抗震墙。第一种情况的抗震墙，与抗震墙结构中的抗震墙、筒体结构中的核心筒或内筒墙体区别不大。第二种情况的抗震墙，如果梁的宽度大于墙的厚度，则每一层的抗震墙有可能成为高宽比小的矮墙，强震作用下发生剪切破坏，同时，抗震墙给柱端施加很大的剪力，使柱端剪坏，这对抗地震倒塌是非常不利的。抗震墙厚度的要求，主要是为了使墙体有足够的稳定性。试验研究表明，有约束边缘构件的矩形截面抗震墙与无约束边缘构件的矩形截面抗震墙相比，极限承载力约提高 40%，极限层间位移角约增加一倍，对地震能量的消耗能力增大 20% 左右，且有利于墙板的稳定。一、二级抗震等级的抗震墙底部加强部位，当无端柱或翼墙时，墙厚度需适当增加。

《抗震规范》对抗震墙的厚度规定为：抗震墙的厚度不应小于 160mm 且不宜小于层高或无支长度的 1/20，底部加强部位的抗震墙厚度不应小于 200mm 且不宜小于层高或无支长度的 1/16。有端柱时，墙体在楼盖处宜设置暗梁，暗梁的截面高度不宜小于墙厚和 400mm 的较大值；端柱截面宜与同层框架柱相同，并应满足《抗震规范》对框架柱的要求；抗震墙底部加强部位的端柱和紧靠抗震墙洞口的端柱宜按柱箍筋加密区的要求沿全高加密箍筋。抗震墙边框的设置要求如图 5.35 所示。

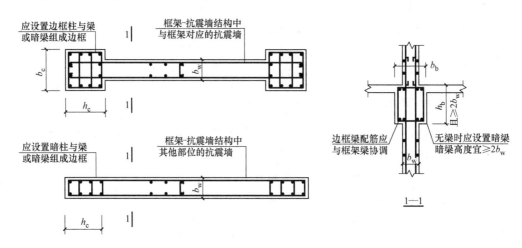

图 5.35 抗震墙边框的设置要求

2. 抗震墙的分布钢筋

抗震墙分布钢筋的作用是多方面的：抗剪、抗弯、减少收缩裂缝等。试验研究还表明，分布筋过少，抗震墙会由于纵向钢筋拉断而破坏，另外，泵送混凝土组分中的粗骨料减少等，会使混凝土的收缩量增大，为了控制因温度和收缩等产生的裂缝，需要给出抗震墙分布钢筋最小配筋率。

抗震墙的竖向和横向分布钢筋，配筋率均不应小于 0.25%，钢筋直径不宜小于 10mm，间距不宜大于 300mm，并应双排布置，双排分布钢筋间应设置拉筋。抗震墙厚度大于 140mm 时，竖向和横向分布钢筋应双排布置；双排分布钢筋间拉筋的间距不应大于 600mm，直径不应小于 6mm；在底部加强部位，边缘构件以外的拉筋间距应适当加密。

3. 抗震墙轴压比限值

随着建筑结构高度的增加，抗震墙底部加强部位的轴压比也随之增加，统计表明，实际工程中抗震墙在重力荷载代表值作用下的轴压比已超过 0.6。

影响压弯构件的延性或屈服后变形能力的因素有截面尺寸、混凝土强度等级、纵向配筋、轴压比、箍筋量等，其主要因素是轴压比和配箍特征值。抗震墙墙肢的试验研究也表明，轴压比超过一定值，很难成为延性抗震墙。

《抗震规范》规定的轴压比限值适用于各种结构类型的抗震墙墙肢：一、二、三级抗震等级的抗震墙在重力荷载代表值作用下墙肢的轴压比（指墙的轴压力设计值与墙的全截面面积和混凝土轴心抗压强度设计值乘积之比值），一级时，9 度不宜大于 0.4；7、8 度不宜大于 0.5；二、三级时不宜大于 0.6。

4. 底部加强部位

为了设计延性抗震墙，一般应控制在抗震墙底部即计算嵌固端以上一定高度范围内屈服、出现塑性铰。设计时，将墙底部可能出现塑性铰的高度范围作为底部加强部位，提高其受剪承载力，加强其抗震构造措施，使其具有大的弹塑性变形能力，从而提高整个结构的抗地震倒塌能力。抗震墙底部加强部位的范围，应符合下列规定：

1) 底部加强部位的高度，应从地下室顶板算起。

2) 部分框支抗震墙结构的抗震墙，其底部加强部位的高度，可取框支层加框支层以上两层的高度及落地抗震墙总高度的 1/10 二者的较大值。其他结构的抗震墙，房屋高度大于 24m 时，底部加强部位的高度可取底部两层和墙体总高度的 1/10 二者的较大值；房屋高度不大于 24m 时，底部加强部位可取底部一层。

3) 当结构计算嵌固端位于地下一层的底板或以下时，底部加强部位尚宜向下延伸到计算嵌固端。

5. 抗震墙的边缘构件

(1) 抗震墙边缘构件的类型　对于开洞的抗震墙即联肢墙，强震作用下合理的破坏过程应当是连梁首先屈服，然后墙肢的底部钢筋屈服，形成塑性铰。抗震墙墙肢的塑性变形能力和抗地震倒塌能力，除了与纵向配筋有关外，还与截面形状、截面相对受压区高度或轴压比、墙两端的约束范围、约束范围内的箍筋配箍特征值有关。当截面相对受压区高度或轴压比较小时，即使不设约束边缘构件，抗震墙也具有较好的延性和耗能能力。当截面相对受压区高度或轴压比大到一定值时，就需设置约束边缘构件，使墙肢端部成为箍筋约束混凝土，具有较大的受压变形能力。抗震墙两端和洞口两侧设置的边缘构件包括暗柱、端柱和翼墙。根据边缘构件所在的位置不同，分为构造边缘构件和约束边缘构件。

(2) 构造边缘构件　对于抗震墙结构，底层墙肢底截面的轴压比不大于表 5.15 规定的，墙肢两端可设置构造边缘构件，构造边缘构件的范围可按图 5.36 采用，构造边缘构件的配筋除应满足受弯承载力要求外，还宜符合表 5.16 的要求。

表 5.15 抗震墙设置构造边缘构件的最大轴压比

抗震等级或烈度	一级（9 度）	一级（7、8 度）	二、三级
轴 压 比	0.1	0.2	0.3

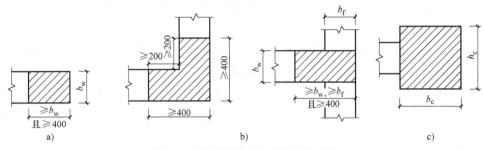

图 5.36 抗震墙的构造边缘构件范围

a）暗柱 b）翼柱 c）端柱

表 5.16 抗震墙构造边缘构件的配筋要求

抗震等级	底部加强部位			其他部位		
	纵向钢筋最小量（取较大值）	箍筋/mm		纵向钢筋最小量（取较大值）	箍筋/mm	
		最小直径	沿竖向最大间距		最小直径	沿竖向最大间距
一	$0.010A_c$，$6\phi16$	8	100	$0.008A_c$，$6\phi14$	8	150
二	$0.008A_c$，$6\phi14$	8	150	$0.006A_c$，$6\phi12$	8	200
三	$0.006A_c$，$6\phi12$	6	150	$0.005A_c$，$4\phi12$	6	200
四	$0.005A_c$，$4\phi12$	6	200	$0.004A_c$，$4\phi12$	6	250

注：1. A_c 为边缘构件的截面面积。

　　2. 其他部位的拉筋，水平间距不应大于纵向钢筋间距的 2 倍；转角处宜采用箍筋。

　　3. 当端柱承受集中荷载时，其纵向钢筋、箍筋直径和间距应满足柱的相应要求。

（3）抗震墙约束边缘构件构造 底层墙肢底截面的轴压比大于表 5.15 规定的抗震墙，以及部分框支抗震墙结构的抗震墙，应在底部加强部位及相邻的上一层设置约束边缘构件，在以上的其他部位可设置构造边缘构件。约束边缘构件沿墙肢的长度、配箍特征值、箍筋和纵向钢筋宜符合表 5.17 的要求（图 5.37）。

表 5.17 抗震墙约束边缘构件的范围及配筋要求

项目	一级（9 度）		一级（7、8 度）		二、三级	
	$\lambda \leqslant 0.2$	$\lambda > 0.2$	$\lambda \leqslant 0.3$	$\lambda > 0.3$	$\lambda \leqslant 0.4$	$\lambda > 0.4$
l_c（暗柱）	$0.20h_w$	$0.25h_w$	$0.15h_w$	$0.20h_w$	$0.15h_w$	$0.20h_w$
l_c（翼墙或端柱）	$0.15h_w$	$0.20h_w$	$0.10h_w$	$0.15h_w$	$0.10h_w$	$0.15h_w$
λ_v	0.12	0.20	0.12	0.20	0.12	0.20
纵向钢筋（取较大值）	$0.012A_c$，$8\phi16$		$0.012A_c$，$8\phi16$		$0.010A_c$，$6\phi16$（三级 $6\phi14$）	
箍筋或拉筋沿竖向间距	100mm		100mm		150mm	

注：1. 抗震墙的翼墙长度小于其 3 倍厚度或端柱截面边长小于 2 倍墙厚时，按无翼墙、无端柱查表；端柱有集中荷载时，配筋构造尚应满足与墙相同抗震等级框架柱的要求。

　　2. l_c 为约束边缘构件沿墙肢长度，且不小于墙厚和 400mm；有翼墙或端柱时不应小于翼墙厚度或端柱沿墙肢方向截面高度加 300mm。

　　3. λ_v 为约束边缘构件的配箍特征值，体积配箍率可按式（5.60）计算，并可适当计入满足构造要求且在墙端有可靠锚固的水平分布钢筋的截面面积。

　　4. h_w 为抗震墙墙肢长度。

　　5. λ 为墙肢轴压比。

　　6. A_c 为图 5.36 中约束边缘构件阴影部分的截面面积。

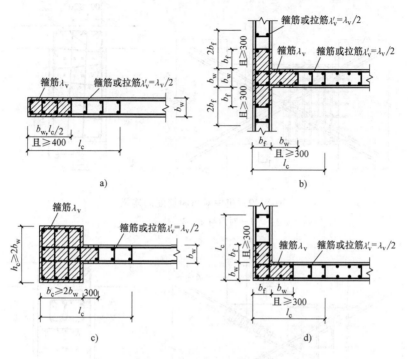

图 5.37　抗震墙的约束边缘构件

a）暗柱　b）有翼墙　c）有端柱　d）转角墙（L 形墙）

6. 连梁

1）对于一、二级抗震等级的连梁，当跨高比不大于 2.5 时，除普通箍筋外宜另配置斜向交叉钢筋：

① 当洞口连梁截面宽度不小于 250mm 时，可采用交叉斜筋配筋（图 5.38）。

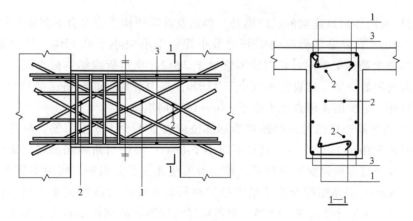

图 5.38　交叉斜筋配筋连梁

1—对角斜筋　2—折线筋　3—纵向钢筋

② 当连梁截面宽度不小于 400mm 时，可采用集中对角斜筋配筋（图 5.39）或对角暗撑配筋（图 5.40）。

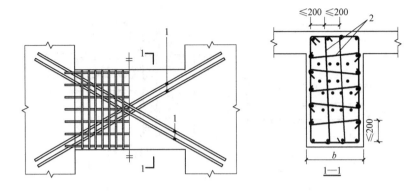

图 5.39　集中对角斜筋配筋连梁

1—对角斜筋　2—拉筋

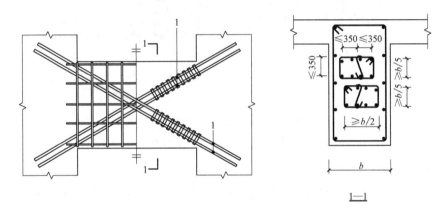

图 5.40　对角暗撑配筋连梁

1—对角暗撑

2）剪力墙及筒体洞口连梁的纵向钢筋。斜筋及箍筋的构造应符合下列要求：

① 连梁沿上、下边缘单侧纵向钢筋的最小配筋率不应小于 0.15%，且配筋不宜少于 $2\phi12$；交叉斜筋配筋连梁单向对角斜筋不宜少于 $2\phi12$，单组折线筋的截面面积可取为单向对角斜筋截面面积的一半，且直径不宜小于 12mm；集中对角斜筋配筋连梁和对角暗撑连梁中每组对角斜筋应至少由 4 根直径不小于 14mm 的钢筋组成。

② 交叉斜筋配筋连梁的对角斜筋在梁端部位应设置不少于 3 根拉筋，拉筋的间距不应大于连梁宽度和 200mm 的较小值，直径不应小于 6mm；集中对角斜筋配筋连梁应在梁截面内沿水平方向及竖直方向设置双向拉筋，拉筋应勾住外侧纵向钢筋，间距不应大于 200mm，直径不应小于 8mm；对角暗撑配筋连梁中暗撑箍筋的外缘沿梁截面宽度方向不宜小于梁宽的一半，另一方向不宜小于梁宽的 1/5；对角暗撑约束箍筋的间距不宜大于暗撑钢筋直径的 6 倍，当计算间距小于 100mm 时可取 100mm，箍筋肢距不应大于 350mm。

除集中对角斜筋配筋连梁以外，其余连梁的水平钢筋及箍筋形成的钢筋网之间应采用拉筋拉结，拉筋直径不宜小于 6mm，间距不宜大于 400mm。

③ 沿连梁全长箍筋的构造宜按框架梁梁端加密区箍筋的构造要求采用；对角暗撑配筋

连梁沿连梁全长箍筋的间距可按框架梁梁端加密区箍筋的构造要求中规定值的两倍取用。

④ 连梁纵向受力钢筋、交叉斜筋伸入墙内的锚固长度不应小于 l_{aE}，且不应小于 600mm；顶层连梁纵向钢筋伸入墙体的长度范围内，应配置间距不大于 150mm 的构造箍筋，箍筋直径应与该连梁的箍筋直径相同。

⑤ 剪力墙的水平分布钢筋可作为连梁的纵向构造钢筋在连梁范围内贯通。当梁的腹板高度 h_w 不小于 450mm 时，其两侧面沿梁高范围设置的纵向构造钢筋的直径不应小于 10mm，间距不应大于 200mm；对跨高比不大于 2.5 的连梁，梁两侧的纵向构造钢筋的面积配筋率尚不应小于 0.3%。

7. 其他

楼面梁与抗震墙平面外连接时，不宜支承在洞口连梁上；沿梁轴线方向宜设置与梁连接的抗震墙，梁的纵筋应锚固在墙内；也可在支承梁的位置设置扶壁柱或暗柱，并应按计算确定其截面尺寸和配筋，如图 5.41 所示。

图 5.41 梁与抗震墙平面外连接

框架-抗震墙结构的其他抗震构造措施，可按框架结构和抗震墙结构的相关规定采用。

本章小结

本章首先介绍了多、高层钢筋混凝土结构房屋的震害特点，对常用的框架结构、框架-抗震墙结构，分别介绍了它们在进行抗震设计时，抗震等级的确定、结构体系的选用、结构抗震设计的布置要求、地震作用效应计算、截面抗震验算的方法，以及抗震构造措施等具体要求，以帮助读者掌握这类建筑结构的抗震设计方法。

习题

一、选择题

1. 关于结构的抗震等级，下列说法错误的是（   ）。

A. 确定抗震等级时考虑的设防烈度可能与抗震设防烈度不一致

B. 房屋越高，抗震等级越高

C. 抗震等级越小，要求采取的抗震措施越严格

D. 抗震等级与结构体系有关

2. 按照现行《抗震规范》，以下说法正确的是（   ）。

A. 在 7 度区建造的钢筋混凝土框架结构最高可以达到 60m

B. 现浇钢筋混凝土筒体结构的最大适用高度大于现浇钢筋混凝土抗震墙房屋

C. 甲类建筑可按本地区抗震设防烈度确定其适用的最大高度

D. 结构最大适用高度与设防烈度无关。

3. 以下不是抗震等级影响因素的是（　　　）。

A. 设防烈度　　　　　　B. 结构类型　　　　　　C. 结构高度　　　　　　D. 建筑面积

4. 以下关于抗震缝的说法不正确的是（　　　）。

A. 体型复杂的建筑，宜设置防震缝

B. 框架结构的防震缝宽大于抗震墙结构的防震缝宽

C. 设置防震缝时，应满足最小缝宽的要求

D. 可通过设置防撞墙防止缝两侧结构在地震时相撞

5. 合理抗震结构体系应符合（　　　）。

A. 建筑的体型应力求简单、规则、对称，质量和刚度变化均匀

B. 钢筋混凝土抗震墙结构中部分抗震墙不落地

C. 采用抗侧力构件布置不规则的结构平面

D. 结构两主轴方向的动力特性相差较大

6. 梁中线与柱中线之间偏心距大于柱宽的（　　　）时，应计入偏心的影响。

A. 1/6　　　　　　　　B. 1/4　　　　　　　　C. 1/3　　　　　　　　D. 1/5

7.《抗震规范》规定，高度大于（　　　）的丙类建筑，不应采用单跨框架结构。

A. 18m　　　　　　　　B. 28m　　　　　　　　C. 24m　　　　　　　　D. 32m

8. 以下不符合抗震墙布置要求的是（　　　）。

A. 抗震墙贯通房屋全高　　　　　　　　　　B. 抗震墙洞口上下不对齐

C. 楼梯间位置设置抗震墙　　　　　　　　　D. 较长的抗震墙中设置连梁形成洞口

9. 以下可以不设置基础系梁的是（　　　）。

A. 一级框架和Ⅳ类场地的二级框架　　　　　B. 基础埋置深度较深或各基础埋置深度差别较大

C. 地基承载力高且分布均匀的浅基础　　　　D. 桩基承台之间

10. 以下不符合楼梯抗震设计要求的是（　　　）。

A. 采用现浇钢筋混凝土楼梯

B. 楼梯间两侧填充墙与框架柱之间加强拉结

C. 与框架柱、楼梯小柱相连的楼梯平台梁按联系梁设计

D. 采取构造措施，减少楼梯构件对主体结构刚度的影响

二、填空题

1. 地下室顶板作为上部结构的嵌固部位时，其楼板厚度不宜小于_____，混凝土强度等级不宜小于_____，应采用双层双向配筋，且每层每个方向的配筋率不宜小于_____。

2. 框架结构房屋的抗震缝宽度，当高度不超过15m时不应小于_____，高度超过15m时，6、7、8、9度分别每增高_____、_____、_____、_____，宜加宽_____。

3. 框架梁的截面高度可取其计算跨度的_____，其截面宽度可取其截面高度的_____。

4. 当不考虑竖向地震作用时，水平地震作用分项系数取_____。

5. 应考虑竖向地震作用与水平地震作用的不利组合的结构有_____。

6. 应考虑竖向地震作用、水平地震作用与风荷载的不利组合的结构有_____。

7. 对框架结构的延性设计是_____、_____、_____、_____。

8. 一、二、三、四级抗震等级的框架结构的底层，柱下端截面组合的弯矩设计值，应分别乘以增大系数_____、_____、_____、_____。

9. 抗震设计时，一、二级抗震等级的框架梁正截面受弯承载力计算中，计入纵向受压钢筋的梁端混凝

土受压区高度应分别符合＿＿＿＿＿＿＿＿＿＿、＿＿＿＿＿＿＿＿。

10. 当建筑物高宽比 $H/B>$＿＿＿＿时，宜考虑框架柱的轴向变形引起的水平位移值。

三、判断改错题

1. 对框架柱端弯矩进行调整是为了满足强柱弱梁的要求。　　　　　　　　　　（　　）

2. 抗震设计时，框架梁只需进行斜截面承载力验算。　　　　　　　　　　　（　　）

3. 当梁端极限剪压比大于 0.2 时，即使增加箍筋，也很容易发生斜压破坏。　（　　）

4. 钢筋混凝土柱的剪跨比都可按柱净高与 2 倍柱截面高度之比计算。　　　　（　　）

5. 只有 8~9 度的高层建筑才需要进行罕遇地震作用下的层间弹塑性位移验算。（　　）

6. 框架梁的净跨与截面高度之比不宜小于 3。　　　　　　　　　　　　　　（　　）

7. 框架梁端截面的底面和顶面纵向钢筋配筋量的比值，一级不应小于 0.5。　（　　）

8. 抗震设计时，框架柱的最小截面尺寸是 300mm。　　　　　　　　　　　（　　）

9. 抗震设计时，截面边长大于 400mm 的框架柱的纵向钢筋间距不宜大于 250mm。（　　）

10. 抗震设计时，框架-抗震墙结构应设计成双向抗侧力结构。　　　　　　　（　　）

四、名词解释

抗震等级　强柱弱梁　延性结构　轴压比　强剪弱弯

五、简答题

1. 设置防震缝有哪些要求？

2. 怎样划分钢筋混凝土结构房屋的抗震等级？

3. 设计框架结构梁、柱及框架节点时应注意哪些问题？

4. 框架结构的砌体填充墙应符合哪些要求？

5. 什么是框架-抗震墙结构？在什么情况下宜采用这种结构？

六、计算题

1. 某钢筋混凝土框架结构，总高度 48m，经计算已求得第 6 层横梁边跨梁端的弯矩标准值见下表：

荷载类型	永久荷载	楼面荷载	风荷载	地震作用（左震）
弯矩值/kN·m	−25	−9	−18	−30

该截面进行配筋计算时的弯矩设计值为多大？

2. 某钢筋混凝土高层框架结构，抗震等级为二级，底部一、二层梁截面高度为 0.6m，柱截面 600mm×600mm。已知在重力荷载和地震作用组合下，内力调整前节点 B 和柱 DB、梁 BC 的弯矩设计值如图所示，柱 DB 的轴压比为 0.75。求抗震设计时，柱 DB 的柱端 B 的弯矩设计值。

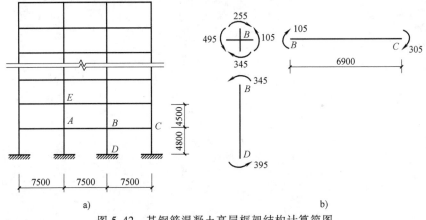

图 5.42　某钢筋混凝土高层框架结构计算简图

3. 某 3 跨框架结构,抗震等级为二级,边跨跨度为 5.7m,框架梁截面尺寸 250mm×600mm,柱宽 500mm,纵筋采用 HRB335,箍筋采用 HPB235,混凝土强度等级 C30,重力荷载代表值引起的剪力 V_{Gb} = 135.2kN,在重力荷载和地震作用组合下作用于边跨一层梁上的弯矩为

梁左端　　$M_{max} = 210kN \cdot m$,　$-M_{max} = -420kN \cdot m$

梁右端　　$M_{max} = 175kN \cdot m$,　$-M_{max} = -360kN \cdot m$

梁跨中　　$M_{max} = 180kN \cdot m$

求该框架梁的剪力设计值。

4. 某 3 跨框架结构,抗震等级为二级,边跨跨度为 5.7m,框架梁截面尺寸 250mm×600mm,柱宽 500mm,纵筋采用 HRB335,箍筋采用 HPB300,混凝土强度等级 C30,已知调整后的该框架梁的梁端剪力设计值为 272.5kN。求若采用双肢箍筋,试配置箍筋加密区的箍筋。

砌体结构抗震设计 | 第6章

学习要求:

● 了解多层砌体结构房屋和底部框架-抗震墙砌体结构房屋的震害特点。

● 理解多层砌体结构房屋和底部框架-抗震墙砌体结构房屋在抗震设计时对结构布置方面的基本要求。

● 掌握多层砌体结构房屋的抗震计算和抗震构造措施。

● 了解底部框架-抗震墙砌体结构房屋的抗震计算和抗震构造措施。

6.1 概述

砌体结构,通常是指以块体和砂浆砌筑而成的墙、柱作为建筑物主要受力构件的结构,是砖砌体、砌块砌体和石砌体的统称。砌体结构房屋包括砌体承重的多层砌体结构房屋、底层框架-抗震墙砌体房屋以及底部两层框架-抗震墙砌体房屋。

多层砌体结构房屋具有易于就地取材、耐火性和耐久性较好、节约水泥和钢材、构造简单等优点,目前在我国居住、办公、学校和医院等众多低矮建筑中应用较为广泛。在今后一定时期内,砌体结构房屋仍将是我国城乡建筑中的主要结构形式之一。

底部框架-抗震墙砌体房屋是指底部一层或两层框架-抗震墙承重,上部由多层砌体结构墙体承重的结构,常用于中、小城市中临街的住宅、旅馆、办公楼等。这些建筑由于城市规划上的要求往往在底部设置商店,这就使房屋底层或底部两层从使用上需要提供较大的空间,而由砌体墙承重的结构无法满足此项要求,因而采用了钢筋混凝土框架-抗震墙结构;房屋上部又因使用上的需要有较多的小空间,纵横墙较多,故利用砌体墙承重,从而形成了底部框架-抗震墙砌体结构房屋。

多层砌体房屋自重较大,地震时地震作用也大,并且砌体是一种脆性材料,其抗拉、抗弯、抗剪强度均较低,房屋的整体延性较差,如未进行合理的抗震设计,其抗震性能相对较差。在国内外历次强烈地震中,砌体结构的破坏率相当高。1906年美国旧金山地震,砖石结构房屋的破坏和倒塌率达到了70%~80%;1923年日本关东大地震,东京约7000幢砖石结构的房屋均遭到了严重破坏;1948年苏联阿什哈巴德地震,砖石结构房屋的破坏和倒塌率达到70%~80%;我国1976年的唐山大地震,在烈度为10~11度区的砖混房屋,倒塌率为63.2%,严重破坏为23.6%,尚能修复使用的为4.2%,实际破坏率达95.8%;2008年四川汶川地震、2010年青海玉树地震等大地震造成极震区80%~90%以上的房屋建筑倒塌或严重破坏。

20 世纪 60 年代以来，我国对砌体结构房屋的抗震性能进行了大量的试验和理论研究，深入探讨了砌体结构房屋的抗震性能，提出了改善其抗震性能和增强抗震能力的有效措施。汶川地震震害调查表明，在 9~10 度区，20 世纪 80 年代以前建造的砌体房屋，因抗震设防标准较低或未经抗震设计，约 80% 整体倒塌；1980—1990 年建造的砌体房屋，因抗震措施较差，有 40%~50% 整体倒塌；1990—2000 年建造的砌体结构房屋，即使超过设防烈度，也少有整体倒塌或局部倒塌。可见砌体结构房屋按现有规范进行合理的设计、施工，基本能够实现"小震不坏、中震可修、大震不倒"的抗震设计目标，而且随着我国抗震设防水准的不断提高，砌体结构在地震区也能具有较好的抗震性能。

6.2 震害现象及其分析

地震时，地面的强烈运动，对建筑物产生了水平向、竖向、扭转等地震作用。砌体结构房屋的墙体作为主要的承重构件，不仅承受竖直方向的荷载，也承受水平向和竖直向的地震作用，受力复杂，加上砌筑墙体的块材和砂浆都是脆性材料，抗震性能差，地震时墙体很容易产生裂缝。在反复地震作用下，裂缝将不断发展、增多、加宽，最后导致墙体崩塌，楼盖塌落，房屋倒塌。

6.2.1 多层砌体结构房屋

1. 结构整体或局部倒塌

当房屋墙体特别是底层墙体整体抗震强度不足时，易发生房屋整体倒塌（图 6.1）；当房屋局部或上层墙体抗震强度不足时，易发生局部倒塌（图 6.2）；当个别部位构件间连接强度不足时，易发生局部倒塌（图 6.3）。

图 6.1　结构整体倒塌

图 6.2　结构局部倒塌

2. 墙体破坏

墙体是多层砌体房屋的主要承重构件，地震时受力比较复杂，会产生各种形式的裂缝，主要有水平裂缝、斜裂缝、交叉裂缝和竖向裂缝等，严重时会出现墙体倾斜、错动和倒塌现象（图 6.4）。

墙体出现斜裂缝的主要原因是抗剪强度不足。当墙体中垂直荷载和水平地震作用引起的主拉应力超过砌体的抗拉强度时，与地震作用方向平行的高宽比较小的墙体易产生斜裂缝，高宽比较大的窗间墙则易出现水平偏斜裂缝。在地震反复作用下，则形成交叉裂缝（图6.5、图 6.6）。这种裂缝在外纵墙的窗间墙上较为多见，主要是因为墙体洞口处受到削弱，加之横墙承重房屋，纵墙上的压应力较小，使得砌体抗拉强度较低的缘故。由于房屋底部的地震剪力比上部大，裂缝开展程度往往是上轻下重（图 6.7）。

图 6.3　结构局部倒塌

图 6.4　外纵墙倒塌

图 6.5　墙体交叉裂缝

图 6.6　窗间墙交叉裂缝

a)

b)

图 6.7　底层墙体裂缝

a）底层墙体交叉裂缝　b）底层墙体竖向裂缝

墙体水平裂缝大多数出现在外纵墙的窗口上下截面处，且沿房屋纵向中段较严重，两端较轻，尤其是顶层空旷的房屋外纵墙更易出现此种裂缝。这是由于横墙间距过大，楼盖缺乏足够的刚度，难以将水平地震作用传递给横墙，使纵墙平面外受弯，导致墙体沿通缝的抗弯刚度不足而出现水平裂缝。

墙体的竖向裂缝往往出现在纵横墙交接的地方，这主要是纵横墙交接处的连接没有做好导致的（图6.8）。

图6.8　房屋竖向裂缝

3. 墙角破坏

墙角为纵横墙的交汇点，在房屋端部四角处，由于刚度较大以及地震时的扭转作用，地震反应明显增大，且受力复杂，易产生应力集中；另一方面，墙角位于房屋尽端，所受房屋的整体约束作用相对较弱，特别是在端部布置有空旷房间时，约束更差，使该处的抗震能力降低，其破坏形态也多种多样，有受剪斜裂缝、受压竖向裂缝、块材被压碎或转角墙角局部倒塌（图6.9）。

a)　　　　　　　　　　　　　　　　　　　　　　　b)

图6.9　墙角破坏

a）墙角倒塌　b）墙角错位

4. 楼梯间破坏

楼梯间破坏主要是墙体破坏，而楼梯本身很少破坏。这是因为楼梯间横墙间距较小，在水平方向刚度相对较大，不易破坏，而墙体在高度方向缺乏有力支撑，空间刚度差，尤其是顶层的外纵墙高度更大，相应的高厚比也大，稳定性就差，在水平地震作用下容易产生斜裂缝或交叉裂缝（图 6.10）。当楼梯间位于房屋端部或转角处，或楼梯间平面、立面突出时，破坏更加显著。另外，踏步板嵌入墙内，削弱墙体截面，也是楼梯间墙体破坏严重的原因之一。

a)

b)

图 6.10　楼梯间破坏

a）楼梯间顶部坍塌　b）楼梯间墙体交叉裂缝

5. 楼盖与屋盖破坏

在历次地震中，多层砖房的楼（屋）盖破坏往往是由墙体开裂、错位或倒塌引起的，而因其本身强度或刚度不足发生的破坏极为少见。装配式楼（屋）盖的整体性较差，如板缝过小或灌缝不实，地震时板缝易被拉裂。在高烈度区，预制楼板搁置长度不足或板与板之间无可靠拉结，可能导致楼（屋）盖塌落（图 6.11）。

6. 构造柱、圈梁破坏

砌体结构房屋的构造柱、圈梁通过约束墙体的变形能有效地提高结构的抗震能力，其设置的位置及大小起到了至关重要的作用。但当结构中部分构造柱施工时混凝土强度较低、与周边墙体拉结不够，以及构造柱布置位置不当时，构造柱因受力较大而发生剪切破坏、钢筋剪断或压屈外鼓破坏（图 6.12）。圈梁如在设置上没有形成封闭箍的形式，地震作用下容易发生错位的现象（图 6.13）。

图 6.11　预制楼板塌落

图 6.12　构造柱剪切破坏

7. 附属构件的破坏

突出屋面的屋顶间、烟囱、女儿墙等由于刚度突变，地震时易产生"鞭端效应"，导致顶部附属构件破坏（图6.14）。附墙烟囱、垃圾道、栏杆等房屋的附属物，与房屋主体结构连接较差，加上自身强度较低，在地震时容易发生开裂、倒塌的现象。

图 6.13　圈梁的破坏

图 6.14　出屋面楼梯间破坏

多层砌体结构房屋除上述几种主要震害外，还经常出现一些其他形式的破坏，如防震缝宽度尺寸不够的时候，两侧墙体相互碰撞引起破坏（图6.15）；隔墙等非结构构件、室内外装饰等的开裂、倒塌；门窗过梁两侧墙体产生倒八字形裂缝或水平裂缝，以及钢筋混凝土过梁被剪断（图6.16）。

图 6.15　变形缝处碰撞破坏

图 6.16　过梁剪切破坏

6.2.2　底部框架-抗震墙砌体结构房屋

1. 底部框架破坏

历次大地震震害表明，底部框架-抗震墙砌体结构房屋上面几层破坏较轻，但柔性底层破坏却十分严重。一栋房屋底层严重破坏将危及整个房屋的安全，上部结构破坏再轻也是没有意义的。未经抗震设防的底层框架砖房抗震性能是比较差的，遭受地震后，震害大多数发生在底层框架部位，上部砖墙破坏状况与多层砖房相似但破坏程度相对较轻。地震烈度不高时，底层柱顶和柱底产生水平裂缝或局部压溃，围护墙体出现交叉裂缝或局部崩落；地震烈度较高时，则表现为底层坍塌，上面几层原地坐落。如1963年南斯拉夫地震，1972年美国费尔南多斯地震，1976年中国唐山地震，1999年中国台湾"9·21"

地震以及 2008 年中国汶川地震，都证明底部框架房屋震害（特别是柱顶和柱底）是相当严重的。汶川地震中，有很多底部框架结构的框架柱破坏严重，上部几层砌体结构原地坐落，造成底层框架完全破坏，如图 6.17 所示。

a)　　　　　　　　　　　　　　　　　　b)

图 6.17　底层框架结构破坏

a）都江堰某住宅底部框架柱压溃　b）底层框架整体压溃

底部框架-抗震墙砌体结构房屋破坏严重的主要原因是此种结构体系由两种不同承重和抗侧力体系组成。上部多层砌体结构纵横墙间距较密，不仅重量大，侧向刚度也大，而房屋底部承重结构的框架比较空旷，其侧向刚度比上层小得多，房屋刚度沿高度方向发生突变，形成了底层柔、上层刚的结构。这种刚度急剧变化，使底部框架-抗震墙砌体房屋的薄弱层大多发生在底层框架部位，特别是柱顶和柱底（图 6.18）。

a)　　　　　　　　　　　　　　　　　　b)

图 6.18　底层框架柱破坏

a）角柱柱顶破坏　b）柱底破坏

2. 底层抗震墙破坏

底部框架-抗震墙砌体结构房屋的抗震墙一般为钢筋混凝土抗震墙，在 6、7 度区也可采用砌体作为抗震墙。底层框架中的抗震墙是结构的第一道防线，抗震墙的抗侧力刚度非常大，地震作用下绝大部分水平地震剪力由抗震墙承担，同时墙体还承托了底层框架梁传来的竖向压力，大大减轻了框架柱的负担。当墙体受到的地震剪力超过墙体的抗剪承载力时，墙体就会出现斜裂缝或交叉斜裂缝发生剪切破坏（图 6.19）。

a)

b)

图 6.19　底部抗震墙的破坏

a）混凝土抗震墙破坏　b）砌体抗震墙破坏

6.2.3　震害特点

通过对我国几次大地震后砌体结构房屋的震害调查，总结出砌体结构房屋的震害具有如下特点：

1）坚硬地基上的房屋震害轻于软弱地基上的房屋震害。

2）平面凸出凹进、立面变化复杂，较平面布置均匀的震害重。

3）横墙承重房屋震害轻于纵墙承重房屋。

4）预制楼板结构比现浇楼板结构破坏重。

5）刚性楼盖房屋，上层破坏轻，下层破坏重；柔性楼盖房屋，上层破坏重，下层破坏轻。

6）外廊式房屋往往地震破坏较重。

7）房屋两端、墙角、楼梯间及附属结构的震害较重。

8）底部框架-抗震墙结构底部框架震害比上部砌体严重。

多层砌体结构房屋产生震害的原因可以总结为以下两点：

1）墙体的抗剪承载力不足，在地震时墙体产生裂缝和出平面的错位，甚至局部塌落。

2）砌体结构体系和构造措施存在缺陷，如内外墙之间、楼板与承重墙之间缺乏可靠的连接，房屋的整体抗震性差，墙体发生出平面的倾倒等。

因此，在多层砌体结构房屋的抗震设计时，进行墙体抗震承载力验算是一个重要的方面，另一方面要注意合理的结构选型、结构布置以及采取适当的抗震构造措施，即所谓抗震概念设计（conceptual design of earthquake engineering），使多层砌体结构房屋做到"大震不倒"。

6.3　抗震设计的一般规定

6.3.1　结构方案和结构布置

1. 多层砌体结构房屋

实践证明，多层砌体结构建筑布置的具体做法及结构构件的具体选择与建筑物的抗震性能以及是否会出现大的震害关系重大，因此，在建筑平面、立面以及结构抗震体系的布置与选择方面，除应满足一般原则外，还必须遵循以下一些规定：

1）应优先采用横墙承重或纵横墙共同承重的结构体系，不应采用砌体墙和混凝土墙混合承重的结构体系。

2）纵横向砌体抗震墙的布置宜均匀对称，沿平面内宜对齐，沿竖向应上下连续；且纵横向墙体的数量不宜相差过大；平面轮廓凹凸尺寸，不应超过典型尺寸的 50%，当超过典型尺寸的 25% 时，房屋转角处应采取加强措施；楼板局部大洞口的尺寸不宜超过楼板宽度的 30%，且不应在墙体两侧同时开洞；房屋错层的楼板高差超过 500mm 时，应按两层计算，错层部位的墙体应采取加强措施；同一轴线上的窗间墙宽度宜均匀，墙面洞口的面积，6、7 度时不宜大于墙面总面积的 55%，8、9 度时不宜大于 50%；在房屋宽度方向的中部应设置内纵墙，其累计长度不宜小于房屋总长度的 60%（高宽比大于 4 的墙段不计入）。

3）根据《抗震规范》的要求，当房屋立面高差在 6m 以上；或房屋有错层，且楼板高差大于层高的 1/4；或房屋各部分结构刚度、质量截然不同时，宜设置防震缝，缝两侧均应设置墙体，缝宽应根据烈度和房屋高度确定，可采用 70~100mm。

4）楼梯间不宜设置在房屋的尽端或转角处。

5）不应在房屋转角处设置转角窗。

6）横墙较少、跨度较大的房屋，宜采用现浇钢筋混凝土楼、屋盖。

2. 底部框架-抗震墙砌体房屋

历次震害调查表明，底部框架-抗震墙砌体房屋由于上部砌体、下部框架-剪力墙形成了上刚下柔的结构，刚度沿高度有了突变，导致了突变处的变形和应力集中，震害加剧，为了减少震害的出现，底部框架-抗震墙结构布置，应符合下列要求：

1）上部的砌体墙体与底部的框架梁或抗震墙，除楼梯间附近的个别墙段外均应对齐。

2）房屋的底部应沿纵横两方向设置一定数量的抗震墙，并应均匀对称布置。6 度且总层数不超过四层的底层框架-抗震墙砌体房屋，应允许采用嵌砌于框架之间的约束普通砖砌体或小砌块砌体的砌体抗震墙，但应计入砌体墙对框架的附加轴力和附加剪力并做底层的抗震验算，且同一方向不应同时采用钢筋混凝土抗震墙和约束砌体抗震墙；其余情况，8 度时应采用钢筋混凝土抗震墙，6、7 度时应采用钢筋混凝土抗震墙或配筋小砌块砌体抗震墙。

3）底层框架-抗震墙砌体房屋的纵横两个方向，第二层计入构造柱影响的侧向刚度与底层侧向刚度的比值，6、7 度时不应大于 2.5，8 度时不应大于 2.0，且均不应小于 1.0。

4）底部两层框架-抗震墙砌体房屋纵横两个方向，底层与底部第二层侧向刚度应接近，第三层计入构造柱影响的侧向刚度与底部第二层侧向刚度的比值，6、7 度时不应大于 2.0，8 度时不应大于 1.5，且均不应小于 1.0。

5）底部框架-抗震墙砌体房屋的抗震墙应设置条形基础、筏形基础等整体性好的基础。

6）底部混凝土框架的抗震等级，6、7、8度应分别按三、二、一级采用，混凝土墙体的抗震等级，6、7、8度应分别按三、三、二级采用。

6.3.2 房屋的层数和总高度限制

砌体房屋的高度越大、层数越多，震害越严重，破坏和倒塌率也越高。由于我国砌体的材料强度较低，随着房屋层数的增加，墙体截面加厚，结构自重和地震作用都将相应加大，对抗震十分不利。砌体结构墙体的脆性性质，地震时墙体易产生裂缝，开裂墙体在地震作用下极易产生出平面的错动，从而大幅度降低墙体的竖向承载力。因此，多层房屋的层数和高度应符合下列要求：

1）在一般情况下，房屋的总高度和层数不应超过表6.1的规定。

表 6.1 房屋的层数和总高度限制 （单位：m）

房屋类别		最小抗震墙厚度/mm	烈度和设计基本地震加速度										
			6		7				8				9	
			0.05g		0.10g		0.15g		0.20g		0.30g		0.40g	
			高度	层数	高度	层数	高度	层数	高度	层数	高度	层数	高度	层数
多层砌体房屋	普通砖	240	21	7	21	7	21	7	18	6	15	5	12	4
	多孔砖	240	21	7	21	7	18	6	18	6	15	5	9	3
	多孔砖	190	21	7	18	6	15	5	15	5	12	4	–	–
	小砌块	190	21	7	21	7	18	6	18	6	15	5	9	3
底部框架-抗震墙砌体房屋	普通砖多孔砖	240	22	7	22	7	19	6	16	5	—	—	—	—
	多孔砖	190	22	7	19	6	16	5	13	4	—	—	—	—
	小砌块	190	22	7	22	7	19	6	16	5	—	—	—	—

注：1. 房屋总高度指室外地面到主要屋面板板顶或檐口的高度，半地下室从地下室室内地面算起，全地下室和嵌固条件好的半地下室应允许从室外地面算起；带阁楼的坡屋面应算到山尖墙的1/2高度处。

　　2. 室内外高差大于0.6m时，房屋总高度应允许比表中的数据适当增加，但增加量应少于1.0m。

　　3. 乙类的多层砌体房屋仍按本地区设防烈度查表，其层数应减少一层且总高度应降低3m；不应采用底部框架-抗震墙砌体房屋。

　　4. 本表小砌块砌体房屋不包括配筋混凝土小型空心砌块砌体房屋。

2）横墙较少的多层砌体房屋，总高度应比表6.1的规定降低3m，层数相应减少一层；各层横墙很少的多层砌体房屋，还应再减少一层。

注：横墙较少是指同一楼层内开间大于4.2m的房间占该层总面积的40%以上；其中，开间不大于4.2m的房间占该层总面积不到20%且开间大于4.8m的房间占该层总面积的50%以上为横墙很少。

3）6、7度时，横墙较少的丙类多层砌体房屋，当按规定采取加强措施并满足抗震承载力要求时，其高度和层数应允许仍按表6.1的规定采用。

4）采用蒸压灰砂砖和蒸压粉煤灰砖的砌体房屋，当砌体的抗剪强度仅达到普通黏土砖砌体的70%时，房屋的层数应比普通砖房减少一层，总高度应减少3m；当砌体的抗剪强度达到普通黏土砖砌体的取值时，房屋层数和总高度的要求同普通砖房屋。

6.3.3 房屋的层高限制

多层砌体承重房屋的层高，不应超过 3.6m（注：当使用功能确有需要时，采用约束砌体等加强措施的普通砖房屋，层高不应超过 3.9m）。

底部框架-抗震墙砌体房屋的底部，层高不应超过 4.5m；当底层采用约束砌体抗震墙时，底层的层高不应超过 4.2m。

6.3.4 房屋的最大高宽比

多层砌体房屋的高宽比较小时，地震作用引起的变形以剪切变形为主。随着高宽比的增大，变形中弯曲变形增大，弯曲效应增大，因此在墙体水平截面中产生的弯曲应力也将增大，而砌体的抗拉强度较低，故容易出现水平裂缝，发生明显的整体弯曲变形。为此，多层砌体结构房屋的最大高宽比应符合表 6.2 的规定，以限制弯曲效应，保证房屋的稳定性。

表 6.2 房屋最大高宽比

烈度	6	7	8	9
最大高宽比	2.5	2.5	2.0	1.5

注：1. 单面走廊房屋的总宽度不包括走廊宽度。

2. 建筑平面接近正方形时，其高宽比宜适当减小。

6.3.5 房屋抗震横墙的最大间距

在横向水平地震作用下，砌体房屋的横墙是主要的抗侧力构件，而且地震中横墙间距大小对房屋倒塌影响很大，所以对于横墙，一方面应通过抗震强度验算，保证具有足够的承载力；另一方面，通过横墙间距的要求，保证楼盖能有效地将水平地震作用传递给横墙，避免由于横墙间距过大，楼盖水平刚度不足以传递水平地震作用到相邻墙体，而让纵墙受到横向地震作用，产生平面外的弯曲破坏。

为了保证结构的空间刚度，保证楼盖具有传递水平地震作用给承重墙体的水平刚度，《抗震规范》规定砌体结构房屋抗震横墙的间距不应超过表 6.3 的要求。

表 6.3 房屋抗震横墙的间距 （单位：m）

房屋类别		烈度			
		6	7	8	9
多层砌体房屋	现浇或装配整体式钢筋混凝土楼、屋盖	15	15	11	7
	装配式钢筋混凝土楼、屋盖	11	11	9	4
	木屋盖	9	9	4	—
底部框架-抗震墙砌体房屋	上部各层	同多层砌体房屋			—
	底层或底部两层	18	15	11	—

注：1. 多层砌体房屋的顶层，除木屋盖外的最大横墙间距允许适当放宽，但应采取相应加强措施。

2. 多孔砖抗震横墙厚度为190mm时，最大横墙间距应比表中数值减少 3m。

6.3.6 房屋局部尺寸限值

多层砌体房屋的窗间墙、外墙尽端至门窗洞边间的墙段、突出屋面的女儿墙等部位是抗震的薄弱环节，地震时往往首先破坏，为了防止因这些部位的失效造成整个结构的破坏甚至倒塌，《抗震规范》根据地震区的宏观调查资料分析，规定了这些部位的尺寸限值，见表 6.4。

表 6.4　房屋的局部尺寸限值　　　　　　　　　　　　　　　　（单位：m）

部　　位	6 度	7 度	8 度	9 度
承重窗间墙最小宽度	1.0	1.0	1.2	1.5
承重外墙尽端至门窗洞边的最小距离	1.0	1.0	1.2	1.5
非承重外墙尽端至门窗洞边的最小距离	1.0	1.0	1.0	1.0
内墙阳角至门窗洞边的最小距离	1.0	1.0	1.5	2.0
无锚固女儿墙（非出入口处）的最大高度	0.5	0.5	0.5	0.0

注：1. 局部尺寸不足时，应采取局部加强措施弥补，且最小宽度不宜小于 1/4 层高和表列数据的 80%。
　　2. 出入口处的女儿墙应有锚固。

6.4　多层砌体结构房屋的抗震计算

地震时，多层砌体结构在水平及竖直方向都有地震作用，某些情况下还有地震扭转作用。一般来讲，竖向地震作用对砌体结构造成的破坏相对较小，故对于多层砌体房屋不要求进行这方面的计算。地震的扭转作用，在多层砌体房屋中也可不做计算，可通过在建筑平面、立面布置及结构布置时尽量做到质量、刚度均匀等结构的有关概念设计，一方面减少扭转的影响，另一方面增强抗扭能力。因此，对多层砌体结构房屋抗震计算，一般只需验算房屋在横向和纵向水平地震作用下，横墙和纵墙在其自身平面内的抗剪强度。同时《抗震规范》规定，进行多层砌体房屋抗震强度验算时，可只选择从属面积较大或竖向应力较小的墙段进行截面抗震承载力验算。

6.4.1　计算简图

在确定多层砌体结构房屋的计算简图时，主要有以下考虑：

1）在建筑物两个主轴方向分别计算水平地震作用并进行抗震验算。

2）地震作用下结构的变形为剪切型。这是因为对多层砌体结构房屋的高度、高宽比及横墙间距都有一定的规定和限制，且房屋高度较低，可以认为砌体房屋在水平地震作用下的变形以层间剪切变形为主。

3）房屋各层楼盖水平刚度无限大，仅做平移运动，因此各抗侧力构件在同一楼层标高处侧移相同。

计算多层砌体房屋的地震作用时，应以防震缝划分的结构单元作为计算单元，在计算单元中将各楼层的质量集中在楼、屋盖标高处，底部可视为嵌固于基础顶面，各质点的计算高度取为楼（屋）盖到结构底部的距离，其计算简图如图 6.20 所示。

计算简图中集中于各楼层的重力荷载代表值 G_i 应包括：本层楼（屋）盖的永久荷载标准值、各可变荷载组合值以及楼层上、下各半层墙体的永久荷载标准值。

计算简图中结构底部固定端标高的取法：对于多层砌体结构房屋，当基础埋置较浅时，取为基础顶面；当基础埋置较深时，可取为室外地坪下 0.5m 处；当设有整体刚度很大的全

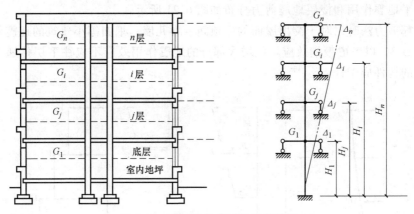

图 6.20　多层砌体房屋的计算简图

地下室时，则取为地下室顶板顶部；当地下室整体刚度较小或为半地下室时，则应取为地下室室内地坪处，此时，地下室顶部也算一层楼面。

6.4.2　水平地震作用

一般情况下，多层砌体结构房屋的层数不多，质量与刚度沿高度分布比较均匀，且以剪切变形为主，故可以按底部剪力法计算地震作用。结构底部总水平地震作用标准值 F_{Ek} 应按下式确定

$$F_{\text{Ek}} = \alpha_1 G_{\text{eq}} \tag{6.1}$$

式中　G_{eq}——结构等效总重力荷载，单质点应取总重力荷载代表值，多质点可取总重力荷载代表值的 85%。

考虑到多层砌体房屋中纵向或横向承重墙体的数量较多，房屋的侧移刚度很大，因而其纵向和横向基本周期较短。经过对大量实际砌体结构的基本周期测定可知，一般砌体结构基本周期处于《抗震规范》规定的地震影响系数曲线水平段所覆盖的周期范围内。所以确定多层砌体结构房屋水平地震作用时，采用 $\alpha_1 = \alpha_{\max}$（$\alpha_{\max}$ 为水平地震影响系数最大值）是偏于安全的。F_{Ek} 可表示为

$$F_{\text{Ek}} = \alpha_{\max} G_{\text{eq}} \tag{6.2}$$

计算作用在任一质点 i 上的水平地震作用标准值 F_i 时，考虑到多层砌体房屋的自振周期短，地震作用采用倒三角形分布，其顶部误差不大，故取顶部附加地震作用系数 $\delta_n = 0$，则 F_i 的计算公式为

$$F_i = \frac{G_i H_i}{\sum_{j=1}^{n} G_j H_j} F_{\text{Ek}} \tag{6.3}$$

式中　G_i、G_j——集中于质点 i、j 的重力荷载代表值；

　　　H_i、H_j——质点 i、j 的计算高度。

作用在第 i 层的水平地震剪力标准值 V_i 为第 i 层以上的各层水平地震作用标准值之和，即

$$V_i = \sum_{j=i}^{n} F_j \tag{6.4}$$

楼层水平地震作用和楼层地震剪力分布如图 6.21 所示。

采用底部剪力法时，对于突出屋面的屋顶间、女儿墙、烟囱等小建筑的地震作用效应宜乘以增大系数 3，以考虑鞭梢效应。此增大部分的地震作用效应不应往下层传递，但与该突出部分相连的构件应予计入。

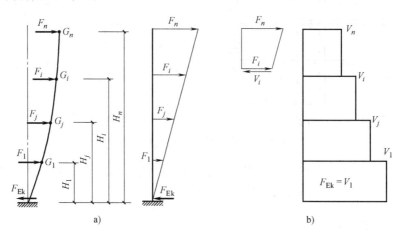

图 6.21　多层砌体房屋地震作用和地震剪力分布图

a）地震作用分布图　b）层间剪力分布图

6.4.3　楼层地震剪力在墙体中的分配

楼层地震剪力 V_i 是作用在整个房屋第 i 层上的剪力，为了对砌体墙进行抗震承载力验算，必须将各楼层的地震剪力分配到相应的各道墙上，对于有门窗洞口的墙体，还应将该道墙体分配到的地震剪力，再分配到各个墙段上。但是墙体在平面内的抗侧力等效刚度很大，平面外的刚度很小，所以一个方向的楼层水平剪力主要由平行于地震作用方向的墙体来承担，而与地震作用垂直的墙体，承担的楼层水平剪力很小。因此，横向楼层地震剪力全部由横向墙体承担，纵向楼层地震剪力由各纵向墙体承担（图 6.22）。

楼层地震剪力 V_i 在同一层各墙体间的分配主要取决于楼盖的水平刚度及各墙体的侧移刚度。下面讨论墙体侧移刚度的计算方法。

1. 墙体的侧移刚度

（1）实心墙体的侧移刚度　在多层砌体房屋的抗震分析中，如果各层楼盖仅发生平移而不发生转动，确定墙体的层间抗侧力等效刚度时，可将其视为下端固定、上端嵌固的构件，即假定各层墙体或开洞墙中的窗间墙、门间墙等墙体的上、下端均不发生转动。墙体的侧移

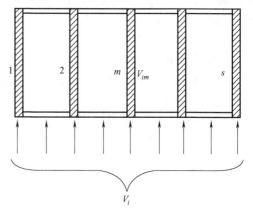

图 6.22　楼层地震剪力作用图

刚度是指使楼盖处产生单位水平位移时所需施加的水平外力，墙体的侧移柔度则是指在单位水平力作用下楼盖处产生的水平位移，侧移刚度与侧移柔度呈倒数关系，即 $K = 1/\delta$（图

6.23）。这类构件在单位水平力作用下产生的侧移变形 δ 一般包括由弯曲引起的变形 δ_b、由剪切引起的变形 δ_s，如图 6.24 所示。

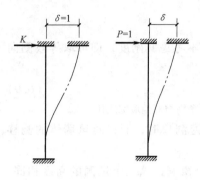
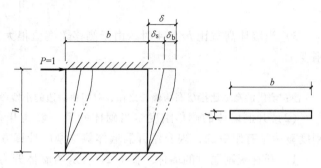

图 6.23　构件的侧移刚度、侧移柔度　　　　图 6.24　单位力作用下墙体的变形

其计算如下

弯曲变形

$$\delta_b = \frac{h^3}{12EI} = \frac{1}{Et}\left(\frac{h}{b}\right)^3 \tag{6.5}$$

剪切变形

$$\delta_s = \frac{\xi h}{AG} = \frac{\xi h}{btG} = \frac{3}{Et} \cdot \frac{h}{b}$$

式中　h、I——墙体、门间墙或窗间墙的高度、水平截面惯性矩，$I = \dfrac{tb^3}{12}$；

　　　E、G——砌体的弹形模量、剪切模量，一般取 $G = 0.4E$；

　　　b、t——墙体、墙段的宽度和厚度；

　　　ξ——截面剪应力分布不均匀系数，对矩形截面取 $\xi = 1.2$；

　　　A——墙体的水平截面面积。

总的变形为

$$\delta = \delta_b + \delta_s = \frac{1}{Et}\left(\frac{h}{b}\right)^3 + \frac{3}{Et} \cdot \frac{h}{b} = \frac{1}{Et}\left[\left(\frac{h}{b}\right)^3 + 3\left(\frac{h}{b}\right)\right] \tag{6.6}$$

刚度的计算应计及高宽比的影响。不同高宽比的墙体，层间抗侧力等效刚度确定的方法是不相同的。图 6.25 给出了不同高宽比墙段剪切变形和弯曲变形的数量关系以及在总变形中所占的比例。从图 6.25 中可以看出：当 $h/b < 1$ 时，弯曲变形占总变形的比例很小；当 $h/b > 4$ 时，剪切变形在总变形中所占的比例很小，其侧移柔度值很大；当 $1 \leqslant h/b \leqslant 4$ 时，剪切变形和弯曲变形在总变形中均占有相当的比例。为此，《抗震规范》规定：

1）当墙体高宽比 $h/b < 1$ 时，可只计算剪切变形，则

$$K = \frac{1}{\delta} = \frac{Etb}{3h} \tag{6.7}$$

2）当墙体高宽比为 $1 \leqslant h/b \leqslant 4$ 时，应同时

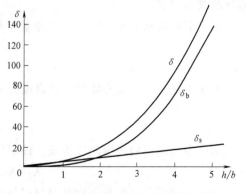

图 6.25　剪切变形与弯曲变形在总
变形中的比例关系

计算弯曲和剪切变形，则

$$K = \frac{1}{\delta} = \frac{Et}{\left(\dfrac{h}{b}\right)^3 + 3\left(\dfrac{h}{b}\right)} \tag{6.8}$$

3）当墙体高宽比 $h/b>4$ 时，由于侧移柔度值很大，可不考虑其刚度，即可取等效侧向刚度

$$K = 0 \tag{6.9}$$

注：墙段的高宽比指层高与墙长之比，对门窗洞边的小墙段指洞净高与洞侧墙宽之比。

（2）开洞墙体的侧移刚度　当砌体的某一墙体开有门窗洞口时，洞口对该墙体的侧移刚度显然是有影响的，现介绍开洞墙体侧移刚度计算方法。

1）开有规则洞口的墙体。图 6.26 所示的墙体开有三个窗洞，该三个窗洞的高度相同，且洞口上下都在同一水平线上，所以称为规则洞口，在单位水平力作用下顶点的水平位移为 δ，δ 由三部分组成，即

$$\delta = \delta_1 + \delta_2 + \delta_3$$

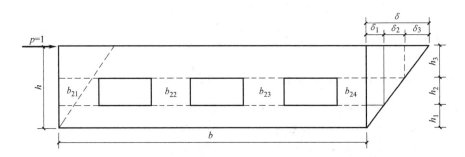

图 6.26　开有规则洞口的墙体

设整片墙体的侧移刚度为 K，则

$$K = \frac{1}{\delta} = \frac{1}{\delta_1 + \delta_2 + \delta_3} \tag{6.10}$$

根据柔度为刚度的倒数，可以通过求出每一墙带的侧移刚度得到其柔度。每一墙带侧移刚度的求解如下：

对于下部的水平实心墙带，其高度为 h_1，宽度为 b，因 $h_1/b<1$，按式（6.7）可得

$$K_1 = \frac{Etb}{3h_1} \tag{a}$$

对于上部的水平实心墙带，其高度为 h_3，宽度为 b，$h_3/b<1$，同理可得

$$K_3 = \frac{Etb}{3h_3} \tag{b}$$

对于中间层由四段窗间墙构成，该层的侧移刚度为四段窗间墙侧移刚度之和，即

$$K_2 = K_{21} + K_{22} + K_{23} + K_{24} \tag{c}$$

每个窗间墙段的侧移刚度又可根据每段的高宽比分别按式（6.7）~式（6.9）求出其侧移刚度。

把式（a）、（b）、（c）代入式（6.10）可得开有规则洞口的墙体的侧移刚度为

$$K = \frac{1}{\dfrac{1}{K_1} + \dfrac{1}{K_2} + \dfrac{1}{K_3}} \tag{6.11}$$

2）开有不规则洞口的墙体。图 6.27 所示为开有门洞、窗洞的墙体，其洞口大小不一致，该墙体为开有不规则洞口的墙体。计算该墙体侧移刚度时，先将其分为上、下两部分，上部为水平实心墙带，下部为开有不规则洞口的墙带，该墙带通过门洞又分成了左右两部分，每一部分为开有规则洞口的墙体（由三段窗间墙和一水平墙带组成），分别计算上、下部分的侧移柔度，两部分侧移柔度之和即为整个墙体的柔度，根据侧移刚度为侧移柔度的倒数即可求出该墙体的侧移刚度。其侧移刚度的计算过程如下：

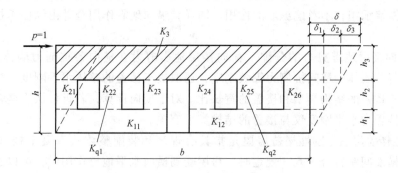

图 6.27 开有不规则洞口的墙体

上部水平实心墙带的侧移刚度

$$K_3 = \frac{Etb}{3h_3} \tag{a}$$

下部不规则洞口墙带的侧移刚度为左右两部分侧移刚度之和

$$K_q = K_{q1} + K_{q2} \tag{b}$$

其中

$$K_{q1} = \frac{1}{\dfrac{1}{K_{11}} + \dfrac{1}{K_{21} + K_{22} + K_{23}}} \tag{c}$$

$$K_{q2} = \frac{1}{\dfrac{1}{K_{12}} + \dfrac{1}{K_{24} + K_{25} + K_{26}}} \tag{d}$$

由式（a）、（b）、（c）、（d）可得该不规则墙体的总的侧移刚度为

$$K = \frac{1}{\dfrac{1}{K_q} + \dfrac{1}{K_3}} = \frac{1}{\dfrac{1}{K_{q1} + K_{q2}} + \dfrac{1}{K_3}} \tag{6.12}$$

对设置构造柱的小开口墙段按毛截面计算的刚度，可根据开洞率乘以表 6.5 的墙段洞口影响系数确定。

表 6.5　墙段洞口影响系数

开洞率	0.10	0.20	0.30
影响系数	0.98	0.94	0.88

注：1. 开洞率为洞口水平截面积与墙段水平毛截面积之比，相邻洞口之间净宽小于 500mm 的墙段视为洞口。

　　2. 洞口中线偏离墙段中线大于墙段长度的 1/4 时，表中影响系数值折减 0.9；门洞的洞顶高度大于层高 80% 时，表中数据不适用；窗洞高度大于 50% 层高时，按门洞对待。

2. 楼层地震剪力的分配

当地震作用沿房屋横向作用时，由于横墙在其平面内的刚度很大，而纵墙在该方向平面内的刚度很小，所以地震作用的绝大部分由横墙承担。反之，当地震作用沿房屋纵向作用时，则地震作用的绝大部分由纵墙承担。因此，在抗震设计中，当抗震横墙间距不超过规定的限值时，则假定地震剪力由各层与该地震剪力方向一致的抗震墙体共同承担，即横向地震作用全部由横墙承担，不考虑纵墙的作用。同样，纵向地震作用全部由纵墙承担，不考虑横墙的作用。

（1）横向楼层地震剪力的分配　横向楼层地震剪力在横向各抗侧力墙体之间的分配，不仅取决于每片墙体的层间抗侧力等效刚度，还取决于楼盖的整体水平刚度。楼盖的水平刚度一般取决于楼盖的结构类型和楼盖的宽长比。对于横向计算，若近似认为楼盖的宽长比保持不变，则楼盖的水平刚度仅与楼盖的结构类型有关。

1）刚性楼盖房屋。刚性楼盖房屋是指具有现浇和装配整体式混凝土楼（屋）盖的建筑。当抗震横墙间距符合表 6.3 规定时，房屋受到横向水平地震作用时，可以近似认为楼盖在其水平面内无变形，即将楼盖视为在其平面内绝对刚性的连续梁，而将各横墙看成是该梁的弹性支座（图 6.28）。在对称荷载作用下，若房屋楼层的质量中心和刚度中心重合而不产生扭转，则楼盖仅发生整体相对水平位移，各墙体产生的水平位移也相同，作用于刚性梁上的地震作用引起的支座反力即抗震横墙承受的地震剪力，它与支座的弹性刚度成正比，即各横墙承受的地震剪力按各墙的侧移刚度比例进行分配。

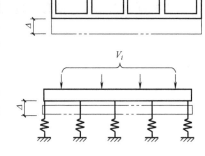

图 6.28　刚性楼盖计算简图

设第 i 层第 m 道抗震横墙分担的地震剪力为 V_{im}，则根据平衡条件可得各抗震横墙分担的地震剪力之和即该楼层总地震力 V_i

$$V_i = \sum_{m=1}^{s} V_{im} \ (i=1,2,3,\cdots,n) \qquad (6.13)$$

设第 i 层第 m 道抗震横墙的侧移刚度为 K_{im}，则有

$$V_{im} = K_{im}\Delta \qquad\qquad (6.14)$$

将式（6.14）代入式（6.13）中，即

$$V_i = \sum_{m=1}^{s} K_{im}\Delta \qquad\qquad (6.15)$$

则有

$$\Delta = \frac{V_i}{\sum\limits_{m=1}^{s} K_{im}} \tag{6.16}$$

将式（6.16）代入式（6.14）可得

$$V_{im} = \frac{K_{im}}{\sum\limits_{m=1}^{s} K_{im}} V_i \tag{6.17}$$

上式表明，各横墙所承担的地震剪力与各横墙的侧移刚度成正比。

当计算墙体在其平面内的侧移刚度 K_{im} 时，往往墙体的 $h/b<1$，弯曲变形很小，故一般可只考虑剪切变形的影响，即

$$K_{im} = \frac{A_{im} G_{im}}{\xi h_{im}}$$

式中 A_{im}、G_{im}、h_{im}——第 i 层第 m 道抗震横墙的净横截面面积、剪切模量、高度。

若各墙的高度 h_{im} 相同、材料相同（则 G_{im} 相同），故有

$$V_{im} = \frac{A_{im}}{\sum\limits_{m=1}^{s} A_{im}} V_i \tag{6.18}$$

式中 $\sum\limits_{m=1}^{s} A_{im}$——第 i 层各抗震横墙净截面面积之和。

式（6.18）表明，对于刚性楼盖，当各抗震墙的高度、材料相同时，其楼层水平地震剪力可按各抗震墙的横截面面积比例进行分配。

2）柔性楼盖房屋。柔性楼盖房屋是指以木结构等柔性材料为楼（屋）盖的建筑。由于楼盖在其自身平面内的水平刚度很小，因此，当受到横向水平地震作用时，楼盖在平面内除发生平移外，还发生弯曲变形，各片横墙的水平位移不相同，变形曲线不连续，因而可近似将整个楼盖视为分段简支于各片横墙上的多跨的连续简支梁（图6.29），各片横墙可独立地变形。各横墙所承担的地震作用为该墙两侧横墙之间各一半楼（屋）盖面积的重力荷载代表值产生的地震作用。因此，各片横墙承担的地震剪力可按各片横墙所承担的上述重力荷载代表值的比例进行分配，即

$$V_{im} = \frac{G_{im}}{G_i} V_i \tag{6.19}$$

式中 G_{im}——第 i 层第 m 道抗震横墙从属面积上的重力荷载代表值；

G_i——第 i 层楼（屋）盖上的总重力荷载代表值。

当楼（屋）盖上重力荷载代表值均匀分布时，各

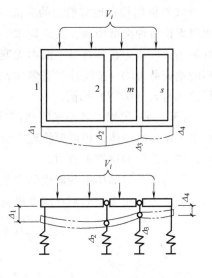

图 6.29　柔性楼盖计算简图

横墙承担的地震剪力可换算为按该墙与两侧横墙之间各一半楼（屋）盖面积比例进行分配，即

$$V_{im} = \frac{F_{im}}{F_i} V_i \qquad (6.20)$$

式中　F_{im}——第 i 层第 m 道抗震横墙与左右两侧相邻横墙之间各一半楼（屋）盖面积之和；

　　　F_i——第 i 层楼（屋）盖的总面积。

3）中等刚度楼盖房屋。中等刚度楼盖房屋是指普通的预制装配式混凝土楼（屋）盖等半刚性楼（屋）盖的建筑。其楼（屋）盖的刚度介于刚性与柔性楼（屋）盖之间，既不能把它假定为绝对刚性水平连续梁，也不能假定为多跨连续简支梁。在横向水平地震作用下，中等刚性楼盖在各片横墙间将产生一定的相对水平变形，各片横墙产生的位移并不相等，因而，各片横墙承担的地震剪力不仅与横墙抗侧力等效刚度有关，而且与楼盖的水平变形有关。可以通过合理地选择楼盖的刚度参数按精确计算模型进行空间分析，从而得到各片横墙所承担的地震剪力。但该计算方法较为复杂，且目前尚缺乏可靠的实验数据和理论分析。为了便于设计，《抗震规范》规定，在一般多层砌体房屋的设计中，对于中等刚性楼盖房屋，第 i 层第 m 道抗震横墙承担的地震剪力，可取刚性楼盖和柔性楼盖房屋两种分配结果的平均值

$$V_{im} = \frac{1}{2} \left(\frac{K_{im}}{\sum\limits_{m=1}^{s} K_{im}} + \frac{G_{im}}{G_i} \right) V_i \qquad (6.21)$$

对于一般房屋，当墙高 h_{im} 相同，所用墙体的材料相同，截面形状也相同，并且楼（屋）盖上重力荷载均匀分布时，第 i 层第 m 道抗震横墙承担的地震剪力 V_{im} 为

$$V_{im} = \frac{1}{2} \left(\frac{A_{im}}{\sum\limits_{m=1}^{s} A_{im}} + \frac{F_{im}}{F_i} \right) V_i \qquad (6.22)$$

（2）纵向楼层地震剪力的分配　房屋纵向往往较横向的长度大几倍，且纵墙的间距小。所以无论何种类型楼盖，其纵向水平刚度都很大，在纵向地震作用下，楼盖的纵向水平变形都很小，可认为在其自身平面内无变形，因而，在纵向地震作用下，不论哪种楼盖，纵墙承担的地震剪力均可按刚性楼盖考虑，即纵向地震剪力可按纵墙的侧移刚度比例进行分配，计算公式与式（6.17）相同。

（3）同一道墙上各墙段间地震剪力的分配　在求得某一道墙的地震剪力以后，对于具有多个洞口的墙体，还需要将地震剪力分配到该墙体洞口间和墙端的墙段上，以便进一步验算各墙段截面的抗震承载力。

因为带洞口墙体中各墙段的水平侧移相同，所以在同一道墙上，门窗洞口之间墙段承担的地震剪力可按墙段的侧移刚度进行分配，即

$$V_{imr} = \frac{K_{imr}}{\sum\limits_{r=1}^{n} K_{imr}} V_{im} \qquad (6.23)$$

式中　V_{imr}——第 i 层第 m 道墙第 r 墙段的地震剪力；

K_{imr}——第 i 层第 m 道墙第 r 墙段的抗侧刚度，根据墙段的高宽比按式（6.7）、式（6.8）及式（6.9）计算。

n——第 m 道墙的墙段总数。

当墙体上同时开有门洞、窗洞时，也可按式（6.23）进行计算，由于各墙段的高宽比 h/b 不同，其侧移刚度也不同。墙段的高宽比为洞净高与洞侧墙宽之比。洞高的取法为：窗间墙取窗洞高；门间墙取门洞高；门窗之间的墙取窗洞高；尽端墙取紧靠尽端的门洞或窗洞高，计算高度取值如图 6.30 所示。

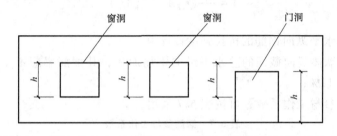

图 6.30　墙段高度的取值

6.4.4　墙体截面抗震承载力验算

对于多层砌体房屋，根据一般的设计经验，只需对纵、横向的不利墙段进行截面的抗震承载力验算，不利墙段为：承担地震作用较大的墙段；竖向压应力较小的墙段；局部截面较小的墙段。

1. 砌体抗震抗剪强度设计值

关于砌体的抗震强度理论目前有两种半理论半经验的方法，即主拉应力强度理论和剪切摩擦强度理论。《抗震规范》通过试验和统计归纳，规定各类砌体沿阶梯形截面破坏的抗震抗剪强度设计值，应按下式确定

$$f_{vE} = \zeta_N f_v \tag{6.24}$$

式中　f_{vE}——砌体沿阶梯形截面破坏的抗震抗剪强度设计值；

ζ_N——砌体抗震抗剪强度的正应力影响系数，应按表 6.6 采用；

f_v——非抗震设计的砌体抗剪强度设计值，应按 GB 50003—2011《砌体结构设计规范》采用。

表 6.6　砌体抗震抗剪强度的正应力影响系数

砌体类别	σ_0/f_v							
	0.0	1.0	3.0	5.0	7.0	10.0	12.0	≥16.0
普通砖,多孔砖	0.80	0.99	1.25	1.47	1.65	1.90	2.05	—
小砌块	—	1.23	1.69	2.15	2.57	3.02	3.32	3.92

注：σ_0 为对应于重力荷载代表值的砌体截面平均压应力。

2. 普通砖、多孔砖墙体的截面抗震承载力验算

一般情况下，应按下式验算

$$V \leqslant f_{vE} A / \gamma_{RE} \tag{6.25}$$

式中　V——考虑地震作用组合的墙体剪力设计值；

　　　　f_{vE}——砖砌体沿阶梯形截面破坏的抗震抗剪强度设计值；

　　　　A——墙体横截面面积，多孔砖取毛截面面积；

　　　　γ_{RE}——承载力抗震调整系数（一般取 1.0，两端均设有构造柱、芯柱的砌体墙取 0.9）。

采用水平配筋的墙体，应按下式验算

$$V = \frac{1}{\gamma_{RE}}(f_{vE}A + \zeta_s f_{yh}A_{sh}) \tag{6.26}$$

式中　f_{yh}——墙体水平纵向钢筋的抗拉强度设计值；

　　　　A_{sh}——层间墙体竖向截面的总水平纵向钢筋面积，其配筋率应不小于 0.07% 且不大于 0.17%；

　　　　ζ_s——钢筋参与工作系数，可按表 6.7 采用。

表 6.7　钢筋参与工作系数

墙体高宽比	0.4	0.6	0.8	1.0	1.2
ζ_s	0.10	0.12	0.14	0.15	0.12

当按式（6.26）、式（6.27）验算不满足要求时，可计入基本均匀设置于墙段中部、截面不小于 240mm×240mm（墙厚 190mm 时为 240mm×190mm）且间距不大于 4m 的构造柱对受剪承载力的提高作用，按下列简化方法验算

$$V \leqslant \frac{1}{\gamma_{RE}}\left[\eta_c f_{vE}(A - A_c) + \zeta_c f_t A_c + 0.08 f_{yc}A_{sc} + \zeta_s f_{yh}A_{sh}\right] \tag{6.27}$$

式中　η_c——墙体约束修正系数，一般情况取为 1.0，构造柱间距不大于 3.0m 时取 1.1；

　　　　A_c——中部构造柱的横截面总面积（对横墙和内纵墙，$A_c > 0.15A$ 时，取 0.15A；对外纵墙 $A_c > 0.25A$ 时，取 0.25A）；

　　　　ζ_c——中部构造柱参与工作系数（居中设一根时取 0.5，多于一根时取 0.4）；

　　　　f_t——中部构造柱的混凝土轴心抗拉强度设计值；

　　　　f_{yc}——构造柱纵向钢筋的抗拉强度设计值；

　　　　A_{sc}——中部构造柱的纵向钢筋截面总面积（配筋率不小于 0.6%；大于 1.4% 时，取 1.4%）；

　　　　A_{sh}——层间墙体竖向截面的总水平纵向钢筋面积，其配筋率不应小于 0.07% 且不应大于 0.17%，水平纵向钢筋配筋率小于 0.07% 时取 0。

3. 混凝土小砌块墙体的截面抗震承载力验算

小砌块墙体的截面抗震受剪承载力，应按下式验算

$$V \leqslant \frac{1}{\gamma_{RE}}\left[f_{vE}A + (0.3f_{t1}A_{c1} + 0.3f_{t2}A_{c2} + 0.05f_{y1}A_{s1} + 0.05f_{y2}A_{s2})\zeta_c\right] \tag{6.28}$$

式中　f_{t1}、f_{t2}——芯柱、构造柱混凝土轴心抗拉强度设计值；

　　　　A_{c1}、A_{c2}——墙中部芯柱、构造柱横截面总面积，$A_{c2} = bh$；

　　　　f_{y1}、f_{y2}——芯柱、构造柱钢筋抗拉强度设计值；

　　　　A_{s1}、A_{s2}——芯柱、构造柱钢筋截面总面积；

ζ_c——芯柱和构造柱参与工作系数，可按表 6.8 采用。

表 6.8 芯柱和构造柱参与工作系数

填孔率 ρ	$\rho<0.15$	$0.15\leqslant\rho<0.25$	$0.25\leqslant\rho<0.5$	$\rho\geqslant0.5$
ζ_c	0.0	1.0	1.10	1.15

注：填孔率指芯柱根数（含构造柱和填实孔洞数量）与孔洞总数之比。

6.5 多层砌体结构房屋的抗震构造措施

历次地震调查表明，在多层砌体结构房屋的震害中，有很大部分是因为构造不合理或不符合抗震设计要求造成的。同时，震害检测表明，未经合理抗震设计的多层砌体结构房屋，抗震性能较差，在历次地震中多层砌体结构房屋的破坏率都较高，6 度区就有震害，随烈度的增加，破坏也越严重，特别是在强烈地震下极易倒塌。因此，要使砌体结构房屋具有良好的抵御地震破坏的能力，除应满足抗震设计的基本要求和抗震计算外，还必须重视抗震构造措施，以保证结构在地震作用时能满足"小震不坏、中震可修、大震不倒"的设防目标。

6.5.1 多层砖砌体房屋的抗震构造措施

1. 构造柱

钢筋混凝土构造柱是在砌体结构房屋墙体的规定部位，按构造配筋，并按先砌筑墙体、后浇筑混凝土柱的施工顺序制成的。在墙体中设置钢筋混凝土构造柱可以明显地改善多层砌体结构房屋的抗震性能：一般可使砌体的抗剪强度提高 10%~30%，提高的幅度与墙体高宽比、竖向压力和开洞情况有关；构造柱对砌体的约束作用，可提高其变形能力；在震害较重、连接构造比较薄弱和易发生应力集中的部位设置构造柱，可起到减轻震害的作用。

（1）构造柱的设置要求

1）一般情况应符合表 6.9 的要求。

表 6.9 多层砖砌体房屋构造柱设置要求

房屋层数				设 置 部 位	
6 度	7 度	8 度	9 度		
四、五	三、四	二、三		楼、电梯间四角、楼梯斜梯段上下端对应的墙体处；	隔 12m 或单元横墙与外纵墙交接处；楼梯间对应的另一侧内横墙与外纵墙交接处
六	五	四	二	外墙四角和对应转角；错层部位横墙与外纵墙交接处；	隔开间横墙（轴线）与外墙交接处；山墙与内纵墙交接处
七	≥六	≥五	≥三	较大洞口两侧；大房间内外墙交接处	内墙（轴线）与外墙交接处；内墙的局部较小墙垛处；内纵墙与横墙（轴线）交接处

注：较大洞口，内墙指不小于 2.1m 的洞口；外墙在内外墙交接处已设置构造柱时应允许适当放宽，但洞侧墙体应加强。

2）外廊式和单面走廊式的多层房屋，应根据房屋增加一层后的层数，按表 6.9 的要求设置构造柱，且单面走廊两侧的纵墙均应按外墙处理。

3）教学楼、医院等横墙较少的房屋，应根据房屋增加一层后的层数，按表 6.9 的要求设置构造柱。当教学楼、医院等横墙较少的房屋为外廊式或单面走廊式时，应按上述第2）条要求设置构造柱；但6度不超过四层、7度不超过三层和8度不超过二层时，应按增加两层后的层数对待。

4）各层横墙很少的房屋，应按增加二层的层数设置构造柱。

5）采用蒸压灰砂砖和蒸压粉煤灰砖的砌体房屋，当砌体的抗剪强度仅达到普通黏土砖砌体的70%时（普通砂浆砌筑），应根据增加一层的层数按上述第1）~4）条的要求设置构造柱；但6度不超过四层、7度不超过三层和8度不超过二层时，应按增加两层的层数对待。

6）有错层的多层房屋，在错层部位应设置墙，其与其他墙交接处应设置构造柱；在错层部位的错层楼板位置应设置现浇钢筋混凝土圈梁；当房屋层数不低于四层时，底部1/4楼层处错层部位墙中部的构造柱间距不宜大于2m。

（2）构造柱的构造要求

1）构造柱最小截面可采用180mm×240mm（墙厚190mm时为180mm×190mm），构造柱纵向钢筋宜采用4φ12，箍筋直径可采用6mm，间距不宜大于250mm，且在柱上、下端应适当加密；当6、7度时超过六层、8度时超过五层和9度时，构造柱纵向钢筋宜采用4φ14，箍筋间距不应大于200mm；房屋四角的构造柱应适当加大截面及配筋。

2）钢筋混凝土构造柱应先砌墙、后浇柱，构造柱与墙连接处应砌成马牙槎，沿墙高每隔500mm设2φ6水平钢筋和φ4分布短筋平面内点焊组成的拉结网片或φ4点焊钢筋网片，每边伸入墙内不宜小于1m（图6.31）。6、7度时底部1/3楼层、8度时底部1/2楼层、9度时全部楼层，上述拉结钢筋网片应沿墙体水平通长设置。

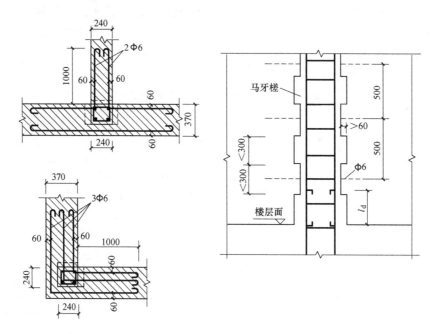

图6.31　构造柱与墙体连接构造

3）构造柱应与圈梁连接，以增强构造柱的中间支点。构造柱与圈梁连接处，构造柱的纵筋应在圈梁纵筋内侧穿过，保证构造柱纵筋上下贯通。

4）构造柱可不单独设置基础，但应伸入室外地面下 500mm，或与埋深小于 500mm 的基础圈梁相连。

5）房屋高度和层数接近表 6.1 的限值时，横墙内的构造柱间距不宜大于层高的两倍；下部 1/3 楼层的构造柱间距适当减小；当外纵墙开间大于 3.9m 时，应另设加强措施。内纵墙的构造柱间距不宜大于 4.2m。

2. 圈梁

圈梁是指在房屋的檐口、窗顶、楼层、吊车梁顶或基础顶面标高处，沿砌体墙水平方向设置封闭状的按构造配筋的混凝土梁式构件。圈梁对房屋抗震有重要的作用，且是多层砌体结构房屋的一种经济有效的抗震措施。

圈梁的主要功能为：①加强房屋的整体性。圈梁的约束作用减小了预制板散开以及墙体出平面倒塌的危险性，使纵、横墙能保持为一个整体的箱形结构，充分发挥各片墙体的平面内抗剪强度，有效抵御来自任何方向的水平地震作用。②圈梁作为楼盖的边缘构件，提高了楼盖的水平刚度，同时箍住楼（屋）盖，增强楼盖的整体性；可以限制墙体斜裂缝的开展和延伸，使墙体裂缝仅在两道圈梁之间的墙段内发生，墙体抗剪强度得以充分发挥，同时提高了墙体的稳定性。③圈梁还可以减轻地震时地基不均匀沉陷对房屋的影响，减轻和防止地震时的地表裂隙将房屋撕裂。

（1）圈梁的设置　多层黏土砖、多孔砖房的现浇混凝土圈梁设置应符合下列要求：

1）装配式钢筋混凝土楼（屋）盖或木屋盖的砖房，横墙承重时应按表 6.10 的要求设置圈梁；纵墙承重时，抗震横墙上的圈梁间距应比表 6.10 的要求适当加密。

表 6.10　多层砖砌体房屋现浇钢筋混凝土圈梁设置要求

墙　类	烈　度		
	6、7	8	9
外墙和内纵墙	屋盖处及每层楼盖处	屋盖处及每层楼盖处	屋盖处及每层楼盖处
内横墙	屋盖处及每层楼盖处；屋盖处间距不应大 4.5m；楼盖处间距不应大于 7.2m；构造柱对应部位	屋盖处及每层楼盖处；各层所有横墙,且间距不应大于 4.5m；构造柱对应部位	屋盖处及每层楼盖处；各层所有横墙

2）现浇或装配整体式钢筋混凝土楼（屋）盖与墙体有可靠连接的房屋，应允许不另设圈梁，但楼板沿抗震墙体周边应加强配筋并应与相应的构造柱钢筋可靠连接。

（2）圈梁的构造要求　多层黏土砖、多孔砖房屋的现浇混凝土圈梁的构造应符合下列要求：

1）圈梁应闭合，遇有洞口时，圈梁应上下搭接，其搭接长度如图 6.32 所示。圈梁宜与预制板设在同一标高处或紧靠板底。

2）圈梁在表 6.10 要求的间距内无横墙时，应利用梁或板缝中配筋替代圈梁。

3）圈梁的截面高度不应小于 120mm，配筋应符合表 6.11 的要求。为加强基础整体性和刚性以减少地震时地基不均匀沉降等其他不利影响而要求增设的基础圈梁，截面高度不应小于 180mm，配筋不应少于 4ϕ12。

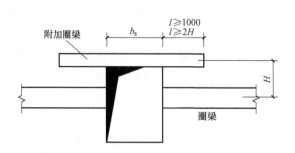

图 6.32 圈梁的搭接

表 6.11 多层砖砌体房屋圈梁配筋要求

配 筋	烈 度		
	6、7	**8**	**9**
最小纵筋	4φ10	4φ12	4φ14
箍筋最大间距/mm	250	200	150

3. 楼（屋）盖结构

多层砖砌体房屋的楼（屋）盖应符合下列要求：

1）现浇钢筋混凝土楼板或屋面板伸进纵、横墙内的长度，不应小于 120mm。

2）装配式钢筋混凝土楼板或屋面板，当圈梁未设在板的同一标高时，板端伸进外墙的长度不应小于 120mm，伸进内墙的长度不应小于 100mm 或采用硬架支模连接，在梁上不应小于 80mm 或采用硬架支模连接。

3）当板的跨度大于 4.8m 并与外墙平行时，靠外墙的预制板侧边应与墙或圈梁拉结。

4）房屋端部大房间的楼盖，6 度时房屋的屋盖和 7~9 度时房屋的楼、屋盖，当圈梁设在板底时，钢筋混凝土预制板应相互拉结，并应与梁、墙或圈梁拉结。

4. 连接

1）楼（屋）盖的钢筋混凝土梁或屋架应与墙、柱（包括构造柱）或圈梁可靠连接；梁与砖柱的连接不应削弱柱截面，不得采用独立砖柱。跨度不小于 6m 的大梁的支承构件应采用组合砌体等加强措施，并满足承载力要求。

2）6、7 度时长度大于 7.2m 的大房间，以及 8、9 度时外墙转角及内外墙交接处，应沿墙高每隔 500mm 配置 2φ6 的通长钢筋和 φ4 分布短筋平面内点焊组成的拉结网片或 φ4 点焊网片。

3）坡屋顶房屋的屋架应与顶层圈梁可靠连接，檩条或屋面板应与墙、屋架可靠连接，房屋出入口处的檐口瓦应与屋面构件锚固。采用硬山搁檩时，顶层内纵墙顶宜增砌支承山墙的踏步式墙垛，并设置构造柱。

4）门窗洞处不应采用砖过梁；过梁支承长度，6~8 度时不应小于 240mm，9 度时不应小于 360mm。

5）预制阳台，6、7 度时应与圈梁和楼板的现浇板带可靠连接，8、9 度时不应采用预制阳台。

6）后砌的非承重隔墙应沿墙高每隔 500~600mm 配置 2φ6 拉结钢筋与承重墙或柱拉结，

每边伸入墙内不应少于 500mm；8 度和 9 度时，长度大于 5m 的后砌隔墙，墙顶应与楼板或梁拉结，独立墙肢端部及大门洞边宜设钢筋混凝土构造柱。

7）烟道、风道、垃圾道等不应削弱墙体；当墙体被削弱时，应对墙体采取加强措施；不宜采用无竖向配筋的附墙烟囱或出屋面的烟囱。

8）不应采用无锚固的钢筋混凝土预制挑檐。

5. 楼梯间

楼梯间应符合下列要求：

1）顶层楼梯间墙体应沿墙高每隔 500mm 设 $2\phi6$ 通长钢筋和 $\phi4$ 分布短钢筋平面内点焊组成的拉结网片或 $\phi4$ 点焊网片；7~9 度时其他各层楼梯间墙体应在休息平台或楼层半高处设置 60mm 厚、纵向钢筋不应少于 $2\phi10$ 的钢筋混凝土带或配筋砖带，配筋砖带不少于 3 皮，每皮的配筋不少于 $2\phi6$，砂浆强度等级不应低于 M7.5 且不低于同层墙体的砂浆强度等级。

2）楼梯间及门厅内墙阳角处的大梁支承长度不应小于 500mm，并应与圈梁连接。

3）装配式楼梯段应与平台板的梁可靠连接，8、9 度时不应采用装配式楼梯段；不应采用墙中悬挑式踏步或踏步竖肋插入墙体的楼梯，不应采用无筋砖砌栏板。

4）突出屋顶的楼、电梯间，构造柱应伸到顶部，并与顶部圈梁连接。所有墙体应沿墙高每隔 500mm 设 $2\phi6$ 通长钢筋和 $\phi4$ 分布短筋平面内点焊组成的拉结网片或 $\phi4$ 点焊网片。

6. 其他

同一结构单元的基础（或桩承台），宜采用同一类型的基础，底面宜埋置在同一标高上，否则应增设基础圈梁并应按 1:2 的台阶逐步放坡。

丙类的多层砖砌体房屋，当横墙较少且总高度和层数接近或达到表 6.1 规定限值时，应采取下列加强措施：

1）房屋的最大开间尺寸不宜大于 6.6m。

2）同一结构单元内横墙错位数量不宜超过横墙总数的 1/3，且连续错位不宜多于两道；错位的墙体交接处均应增设构造柱，且楼、屋面板应采用现浇钢筋混凝土板。

3）横墙和内纵墙上洞口的宽度不宜大于 1.5m，外纵墙上洞口的宽度不宜大于 2.1m 或开间尺寸的一半，且内外墙上洞口位置不应影响内外纵墙与横墙的整体连接。

4）所有纵横墙均应在楼、屋盖标高处设置加强的现浇钢筋混凝土圈梁：圈梁的截面高度不宜小于 150mm，上、下纵筋各不应少于 $3\phi10$，箍筋不小于 $\phi6$，间距不大于 300mm。

5）所有纵横墙交接处及横墙的中部，均应增设满足下列要求的构造柱：在纵、横墙内的柱距不宜大于 3.0m，最小截面尺寸不宜小于 240mm×240mm（墙厚 190rnm 时为 240mm×190mm），配筋宜符合表 6.12 的要求。

表 6.12　增设构造柱的纵筋和箍筋设置要求

位　置	纵　向　钢　筋			箍　筋		
	最大配筋率/%	最小配筋率/%	最小直径/mm	加密区范围/mm	加密区间距/mm	最小直径/mm
角柱	1.8	0.8	14	全高	100	6
边柱			14	上端 700 下端 500		
中柱	1.4	0.6	12			

同一结构单元的楼、屋面板应设置在同一标高处。

房屋底层和顶层的窗台标高处，宜设置沿纵、横墙通长的水平现浇钢筋混凝土带；其截面高度不小于 60mm，宽度不小于墙厚，纵向钢筋不少于 2ϕ10，横向分布筋的直径不小于 ϕ6 且其间距不大于 200mm。

6.5.2 多层砌块房屋的抗震构造措施

多层小砌块房屋应按表 6.13 的要求设置钢筋混凝土芯柱。对外廊式和单面走廊式的多层房屋、横墙较少的房屋、各层横墙很少的房屋，尚应分别按砖砌体房屋构造柱设计要求关于增加层数的对应要求，按表 6.13 的要求设置芯柱。

表 6.13　多层小砌块房屋芯柱的设置要求

房屋层数				设置部位	设置数量
6 度	7 度	8 度	9 度		
四、五	三、四	二、三		外墙转角，楼、电梯间四角，楼梯斜梯段上、下端对应的墙体处； 大房间内、外墙交接处； 错层部位横墙与外纵墙交接处； 隔 12m 或单元横墙与外纵墙交接处	外墙转角，灌实 3 个孔； 内、外墙交接处，灌实 4 个孔； 楼梯斜梯段上、下端对应的墙体处，灌实 2 个孔
六	五	四		同上； 隔开间横墙（轴线）与外纵墙交接处	
七	六	五	二	同上； 各内墙（轴线）与外纵墙交接处； 内纵墙与横墙（轴线）交接处和洞口两侧	外墙转角，灌实 5 个孔； 内、外墙交接处，灌实 4 个孔； 内墙交接处，灌实 4~5 个孔；洞口两侧各灌实 1 个孔
	七	≥六	≥三	同上； 横墙内芯柱间距不大于 2m	外墙转角，灌实 7 个孔； 内、外墙交接处，灌实 5 个孔； 内墙交接处，灌实 4~5 个孔；洞口两侧各灌实 1 个孔

注：外墙转角、内外墙交接处、楼电梯间四角等部位，应允许采用钢筋混凝土构造柱替代部分芯柱。

1. 多层小砌块房屋芯柱的构造要求：

1）小砌块房屋芯柱截面不宜小于 120mm×120mm。

2）芯柱混凝土强度等级，不应低于 Cb20。

3）芯柱的竖向插筋应贯通墙身且与圈梁连接；插筋不应小于 1ϕ12，6、7 度时超过五层、8 度时超过四层和 9 度时，插筋不应小于 1ϕ14。

4）芯柱应伸入室外地面下 500mm 或与埋深小于 500mm 的基础圈梁相连。

5）混凝土砌块砌体墙纵横墙交接处、墙段两端和较大洞口两侧宜设置不少于单孔的芯柱。

6）有错层的多层房屋，错层部位应设置墙，墙中部的钢筋混凝土芯柱宜适当加密；在错层部位纵横墙交接处宜设置不少于 4 孔的芯柱；在错层部位楼板位置尚应设置现浇钢筋混凝土圈梁。

7）为提高墙体抗震受剪承载力而设置的芯柱，宜在墙体内均匀布置，最大净距不宜大于 2m。

8）多层小砌块房屋墙体交接处或芯柱与墙体连接处应设置拉结钢筋网片，网片可采用直径 4mm 的钢筋点焊而成，沿墙高间距不大于 600mm，并应沿墙体水平通长设置。6、7 度时底部 1/3 楼层、8 度时底部 1/2 楼层、9 度时全部楼层，上述拉结钢筋网片沿墙高间距不大于 400mm。

2. 小砌块房屋中替代芯柱的钢筋混凝土构造柱的构造要求

1）构造柱截面不宜小于 190mm×190mm，纵向钢筋宜采用 $4\phi12$，箍筋间距不宜大于 250mm，且在柱上、下端应适当加密；6、7 度时超过五层、8 度时超过四层和 9 度时，构造柱纵向钢筋宜采用 $4\phi14$，箍筋间距不应大于 200mm；外墙转角的构造柱可适当加大截面及配筋。

2）构造柱与砌块墙连接处应砌成马牙槎。与构造柱相邻的砌块孔洞，6 度时宜填实，7 度时应填实，8、9 度时应填实并插筋。构造柱与砌块墙之间沿墙高每隔 600mm 设置 $\phi4$ 点焊拉结钢筋网片，并应沿墙体水平通长设置。6 度和 7 度时底部 1/3 楼层、8 度时底部 1/2 楼层及 9 度时的全部楼层，上述拉结钢筋网片沿墙高间距不大于 400mm。

3）构造柱与圈梁连接处，构造柱的纵筋应在圈梁纵筋内侧穿过，保证构造柱纵筋上、下贯通。

4）构造柱可不单独设置基础，但应伸入室外地面下 500mm，或与埋深小于 500mm 的基础圈梁相连。

3. 其他

1）多层小砌块房屋的现浇钢筋混凝土圈梁的设置位置应按多层砖砌体房屋圈梁的要求执行，圈梁宽度不应小于 190mm，配筋不应少于 $4\phi12$，箍筋间距不应大于 200mm。

2）多层小砌块房屋，6 度时超过五层、7 度时超过四层、8 度时超过三层和 9 度时，在底层和顶层的窗台标高处，沿纵横墙应设置通长的水平现浇钢筋混凝土带；其截面高度不小于 60mm，纵筋不少于 $2\phi10$，并应有分布拉结钢筋；其混凝土强度等级不应低于 C20。

3）水平现浇混凝土带也可采用槽形砌块替代模板，其纵筋和拉结钢筋不变。

4）丙类的多层小砌块房屋，当横墙较少且总高度和层数接近或达到表 6.1 规定限值时，应符合砖砌体房屋加强措施的相关要求；其中，墙体中部的构造柱可采用芯柱替代，芯柱的灌孔数量不应少于 2 孔，每孔插筋的直径不应小于 18mm。

5）小砌块房屋的其他抗震构造措施，尚应符合砖砌体的抗震构造的有关要求。其中，墙体的拉结钢筋网片间距应符合砌块砌体的相应规定，分别取 600mm 和 400mm。

6.6　多层砌体结构房屋的抗震设计实例

某四层砌体结构办公楼，其平面、剖面如图 6.33 所示。屋盖和楼盖采用 120mm 厚预制钢筋混凝土空心板，纵横墙混合承重，所有墙体厚度均为 240mm。所有外墙上的窗洞尺寸均为 1500mm×1800mm，内纵墙门洞尺寸均为 1000mm×2400mm，底层走道门洞尺寸 1500mm×2700mm，②轴线上门洞尺寸 900mm×2400mm，窗洞尺寸 1500mm×1500mm。

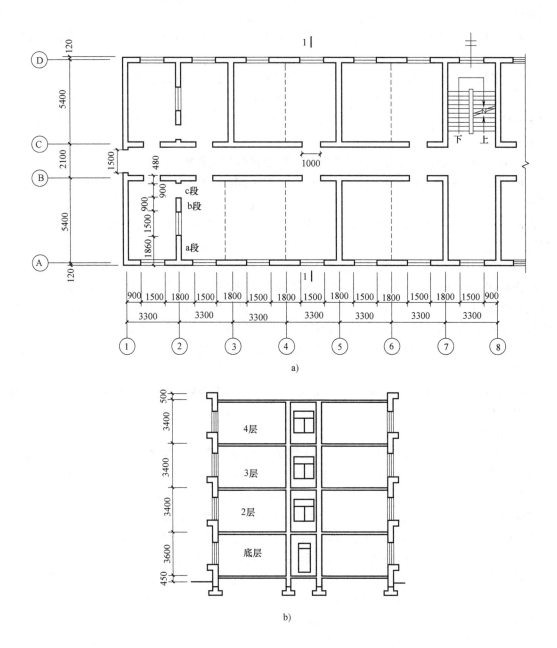

图 6.33　房屋的平面及剖面示意图

a) 底层平面图　b) Ⅰ—Ⅰ剖面图

墙体采用 MU15 烧结普通砖、M10 水泥混合砂浆砌筑，设防烈度为 7 度，设计基本地震加速度值为 0.10g，建筑场地为Ⅱ类，设计地震分组为第一组。试验算该房屋墙体的抗震承载力。

1. 集中于楼（屋）盖处的重力荷载代表值计算

（1）荷载资料（标准值）　屋盖恒荷载 5.35kN/m²，雪荷载 0.5kN/m²，活荷载 0.7kN/m²；楼面恒荷载 3.85kN/m²，活荷载 2.0kN/m²。双面粉刷 240mm 厚砖墙自重为 5.24kN/m²，门窗自重为 0.4kN/m²。

（2）重力荷载计算

各楼层建筑面积 $S = 13.14 \times 43.14 m^2 = 566.86 m^2$

屋面荷载：屋面雪荷载组合系数为 0.5，屋面活荷载不考虑，则屋面总荷载为

$$(5.35 + 0.5 \times 0.5) \times 566.86 kN = 3174 kN$$

楼面荷载：楼面活荷载的组合系数为 0.5，则楼面的总荷载为

$$(3.85 + 0.5 \times 2.0) \times 566.86 kN = 2749 kN$$

女儿墙重　　　　　　$0.5 \times (13.14 + 43.14) \times 2 \times 5.24 kN = 295 kN$

2~4 层山墙重

$$[(5.4 + 5.4 + 2.1 - 0.24) \times 3.4 - 1.5 \times 1.8] \times 5.24 \times 2 kN +$$
$$1.5 \times 1.8 \times 0.4 \times 2 kN = 425 kN$$

2~4 层横墙重

$$(5.4 - 0.24) \times 3.4 \times 5.24 \times 10 kN + [(5.4 - 0.24) \times 3.4 - 1.5 \times 1.5 - 0.9 \times 2.4] \times$$
$$5.24 \times 4 kN + (1.5 \times 1.5 + 0.9 \times 2.4) \times 0.4 \times 4 kN = 1202 kN$$

2~4 层外纵墙重

$$[(3.3 \times 13 + 0.24) \times 3.4 - 1.5 \times 1.8 \times 13] \times 5.24 \times 2 kN +$$
$$1.5 \times 1.8 \times 13 \times 0.4 \times 2 = 1197 kN$$

2~4 层内纵墙重

$$[(3.3 \times 13 - 0.24) \times 3.4 - 1.0 \times 2.4 \times 8 - 3.06 \times 3.4] \times 5.24 \times 2 kN +$$
$$1.0 \times 2.4 \times 8 \times 0.4 \times 2 kN = 1225 kN$$

底层山墙重

$$[(5.4 + 5.4 + 2.1 - 0.24) \times (3.6 + 0.45 + 0.5) - 1.5 \times 2.7] \times 5.24 \times 2 kN +$$
$$1.5 \times 2.7 \times 0.4 \times 2 kN = 565 kN$$

底层横墙重

$$(5.4 - 0.24) \times 4.55 \times 5.24 \times 10 kN + [(5.4 - 0.24) \times 4.55 - 1.5 \times 1.5 - 0.9 \times 2.4] \times$$
$$5.24 \times 4 kN + (1.5 \times 1.5 + 0.9 \times 2.4) \times 0.4 \times 4 kN = 1637 kN$$

底层外纵墙重

$$[(3.3 \times 13 + 0.24) \times 4.55 - 1.5 \times 1.8 \times 13] \times 5.24 \times 2 kN +$$
$$1.5 \times 1.8 \times 13 \times 0.4 \times 2 kN = 1717 kN$$

底层内纵墙重

$$[(3.3 \times 13 - 0.24) \times 4.55 - 1.0 \times 2.4 \times 8 - 3.06 \times 4.55] \times 5.24 \times 2 kN +$$
$$1.0 \times 2.4 \times 8 \times 0.4 \times 2 kN = 1702 kN$$

计算各层水平地震剪力时的重力荷载代表值取楼（屋）盖重力荷载代表值加相邻上、下层墙体重力荷载代表值的一半，则

$$G_4 = 3174 kN + 295 kN + 0.5 \times (425 + 1202 + 1197 + 1225) kN$$
$$= 3469 kN + 0.5 \times 4049 kN = 5494 kN$$

$G_3 = G_2 = 2749\text{kN} + 4049\text{kN} = 6798\text{kN}$

$G_1 = 2749\text{kN} + 0.5 \times 4049\text{kN} + 0.5 \times (565 + 1637 + 1717 + 1702)\text{kN} = 7584\text{kN}$

结构总重力荷载代表值

$$G = \sum_{i=1}^{4} G_i = 7584\text{kN} + 2 \times 6798\text{kN} + 5494\text{kN} = 26674\text{kN}$$

2. 水平地震作用计算

根据图 6.33b，结构的地震作用计算简图如图 6.34 所示，其中，结构底部固定端取至室外地坪下 0.5m 处。

结构等效总重力荷载

$$G_{eq} = 0.85 \sum G_i = 0.85 \times 26674\text{kN} = 22673\text{kN}$$

房屋底部总水平地震作用标准值 F_{Ek} 按式（6.2）计算。设防烈度为 7 度，设计基本加速度 0.10g，查表可得 $\alpha_{max} = 0.08$，则

$$F_{Ek} = \alpha_{max} G_{eq} = 0.08 \times 22673\text{kN} = 1814\text{kN}$$

各楼层的水平地震作用标准值 F_i 和层间地震剪力 V_i 的计算列于表 6.14，F_i 和 V_i 的分布如图 6.35 所示。

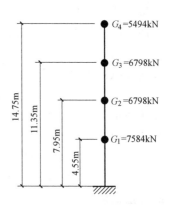

图 6.34　地震作用计算简图

表 6.14　F_i 和 V_i 的计算

层数	G_i /kN	H_i /m	$G_i H_i$	$\dfrac{G_i H_i}{\sum\limits_{j=1}^{4} G_j H_j}$	$F_i = \dfrac{G_i H_i}{\sum\limits_{j=1}^{4} G_j H_j} F_{Ek}$ /kN	$V_i = \sum\limits_{j=i}^{4} F_j$ /kN
4	5494	14.75	81037	0.3284	595.72	595.72
3	6798	11.35	77157	0.3127	567.24	1162.96
2	6798	7.95	54044	0.2190	397.27	1560.23
1	7584	4.55	34507	0.1399	253.77	1814
Σ	26674		246745	1.0000	1814	

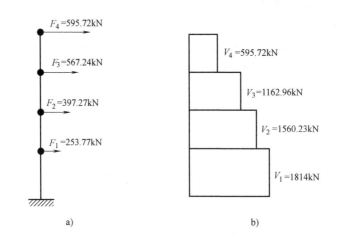

图 6.35　地震作用及地震剪力图

a）地震作用简图　b）地震剪力图

3. 墙体抗震承载力验算（选择最不利墙段）

（1）不利墙段选择

1）本例各层墙体布置及材料强度等级均相同，底层地震剪力最大，故应选择底层的最不利墙段来进行抗震承载力验算。

2）在横向地震作用下，由于该房屋采用预制钢筋混凝土空心板，属中等刚性楼盖，且底层各横墙高度、材料均相同，高宽比均小于1，则层间地震剪力 V_1 应按各横墙的横截面面积比例和从属荷载面积比例的平均值进行分配。由图6.33a可知，②轴上Ⓐ—Ⓑ轴的横墙截面受到门窗洞口削弱且从属面积也比较大，⑤轴上Ⓐ—Ⓑ轴的横墙的从属面积最大，故二者均应作为横墙验算对象。

3）在房屋纵向，层间地震剪力按各层纵墙的抗侧力等效刚度的比例进行分配，而与纵墙的从属荷载面积无关，因此取外纵墙Ⓐ轴验算。

（2）横向②轴上Ⓐ—Ⓑ轴墙片抗震强度验算

1）计算整个墙片分担的地震剪力。

墙片横截面面积
$$A_{12} = (5.4+0.24-0.9-1.5) \times 0.24 \text{m}^2 = 0.78 \text{m}^2$$

底层横墙总截面面积
$$A_1 = (13.14-1.5) \times 0.24 \times 2 \text{m}^2 + 5.64 \times 0.24 \times 14 \text{m}^2 - (0.9+1.5) \times 0.24 \times 4 \text{m}^2$$
$$= 22.24 \text{m}^2$$

墙片从属荷载面积
$$F_{12} = (3.3+3.3 \times 3)/2 \times (5.4+0.12+1.05) \text{m}^2 = 43.36 \text{m}^2$$

底层总建筑面积 $\quad\quad F_1 = 566.86 \text{m}^2$

由式（6.21），得②轴上Ⓐ—Ⓑ轴墙片分担的地震剪力

$$V_{12} = \frac{1}{2} \left(\frac{K_{12}}{\sum\limits_{m=1}^{s} K_{1m}} + \frac{G_{12}}{G_1} \right) V_1$$

$$= \frac{1}{2} \left(\frac{A_{12}}{A_1} + \frac{F_{12}}{F_1} \right) V_1 = \frac{1}{2} \times \left(\frac{0.78}{22.24} + \frac{43.36}{566.86} \right) \times 1814 \text{kN} = 101.19 \text{kN}$$

2）计算各墙段分担的地震剪力。②轴Ⓐ—Ⓑ轴墙片上开有门洞 900mm×2400mm，窗洞 1500mm×1500mm，将墙片分为 a、b、c 三段，地震剪力 V_{12} 按各墙段的抗侧力等效刚度比例进行分配。各墙段的抗侧力等效刚度应根据各自的高宽比 h/b 确定，其中墙段高度 h 分别取门窗洞高（图6.36），即

a 墙段 $\quad \dfrac{h}{b} = \dfrac{1500}{1860} = 0.81 < 1$

仅考虑剪切变形的影响，由式（6.7）得

$$K_a = \frac{Etb}{3h} = \frac{Et}{3 \times 0.81} = 0.412Et$$

b 墙段 $\quad \dfrac{h}{b} = \dfrac{1500}{900} = 1.67，\ 1 < \dfrac{h}{b} < 4$

应考虑剪切变形和弯曲变形的影响，由式（6.8）得

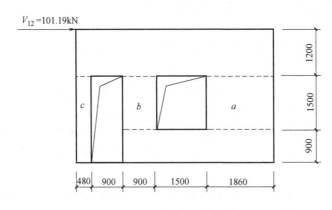

图 6.36　②轴Ⓐ—Ⓑ轴墙片

$$K_b = \frac{Et}{\left(\dfrac{h}{b}\right)^3 + 3\left(\dfrac{h}{b}\right)} = \frac{Et}{1.67^3 + 3 \times 1.67} = 0.103Et$$

c 墙段　　$\dfrac{h}{b} = \dfrac{2400}{480} = 5 > 4$

可不考虑其抗侧力等效刚度，即取 $K_c = 0$。

各墙段分担的地震剪力标准值为

a 墙段　　$V_a = \dfrac{K_a}{K_a + K_b} V_{12} = \dfrac{0.412Et}{0.412Et + 0.103Et} \times 101.19\text{kN} = 80.95\text{kN}$

b 墙段　　$V_b = \dfrac{K_b}{K_a + K_b} = \dfrac{0.103Et}{0.412Et + 0.103Et} \times 101.19\text{kN} = 20.24\text{kN}$

c 墙段　　$V_c = 0$

3）计算 a、b 墙段在底层半高处的平均压应力。

单位长度内楼（屋）盖传来的重力荷载

$$[(5.35 + 0.5 \times 0.5) + (3.85 + 0.5 \times 2) \times 3] \times 3.3\text{kN} = 66.50\text{kN}$$

单位长度内墙段自重

$$[(3.4 - 0.12) \times 3 + (4.55 - 0.12) \times 0.5] \times 5.24\text{kN} = 63.17\text{kN}$$

a 墙段负荷长度为本墙段与窗洞一半的宽度之和，则 a 墙段的平均竖向压应力为

$$\sigma_{0a} = \frac{(66.50 + 63.17) \times (1.86 + 0.5 \times 1.5)}{1.86 \times 0.24}\text{kN/m}^2 = 758.15\text{kN/m}^2$$

b 墙段的竖向压应力为

$$\sigma_{0b} = \frac{(66.50 + 63.17) \times (0.9 + 0.9 \times 0.5 + 1.5 \times 0.5)}{0.9 \times 0.24}\text{kN/m}^2 = 1260.68\text{kN/m}^2$$

4）验算 a、b 墙段截面抗震承载力。墙体采用 MU15 烧结普通砖、M10 水泥混合砂浆，查表可得 $f_v = 0.17\text{MPa} = 0.17\text{N/mm}^2 = 170\text{kN/m}^2$，②轴Ⓐ—Ⓑ轴的墙体为承重墙，可知 $\gamma_{RE} = 1.0$。按式（6.25）验算 a、b 墙段截面的抗震承载力，计算过程见表 6.15。

表 6.15　a、b 墙段截面抗震承载力验算

墙段	A /m²	σ_0 /(kN/m²)	$\dfrac{\sigma_0}{f_v}$	ξ_N	$f_{vE}=\xi_N f_v$ /(kN/m²)	$1.3V$ /kN	$\dfrac{f_{vE}A}{\gamma_{RE}}$ /kN
a	0.4464	758.15	4.46	1.411	239.87	105.24	107.08
b	0.216	1260.68	7.42	1.685	286.45	26.31	61.87

由表 6.15 可知，$1.3V<\dfrac{f_{vE}A}{\gamma_{RE}}$，则 a、b 墙段截面均能满足抗震要求。

（3）横向⑤轴Ⓐ—Ⓑ轴墙体抗震验算

1）计算墙体分担的地震剪力。

⑤轴Ⓐ—Ⓑ轴墙体的横截面面积　$A_{15}=5.64\times0.24\text{m}^2=1.3536\text{m}^2$

底层横墙总截面面积　$A_1=22.24\text{m}^2$

⑤轴Ⓐ—Ⓑ轴墙体的从属荷载面积　$F_{15}=(3.3\times5/2)\times(5.4+1.05+0.12)\text{m}^2$

$$=54.20\text{m}^2$$

底层总建筑面积　$F_1=566.86\text{m}^2$

由式（6.21）得⑤轴Ⓐ—Ⓑ间墙片分担的地震剪力

$$V_{15}=\frac{1}{2}\left(\frac{K_{15}}{\sum\limits_{m=1}^{s}K_{1m}}+\frac{G_{15}}{G_1}\right)V_1=\frac{1}{2}\left(\frac{A_{15}}{A_1}+\frac{F_{15}}{F_1}\right)V_1$$

$$=\frac{1}{2}\times\left(\frac{1.3536}{22.24}+\frac{54.20}{566.86}\right)\times1814\text{kN}=141.93\text{kN}$$

2）计算墙体底层半高处的平均压应力。取 1m 长度墙段计算，得

$$\sigma_0=\frac{66.5+63.17}{1\times0.24}\text{kN/m}^2=540.29\text{kN/m}^2$$

3）验算截面的抗震承载力。采用 M10 砂浆，查表得 $f_v=0.17\text{MPa}=0.17\text{N/mm}^2=170\text{kN/m}^2$，则

$$\frac{\sigma_0}{f_v}=\frac{540.29}{170}=3.18$$

查表，得 $\xi_N=1.27$，由式（6.24）可得

$$f_{vE}=\xi_N f_v=1.27\times170\text{kN/m}^2=215.9\text{kN/m}^2$$

⑤轴Ⓐ—Ⓑ轴墙体为承重墙，则 $\gamma_{RE}=1.0$，按式（6.25）验算该墙体截面抗震承载力

$$\frac{f_{vE}A}{\gamma_{RE}}=\frac{215.9\times1.3536}{1.0}\text{kN}=292.24\text{kN}>1.3V=1.3\times141.93\text{kN}=184.51\text{kN}$$

所以⑤轴Ⓐ—Ⓑ轴的墙体截面满足要求。

（4）纵向Ⓐ轴墙体抗震验算

1）计算Ⓐ轴墙体分担的地震剪力。

Ⓐ轴墙体横截面面积　$A_{1A}=(43.13-13\times1.5)\times0.24\text{m}^2=5.67\text{m}^2$

底层纵墙总截面面积　$A_1=5.67\times2\text{m}^2+(43.13-8\times1.0-3.06)\times0.24\times2\text{m}^2=26.74\text{m}^2$

由式（6.18）得Ⓐ轴墙分担的地震剪力为

$$V_{1A} = \frac{A_{1A}}{A_1} V_1 = \frac{5.67}{26.74} \times 1814\text{kN} = 384.64\text{kN}$$

2）计算各墙段分担的地震剪力。根据图6.37，计算各墙段的抗侧力等效刚度。

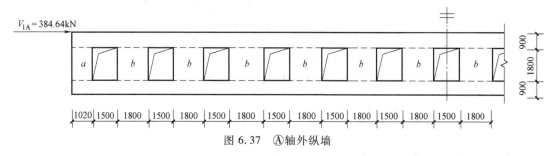

图6.37 Ⓐ轴外纵墙

a 墙段 $\frac{h}{b} = \frac{1800}{1020} = 1.76$，$1 < \frac{h}{b} < 4$，应考虑剪切变形和弯曲变形的影响，由式（6.8）得

$$K_a = \frac{Et}{\left(\frac{h}{b}\right)^3 + 3\left(\frac{h}{b}\right)} = \frac{Et}{1.76^3 + 3 \times 1.76} = 0.093Et$$

b 墙段 $\frac{h}{b} = \frac{1800}{1800} = 1$，$1 \leqslant \frac{h}{b} \leqslant 4$，应考虑剪切变形和弯曲变形的影响，由式（6.8）得

$$K_b = \frac{Et}{\left(\frac{h}{b}\right)^3 + 3\left(\frac{h}{b}\right)} = \frac{Et}{1^3 + 3 \times 1} = 0.25Et$$

各墙段分担的地震剪力

a 墙段

$$V_a = \frac{K_a}{2K_a + 12K_b} V_{12} = \frac{0.093Et}{2 \times 0.093Et + 12 \times 0.25Et} \times 384.64\text{kN} = 11.23\text{kN}$$

b 墙段

$$V_b = \frac{K_b}{2K_a + 12K_b} = \frac{0.25Et}{2 \times 0.093Et + 12 \times 0.25Et} \times 384.64\text{kN} = 30.18\text{kN}$$

3）计算 a、b 墙段在底层半高处的平均压应力。

a 墙段（仅承受墙体自重）底层半高处的平均压应力

$$\sigma_{0a} = \frac{(0.5 + 3.4 \times 3 + 4.55 \times 0.5) \times (1.02 + 0.5 \times 1.5) \times 5.24}{1.02 \times 0.24}\text{kN/m}^2 = 491.59\text{kN/m}^2$$

b 墙段在②、⑤、⑦、⑧轴仅承受墙体的自重，其底层半高处的平均压应力为

$$\sigma_{0b1} = \frac{(0.5 + 3.4 \times 3 + 4.55 \times 0.5) \times 3.3 \times 5.24}{1.8 \times 0.24}\text{kN/m}^2 = 519.36\text{kN/m}^2$$

b 墙段在③、④、⑥轴线上的除承受墙体的自重外，还要承受梁传来的楼（屋）盖荷载，其底层半高处的平均压应力为

$$\sigma_{0b2} = \frac{(0.5 + 3.4 \times 3 + 4.55 \times 0.5) \times 3.3 \times 5.24 + 0.5 \times 66.50 \times 5.16}{1.8 \times 0.24}\text{kN/m}^2 = 916.51\text{kN/m}^2$$

4）验算 a、b 墙段截面抗震承载力。墙体采用 MU15 烧结普通砖、M10 水泥混合砂浆，查表可得 $f_{v} = 0.17\text{MPa} = 0.17\text{N/mm}^2 = 170\text{kN/m}^2$，按式（6.25）验算 a、b 墙段截面的抗震承载力，计算过程见表 6.16。

表 6.16　a、b 墙段截面抗震承载力验算

墙段	A /m^2	σ_0 /(kN/m^2)	$\dfrac{\sigma_0}{f_v}$	ξ_N	$f_{vE} = \xi_N f_v$ /(kN/m^2)	$1.3V$ /kN	γ_{RE}	$\dfrac{f_{vE}A}{\gamma_{RE}}$ /kN
a	0.2448	491.59	2.89	1.236	210.12	14.60	0.75	68.58
b1	0.432	519.36	3.06	1.257	213.69	39.23	0.75	123.09
b2	0.432	916.51	5.39	1.505	255.85	39.23	1.0	110.53

由表 6.16 可知，$1.3V < \dfrac{f_{vE}A}{\gamma_{RE}}$，则 a、b 墙段截面均能满足抗震要求。

6.7　底部框架-抗震墙砌体房屋的抗震计算及构造措施

6.7.1　底部框架-抗震墙砌体房屋的抗震计算

底部框架-抗震墙砌体房屋是我国现阶段经济条件下特有的一种结构。强烈地震的震害表明，这类房屋设计不合理时，其底部可能发生变形集中，出现较大的侧移而破坏，甚至坍塌。近十多年来，各地进行了许多试验研究和分析计算，对这类结构有了进一步的认识。但总体上仍需持谨慎的态度，在抗震计算上需要加以注意。

1. 水平地震作用及层间地震剪力的计算

底层框架-抗震墙房屋满足结构布置的各项要求后，可认为其以剪切变形为主，仅考虑基本振型，采用底部剪力法计算地震作用，其计算简图如图 6.38 所示。

结构底部总的水平地震作用标准值为

$$F_{Ek} = \alpha_1 G_{eq}$$

式中　α_1——相应于结构基本自振周期的水平地震影响系数，对底部框架砌体房屋，宜取水平地震影响系数最大值，即 $\alpha_1 = \alpha_{max}$；

G_{eq}——结构等效总重力荷载，单质点应取总重力荷载代表值，多质点可取总重力荷载代表值的 85%，即 $G_{eq} = 0.85 \sum\limits_{i=1}^{n} G_i$。

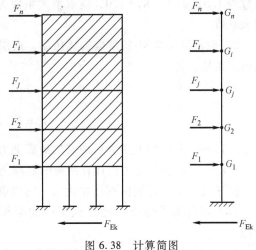

图 6.38　计算简图

计算任一质点 i 的水平地震作用标准值 F_i 时，沿高度方向仍按倒三角形规律分布到各个质点，考虑结构自振周期较小，顶部误差不大，故取 $\delta_n = 0$，则

$$F_i = \frac{G_i H_i}{\sum_{j=1}^{n} G_j H_j} F_{Ek} \quad (i = 1, 2, \cdots, n)$$

作用在 i 层的地震剪力 V_i 为 i 层以上各层地震作用之和，即

$$V_i = \sum_{j=i}^{n} F_j$$

各层层间地震剪力如图 6.39 所示。

2. 底部框架-抗震墙房屋的底部剪力设计值及分配

（1）底部剪力的调整 因底部剪力法仅适用于刚度沿房屋高度分布比较均匀的结构，考虑到底层框架-抗震墙房屋的底部刚度小，变形相对较集中，对结构有不利影响，《抗震规范》规定，底层纵向和横向地震剪力设计值均应乘以增大系数，按下列规定调整。

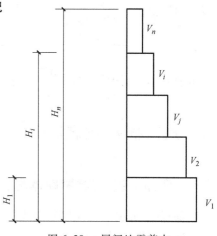

1）底层框架-抗震墙砌体房屋

$$V_1' = (1.2 \sim 1.5) V_1 \quad (6.29)$$

式中 V_1'——考虑增大系数后的底层地震剪力设计值；

V_1——用底部剪力法计算所得的底部剪力设计值。

图 6.39 层间地震剪力

增大系数 1.2~1.5，其值可根据第二层与底层侧移刚度的比例大小相应地增大底层的地震剪力，比值越大，增加越多，以减少底层的薄弱程度。通常，增大系数可依据刚度比用线性插值法近似确定。例如，在 6、7 度区，若第二层与底层侧移刚度比 $K_2/K_1 = 2.5$，取增大系数为 1.5；若 $K_2/K_1 = 1.0$，则取增大系数为 1.2；若 $1 < K_2/K_1 < 2.5$，则按线性插入法算出增大系数。

2）底部两层框架-抗震墙砌体房屋。底层和第二层的纵向和横向地震剪力设计值均应乘以增大系数，即

$$V_1' = (1.2 \sim 1.5) V_1$$

$$V_2' = (1.2 \sim 1.5) V_2$$

式中 V_2'——考虑增大系数后的底层地震剪力设计值；

V_2——由底部剪力法计算所得的底部剪力设计值。

第三层与第二层侧向刚度相比大，则应取大值。

（2）底部剪力分配 底层框架中的框架柱与抗震墙的剪力分配，按两道防线的设计思想。

1）抗震墙的地震剪力。在地震期间，抗震墙开裂前的侧向刚度很大，因此，在弹性阶段不考虑框架柱承担的地震剪力，底层或底部两层纵向和横向地震剪力设计值应全部由该方向的抗震墙承担，并按各墙体的侧向刚度比例分配。

一片混凝土抗震墙体承担的地震剪力设计值

$$V_{cwi} = \frac{K_{cwi}}{\sum\limits_{i=1}^{n} K_{cwi} + \sum\limits_{i=1}^{n} K_{bwi}} V'_1 \qquad (6.30)$$

式中　V_{cwi}——第 i 片混凝土抗震墙承担的地震剪力设计值；

$\quad\quad K_{cwi}$——第 i 片混凝土抗震墙的侧向刚度；

$\quad\quad K_{bwi}$——第 i 片约束普通砖砌体或小砌块砌体抗震墙的侧向刚度。

一片约束普通砖砌体或小砌块砌体抗震墙承担的地震剪力设计值

$$V_{bwi} = \frac{K_{bwi}}{\sum\limits_{i=1}^{n} K_{cwi} + \sum\limits_{i=1}^{n} K_{bwi}} V'_1 \qquad (6.31)$$

2）框架柱的地震剪力。试验研究结果发现，在地震作用下，底部的钢筋混凝土抗震墙在层间位移角为 1/1000 左右时，混凝土开裂；在层间位移角为 1/500 左右时，其刚度降低到弹性刚度的 30%；底层的砖填充墙在层间位移角为 1/500 左右时已出现对角裂缝，其刚度已降低到弹性刚度的 20%，而钢筋混凝土框架在层间位移角为 1/500 左右时仍处于弹性阶段。这说明在底层抗震墙开裂后将发生塑性内力重分布，所以《抗震规范》规定，在计算底部框架-抗震墙砌体房屋的抗震计算中，框架作为第二道防线，分配到的地震剪力设计值可按各抗侧力构件的有效刚度比例分配确定。

底部框架柱承担的地震剪力设计值为

$$V_{ci} = \frac{K_{ci}}{\sum\limits_{i=1}^{n} K_{ci} + 0.3\sum\limits_{i=1}^{n} K_{cwi} + 0.2\sum\limits_{i=1}^{n} K_{bwi}} V'_1 \qquad (6.32)$$

式中　V_{ci}——第 i 根框架柱承担的地震剪力设计值；

$\quad\quad K_{ci}$——第 i 根框架柱的侧向刚度。

3. 底部框架-抗震墙房屋的底部倾覆力矩的计算及分配

底部框架-抗震墙房屋是由两种不同承重和抗侧力体系构成的，且上重下轻。因此，对底层和底部两层框架-抗震墙房屋，应考虑地震倾覆力矩对底层结构构件的影响。

（1）底部倾覆力矩的计算　在底层框架-抗震墙房屋中，作用于整个房屋底层顶部的地震倾覆力矩（图6.40）为

$$M_1 = \sum\limits_{i=2}^{n} F_i(H_i - H_1) \qquad (6.33)$$

式中　M_1——作用于房屋底层的地震倾覆力矩；

$\quad\quad F_i$——第 i 质点的水平地震作用标准值；

$\quad\quad H_i$——第 i 质点的计算高度；

$\quad\quad H_1$——底层框架的计算高度。

在底部两层框架抗震墙房屋中，作用于整个房屋第二层顶的地震倾覆力矩为

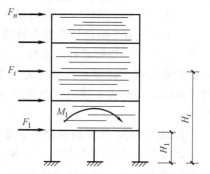

图 6.40　底部倾覆力矩计算简图

$$M_2 = \sum\limits_{i=3}^{n} F_i(H_i - H_2) \qquad (6.34)$$

式中　M_2——作用于房屋第二层顶的地震倾覆力矩；

　　　H_2——底部的两层框架的计算高度。

（2）底部倾覆力矩的分配　底层框架-抗震墙房屋在倾覆力矩作用下，会发生沿水平截面的转动，使得框架中性轴一侧柱产生压缩，另一侧的柱发生拉伸。为此在计算框架柱的轴力时，应计入由地震倾覆力矩引起的附加轴力。因为地震倾覆力矩是由底层的框架和抗震墙共同承担的，其分配的原则为：上部砖砌体可视为刚体，底部各轴线承受的地震倾覆力矩可近似按底部抗震墙和框架的有效侧向刚度比例分配确定。

一片混凝土抗震墙承担的倾覆力矩为

$$M_{cw} = \frac{0.3K_{cw}}{0.2 \sum K_{bw} + 0.3 \sum K_{cw} + \sum K_f} M_1 \qquad (6.35)$$

式中　M_{cw}——一片混凝土抗震墙承担的倾覆力矩；

　　　K_{bw}——一片约束普通砖砌体或小砌块砌体抗震墙的侧向刚度；

　　　K_{cw}——一片混凝土抗震墙的侧向刚度；

　　　K_f——一榀框架的侧向刚度。

一片约束普通砖砌体或小砌块砌体抗震墙承担的倾覆力矩

$$M_{bw} = \frac{0.2K_{bw}}{0.2 \sum K_{bw} + 0.3 \sum K_{cw} + \sum K_f} M_1 \qquad (6.36)$$

一榀框架承担的倾覆力矩

$$M_f = \frac{K_f}{0.2 \sum K_{bw} + 0.3 \sum K_{cw} + \sum K_f} M_1 \qquad (6.37)$$

（3）倾覆力矩引起框架柱的附加轴力　求出一榀框架分担的倾覆力矩 M_f 后，可以根据材料力学的公式算出各柱的附加轴力（图6.41）。

$$N'_i = \pm \frac{A_i x_i}{\sum\limits_{i=1}^{n} A_i x_i^2} M_f \qquad (6.38)$$

式中　N'_i——第 i 根柱的附加轴力；

　　　A_i——第 i 根柱的截面面积；

　　　x_i——第 i 根柱到框架中性轴的距离。

　　　n——一榀框架柱的总数。

当抗震墙之间楼盖长宽比大于2.5时，框架柱各轴线承担的地震剪力和轴向力尚应计入楼盖平面内变形的影响。

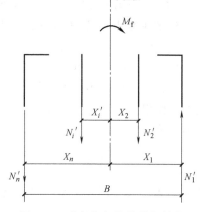

图6.41　底部框架柱的附加轴力

4. 底部框架-抗震墙房屋的钢筋混凝土托墙梁的计算

底部框架-抗震墙砌体房屋的钢筋混凝土托墙梁计算地震组合内力时，应采用合适的计算简图。若考虑上部墙体与托墙梁的组合作用，应计入地震时墙体开裂对组合作用的不利影响，可调整有关的弯矩系数、轴力系数等计算参数。

考虑到大震时墙体严重开裂，托墙梁与非抗震的墙梁受力状态有所差异，当按静力的方法考虑两端框架柱落地的托梁与上部墙体组合作用时，若计算系数不变会导致不安全，应调整计算参数。作为简化计算，偏于安全，在托墙梁上部各层墙体不开洞和跨中1/3范围内开一个洞口的情况，也可采用折减荷载法：托墙梁弯矩计算时，由重力荷载代表值产生的弯矩，四层以下全部计入组合，四层以上可有所折减，取不小于四层的数值计入组合；对托墙梁剪力计算时，由重力荷载产生的剪力不折减。

5. 底层框架与嵌砌于框架之间的普通砖或小砌块抗震墙的抗震验算

底层框架-抗震墙房屋中采用砖砌体作为抗震墙时，砖墙和框架成为组合的抗侧力构件。

由砖抗震墙-周边框架承担的地震作用，将通过周边框架向下传递，故底层砖抗震墙周边的框架柱还需要考虑砖墙的附加轴向力和附加剪力。其值可按下列公式确定

$$N_f = V_w H_f / l \tag{6.39}$$

$$V_f = V_w \tag{6.40}$$

式中　V_w——墙体承担的剪力设计值，柱两侧有墙时可取二者的较大值；

　　　N_f——框架柱的附加轴压力设计值；

　　　V_f——框架柱的附加剪力设计值；

　　　H_f——框架的层高；

　　　l——框架的跨度。

嵌砌于框架之间的普通砖墙或小砌块墙及两端框架柱，其抗震受剪承载力应按下式验算

$$V \leqslant \frac{1}{\gamma_{REc}} \sum (M_{yc}^u + M_{yc}^l)/H_0 + \frac{1}{\gamma_{REw}} \sum f_{vE} A_{w0} \tag{6.41}$$

式中　　V——嵌砌普通砖墙或小砌块墙及两端框架柱剪力设计值；

　　　γ_{REc}——底层框架柱承载力调整系数，可采用 0.8；

M_{yc}^u、M_{yc}^l——底层框架柱上、下端的正截面受弯承载力设计值；

　　　H_0——底层框架柱的计算高度，两侧均有砌体墙时取柱净高的 2/3，其余情况取柱的净高；

　　　γ_{REw}——嵌砌普通砖墙或小砌块墙承载力抗震调整系数，可采用 0.9；

　　　A_{w0}——砖墙或小砌块墙水平截面的计算面积，无洞口时取实际截面的 1.25 倍，有洞口时取截面净面积，但不计入宽度小于洞口高度 1/4 的墙肢截面面积。

6.7.2　底部框架-抗震墙砌体房屋的抗震构造措施

（1）上部墙体的钢筋混凝土构造柱和芯柱

1）底部框架-抗震墙砌体房屋的上部墙体应设置钢筋混凝土构造柱或芯柱，其设置部位应根据房屋层数按多层砌体房屋的规定设置，并应于框架柱中上下贯通。

2）砖砌体墙中构造柱截面不宜小于 240mm × 240mm（墙厚 190mm 时为 240mm × 190mm）；构造柱的纵向钢筋不宜少于 4φ14，箍筋间距不宜大于 200mm；芯柱每孔插筋不应小于 1φ14，芯柱之间沿墙高应每隔 400mm 设 φ4 焊接钢筋网片；构造柱、芯柱应与每层圈梁连接，或与现浇楼板可靠拉接。

（2）过渡层墙体的构造　过渡层即与底部框架-抗震墙相邻的上一砌体楼层，在地震时破坏较重，因此应对过渡层进行特别的加强，并应满足下列要求：

1）上部砌体墙的中心线宜与底部的框架梁、抗震墙的中心线重合，构造柱或芯柱宜与框架柱上下贯通。

2）过渡层应在底部框架柱、混凝土墙或约束砌体墙的构造柱对应处设置构造柱或芯

柱；墙体内的构造柱间距不宜大于层高；芯柱除按多层砌体结构房屋的要求设置外，最大间距不宜大于 1m。

3）过渡层构造柱的纵向钢筋，6、7 度时不宜少于 4φ16，8 度时不宜少于 4φ18。过渡层芯柱的纵向钢筋，6、7 度时不宜少于每孔 1φ16，8 度时不宜少于每孔 1φ18。一般情况下，纵向钢筋应锚入下部的框架柱或混凝土墙内；当纵向钢筋锚固在托墙梁内时，托墙梁的相应位置应加强。

4）过渡层的砌体墙在窗台标高处，应设置沿纵横墙通长的水平现浇钢筋混凝土带，其截面高度不小于 60mm，宽度不小于墙厚，纵向钢筋不少于 2φ10，横向分布筋的直径不小于 6mm 且其间距不大于 200mm。此外，砖砌体墙在相邻构造柱间的墙体，应沿墙高每隔 360mm 设置 2φ6 的通长的水平钢筋和 φ4 的分布短筋平面内点焊组成的拉结网片或 φ4 点焊钢筋网片，并锚入构造柱内；小砌块砌体墙芯柱之间沿墙高应每隔 400mm 设置 φ4 的通长的水平点焊钢筋网片。

5）过渡层的砌体墙，凡宽度不小于 1.2m 的门洞和 2.1m 的窗洞，洞口两侧宜增设截面不小于 120mm×240mm（墙厚 190mm 时为 120mm×190mm）的构造柱或单孔芯柱。

6）当过渡层的砌体抗震墙与底部框架梁、墙体不对齐时，应在底部框架内设置托墙转换梁，并且过渡层砖墙或砌块墙应采取更高的加强措施。

（3）底部钢筋混凝土抗震墙的构造要求

1）墙体周边应设置梁（或暗梁）和边框柱（或框架柱）组成的边框；边框梁的截面宽度不宜小于墙板厚度的 1.5 倍，截面高度不宜小于墙板厚度的 2.5 倍；边框柱的截面高度不宜小于墙板厚度的 2 倍。

2）墙板的厚度不宜小于 160mm，且不应小于墙板净高的 1/20；墙体宜开设洞口形成若干墙段，各墙段的高宽比不宜小于 2。

3）墙体的竖向和横向分布钢筋配筋率均不应小于 0.30%，并应采用双排布置；双排分布钢筋间拉筋的间距不应大于 600mm，直径不应小于 6mm。由于底框中的混凝土抗震墙为带边框的抗震墙且总高度不超过两层，其边缘构件只需要满足构造边缘构件的要求。

（4）底层框架-抗震墙砌体房屋当 6 度设防时采用的砌体抗震墙的构造要求

1）约束砖砌体墙。砖墙厚不应小于 240mm，砌筑砂浆强度等级不应低于 M10，应先砌墙后浇框架。沿框架柱每隔 300mm 配置 2φ8 的水平钢筋和 φ4 的分布短筋平面内点焊组成的拉结网片，并沿砖墙水平通长设置；在墙体半高处尚应设置与框架柱相连的钢筋混凝土水平系梁。墙长大于 4m 时和洞口两侧，应在墙内增设钢筋混凝土构造柱。

2）约束小砌块砌体墙。墙厚不应小于 190mm，砌筑砂浆强度等级不应低于 Mb10，应先砌墙后浇框架。沿框架柱每隔 400mm 配置 2φ8 的水平钢筋和 φ4 的分布短筋平面内点焊组成的拉结网片，并沿砌块墙水平通长设置；在墙体半高处尚应设置与框架柱相连的钢筋混凝土水平系梁，系梁截面不应小于 190mm×190mm，纵筋不应小于 4φ12，箍筋直径不应小于 φ6，间距不应大于 200mm。墙体在门、窗洞口两侧应设置芯柱，墙长大于 4m 时，应在墙内增设芯柱，芯柱应符合多层砌块砌体结构房屋的有关规定；其余位置，宜采用钢筋混凝土构造柱替代芯柱，钢筋混凝土构造柱应符合多层砖砌体结构房屋的有关规定。

（5）底层框架-抗震墙砌体房屋的框架柱

1）柱的截面不应小于 400mm×400mm，圆柱直径不应小于 450mm。柱的轴压比，6 度时不宜大于 0.85，7 度时不宜大于 0.75，8 度时不宜大于 0.65。

2）柱的纵向钢筋最小总配筋率，当钢筋的强度标准值低于 400MPa 时，中柱在 6、7 度时不应小于 0.9%，8 度时不应小于 1.1%；边柱、角柱和混凝土抗震墙端柱在 6、7 度时不应小于 1.0%，8 度时不应小于 1.2%。

3）柱的箍筋直径，6、7 度时不应小于 8mm，8 度时不应小于 10mm，并应全高加密箍筋，间距不大于 100mm。

4）柱的最上端和最下端组合的弯矩设计值应乘以增大系数，一、二、三级的增大系数应分别按 1.5、1.25 和 1.15 采用。

（6）楼盖的构造要求　过渡层的底板应采用现浇钢筋混凝土板，板厚不应小于 120mm；并应少开洞、开小洞，当洞口尺寸大于 800mm 时，洞口周边应设置边梁。其他楼层，采用装配式钢筋混凝土楼板时均应设现浇圈梁；采用现浇钢筋混凝土楼板时应允许不另设圈梁，但楼板沿抗震墙体周边均应加强配筋并应与相应的构造柱可靠连接。

（7）钢筋混凝土托墙梁的构造要求

1）梁的截面宽度不应小于 300mm，梁的截面高度不应小于跨度的 1/10。

2）箍筋的直径不应小于 8mm，间距不应大于 200mm；梁端在 1.5 倍梁高且不小于 1/5 梁净跨范围内，以及上部墙体的洞口处和洞口两侧各 500mm 且不小于梁高的范围内，箍筋间距不应大于 100mm。

3）沿梁高应设腰筋，数量不应少于 $2\phi14$，间距不应大于 200mm。

4）梁的纵向受力钢筋和腰筋应按受拉钢筋的要求锚固在柱内，且支座上部的纵向钢筋在柱内的锚固长度应符合钢筋混凝土框支梁的有关要求。

（8）底层框架-抗震墙砌体房屋的材料要求　框架柱、混凝土墙和托墙梁的混凝土强度等级，不应低于 C30。过渡层砌体块材的强度等级不应低于 MU10，砖砌体砌筑砂浆强度的等级不应低于 M10，砌块砌体砌筑砂浆强度的等级不应低于 M10。

─────── 本 章 小 结 ───────

本章叙述了多层砌体结构房屋和底部框架-抗震墙砌体结构房屋的震害特点；介绍了多层砌体结构房屋和底部框架-抗震墙砌体结构房屋在抗震设计时对结构布置方面的基本要求；重点讨论了多层砌体结构房屋的抗震计算和抗震构造措施等有关抗震设计的问题，同时对底部框架-抗震墙砌体结构房屋的抗震计算和抗震构造措施也作了详细的阐述，并给出了相应的抗震计算的实例。

─────── 习 题 ───────

一、选择题

1. 在确定墙体的层间抗侧力等效刚度时，需同时考虑剪切变形和弯曲变形影响的是（　　）。

　A. $h/b<1$　　　　B. $1 \leqslant h/b \leqslant 5$　　　　C. $1 \leqslant h/b \leqslant 4$　　　　D. $h/b>4$

2. 楼盖的水平刚度一般取决于楼盖的结构类型和（　　）。

　A. 楼盖的宽厚比　　B. 楼盖的宽长比　　C. 楼盖的宽度　　　　D. 楼盖的长度

3. 底框砖房的震害多数发生在（　　）。

A. 顶层　　　　　　B. 中间层　　　　　　C. 上层　　　　　　D. 底层

4. 底框砖房的侧移刚度表现为（　　）。

A. 整体刚性　　　B. 整体柔性　　　　　C. 上柔下刚　　　　D. 上刚下柔

5. 7度时，无锚固女儿墙的最大高度是（　　）。

A. 0.5m　　　　B. 1.0m　　　　　　　C. 1.5m　　　　　　D. 2.0m

6. 在确定墙体的层间抗侧力等效刚度时，可不考虑其刚度影响的是（　　）。

A. $h/b<1$　　　B. $1 \leqslant h/b \leqslant 3$　　　C. $1 \leqslant h/b \leqslant 4$　　　D. $h/b>4$

7. 7度时，多层砌体结构中承重窗间墙的最小宽度是（　　）。

A. 0.5m　　　　B. 1.0m　　　　　　　C. 1.5m　　　　　　D. 2.0m

8. 在确定墙体的层间抗侧力等效刚度时，可只考虑剪切变形影响的是（　　）。

A. $h/b<1$　　　B. $1 \leqslant h/b \leqslant 3$　　　C. $1 \leqslant h/b \leqslant 4$　　　D. $h/b>4$

9. 下列不属于圈梁在砌体结构中的作用的是（　　）。

A. 增强房屋的整体性　　　　　　　B. 提高楼板的水平刚度

C. 承担竖向荷载　　　　　　　　　D. 减轻地基不均匀沉降

10. 构造柱的最小截面尺寸是（　　）。

A. 180mm×120mm　　B. 180mm×180mm　　C. 240mm×120mm　　D. 240mm×180mm

二、填空题

1. 楼层地震剪力在同一层各墙体间的分配主要取决于_____和_____。

2. 底部框架-抗震墙砌体房屋形成了_____的结构体系。

3. 构造柱与墙连接处，应沿墙高每隔____设__的拉结钢筋，且每边伸入墙内不少于____m。

4. 楼盖的水平刚度，一般取决于楼盖的_____和_____。

5. 7度时，砌体结构中内墙阳角至门窗洞边的最小距离是_____。

6. 圈梁的截面高度不应小于_____。

7. 构造柱的箍筋间距不宜大于_____。

8. 地震时砌体结构中墙体出现斜裂缝的主要原因是_____。

9. 多层砌体结构房屋应优先采用_____或_____的结构体系。

10. 底层框架-抗震墙砌体房屋中的过渡层的底板应采用____板，板厚不应小于____mm。

三、判断改错题

1. 钢筋混凝土构造柱可以先浇柱，后砌墙。（　　）

2. 构造柱必须单独设置基础。（　　）

3. 楼梯间破坏主要是墙体破坏，而楼梯本身很少破坏。（　　）

4. 构造柱能够承受上部墙体的重量。（　　）

5. 砌体结构房屋应优先采用纵墙承重的结构体系。（　　）

6. 砌体结构房屋的高度越大，层数越多，震害越严重，破坏和倒塌率也越高。（　　）

7. 多层砌体承重房屋的层高不应超过3.9m。（　　）

8. 横向楼层地震剪力在横向各抗侧力墙体之间的分配只和每片墙体的层间抗侧力等效刚度有关。（　　）

9. 在同一道墙上，门窗洞口之间的墙段承担的地震剪力可按墙段的侧移刚度比例进行分配。（　　）

10. 同一结构单元的基础，宜采用同一类型的基础，底面宜埋置在同一标高上。（　　）

四、名词解释

圈梁　构造柱　墙体的侧移刚度　刚性楼盖房屋　柔性楼盖房屋　中等刚度楼盖房屋　侧移柔度　芯柱　墙梁　抗震不利墙段

五、简答题

1. 多层砌体结构房屋中圈梁的主要作用有哪些?

2. 多层砌体结构房屋中构造柱的作用是什么?

3. 在砌体结构的计算简图中如何确定结构底部固定端?

4. 限制房屋高宽比的原因是什么?

5. 为什么要限制房屋抗震横墙的最大间距?

6. 简述楼层地震剪力的分配原则。

7. 实心墙体的侧移刚度计算规定是什么?

8. 底层框架-抗震墙砌体房屋的侧移刚度有什么要求?

9. 为什么要限制底部框架-抗震墙砌体房屋的底部和上部侧移刚度的比值?

六、计算题

1. 某六层砖混住宅楼,计算简图如图 6.42 所示,设防烈度为 8 度,设计基本地震加速度为 $0.20g$,设计地震分组为第二组,场地类别为 II 类,各层的重力荷载代表值为 $G_1 = 5399.7kN$,$G_2 = G_3 = G_4 = G_5 = 5085kN$,$G_6 = 3856.9kN$。试用底部剪力法计算多遇地震时各层地震剪力标准值。已知 $\alpha_{max} = 0.16$,$T_g = 0.30s$。

2. 7 度 $(0.1g)$ 抗震设防区,有一幢六层砖混结构住宅。屋面、楼面均为现浇板(厚度 100mm),采用纵、横墙共同承重方案,

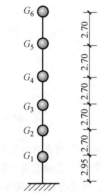

图 6.42　某六层砖混住宅楼计算简图(尺寸单位:m)

其平面布置如图 6.43a 所示。各横墙上门洞(宽×高)均为 900mm× 2100mm。各种恒、活载(标准值):屋面板自重为 540kN,每层楼面板自重为 530kN,屋面活荷载为 260kN,屋面雪荷载为 70kN;每层楼面活荷载为 280kN,每层墙重为 1340kN。集中于各质点处的重力荷载代表值 G_1、G_2、G_3、G_4、G_5、G_6 的位置如图 6.43b 所示。

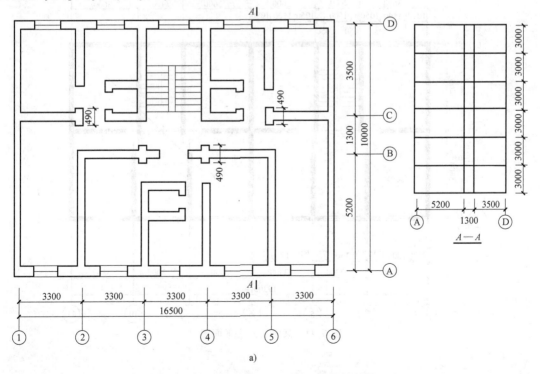

a)

图 6.43　某砖混结构平面、剖面图及计算简图

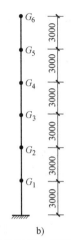

b)

图 6.43　某砖混结构平面、剖面图及计算简图（续）

（1）用底部剪力法对该结构进行多遇地震时各层地震剪力标准值的计算。

（2）计算顶层②轴横墙分配的地震剪力标准值。

注：内、外墙厚均为 240mm，各轴线均与墙中心线重合。

3. 某多层砖房，每层层高均为 2.9m，采用现浇钢筋混凝土楼（屋）盖，纵、横墙共同承重，门洞宽度均为 900mm，抗震设防烈度为 8 度，平面布置如图 6.44 所示。

（1）当房屋总层数为 3 层时，符合《抗震规范》要求的构造柱数量应为多少？

（2）当房屋总层数为 6 层时，符合《抗震设范》要求的构造柱数量应为多少？

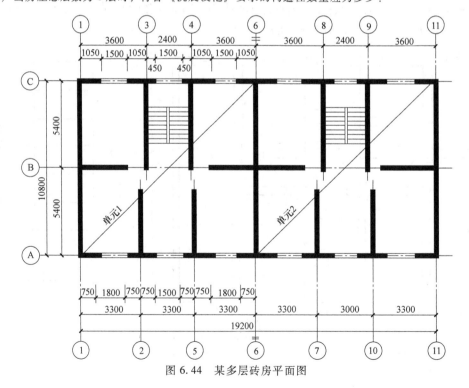

图 6.44　某多层砖房平面图

钢结构抗震设计 | 第7章

学习要求：
- 了解钢结构房屋的主要震害特征。
- 了解钢结构房屋的结构选型、构件布置等方面的抗震设计要求。
- 理解钢结构房屋抗震设计的计算要点，包括地震作用计算与地震作用效应的调整，内力和变形验算，构件及节点抗震承载力的验算，支撑及构件连接抗震承载力的验算等。
- 了解钢框架、框架-中心支撑、框架-偏心支撑以及网架结构等的抗震构造措施。

不同结构形式的抗震性能不同。钢结构具有良好的韧性，可以将地震波的能耗抵消。钢材基本上属于各向同性材料，抗拉、抗压、抗剪强度高。钢结构可以看成是理想的弹塑性结构，通过结构的塑性变形吸收和消耗地震能量，从而具有较高的抵抗强烈地震的能力。钢材强度与重量比高，相对于其他结构自重轻，从而大大减轻了地震作用的影响。另外，钢结构施工周期短、工业化程度高、环保性能好的特点也显著优于混凝土结构。但是，如果钢结构房屋在结构设计、材料选用、施工制造和维护上不当，在地震作用下，仍可能发生构件的失稳、材料的脆性破坏及连接破坏，使其优良的钢材特性得不到充分发挥，结构未必就具有较高的承载力和延性。

7.1 震害现象及其分析

震害调查表明，钢结构较少出现倒塌破坏情况，主要震害表现为构件破坏、节点破坏、结构整体破坏、非结构构件破坏和基础连接锚固破坏等。

7.1.1 构件的破坏

在以往的地震中，梁柱构件的局部破坏较多。框架柱的破坏，主要有翼缘的屈曲、拼接处的裂缝、节点焊缝处裂缝引起的柱翼缘层状撕裂，甚至是框架柱的脆性断裂，如图7.1所示。框架梁的破坏，主要有翼缘屈曲、腹板屈曲和裂缝、截面扭转屈曲等破坏形式，如图7.2所示。当框架梁或柱在地震作用下反复受弯，以及构件的截面尺寸和局部构造如长细比、板件宽厚比设计不合理时，构件可能发生局部屈曲破坏；柱的水平断裂是因为地震动造成的倾覆拉力较大、动应变速率较高、材性变脆。

当支撑构件的组成板件宽厚比较大时，往往伴随着整体失稳出现板件的局部失稳现象，进而引发低周疲劳和断裂破坏，这在以往的震害中并不少见。支撑的破坏形式主要是轴向受

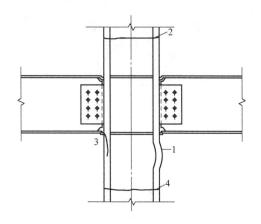

图 7.1　框架柱的主要破坏形式

1—翼缘屈曲　2—拼接处的裂缝　3—柱翼缘的层状撕裂　4—柱的脆性断裂

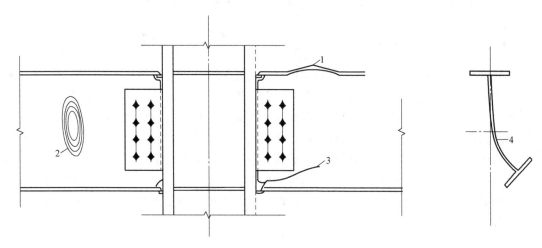

图 7.2　框架梁的主要破坏形式

1—翼缘屈曲　2—腹板屈曲　3—腹板裂缝　4—截面扭转屈曲

压失稳。主要原因是支撑构件为结构提供了较大的侧向刚度，当地震强度较大时，承受的轴向力（反复拉压）增加，如果支撑的长度、局部加劲板构造与主体结构的连接构造等出现问题，就会出现破坏或失稳，如图 7.3 所示。试验研究表明，要防止板件在往复塑性应变作用下发生局部失稳，进而引发低周疲劳破坏，必须对支撑板件的宽厚比进行限制，且应比塑性设计的还要严格。

　　在 1995 年阪神地震中，位于芦屋市海滨城高层住宅小区的 21 栋巨型钢框架结构的住宅楼中，共有 57 根钢柱发生了断裂，所有箱形截面柱的断裂均发生在 14 层以下的楼层里，且均为脆性受拉断裂，断口呈水平状。原因分析：①竖向地震及倾覆力矩在柱中产生较大的拉

图 7.3　支撑失稳

力；②箱形截面柱的壁厚达 50mm，厚板焊接时过热，使焊缝附近钢材延展性降低；③钢柱暴露于室外，当时正值日本的严冬，钢材温度低于 0℃；④有的钢柱断裂发生在拼接焊缝附近，这里可能正是焊接缺陷构成的薄弱部位。

7.1.2　节点破坏

节点破坏是地震中发生最多的一种破坏。钢结构节点传力集中、构造复杂、施工难度大，容易造成应力集中、强度不均衡现象，再加上可能出现的焊缝缺陷、构造缺陷，就更容易出现节点破坏。节点破坏的主要形式有梁柱节点域（区）破坏和支撑连接破坏。

框架梁柱节点域破坏的原因主要是：①焊缝金属冲击韧性低；②焊缝存在缺陷，特别是下翼缘梁端现场焊缝中部，因腹板妨碍焊接和检查，出现不连续；③梁翼缘端部全焊透坡口焊的垫板边缘形成人工缝，在竖向力作用下有扩大的趋势；④梁端焊缝在孔边缘出现应力集中，产生裂缝。

节点域的破坏形式比较复杂，主要有加劲板的屈曲和开裂、加劲板焊缝出现裂缝、腹板的屈曲和裂缝，如图 7.4 所示。

节点域的破坏主要出现在梁柱节点的梁端下翼缘处柱中，上翼缘的破坏相对少很多，这主要是由于混凝土楼板与钢梁共同作用导致下翼缘应力增大，而下翼缘与柱连接焊缝又存在较多缺陷造成的。1994年美国 Northridge 地震和 1995 年日本阪神地震造成了很多梁柱刚性连接破坏，震后观察到的 H 形截面的梁柱节点焊缝连接处的失效模式可分为 8 类，如图 7.5 所示。

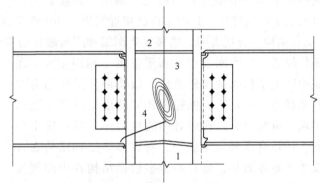

图 7.4　节点域的主要破坏形式
1—加劲板屈曲　2—加劲板开裂　3—腹板屈曲　4—腹板开裂

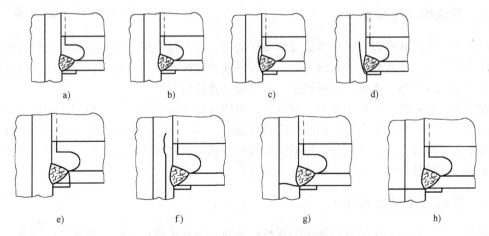

图 7.5　梁柱节点的主要破坏模式
a）焊缝与柱翼缘完全撕裂　b）焊缝与柱翼缘部分撕裂　c）柱翼缘完全撕裂　d）柱翼缘部分撕裂
e）焊趾处翼缘断裂　f）柱翼缘层状撕裂　g）柱翼缘断裂　h）柱翼缘和腹板部分断裂

采用螺栓连接的支撑破坏形式，包括支撑杆件螺孔间剪切滑移破坏、节点板端部剪切滑移的破坏及支撑截面削弱处断裂。支撑是框架支撑结构当中最重要的抗侧力部分，地震时它将首先承受水平地震作用，如某层的支撑发生破坏，将使这个楼层成为薄弱层，造成严重后果。图 7.6 为某支撑节点连接的破坏。

7.1.3 结构整体破坏

结构整体破坏是地震中结构破坏最严重的形式。钢结构房屋尽管抗震性能好，但在地震中也有倒塌事例发生。造成结构整体破坏的主要原因是结构出现薄弱层。薄弱层的形成是与结构楼层屈服强度系数和抗侧移刚度沿高度分布不均匀、$P-\Delta$ 效应较大、竖向压力较大等因素有关。1985 年墨西哥大地震中，墨西哥市的 PinoSuarez 综合大楼的 3 个 22 层的钢结构塔楼之一倒塌，其余 2

图 7.6 支撑节点破坏

栋也发生了严重破坏，其中 1 栋已接近倒塌，如图 7.7 所示。这 3 栋塔楼的结构体系均为框架-支撑结构。分析表明，塔楼发生倒塌和严重破坏的主要原因之一，是由于纵横向垂直支撑偏位设置，导致刚度中心和质量重心相距太大，在地震中产生了较大的扭转效应，致使钢柱的作用力大于其承载力，引发了 3 栋完全相同的塔楼的严重破坏或倒塌。由此可见，规则对称的结构体系对抗震十分有利。1995 年阪神大地震中，有许多多层钢结构在首层发生了整体破坏，还有不少多层钢结构在中间层发生了整体破坏。究其原因，主要是楼层屈服强度系数沿高度分布不均匀，造成底层或中间某层形成薄弱层，从而发生了薄弱层的整体破坏现象。

7.1.4 非结构构件破坏

图 7.7 PinoSuarez 综合大楼

钢结构本身因其有较大的承载能力和变形能力，在大地震中并未发生破坏，但连接在结构构件上的墙板、楼面板、屋面板或窗、门等可能遭受破坏。非结构构件的破坏，原因之一是构件本身强度不够，或是其变形较差，也可能是连接失效所致。

如果房屋很重要，不允许发生任何破坏，当然可以使结构在预期的地震作用下保持在弹性范围内。但是对大多数房屋结构的抗震设计而言，因受到经济条件、使用条件等的限制，这种要求未必合理。因此应充分利用钢结构构件及其体系良好的塑性性能，使得房屋建筑在罕遇地震作用下保持结构整体的稳定性，避免倒塌。

7.1.5 基础连接锚固破坏

钢构件与基础的连接锚固破坏主要有螺栓拉断、混凝土锚固失效、连接板断裂等，主要是设计构造、材料质量、施工质量等方面出现问题所致。图 7.8 为地震中出现的基础连接锚固破坏。

图 7.8　基础连接锚固破坏

通过对上述钢结构震害特征分析可知，尽管钢结构的抗震性能较好，但震害现象也是复杂多样的。原因可以归类为结构设计与计算、结构构造、材料质量、施工质量、维护情况等。为了预防以上震害的出现，钢结构房屋抗震设计应严格遵循相关设计规定和抗震措施。

7.2　钢结构的抗震概念设计

7.2.1　钢结构房屋的结构体系

常用的钢结构体系有框架结构、框架-支撑结构、框架-抗震墙板结构、筒体结构（框架筒、桁架筒、筒中筒、束筒）和巨型框架结构等。

1. 钢框架结构体系

纯框架结构体系指的是无支撑体系，沿房屋纵横方向由多榀平面框架构成的结构，是钢结构建筑常用的形式。钢框架结构构造简单，受力明确，使用灵活，制作安装简单，施工速度较快。在水平力作用下，当楼层较少时，结构的侧向变形主要是剪切变形，即主要由框架柱的弯曲变形和节点的转角引起；当层数较多时，框架柱的轴向变形引起的结构整体弯曲产生的侧移明显增大，结构的侧向变形为弯剪型。纯框架结构是单一抗侧力体系，其抗侧移能力主要取决于框架柱和梁的抗弯能力和节点的强度与延性。钢框架一旦破坏，其后果相当严重。要提高结构的抗侧移刚度，只有加大柱和梁的截面，这样结构就会变得不经济，因此，这种结构体系适用于建造 20 层以下的中低层房屋。

2. 钢框架-支撑结构体系

钢框架-支撑结构体系是在框架结构体系中沿结构的纵、横两个方向均匀布置一定数量的支撑所形成的结构体系。支撑体系与框架体系共同作用形成双重抗侧力结构体系，由于较好地协调了框架和支撑的受力性能，钢框架-支撑结构体系具有良好的抗震性能和较大的抗侧刚度，适合建造更高的结构。

支撑体系的布置是由建筑要求及结构功能确定的。不同的支撑布置方式会产生不同的效果，包括支撑的类型、支撑布置的位置及支撑杆件的截面形式。支撑类型的选择与是否抗震有关，也与建筑的层高、柱距和建筑使用要求有关。支撑的类型分为中心支撑、偏心支撑和消能支撑。

中心支撑是指斜杆、横梁及柱汇交于一点的支撑体系，或两根斜杆与横梁汇交于一点，也可与柱子汇交于一点，但汇交时均无偏心距，支撑体系刚度较大。中心支撑具有较大的侧向刚度，构造相对简单，能减少结构的水平位移，改善结构的内力分布。但在水平地震作用下，中心支撑容易产生屈曲，造成其受压承载力和抗侧刚度急剧下降，直接影响结构的整体性能。根据斜杆的不同布置形式，可形成十字交叉支撑、单斜杆支撑、人字形支撑、V 形支撑以及 K 形支撑等类型，如图 7.9 所示。

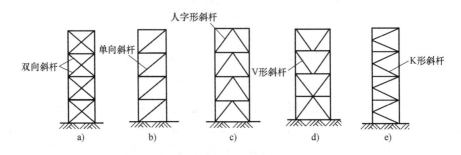

图 7.9　中心支撑类型
a）十字交叉支撑　b）单斜杆支撑　c）人字形支撑　d）V 形支撑　e）K 形支撑

偏心支撑是指支撑斜杆的两端，至少有一端与梁相交（不在柱节点处），另一端可在梁与柱交点处连接，或偏离另一根支撑斜杆一段长度与梁连接，并在支撑斜杆杆端与柱子之间构成一消能梁段，或在两根支撑斜杆之间构成一消能梁段的支撑。偏心支撑包括门架式支撑、人字形支撑、V 形支撑、单斜杆式支撑等，如图 7.10 所示。

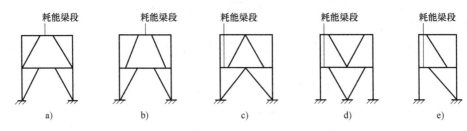

图 7.10　偏心支撑类型
a）门架式 1　b）门架式 2　c）人字形　d）V 形　e）单斜杆式

采用偏心支撑可适当减小支撑构件的轴向力，进而减小支撑失稳的可能性。由于支撑点位置偏离框架节点，便于在横梁内设计用于消耗地震能量的消能梁段。采用耗能梁段能改变支撑斜杆与耗能梁段的先后屈服顺序。在罕遇地震时，一方面通过非弹性变形进行耗能，另一方面使耗能梁段的剪切屈服先发生，消耗大量地震能量，保护主体结构，形成了新的抗震防线，延长和保护结构抗震能力的持续时间，并达到节约钢材的目的。

消能支撑是指将框架-支撑结构中的支撑杆设计成消能杆件，以吸收和耗散地震能量来减少结构地震反应的一种新型抗震结构。在小震下消能支撑能增加结构的水平刚度，减少结构的侧移；在中震和大震下其刚度变小，能减小结构的水平地震作用，同时消耗大量输入结构的地震能量，使结构的地震反应大大减少。消能支撑可做成方形支撑、圆形支撑、交叉杆支撑、斜杆支撑、K 形支撑、Y 形支撑和节点屈服型支撑等，如图 7.11 所示。

3. 钢框架-抗震墙板结构体系

钢框架-抗震墙板结构体系以钢框架为主体，并配置一定数量的抗震墙板。抗震墙板包括带竖缝墙板、内藏钢板支撑混凝土墙板和钢抗震墙板等。带竖缝抗震墙板在风荷载和小震作用下处于弹性状态，具有较大的抗侧移刚度；在大震作用下可进入塑性状态，能吸收大量的地震能量并保证其承载力，具有多道抗震防线，同实体剪力墙板相比，其特点是刚度退化过程平缓，整体延性好，如图 7.12 所示。这种结构是在钢筋混凝土墙板中按一定间距设置竖缝，在竖缝中设置两块重叠的石棉纤维作为隔板，既不妨碍竖缝剪切变形，又能起到隔声等作用。

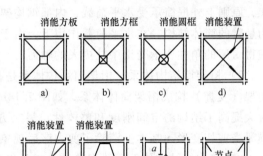

图 7.11　消能支撑

a）方形支撑 1　b）方形支撑 2　c）圆形支撑
d）交叉支撑　e）斜杆支撑　f）K 形支撑
g）Y 形支撑　h）节点屈服型支撑

内藏钢板支撑混凝土墙板是以普通钢板作为基本支撑板，两侧外包钢筋混凝土墙板的预制构件，如图 7.13 所示。外包混凝土为钢板提供侧向约束，防止钢板过早屈曲失稳，同时混凝土还起到防火隔热的作用。钢板的存在可以让墙板在混凝土出现斜裂缝后不立即破坏。内藏钢板支撑抗震墙的支撑钢板只在支撑节点处与钢框架连接，混凝土墙板与框架之间留有间隙，减小了墙板刚度，防止使用阶段抗震墙因刚度过大分配到过多荷载而开裂。因此，内藏钢板支撑抗震墙仍是一种受力明确的钢支撑。内藏钢板支撑可做成中心支撑，也可做成偏心支撑，但在高烈度地区，宜采用偏心支撑。由于钢支撑有外包混凝土，故可不考虑平面内和平面外的屈曲。

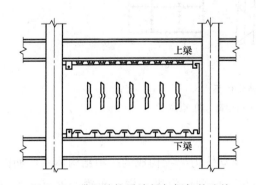

图 7.12　带竖缝抗震墙板与框架的连接

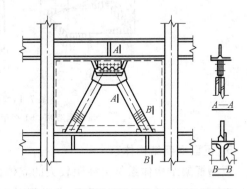

图 7.13　内藏钢板抗震墙板与框架的连接

钢抗震墙板是一种用钢板或带有加劲肋的钢板制成的墙板，其上、下两边缘和左、右两边缘可分别与框架梁和框架柱连接。

4. 筒体结构体系

筒体结构体系是在超高层建筑体系中应用较多的一种结构。筒体结构体系具有较大刚度，有较强的抗侧移能力，能形成较大的使用空间，是一种经济有效的结构形式。按筒体的位置、数量等不同，可分为框架筒、桁架筒、筒中筒、带加强层的筒体及束筒等体系。

1）钢框架筒结构体系。钢框架筒结构体系的外部为密钢柱组成大的框筒，内部为钢构架，原则上外框筒承受水平荷载，内部钢构架只承受竖向荷载，如图7.14a所示。框架筒作为悬臂的筒体结构，在水平荷载作用下，由于横梁的弯曲变形，会产生剪力滞后现象，这样使得房屋的角柱要承受比中柱更大的轴力。

2）桁架筒结构体系。桁架筒结构体系是在框筒结构体系中沿外框筒的四个面设置大型桁架（支撑）构成桁架筒体体系，如图7.14b所示。由于设置了大型桁架（支撑），一方面大大提高了结构的空间刚度和整体性；另一方面剪力主要由桁架（支撑）斜杆承担，避免横梁受剪切变形，基本上消除了剪力滞后现象。

3）筒中筒结构体系。筒中筒结构就是集外围框筒和核心筒为一体的结构形式，其外围多为密柱深梁的钢框筒，核心为钢结构构成的筒体，如图7.14c所示。内、外筒通过楼盖系统连接成一个整体而共同工作，大大提高了结构的总体刚度，可以有效地抵抗水平外力。

4）束筒结构体系。束筒结构体系就是将各个单元框架筒体连在一起组成的组合筒体，是一种抗侧刚度很大的结构形式，如图7.14d所示。这些单元筒体本身就有很高的承载力，可以在平面和立面上组合成各种形状，并且各个筒体可终止于不同高度，可使建筑物形成丰富的立面效果，而又不增加其结构的复杂性。

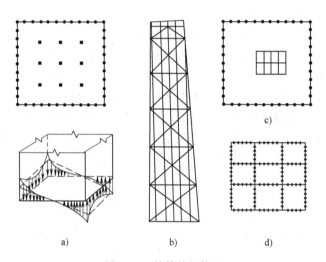

图7.14　筒体结构体系
a）框架筒　b）桁架筒　c）筒中筒　d）束筒

5.巨型框架结构体系

巨型框架结构体系是由柱距较大的立体桁架柱及立体桁架梁构成的一种结构体系，如图7.15所示。立体桁架梁柱分别形成巨型梁和巨型柱。巨型梁沿纵、横向布置，形成一个空间桁架层，在空间桁架层之间设置次框架结构，以承担空间桁架层之间的各层楼面荷载，并通过次框架结构的柱将楼面荷载传递给立体桁架梁和立体桁架柱。这种体系既能满足建筑大空间要求，又能保证结构具有很大的刚度和强度。

7.2.2　钢结构房屋的结构选型

1）钢结构房屋的结构类型与适用的最大高度。结构类型的选择应全面考虑结构的安全性、适用性和经济性，并根据结构总体高度和抗震设防烈度确定。不同类型钢结构房屋适用

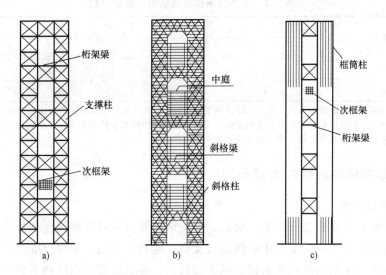

图 7.15　巨型框架结构类型

a）桁架型　b）斜格型　c）框筒型

的最大高度应符合表 7.1 的规定。

表 7.1　钢结构房屋适用的最大高度

结构类型	6、7 度 （0.10g）	7 度 （0.15g）	8 度		9 度
			（0.20g）	（0.30g）	（0.40g）
框架	110	90	90	70	50
框架-中心支撑	220	200	180	150	120
框架-偏心支撑（延性墙板）	240	220	200	180	160
筒体（框筒、筒中筒、桁架筒、束筒） 和巨型框架	300	280	260	240	180

注：1. 房屋高度指室外地面到主要屋面板板顶的高度（不包括局部突出屋顶部分）。

　　2. 超过表内高度的房屋，应进行专门研究和论证，采取有效的加强措施。

　　3. 表内的筒体不包括混凝土筒。

2）钢结构房屋适用的最大高宽比。钢结构的高宽比是影响结构整体稳定性和抗震性能的重要参数，对人在建筑中的舒适感有重要影响。钢结构民用房屋的最大高宽比不宜大于表 7.2 的规定，超过时应进行专门研究，采取必要的抗震措施。

表 7.2　钢结构民用房屋适用的最大高宽比

烈度	6、7	8	9
最大高宽比	6.5	6.0	5.5

注：塔形建筑的底部有大底盘时，高宽比可按大底盘以上计算。

3）钢结构房屋的抗震等级。钢结构房屋应根据设防分类、烈度和房屋高度采用不同的抗震等级，并应符合相应的计算和构造措施要求。丙类建筑的抗震等级应按表 7.3 确定。

表 7.3 两类钢结构房屋适用的抗震等级

房屋高度	烈 度			
	6	7	8	9
≤50m	-	四	三	二
>50m	四	三	二	一

注：1. 高度接近或等于高度分界时，应允许结合房屋不规则程度和场地、地基条件确定抗震等级。
  2. 一般情况，构件的抗震等级应与结构相同；当某个部位各构件的承载力均满足 2 倍地震作用组合下的内力要求时，7~9 度的构件抗震等级应允许按减低一度确定。

7.2.3 钢结构房屋的结构布置原则

1. 结构平面布置

钢结构房屋的平面布置宜规则、对称，保证结构具有良好的整体性和抗侧刚度，并使结构各层的抗侧力刚度中心与质量中心接近或重合；建筑的开间、进深宜统一。

由于钢结构可承受的结构变形比混凝土结构大，故高层建筑钢结构不宜设置防震缝，但薄弱部位应注意采取措施提高抗震能力。当建筑平面尺寸大于 90m 时，可考虑设置伸缩缝，抗震设防的结构伸缩缝应同时满足防震缝的要求。当结构体型复杂、平立面特别不规则，必须设置抗震缝时，抗震缝宽度应不小于相应钢筋混凝土结构房屋的 1.5 倍，框架-支撑结构体系的防震缝宽度可取此数值的 70%；筒体结构体系及巨型结构体系的防震缝宽度可取此数值的 50%，但均不宜小于 70mm。

2. 结构竖向布置

建筑的立面和竖向剖面宜规则，结构的质量与侧向刚度沿竖向分布应均匀连续，竖向抗侧力构件的截面尺寸和材料强度宜自下而上逐渐减小，使得抗侧力结构的侧向刚度和承载力分布合理，避免因局部削弱或突变形成结构薄弱部位，产生过大的应力集中或塑性变形集中；同时使各层刚心和质心接近在同一竖直线上，减小扭转作用的影响。

3. 支撑的设计要求

在框架结构中，可使用中心支撑或偏心支撑等抗侧力构件来提高结构的抗侧移刚度。支撑宜竖向连续布置，除底部楼层和外伸刚臂所在楼层外，支撑的形式和布置在竖向宜一致。支撑框架在两个方向的布置均宜基本对称，支撑框架之间楼盖的长宽比不宜大于 3，以保证抗侧刚度沿长度方向分布均匀，防止楼盖平面内变形影响对支撑抗侧刚度的准确估计。

抗震等级为一、二级的钢结构房屋，宜设置偏心支撑、带竖缝钢筋混凝土抗震墙板、内藏钢支撑钢筋混凝土墙板、屈曲约束支撑等消能支撑或筒体。抗震等级为三、四级且高度不大于 50m 的钢结构宜采用中心支撑，也可采用偏心支撑、屈曲约束支撑等消能支撑。

中心支撑框架宜采用交叉支撑，也可采用人字形支撑或单斜杆支撑，不宜采用 K 形支撑；支撑的轴线宜交汇于梁柱构件的轴线交点，偏离交点时的偏心距不应超过支撑杆件宽度，并应计入由此产生的附加弯矩。当中心支撑采用只能受拉的单斜杆支撑时，应同时设置不同倾斜方向的两组支撑，且每组中不同方向单斜杆的截面面积在水平方向的投影面积之差不应大于 10%。

偏心支撑框架的每根支撑应至少有一端与框架梁连接，并在支撑与梁交点和柱之间或同一跨内另一支撑与梁交点之间形成消能梁段。

采用屈曲约束支撑时，宜采用人字形支撑、成对布置的单斜杆支撑等形式，不应采用 K 形或 X 形，支撑与柱的夹角宜在 35°~55°。屈曲约束支撑受压时，其设计参数、性能检验和作为一种消能部件的计算方法可按相关要求设计。

4. 结构布置的其他要求

钢结构房屋的楼盖宜采用压型钢板现浇钢筋混凝土组合楼板或钢筋混凝土楼板，并应与钢梁有可靠连接。对 6、7 度时不超过 50m 的钢结构，尚可采用装配整体式钢筋混凝土楼板，也可采用装配式楼板或其他轻型楼盖，但应将楼板预埋件与钢梁焊接，或采取其他保证楼盖整体性的措施。对转换层楼盖或楼板有大洞口等情况，必要时可设置水平支撑。

一般情况下，不超过 12 层的钢结构房屋可采用框架结构、框架-支撑结构或其他结构类型；超过 12 层的钢结构房屋，8、9 度时，宜采用偏心支撑、带竖缝钢筋混凝土抗震墙板、内藏钢支撑钢筋混凝土墙板和其他消能支撑及筒体结构，此时顶层可采用中心支撑。

超过 12 层的钢框架-筒体结构，在必要时可设置由筒体外伸臂或外伸臂和周边桁架组成的加强层。设置加强层可提高结构总体抗侧刚度，减小侧移，增强周边框架对抵抗地震倾覆力矩的贡献，改善筒体、剪力墙的受力。

钢结构房屋设置地下室可以提高上部结构抗震稳定性，提高结构抗倾覆能力，增加结构下部整体性和减小结构沉降。因此，超过 50m 的钢结构应设置地下室。其基础埋置深度，当采用天然地基时不宜小于房屋总高度的 1/15；当采用桩基时，桩承台埋深不宜小于房屋总高度的 1/20。

为了增强刚度并便于连接构造，当设置地下室时，钢框架-支撑（抗震墙板）结构中竖向连续布置的支撑（抗震墙板）应延伸至基础；钢框架柱应至少延伸至地下一层，其竖向荷载应直接传至基础。

7.3　多层和高层钢结构房屋的抗震设计

7.3.1　地震作用计算

多高层钢结构房屋的抗震计算主要包括以下内容：①计算模型的确定；②根据抗震设防要求确定地震动参数；③根据结构特点确定结构参数；④选择适当的方法进行地震作用计算；⑤地震作用下结构的内力和变形计算；⑥各构件及节点的抗震承载力和稳定性验算；⑦构件连接的抗震承载力验算。

1. 计算模型

确定多高层钢结构抗震计算模型时，应注意：

1）进行多高层钢结构房屋地震作用下的内力与位移分析时，一般可假定楼板在自身平面内为绝对刚性。对整体性较差、开孔面积大、有较长的外伸段的楼板，宜采用楼板平面内的实际刚度进行计算。

2）进行多高层钢结构房屋多遇地震作用下的反应分析时，可考虑现浇混凝土楼板与钢梁的共同作用，在设计中应保证楼板与钢梁间有可靠的连接措施。进行多高层钢结构房屋罕遇地震反应分析时，考虑到此时楼板与梁的连接可能遭到破坏，不应考虑楼板与梁的共同工作。

3）多高层钢结构房屋的抗震计算可采用平面抗侧力结构的空间协同计算模型。当结构布置规则、质量及刚度沿高度分布均匀且不计扭转效应时，可采用平面结构计算模型；当结构平面或立面不规则、体型复杂，无法划分平面抗侧力单元的结构，以及为筒体结构时，应采用空间结构计算模型。

4）多高层钢结构房屋在地震作用下的内力与位移计算，应考虑梁柱的弯曲变形和剪切变形，尚应考虑柱的轴向变形。一般可不考虑梁的轴向变形，但当梁同时作为腰桁架或桁架的弦杆时，则应考虑轴力的影响。

5）柱间支撑两端应为刚性连接，但可按两端铰接计算。偏心支撑中的偏心梁段应取为单独单元。

6）应计入梁柱节点域剪切变形对多高层建筑钢结构房屋位移的影响。

2. 阻尼比的取值

多高层钢结构房屋的阻尼比较小，按反应谱计算多遇地震下的地震作用时，高度不大于50m 时可取 0.04；高度大于 50m 且小于 200m 时，可取 0.03；高度不小于 200m 时，宜取0.02。当偏心支撑框架部分承担的地震倾覆力矩大于结构总地震倾覆力矩的 50% 时，其阻尼比相应增加 0.005。计算罕遇地震下的地震作用时，应考虑结构进入弹塑性阶段，多高层钢结构的阻尼比均可取为 0.05。

3. 地震作用的计算方法

地震作用计算时，应根据设计烈度、场地类别、结构体系类型、结构总体高度以及质量和刚度分布情况等因素选择合适的方法进行计算。在进行多遇地震作用下的地震作用计算时，一般不超过 12 层的具有规则结构的多高层钢结构房屋可以按照底部剪力法进行；不符合底部剪力法适用条件的其他多高层钢结构，宜采用振型分解反应谱法。竖向特别不规则的建筑及高度较大的建筑，宜采用时程分析法进行补充验算。

4. 结构内力分析的二阶效应

当结构在地震作用下的重力附加弯矩大于初始弯矩的 10% 时，应计入重力二阶效应的影响。重力附加弯矩是指任一楼层以上全部重力荷载与该楼层地震平均层间位移的乘积；初始弯矩是指该楼层地震剪力与楼层层高的乘积。对于重力二阶效应的影响，可对计算模型中所有的构件都考虑几何刚度计算。

7.3.2 地震作用下内力和变形计算

多高层钢结构房屋的抗震设计采用两阶段设计方法，即第一阶段为多遇地震作用下的弹性分析，验算构件的承载力、稳定性以及结构的层间位移；第二阶段为罕遇地震作用下的弹塑性分析，验算结构的层间位移。

1. 多遇地震作用下的弹性分析

多高层钢结构房屋在多遇地震作用下，其地震作用效应应当采用弹性方法计算。进行内力和位移计算时，框架-支撑、框架-抗震墙板及框筒等结构常采用矩阵位移法。框架梁可按梁端截面的内力设计，对工字形截面柱，宜计入梁柱节点域剪切变形对结构侧移的影响；对箱形柱框架、中心支撑框架和不超过 50m 的多层钢结构房屋，其层间位移计算可不计入梁柱节点域剪切变形的影响，近似按框架轴线进行分析。框架-支撑结构的斜杆可按端部铰接杆计算；中心支撑框架的斜杆轴线偏离梁柱轴线交点不超过支撑杆件的宽度时，仍可按中心支撑框架分析，但应计及由此产生的附加弯矩。带竖缝钢筋混凝土墙板可仅承受水平荷载产生的剪力，不承受竖向荷载产生的压力。

在预估杆截面时，内力和位移的分析可采用近似方法。在水平荷载作用下，框架结构可采用 D 值法进行简化计算；框架-支撑（抗震墙）可简化为平面抗侧力体系，分析时将所有框架合并为总框架，所有竖向支撑（抗震墙）合并为总支撑（抗震墙），然后进行协同工作分析。此时，可将总支撑（抗震墙）当作一悬臂梁。在抗震设计中，一般高层钢结构房屋可不考虑风荷载及竖向地震的作用，但高度大于 60m 的高层钢结构需考虑风荷载的作用，在 9 度区尚需考虑竖向地震的作用。

2. 罕遇地震作用下的弹塑性分析

高层钢结构房屋在罕遇地震作用下应采用时程分析法对结构进行弹塑性时程分析，计算薄弱楼层的弹塑性变形。结构计算模型可以采用杆系模型、剪切型层模型、弯剪型、剪弯型模型或剪弯协同工作模型。在采用杆系模型分析时，梁、柱的恢复力模型可采用双折线，其滞回模型不考虑刚度退化；采用剪切型层模型分析时，应采用计入有关构件弯曲、轴向力、剪切变形影响的等效层剪切刚度，层恢复力模型的骨架曲线可采用静力弹塑性方法进行计算，并可简化为双折线或三折线，并尽量与计算所得骨架曲线接近。对新型、特殊的杆件和结构，其恢复力模型宜通过试验确定。分析时结构的阻尼比可取 0.05，并应考虑二阶效应对侧移的影响。

3. 侧移控制

在多遇地震作用下（弹性阶段），过大的层间变形会造成非结构构件的破坏；在罕遇地震作用下（弹塑性阶段），过大的变形会造成结构的破坏或倒塌，因此，应限制结构的变形，使其不超过一定的限值。

在多遇地震作用下，钢结构的弹性层间位移角应小于 1/300，即楼层内最大弹性层间位移应符合式（7.1）的要求。结构平面端部构件的最大侧移不得超过质心侧移的 1.3 倍。

$$\Delta u_e \leqslant h/300 \tag{7.1}$$

式中　Δu_e——多遇地震作用标准值产生的楼层内最大弹性层间位移；

　　　h——计算楼层的层高。

在罕遇地震下，钢结构的弹塑性层间位移角应小于 1/50，即楼层内最大的弹塑性层间位移应满足式（7.2）的要求。同时对于纯框架、偏心支撑框架、中心支撑框架、有混凝土抗震墙的钢框架，结构层间侧移的延性比应分别大于 3.5、3.0、2.5 和 2.0。

$$\Delta u_p \leqslant h/50 \tag{7.2}$$

式中　Δu_p——罕遇地震作用标准值产生的楼层内最大弹塑性层间位移；

　　　h——薄弱层楼层的层高。

7.3.3　地震作用效应调整

为了体现钢结构抗震设计中的"多道设防、强柱弱梁"原则，保证结构在地震作用下按理想耗能构件的塑性屈服，可通过调整结构中不同部分的地震效应或不同构件的内力设计值来实现。

多道设防是抗震设计的重要原则，对于框架-支撑（抗震墙板）结构体系，在水平地震作用下，不仅要求支撑（抗震墙板）等抗侧力构件具有较大的刚度和强度，还要求框架部分具有一定的抗侧能力，因为在罕遇地震下，考虑到支撑（抗震墙板）刚度退化将引起结构内力重新分布，此时框架部分负担的地震剪力增大，这样在第一道防线（如支撑）失效后，框架仍可提供相当的抗剪能力，发挥第二道设防作用。《抗震规范》规定，钢框架-支撑结构等多重抗侧力体系，其框架部分刚度分配计算得到的地震层剪力应乘以调整系数，达到不小于结构底部总地震剪力的 25% 和框架部分计算最大层剪力 1.8 倍二者的较小值。

钢框架-偏心支撑结构，为了确保仅消能梁段屈服，以消耗地震输入能量，应选择合适的消能梁段长度和梁柱支撑截面，即强柱、强支撑和弱消能梁段。为此，偏心支撑框架中，与消能梁段连接的构件的内力设计值，应按下列要求调整：

1）支撑斜杆的轴力设计值，应取与支撑斜杆相连接的消能梁段达到受剪承载力时支撑斜杆轴力与增大系数的乘积；其增大系数，抗震等级为一级时不应小于 1.4，二级时不应小于 1.3，三级时不应小于 1.2。

2）位于消能梁段同一跨的框架梁内力设计值，应取消能梁段达到受剪承载力时框架梁内力与增加系数的乘积；其增大系数，抗震等级为一级时不应小于 1.3，二级时不应小于 1.2，三级时不应小于 1.1。

3）框架柱的内力设计值，应取消能梁段达到受剪承载力时柱内力与增大系数的乘积；其增大系数，抗震等级为一级时不应小于 1.3，二级时不应小于 1.2，三级时不应小于 1.1。

钢结构转换层下的钢框架柱，地震内力设计值应乘以增大系数，其值可采用 1.5。

7.3.4 构件及节点抗震承载力和稳定性验算

钢框架的承载能力和稳定性与梁柱构件、支撑构件、连接件、梁柱节点域都有直接关系。结构设计要体现"强柱弱梁"的原则，保证节点可靠性，实现合理的耗能机制。

1. 框架柱的抗震验算

框架柱抗震验算包括截面强度验算、平面内和平面外的整体稳定性验算。

（1）截面强度验算

$$\frac{N}{A_n}+\frac{M_x}{\gamma_x W_{nx}}+\frac{M_y}{\gamma_y W_{ny}} \leq \frac{f}{\gamma_{RE}} \tag{7.3}$$

式中 N、M_x、M_y——构件的轴向力和绕 x 轴、y 轴的弯矩设计值；

A_n——构件的净截面面积；

γ_x、γ_y——构件截面塑性发展系数，按 GB 50017—2017《钢结构设计标准》（下同）的规定取值；

W_{nx}、W_{ny}——x 轴和 y 轴的净截面抵抗矩；

f——钢材抗拉强度设计值；

γ_{RE}——框架柱承载力抗震调整系数，取 0.75。

（2）平面内整体稳定性验算

$$\frac{N}{\varphi_x A}+\frac{\beta_{mx} M_x}{\gamma_x W_{1x}\left(1-0.8\frac{N}{N_{Ex}}\right)} \leq \frac{f}{\gamma_{RE}} \tag{7.4}$$

式中 A——构件的毛截面面积；

φ_x——弯矩作用平面内的轴心受压构件稳定系数；

W_{1x}——弯矩作用平面内较大受压纤维的毛截面抵抗矩，按《钢结构设计标准》的规定计算；

β_{mx}——平面内等效弯矩系数，按《钢结构设计标准》的规定取值；

N_{Ex}——欧拉临界力；

γ_{RE}——框架柱承载力抗震调整系数，取 0.8。

（3）平面外整体稳定性验算

$$\frac{N}{\varphi_y A} + \frac{\beta_{tx} M_x}{\varphi_b W_{1x}} \leqslant \frac{f}{\gamma_{RE}} \tag{7.5}$$

式中　φ_y——弯矩作用平面外的轴心受压构件稳定系数；

β_{tx}——平面外的等效弯矩系数，按《钢结构设计标准》的规定取值；

φ_b——均匀弯曲的受弯构件的整体稳定系数，按《钢结构设计标准》的规定取值；

γ_{RE}——框架柱承载力抗震调整系数，取 0.8。

2. 框架梁的抗震验算

框架梁抗震验算包括抗弯强度、抗剪强度和整体稳定性验算。

（1）抗弯强度验算

$$\frac{M_x}{\gamma_x W_{nx}} \leqslant \frac{f}{\gamma_{RE}} \tag{7.6}$$

式中　M_x——梁对 x 轴的弯矩设计值；

W_{nx}——梁对 x 轴的净截面抵抗矩；

f——钢材抗拉强度设计值；

γ_{RE}——框架梁承载力抗震调整系数，取 0.75。

（2）抗剪强度验算

$$\tau = \frac{VS}{It_w} \leqslant \frac{f_v}{\gamma_{RE}} \tag{7.7a}$$

式中　V——计算截面沿腹板平面作用的剪力设计值；

S——计算点处的截面面积矩；

I——截面的毛截面惯性矩；

t_w——腹板厚度；

γ_{RE}——框架梁承载力抗震调整系数，取 0.75。

同时，梁端部截面的抗剪强度还应满足下式要求

$$\tau = \frac{V}{A_{wn}} \leqslant \frac{f_v}{\gamma_{RE}} \tag{7.7b}$$

式中　A_{wn}——梁端腹板的净截面面积。

（3）整体稳定验算

$$\frac{M_x}{\varphi_b W_x} \leqslant \frac{f}{\gamma_{RE}} \tag{7.8}$$

式中　W_x——梁对 x 轴的毛截面抵抗矩；

φ_b——均匀弯曲的受弯构件的整体稳定系数，按《钢结构设计标准》的规定取值；

γ_{RE}——框架梁承载力抗震调整系数，取 0.8。

当钢框架梁的上翼缘采用抗剪连接件与组合楼板连接时，可不验算地震作用下的整体稳定。

3. 节点承载力与稳定性验算

（1）梁柱节点承载力验算　为了满足"强柱弱梁"的抗震设计原则，要求交汇节点的框架柱的全塑性抗弯承载力之和应大于梁的全塑性抗弯承载力之和，使框架柱端比框架梁端有更大的承载能力储备，即节点左右梁端和上下柱端的全塑性承载力应满足式（7.9a）和式（7.9b）的要求。

等截面梁
$$\sum W_{pc}\left(f_{yc}-\frac{N}{A_c}\right) \geqslant \eta \sum W_{pb}f_{yb} \qquad (7.9a)$$

端部翼缘变截面的梁
$$\sum W_{pc}\left(f_{yc}-\frac{N}{A_c}\right) \geqslant \sum \left(\eta W_{pb1}f_{yb}+V_{pb}s\right) \qquad (7.9b)$$

式中　W_{pc}、W_{pb}——交汇于节点的柱和梁的塑性截面模量；

$\quad\quad\quad W_{pb1}$——梁塑性铰所在截面的梁塑性截面模量；

$\quad\quad\quad f_{yc}$、f_{yb}——柱和梁的钢材屈服强度；

$\quad\quad\quad N$——地震组合的柱轴向压力设计值；

$\quad\quad\quad A_c$——框架柱的截面面积；

$\quad\quad\quad \eta$——强柱系数，抗震等级为一级时取 1.15，二级时取 1.10，三级时取 1.05；

$\quad\quad\quad V_{pb}$——梁塑性铰剪力；

$\quad\quad\quad s$——塑性铰至柱面的距离，塑性铰可取梁端部变截面翼缘的最小处。

当柱所在楼层的受剪承载力比相邻上一层的受剪承载力高出 25%、柱轴压比不超过 0.4（即 $N \leqslant 0.4A_c f_{yc}$），或 $N_2 \leqslant \varphi A_c f$（$N_2$ 为 2 倍地震作用下的组合轴力设计值）时，以及与支撑斜杆相连的节点，可不按式（7.9）验算。

（2）节点域承载力和稳定验算　节点域应合理设计，使其既具备一定的耗能能力，又不会引起过大的侧移。在罕遇地震作用下，为了较好地发挥节点域的消能作用，节点域应首先屈服，其次是梁段屈服。因此节点域的屈服承载力应满足式（7.10）的要求。

$$\psi \frac{(M_{pb1}+M_{pb2})}{V_p} \leqslant \frac{4f_{yv}}{3} \qquad (7.10)$$

式中　M_{pb1}、M_{pb2}——节点域两侧梁的全塑性受弯承载力；

$\quad\quad\quad V_p$——节点域的体积，对工字形截面柱 $V_p = h_{b1}h_{c1}t_w$，对箱形截面柱 $V_p = 1.8h_{b1}h_{c1}t_w$，对圆管截面柱 $V_p = (\pi/2)\,h_{b1}h_{c1}t_w$；

$\quad\quad\quad h_{b1}$、h_{c1}——梁翼缘厚度中点间的距离和柱翼缘（或钢管直径线上管壁）厚度中点间的距离；

$\quad\quad\quad t_w$——腹板厚度；

$\quad\quad\quad f_{yv}$——钢材的屈服抗剪强度，取钢材屈服强度的 0.58 倍；

$\quad\quad\quad \psi$——折减系数，抗震等级为三、四级时取 0.6，一、二级时取 0.7。

在梁柱刚性连接中，柱受到不平衡的梁端弯矩时，在节点域会产生相当大的剪力。工字形截面柱和箱形截面柱的节点域受剪承载力应满足式（7.11）的要求，为保证工字形截面柱和箱形截面柱节点域的稳定，节点域腹板的厚度应满足式（7.12）的要求。

$$\frac{M_{b1}+M_{b2}}{V_p} \leqslant \frac{4f_v}{3\gamma_{RE}} \tag{7.11}$$

$$t_w \geqslant \frac{h_{b1}+h_{c1}}{90} \tag{7.12}$$

式中　M_{b1}、M_{b2}——节点域两侧梁的弯矩设计值；

　　　　f_v——钢材的抗剪强度设计值；

　　　　γ_{RE}——节点域承载力抗震调整系数，取 0.75。

7.3.5　支撑抗震承载力验算

1. 中心支撑框架构件的抗震承载力验算

（1）中心支撑斜杆的受压承载力验算　支撑斜杆的受压承载力要考虑反复拉压加载下承载能力的降低，应满足式（7.13）的要求。

$$\frac{N}{\varphi A_{br}} \leqslant \frac{\psi f}{\gamma_{RE}} \tag{7.13}$$

$$\psi = \frac{1}{1+0.35\lambda_n} \tag{7.14}$$

$$\lambda_n = \frac{\lambda}{\pi}\sqrt{\frac{f_{ay}}{E}} \tag{7.15}$$

式中　N——支撑斜杆的轴向力设计值；

　　　　A_{br}——支撑斜杆的截面面积；

　　　　φ——轴心受压构件的稳定系数；

　　　　ψ——受循环荷载时的强度降低系数；

　　λ、λ_n——支撑斜杆的长细比和正则化长细比；

　　　　E——支撑斜杆钢材的弹性模量；

　　f、f_{ay}——钢材强度设计值和屈服强度；

　　　　γ_{RE}——支撑稳定破坏承载力抗震调整系数，取 0.8。

（2）人字形支撑和 V 形支撑的框架梁验算　人字形支撑或 V 形支撑的斜杆受压屈曲后，承载力将下降，导致在支撑与框架梁连接处产生不平衡集中力。对人字形支撑，这种不平衡力可能引起框架梁破坏和楼板下陷；对 V 形支撑可能引起横梁破坏和楼板向上隆起。故在构造上，人字形支撑和 V 形支撑的框架梁在支撑连接处应保持连续，并应按不计入支撑支点作用的梁验算重力荷载和受压支撑屈曲时不平衡力作用下的承载力；不平衡力应按受拉支撑的最小屈服承载力和受压支撑最大屈曲承载力的 0.3 倍计算。必要时，人字形支撑和 V 形支撑可沿竖向交替设置或采用拉链柱。对顶层和出屋面房间的梁可不执行上述规定。

2. 偏心支撑框架构件的抗震承载力验算

偏心支撑框架的设计原则是强柱、强支撑和弱消能梁段，即在罕遇地震作用时消能梁段屈服形成塑性铰，且具有稳定的滞回性能，支撑斜杆、柱和其余梁段仍保持弹性。设计良好的偏心支撑框架，除柱脚有可能出现塑性铰外，其他塑性铰均出现在梁段上。偏心支撑框架的每根支撑应至少一端与梁连接，并在支撑与梁交点和柱之间或同一跨内另一支撑与梁交点之间形成消能梁段。

（1）消能梁段的受剪承载力验算　消能梁段的受剪承载力分轴力较小和与小力较大两种情况，应分别满足式（7.16）、式（7.17）的要求。

当 $N \leqslant 0.15Af$ 时

$$V \leqslant \frac{\varphi V_l}{\gamma_{RE}} \tag{7.16}$$

$V_l = 0.58A_w f_{ay}$　或　$V_l = \dfrac{2M_{lp}}{a}$（取较小值），其中 $A_w = (h - 2t_f)t_w$，$M_{lp} = fW_p$

当 $N > 0.15Af$ 时

$$V \leqslant \frac{\phi V_{lc}}{\gamma_{RE}} \tag{7.17}$$

$$V_{lc} = 0.58A_w f_{ay}\sqrt{1 - \left(\frac{N}{Af}\right)^2}　\text{或}　V_{lc} = 2.4M_{lp}\frac{\left(1 - \dfrac{N}{Af}\right)}{a}（取较小值）$$

式中　N、V——消能梁段的轴力设计值和剪力设计值；

　　　V_l、V_{lc}——消能梁段受剪承载力和计入轴力影响的受剪承载力；

　　　　M_{lp}——消能梁段的全塑性受弯承载力；

　　　A、A_w——消能梁段的截面面积和腹板截面面积；

　　　　W_p——消能梁段的塑性截面模量；

　　　a、h——消能梁段的净长和截面高度；

　　　t_w、t_f——消能梁段的腹板厚度和翼缘厚度；

　　　f、f_{ay}——消能梁段钢材的抗压强度设计值和屈服强度；

　　　　ϕ——系数，可取 0.9；

　　　γ_{RE}——消能梁段承载力抗震调整系数，取 0.75。

（2）支撑斜杆的承载力验算　支撑斜杆与消能梁段连接的承载力不得小于支撑的承载力。若支撑需抵抗弯矩，支撑与梁的连接应按抗压弯连接设计。

7.3.6　构件连接抗震承载力验算

钢结构抗侧力构件的连接设计，应遵循"强连接、弱构件"的原则。因此，钢结构抗侧力构件连接的承载力设计值，不应小于相连构件的承载力设计值；高强度螺栓连接不得滑移；钢结构抗侧力构件连接的极限承载力应大于相连构件的屈服承载力。

1. 梁与柱刚性连接的极限承载力验算

梁与柱刚性连接的极限受弯、受剪承载力，应按下列公式验算

$$M_u^j \geqslant \eta_j M_p \tag{7.18}$$

$$V_u^j \geqslant 1.2\left(\frac{\sum M_p}{l_n}\right) + V_{Gb} \tag{7.19}$$

式中　M_p——梁的塑性受弯承载力；

　　　V_{Gb}——梁在重力荷载代表值（9度时高层建筑尚应包括竖向地震作用标准值）作用下，按简支梁分析的梁端截面剪力设计值；

　　　　l_n——梁的净跨；

　　M_u^j、V_u^j——连接的极限受弯、受剪承载力；

η_j——连接系数，可按表 7.4 采用。

表 7.4 钢结构抗震设计的连接系数

母材牌号	梁柱连接		支撑连接,构件拼接		柱　　脚	
	焊接	螺栓连接	焊接	螺栓连接		
Q235	1.40	1.45	1.25	1.30	埋入式	1.2
Q345	1.30	1.35	1.20	1.25	外包式	1.2
Q345GJ	1.25	1.30	1.15	1.20	外露式	1.1

注：1. 屈服强度高于 Q345 的钢材，按 Q345 的规定采用。
2. 屈服强度高于 Q345GJ 的 GJ 钢材，按 Q345GJ 的规定采用。
3. 翼缘焊接腹板栓接时，连接系数分别按表中连接形式取用。

2. 支撑与框架连接和梁、柱、支撑的拼接极限承载力验算

支撑与框架连接和梁、柱、支撑的拼接极限承载力，应按下列公式验算

$$支撑连接和拼接 \qquad N_{ubr}^j \geqslant \eta_j A_{br} f_y \tag{7.20}$$

$$梁的拼接 \qquad M_{ub,sp}^j \geqslant \eta_j M_p \tag{7.21}$$

$$柱的拼接 \qquad M_{uc,sp}^j \geqslant \eta_j M_{pc} \tag{7.22}$$

式中　　　　　A_{br}——支撑杆件的截面面积；

M_p、M_{pc}——梁的塑性受弯承载力和考虑轴力影响时柱的塑性受弯承载力；

N_{ubr}^j、$M_{ub,sp}^j$、$M_{uc,sp}^j$——支撑连接和拼接，梁、柱拼接的极限受压（拉）、受弯承载力；

η_j——连接系数，可按表 7.4 采用。

3. 柱脚与基础的连接极限承载力验算

柱脚与基础的连接极限受弯承载力 $M_{u,base}^j$，应按下式验算

$$M_{u,base}^j \geqslant \eta_j M_{pc} \tag{7.23}$$

式中　M_{pc}——考虑轴力影响时柱的塑性受弯承载力；

η_j——连接系数，可按表 7.4 采用。

7.3.7 抗震构造要求

1. 钢框架结构抗震构造

（1）框架柱的长细比限值　框架柱的长细比关系到钢结构的整体稳定。研究表明，钢结构高度加大时，轴力加大，竖向地震对框架柱的影响很大。为保证结构的整体稳定性，框架柱的长细比不宜太大，应符合表 7.5 中的规定。

表 7.5 框架柱的长细比限值

抗震等级	一级	二级	三级	四级
长细比限值	$60\sqrt{235/f_{ay}}$	$80\sqrt{235/f_{ay}}$	$100\sqrt{235/f_{ay}}$	$120\sqrt{235/f_{ay}}$

（2）框架梁、柱板件的宽厚比限值　限制板件的宽厚比是为了保证构件的局部稳定。按照"强柱弱梁"的设计思想，梁的板件宽厚比应满足塑性设计要求，即要求塑性铰出现

在梁上，框架柱一般不出现塑性铰。因此，梁板件的宽厚比限值要能保证梁具有塑性转动能力，而柱的板件宽厚比限值要比梁相对宽松些。《抗震规范》规定，框架梁、柱板件宽厚比限值应符合表7.6的规定。

表7.6　框架梁、柱板件宽厚比限值

板件名称		抗震等级			
		一级	二级	三级	四级
柱	工字形截面翼缘外伸部分	10	11	12	13
	工字形截面腹板	43	45	48	52
	箱形截面壁板	33	36	38	40
梁	工字形截面和箱形截面翼缘外伸部分	9	9	10	11
	箱形截面翼缘在两腹板间的部分	30	30	32	36
	工字形截面和箱形截面腹板	$72-120N_b$ $/(Af) \leqslant 60$	$72-120N_b$ $/(Af) \leqslant 65$	$72-120N_b$ $/(Af) \leqslant 70$	$72-120N_b$ $/(Af) \leqslant 75$

注：1. 表列数值适用于 Q235 钢，采用其他牌号钢材时，应乘以 $\sqrt{235/f_{ay}}$。
　　2. $N_b/(Af)$ 为梁轴压比。

（3）梁柱构件的侧向支承

1）梁柱构件受压翼缘应根据需要设置侧向支承。

2）梁柱构件在出现塑性铰的截面，上下翼缘均应设置侧向支承。

3）相邻两侧支承点间的构件长细比，应符合《钢结构设计标准》的有关规定。

（4）梁与柱的连接

1）梁与柱的连接宜采用柱贯通型。

2）柱在两个互相垂直的方向都与梁刚接时宜采用箱形截面，并在梁翼缘连接处设置隔板；隔板采用电渣焊时，柱壁板厚度不宜小于 16mm，小于 16mm 时可改用工字形柱或采用贯通式隔板。当柱仅在一个方向与梁刚接时，宜采用工字形截面，并将柱腹板置于刚接框架平面内。

3）工字形柱（绕强轴）和箱形柱与梁刚接时（图7.16），应符合下列要求，有充分依据时也可采用其他构造形式。

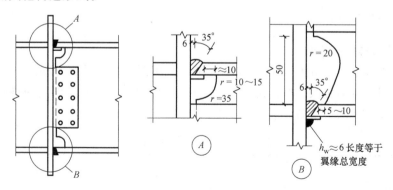

图7.16　框架梁与柱的现场连接

① 梁翼缘与柱翼缘间应采用全熔透坡口焊缝；抗震等级为一、二级时，应检验焊缝的V形切口的冲击韧性，其夏比冲击韧性在-20℃时不低于27J。

② 柱在梁翼缘对应位置设置横向加劲肋（隔板），加劲肋（隔板）厚度不应小于梁翼缘厚度，强度与梁翼缘相同。

③ 梁腹板宜采用摩擦型高强度螺栓与柱连接板连接（经工艺试验合格能确保现场焊接质量时，可用气体保护焊进行焊接）；腹板角部应设置焊接孔，孔形应使其端部与梁翼缘和柱翼缘间的全熔透坡口焊缝完全隔开。

④ 腹板连接板与柱的焊接，当板厚不大于16mm时应采用双面角焊缝，焊缝有效厚度应满足等强度要求，且不小于5mm；板厚大于16mm时采用K形坡口对接焊缝（该焊缝宜采用气体保护焊，且板端应绕焊）。

⑤ 一级和二级时，宜采用能将塑性铰自梁端外移的端部扩大形连接、梁端加盖板或骨形连接（RBS），如图7.17所示。

4）框架梁采用悬臂梁段与柱刚性连接时，悬臂梁段与柱应采用全焊接连接，此时上下翼缘焊接孔的形式宜相同；梁的现场拼接可采用翼缘焊接腹板螺栓连接（图7.18a）或全部螺栓连接（图7.18b）。

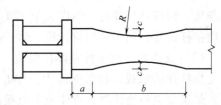

图7.17　骨形连接（RBS）

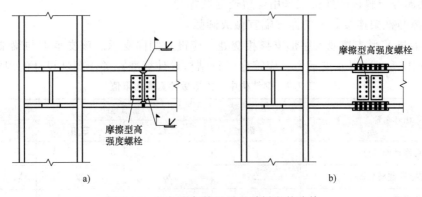

图7.18　框架梁与柱通过悬臂梁段的连接

5）箱形柱在与梁翼缘对应位置设置的隔板，应采用全熔透对接焊缝与壁板相连。工字形柱的横向加劲肋与柱翼缘，应采用全熔透对接焊缝连接，与腹板可采用角焊缝连接。

6）梁与柱刚性连接时，在梁翼缘上下各500mm的范围内，柱翼缘与柱腹板间或箱形柱壁板间的连接焊缝应采用全熔透坡口焊缝。

（5）节点域补强措施　当节点域的体积不满足式（7.10）~式（7.12）的要求时，应采取加厚柱腹板或采取贴焊补强板的措施。补强板的厚度及其焊缝应按传递补强板所分担剪力的要求设计。

（6）柱接头的构造要求　框架柱的接头一般是刚性节点，其接头距框架梁上方的距离，可取1.3m和柱净高一半二者的较小值。上下柱的对接接头应采用全熔透焊缝，柱拼接接头上下各100mm范围内，工字形柱翼缘与腹板间及箱形柱角部壁板间的焊缝，应采用全熔透焊缝。

（7）刚接柱脚的构造要求　钢结构的柱脚分埋入式、外包式和外露式三种。钢结构的刚接柱脚宜采用埋入式，也可采用外包式；6、7度且高度不超过 50m 时也可采用外露式。

2. 钢框架-中心支撑结构抗震构造

（1）支撑杆件的长细比限值　支撑杆件的长细比是影响其性能的重要因素。当长细比较大时，构件只能受拉，不能受压，在反复荷载作用下，当支撑构件受压失稳后，其承载力降低、刚度退化、消能能力随之降低。长细比小的杆件滞回曲线丰满，消能性能好，工作性能稳定。但支撑的长细比并非越小越好，支撑长细比越小，支撑刚架的刚度就越大，不但承受的地震作用越大，而且在某些情况下动力分析得出的层间位移也越大。因此，支撑杆件的长细比，按压杆设计时，不应大于 $120\sqrt{235/f_{ay}}$；抗震等级为一、二、三级时中心支撑不得采用拉杆设计，四级采用拉杆设计时，其长细比不应大于 180。

（2）支撑杆件的板件宽厚比限值　板件宽厚比是影响局部屈曲的重要因素，能直接影响支撑杆件的承载力和消能能力。中心支撑杆件的板件宽厚比，不应大于表 7.7 规定的限值。采用节点板连接时，应注意节点板的强度和稳定。

（3）中心支撑节点的构造要求

1）抗震等级为一、二、三级时，支撑宜采用轧制 H 型钢制作，两端与框架可采用刚接构造，梁柱与支撑连接处应设置加劲肋；抗震等级为一级和二级时，采用焊接工字形截面的支撑时，其翼缘与腹板的连接宜采用全熔透连续焊缝。

2）支撑与框架连接处，支撑杆端宜做成圆弧。

3）在梁与 V 形支撑或人字形支撑相交处，应设置侧向支承。该支承点与梁端支承点间的侧向长细比（λ_y）以及支承力，应符合《钢结构设计标准》关于塑性设计的规定。

表 7.7　钢结构中心支撑板件宽厚比限值

板件名称	抗震等级			
	一级	二级	三级	四级
翼缘外伸部分	8	9	10	13
工字形截面腹板	25	26	27	33
箱形截面腹板	18	20	25	30
圆管外径与壁厚比	38	40	40	42

注：表列数值适用于 Q235 钢，采用其他牌号钢材时，应乘以 $\sqrt{235/f_{ay}}$，圆管应乘以 $235/f_{ay}$。

4）若支撑与框架采用节点板连接，应符合《钢结构设计标准》关于节点板在连接杆件每侧有不小于 30°夹角的规定；抗震等级为一、二级时，支撑端部至节点板最近嵌固点（节点板与框架构件连接焊缝的端部）在沿支撑杆件轴线方向的距离，不应小于节点板厚度的 2 倍。

（4）框架部分的构造要求　当房屋高度不高于 100m 且框架部分按计算分配的地震剪力不大于结构底部总地震剪力的 25% 时，抗震等级为一、二、三级的抗震构造措施可按框架结构降低一级的相应要求采用。其他抗震构造措施，应符合钢框架结构抗震构造措施的规定。

3. 钢框架-偏心支撑结构抗震构造

（1）偏心支撑杆件的构造要求　偏心支撑框架的支撑杆件长细比不应大于

$120\sqrt{235/f_{ay}}$，支撑杆件的板件宽厚比不应超过《钢结构设计标准》规定的轴心受压构件在弹性设计时的宽厚比限值。

（2）框架消能梁段延性及板件宽厚比限值　消能梁段的屈服强度越高，屈服后的延性越差，消能能力越小。为使消能梁段有良好的延性和消能能力，偏心支撑框架消能梁段的钢材屈服强度不应大于 345MPa。消能梁段及与消能梁段同一跨内的非消能梁段，其板件的宽厚比不应大于表 7.8 规定的限值。

表 7.8　偏心支撑框架梁板件宽厚比限值

板件名称		宽厚比限值
翼缘外伸部分		8
腹板	当 $N/(Af)\leqslant0.14$ 时	$90[1-1.65N/(Af)]$
	当 $N/(Af)>0.14$ 时	$33[2.3-N/(Af)]$

注：表列数值适用于 Q235 钢，采用其他牌号钢材时，应乘以 $\sqrt{235/f_{ay}}$；$N/(Af)$ 为梁轴压比。

（3）消能梁段的构造要求

1）为保证消能梁段具有良好的滞回性能，应考虑消能梁段的轴力，限制该梁段的长度。当 $N>0.16Af$ 时，消能梁段的长度 a 应符合下列规定

当 $\rho(A_w/A)<0.3$ 时
$$a<1.6\frac{M_{lp}}{V_l} \tag{7.24}$$

当 $\rho(A_w/A)\geqslant0.3$ 时
$$a\leqslant\left[1.15-0.5\rho\left(\frac{A_w}{A}\right)\right]\cdot1.6\cdot\frac{M_{lp}}{V_l} \tag{7.25}$$

$$\rho=\frac{N}{A} \tag{7.26}$$

式中　a——消能梁段的长度；

ρ——消能梁段轴向力设计值与剪力设计值之比。

2）消能梁段的腹板不得贴焊补强板，也不得开洞，以保证塑性变形的发展。

3）为保证剪力传递、防止梁腹板屈曲，消能梁段与支撑连接处，应在其腹板两侧配置加劲肋，加劲肋的高度应为梁腹板高度，一侧的加劲肋宽度不应小于 $(b_f/2-t_w)$。厚度不应小于 $0.75t_w$ 和 10mm 的较大值。

4）消能梁段的长度会影响消能屈服的类型。当 a 较短时发生剪切型屈服，较长时发生弯曲型屈服。消能梁段应按下列要求在其腹板上设置中间加劲肋：

① 当 $a\leqslant1.6M_{lp}/V_l$ 时，加劲肋间距不大于 $(30t_w-h/5)$。

② 当 $2.6M_{lp}/V_l<a\leqslant5M_{lp}/V_l$ 时，应在距消能梁段端部 $1.5b_f$ 处配置中间加劲肋，且中间加劲肋间距不应大于 $(52t_w-h/5)$。

③ 当 $1.6M_{lp}/V_l<a\leqslant2.6M_{lp}/V_l$ 时，中间加劲肋的间距宜在上述二者间线性插入。

④ 当 $a>5M_{lp}/V_l$ 时，可不配置中间加劲肋。

⑤ 中间加劲肋应与消能梁段的腹板等高，当消能梁段截面高度不大于 640mm 时，可配置单侧加劲肋，消能梁段截面高度大于 640mm 时，应在两侧配置加劲肋，一侧加劲肋的宽度不应小于 $(b_f/2-t_w)$，厚度不应小于 t_w 和 10mm。

（4）消能梁段与柱连接的构造要求　消能梁段与框架柱的连接为刚性节点，与一般的

框架梁柱连接稍有不同，应符合下列要求：

1）消能梁段与柱连接时，其长度不得大于 $1.6M_{lp}/V_l$，且应满足有关偏心支撑框架构件的抗震承载力验算的规定。

2）消能梁段翼缘与柱翼缘之间应采用坡口全熔透对接焊缝连接。消能梁段腹板与柱之间应采用角焊缝（气体保护焊）连接，角焊缝的承载力不得小于消能梁段腹板的轴向力、剪力和弯矩同时作用时的承载力。

3）消能梁段与柱腹板连接时，消能梁段翼缘与横向加劲板间应采用坡口全熔透焊缝。其腹板与柱连接板间应采用角焊缝（气体保护焊）连接，角焊缝的承载力不得小于消能梁段腹板的轴力、剪力和弯矩同时作用时的承载力。

（5）消能梁段与支撑连接的构造要求　偏心支撑的斜杆中心线与梁中心线的交点，一般在消能梁段的端部，也可以在消能梁段内，此时将产生与消能梁段端部弯矩方向相反的附加弯矩，从而减少消能梁段和支撑杆的弯矩，对抗震有利；但交点不应在消能梁段以外，因为此时将增大支撑和消能梁段的弯矩，对抗震不利，如图 7.19 所示。

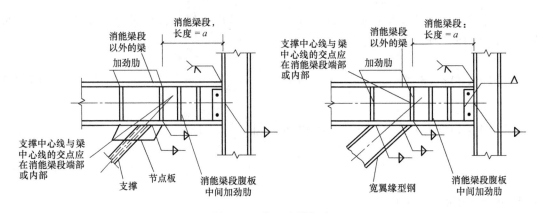

图 7.19　偏心支撑构造

（6）侧向稳定性要求　消能梁段两端上下翼缘应设置侧向支撑，支撑的轴力设计值不得小于消能梁段翼缘轴向承载力设计值（翼缘宽度、厚度和钢材受压承载力设计值三者的乘积）的 6%，即 $0.06b_ft_ff$。偏心支撑框架梁的非消能梁段上下翼缘应设置侧向支撑，支撑的轴力设计值不得小于梁翼缘轴向承载力设计值 2%，即 $0.02b_ft_ff$。

（7）框架部分的构造要求　当房屋高度不高于 100m 且框架部分按计算分配的地震作用不大于结构底部总地震剪力的 25% 时，抗震等级为一、二、三级的抗震构造措施可按框架结构降低一级的相应要求采用。其他抗震构造措施应符合钢框架结构抗震构造措施的规定。

7.4　多层钢结构厂房的抗震设计

7.4.1　多层钢结构厂房的结构体系与布置

1. 多层钢结构厂房的结构体系

多层钢结构厂房一般多采用框架体系和框架-支撑体系。框架-支撑结构体系的竖向支撑宜采用中心支撑，有条件时也可采用偏心支撑等消能支撑。中心支撑宜优先采用交叉支撑。

2. 多层钢结构厂房的布置

1）多层钢结构房屋抗震设计时，应尽量使厂房的体型规则、均匀、对称；刚度中心与质量中心尽量重合；多层钢结构厂房的竖向布置，纵、横两个方向的质量与刚度沿高度方向宜均匀变化，避免质量与刚度的突变，使厂房结构竖向变形协调且受力均匀。平面形状复杂、各部分框架高度差异大或楼层荷载相差悬殊时，应设防震缝或采取其他措施。当设置防震缝时，缝宽不应小于相应混凝土结构房屋的 1.5 倍。

2）重型设备宜低位布置。当设备重量直接由基础承受，且设备竖向需要穿过楼层时，厂房楼层应与设备分开。设备与楼层之间的缝宽，不得小于防震缝的宽度。楼层上的设备不应跨越防震缝布置；当运输机、管线等长条设备必须穿越防震缝布置时，设备应具有适应地震时结构变形的能力或防止断裂的措施。厂房内的工作平台结构与厂房框架结构宜采用防震缝脱开布置。当与厂房结构连接成整体时，平台结构的标高宜与厂房框架的相应楼层标高一致。

3）柱间支撑宜布置在荷载较大的柱间，且在同一柱间上下贯通；当条件限制必须错开布置时，应在紧邻柱间连续布置，并宜适当增加相近楼层或屋面的水平支撑或柱间支撑搭接一层，确保支撑承担的水平地震作用可靠传递至基础。

4）对于有抽柱的结构，应适当增加相近楼层、屋面的水平支撑，并在相邻柱间设置竖向支撑。当各榀框架侧向刚度相差较大、柱间支撑布置又不规则时，采用钢铺板的楼盖，应设置楼盖水平支撑。

5）各柱列的纵向刚度宜相等或接近。厂房楼盖宜采用现浇混凝土的组合楼板，也可采用装配整体式楼盖或钢铺板。混凝土楼盖应与钢梁有可靠的连接。当楼板开设孔洞时，应有可靠的措施保证楼板传递地震作用。

7.4.2　多层钢结构厂房的抗震计算要点

多层钢结构厂房与多层钢结构房屋在结构形式、材料等方面有很多共同之处，但由于多层钢结构厂房在工艺、设备等方面的一些特殊要求，所以其抗震计算除了应满足多层钢结构房屋的基本规定外，还应注意以下规定。

1. 地震作用与作用效应

抗震验算时，一般只需要考虑水平地震作用，并在结构的两个主轴方向分别验算，各方向的水平地震作用全部由该方向的抗震构件承担。水平地震作用可采用底部剪力法或振型分解反应谱法计算。计算时，在多遇地震下，结构阻尼比可采用 0.03~0.04；在罕遇地震下，阻尼比可采用 0.05。

确定重力荷载代表值时，除了和多层钢结构房屋一样，应取结构和构配件自重标准值和各可变荷载组合值之和外，尚应根据行业的特点，对楼面检修荷载、成品或原料堆积楼面荷载、设备和料斗及管道内的物料等，采用相应的组合系数。

震害调查表明，设备或材料的支承结构破坏，将危及下层的设备和人身安全，所以直接支承设备、料斗的构件及其连接，除振动设计计算动力荷载外，尚应计入其重力支承构件及连接的地震作用。设备与料斗等产生的水平地震作用，按下式计算

$$F_s = \alpha_{\max}\left(1.0 + \frac{H_x}{H_n}\right)G_{eq}$$ (7.27)

式中　　F_s——设备或料斗重心处的水平地震作用标准值；

　　　　$\alpha_{\max}$——水平地震影响系数最大值；

　　　　G_{eq}——设备或料斗的重力荷载代表值；

　　　　H_x——设备或料斗重心至室外地坪的距离；

　　　　H_n——厂房高度。

水平地震作用对支承构件产生的弯矩、扭矩，取设备或料斗重心至支承构件形心距离计算。

2. 多层钢结构厂房的内力计算

平面布置较规则的多层框架，其横向框架的计算宜采用平面计算模型，当平面不规则且楼盖为刚性楼盖时，宜采用空间计算模型，同时尚应考虑附加扭转的影响。厂房纵向框架，一般可按柱列法计算，当各柱列纵向刚度差别较大且楼盖为刚性楼盖时，宜采用空间整体计算模型。有压型钢板的现浇钢筋混凝土楼板，板面开孔较小且用栓钉等抗剪连接件与钢梁连接时，可将楼盖视为刚性楼盖。

多层框架的横向框架计算一般宜采用专门软件计算，当对层数不多的框架采用手算方法时，其竖向荷载作用下的内力效应可用近似的分层法计算，水平荷载作用下的内力效应可采用半钢架法、改进的反弯点法（D 值法）等近似方法计算。

3. 多层钢结构厂房的构件和节点的抗震承载力验算

按式（7.9）验算节点左右梁端和上下柱端的全塑性承载力时，框架柱的强柱系数，一级和地震作用控制时，取 1.25；二级和 1.5 倍地震作用控制时，取 1.20；三级和 2 倍地震作用控制时，取 1.10。下列情况可不满足式（7.9）的要求：

1）单层框架的柱顶或多层框架顶层的柱顶。

2）不满足式（7.9）的框架柱沿验算方向的受剪承载力总和小于该楼层框架受剪承载力的 20%，且该楼层每一柱列不满足式（7.9）的框架柱的受剪承载力总和小于本柱列全部框架柱受剪承载力总和的 33%。

柱间支撑杆件设计内力与其承载力设计值之比不宜大于 0.8；当柱间支撑承担不小于 70% 的楼层剪力时，不宜大于 0.65。

7.4.3　多层钢结构厂房的抗震构造措施

（1）框架柱的长细比限值　框架柱的长细比不宜大于 150；当轴压比大于 0.2 时，不宜大于 $125(1-0.8N/Af)\sqrt{235/f_{ay}}$。

（2）框架柱、梁的板件宽厚比要求　单层部分和总高度不大于 40m 的多层部分，可按单层钢结构厂房的规定执行。多层部分总高度大于 40m 时，可按多层及高层钢框架结构的规定执行。

（3）框架柱、梁的侧向支承　框架柱、梁的最大应力区，不得突然改变翼缘截面，其上下翼缘均应设置侧向支承，此支承点与相邻支承点之间距离应符合《钢结构设计标准》中塑性设计的有关要求。

（4）柱间支撑的布置要求　多层框架部分的柱间支撑，宜与框架横梁组成 X 形或其他有利于抗震的形式，其长细比不宜大于 150。支撑杆件的板件宽厚比应符合单层钢结构厂房的要求。

（5）框架梁的拼接　框架梁采用高强度螺栓摩擦型拼接时，其位置宜避开最大应力区（1/10 梁净跨和 1.5 倍梁高的较大值）。梁翼缘拼接时，在平行于内力方向的高强度螺栓不宜少于 3 排，拼接板的截面模量应大于被拼接截面模量的 1.1 倍。

（6）厂房柱脚的形式　厂房柱脚应能保证传递柱的承载力，宜采用埋入式、插入式或外包式柱脚，并按单层钢结构厂房的规定执行。

7.5　网架结构抗震设计

网架结构是由多根杆件按照有一定规律的几何图形通过节点连接起来的网格状空间结构体系，是高次超静定结构，因具有重量轻、空间刚度大、抗震性能好、用材经济、施工方便等优点而得到广泛应用。由于网架结构具有像平板的外形，因此也被称为平板型网架。

网架由地震引起的振动称为网架的地震反应，包括地震在结构中引起的内力和变形。地震反应的大小不仅与外来干扰作用（地震波）的大小、频率、相位和作用时间等有关，还与网架本身的动力特性（即网架的自振周期与阻尼）有关。

7.5.1　网架结构的振动方程和动力特性

1. 基本假定

对网架结构进行动力特性分析时有如下假定：

1）节点均为空间铰接节点，每一个节点具有三个自由度。

2）质量集中在各个节点上。

3）杆件只承受轴力。

4）基础为一刚性体，各点的运动完全一致，没有相位差。

2. 自由振动方程及求解

根据拟静法，将惯性力看成等效外力施加到结构上，由平衡方程得到网架结构用矩阵表示的自由振动方程。

网架的节点数较多，因此自由度也很多，一般宜至少取前 10 个振型进行动力分析方可满足工程设计精度要求。体型复杂或重要的大跨度空间网架结构需要取更多振型进行效应组合。

3. 网架结构的自由振动特点

基本周期随网架的短向跨度增大而加大，常用周边支承网架的基本周期为 0.3~0.7s。网架的自振频率和振型具有下列特点：

1）振动频率非常密集，特别在水平振型类密集区域，会出现相邻两个频率相等或接近的情况。

2）基本周期或基本频率与网架的短向跨度关系很大，跨度越大，基本周期越大，基本频率越小；与网架的长向跨度也有关，但改变的幅度不大；与支座约束的强弱、荷载的大小等略有关。不同类型但具有相同跨度的网架基本周期比较接近。

3）网架的振型可分为两大类，以水平振动为主的称为水平振型类，其节点水平分量较大，竖向分量较小；以竖向振动为主的称为竖向振型类，其节点竖向分量较大，水平分量较小。当支承结构刚度较大时，网架结构以竖向振动为主。

4）网架结构对称、荷载对称时，网架的第一振型具有对称性。利用对称性进行网架的自振周期和振型分析时，基本周期不会因利用对称性而被删除。

7.5.2 网架结构的地震反应分析方法

1. 振型分解反应谱法

振型分解反应谱法求解网架的地震作用效应，是目前网架地震反应分析中精度较高的分析方法之一。利用振型分解的概念，以单质点体系在地震作用下的反应理论为基础，先求出对应于每一个振型的最大地震作用及相应的地震作用效应，再将这些效应进行组合，得到网架杆件的最大地震反应。

2. 时程分析法

时程分析法是一种直接积分的方法，它对得到的动力方程直接积分，从而求得每一瞬时结构的位移、速度和加速度。直接积分法有线性加速度法、威尔逊-θ（Wilson-θ）法、New-mark-β 法等。

7.5.3 抗震设计一般规定

1. 网架结构形式

网架结构由许多规则的几何体组合而成，这些几何体是网架结构的基本单元。常用的有三角锥、四角锥等。网架结构按网格形式可分为：

（1）交叉平面桁架体系网架　交叉平面桁架体系是由一些相互交叉的平面桁架组成，一般使斜腹杆受拉，竖杆受压，斜腹杆与弦杆之间的夹角宜为 40°~60°。该体系网架主要有两向正交正放网架、两向正交斜放网架、两向斜交斜放网架及三向网架。

（2）四角锥体系网架　四角锥体系网架的上、下弦均呈正方形（或接近正方形的矩形）网格，相互错开半格，使下弦网格的角点对准上弦网格的形心，再将上、下弦节点间用腹杆连接起来，形成四角锥体系。该体系网架主要有正放四角锥网架、正放抽空四角锥网架、斜放四角锥网架、星形四角锥网架及棋盘形四角锥网架。正放四角锥网架是目前应用最为广泛的空间网架形式。

（3）三角锥体系网架　三角锥网架的基本单元是一倒置的三角锥体。锥底的正三角形的三边为网架的上弦杆，其棱为网架的腹杆。随着三角锥单元布置的不同，上、下弦网格可分为正三角形或六边形，从而构成不同的三角锥网架。该体系网架主要有三角锥网架、抽空三角锥网架及蜂窝形三角锥网架。

（4）折线形网架　折线形网架也称为折板网架，由正放四角锥网架演变而来，也可看成折板结构的格构化。当建筑平面长宽比大于 2 时，正放四角锥网架单向传力的特点明显，网架长跨方向弦杆的内力很小，可将长向弦杆（除周边网格外）取消，得到沿短向支承的折线形网架。

2. 网架结构选型

网架结构的形式很多，影响网架选型的因素也是多方面的。根据经济合理、安全实用的原则，网架结构的选型应结合工程的平面形状和跨度大小、网架的支承方式、荷载大小、屋面构造和材料、建筑设计、制作安装方法及材料供应等要求综合分析确定。网架杆件布置必须保证不出现结构几何可变情况。

1) 平面形状为矩形的周边支承网架，当其边长比（长边/短边）小于或等于 1.5 时，宜选用正放四角锥网架、斜放四角锥网架、棋盘形四角锥网架、正放抽空四角锥网架、两向正交斜放网架、两向正交正放网架。当其边长比大于 1.5 时，宜选用两向正交正放网架、正放四角锥网架或正放抽空四角锥网架。对中小跨度，也可选用星形四角锥网架和蜂窝形三角锥网架。当建筑要求长宽两个方向支承距离不等时，可选用两向斜交斜放网架。

2) 平面形状为矩形、三边支承一边开口的网架，可按 1) 项进行选型，开口边必须具有足够的刚度并形成完整的边桁架，当刚度不满足要求时可采用增加网架高度、增加网架层数等办法加强。

3) 平面形状为矩形、多点支承的网架可根据具体情况选用正放四角锥网架、正放抽空四角锥网架、两向正交正放网架。

4) 平面形状为圆形、正六边形及接近正六边形等周边支承的网架，可根据具体情况选用三向网架、三角锥网架或抽空三角锥网架。对中小跨度，也可选用蜂窝形三角锥网架。

5) 对跨度不大于 40m 的多层建筑的楼盖及跨度不大于 60m 的屋盖，可采用以钢筋混凝土板代替上弦的组合网架结构。组合网架宜选用正放四角锥式、正放抽空四角锥式、两向正交正放式、斜放四角锥式和蜂窝形三角锥式。

6) 网架的网格高度与网格尺寸应根据跨度大小、荷载条件、柱网尺寸、支承情况、网格形式以及构造要求和建筑功能等因素确定，网格的高跨比可取 1/18~1/10。网架在短向跨度的网格数不宜小于 5。确定网格尺寸时宜使相邻杆件间的夹角大于 45°，且不宜小于 30°。

7) 网架可采用上弦或下弦支承方式，当采用下弦支承时，应在支座边形成竖直或倾斜的边桁架。

3. 抗震验算规定

在抗震设防烈度为 8 度的地区，对周边支承的中小跨度网架结构应进行竖向抗震验算，对其他网架结构均应进行竖向和水平抗震验算。

在抗震设防烈度为 9 度的地区，对各种网架结构应进行竖向和水平抗震验算。

设防烈度为 7 度时，网架结构的设计往往由非地震作用工况控制，因此可不进行地震作用计算，但应满足相应的抗震措施的要求。

7.5.4 网架结构的抗震计算要点

1. 基本假定

1) 按静力等效原则，将节点所辖区域内的荷载集中作用在该网架节点上。

2) 分析结构内力时，可忽略节点刚度的影响，假定网架节点为铰接，杆件只承受轴向力，当杆件上作用有局部荷载时，应另行考虑局部弯曲内力的影响。

3) 网架结构的内力和位移可按弹性阶段进行计算，网架变形很小，由此产生的影响忽略不计。

4) 网架结构的支承条件，可根据结构形式、支座节点位置、数量和构造情况以及支承结构的刚度，分别假定为两向或一向可侧移、无侧移的铰接支座或弹性支座。

2. 竖向地震作用

竖向地震作用计算时通常将柱子及下部结构简化为网架的支座，只考虑柱子提供的竖向约束作用，即将网架支座简化为简支。

1）设防烈度为 8 度或 9 度的地区，对于周边支承网架屋盖以及多点支承和周边支承相结合的网架屋盖，竖向地震作用标准值可按下式确定

$$F_{\text{Evk}i} = \pm \psi_{\text{v}} G_i \tag{7.28}$$

式中　　$F_{\text{Evk}i}$——作用在网架第 i 节点上竖向地震作用标准值；

　　　　G_i——网架第 i 节点的重力荷载代表值（其中恒荷载取 100%，雪荷载及屋面积灰荷载取 50%，不考虑屋面活荷载）；

　　　　ψ_{v}——竖向地震作用系数，按表 7.9 取值。

表 7.9　竖向地震作用系数

设防烈度	场地类别		
	Ⅰ	Ⅱ	Ⅲ、Ⅳ
8	可不计算(0.10)	0.08(0.12)	0.10(0.15)
9	0.15	0.15	0.20

注：括号中数值用于设计基本地震加速度为 0.30g 的地区。

悬挑长度较大的网架屋盖结构以及用于楼层的网架结构，其竖向地震作用标准值，8 度和 9 度可分别取该结构、构件重力荷载代表值的 10% 和 20%，设计基本地震加速度为 0.30g 时，可取该结构、构件重力荷载代表值的 15%。计算重力荷载代表值时，对一般民用建筑可取楼层活荷载的 50%。

2）对于周边简支、平面形式为矩形的正放类和斜放类（指上弦杆平面）用于屋盖的网架结构，在竖向地震作用下产生的杆件轴向力标准值可按下式计算

$$N_{\text{E}vi} = \pm \xi_i |N_{\text{G}i}| \tag{7.29}$$

$$\xi_i = \lambda \xi_{\text{v}} \left(1 - \frac{r_i}{r} \eta \right) \tag{7.30}$$

式中　　$N_{\text{E}vi}$——竖向地震作用引起第 i 杆的轴向力标准值；

　　　　$N_{\text{G}i}$——在重力荷载代表值作用下第 i 杆的轴向力标准值（可由空间桁架位移法求得，其竖向地震作用的分项系数可采用 1.3）；

　　　　ξ_i——第 i 杆的竖向地震轴向力系数；

　　　　λ——抗震设防烈度系数，8 度时 $\lambda = 1$，9 度时 $\lambda = 2$；

　　　　ξ_{v}——竖向地震轴心力系数，可根据网架结构的基本频率按图 7.20 取用，图中的 a 与 f_0 可按表 7.10 取值；

　　　　r_i——网架结构平面的中心 O 至第 i 杆中点 B 的距离，如图 7.21 所示；

　　　　r——OA 的长度，A 为 OB 线段与圆（或椭圆）锥底面圆周的交点，如图 7.21 所示。

　　　　η——修正系数，按表 7.11 取值。

网架结构的基本频率可近似按下式计算

$$f_1 = \frac{1}{2} \sqrt{\frac{\sum G_j \omega_j}{\sum G_j \omega_j^2}} \tag{7.31}$$

式中 G_j——第 j 节点重力荷载代表值；

ω_j——重力荷载代表值作用下第 j 节点竖向位移。

表 7.10 确定竖向地震轴向力系数的数值

场地类列	a		f_0/Hz
	正放类	斜放类	
I	0.095	0.135	5.0
II	0.092	0.130	3.3
III	0.080	0.110	2.5
IV	0.080	0.110	1.5

表 7.11 修正系数

网架上弦杆布置形式	平面形式	η
正放类	正方形	0.19
	矩形	0.13
斜放类	正方形	0.44
	矩形	0.20

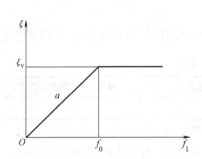

图 7.20 竖向地震轴向力系数的变化

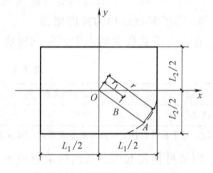

图 7.21 计算修正系数的长度

平面复杂或重要的大跨度网架结构可采用振型分解反应谱法或时程分析法做专门的抗震分析和验算。

按以上方法求得竖向地震作用标准值后，将其视为等效荷载作用于网架，按空间桁架位移法即可计算出各杆件的地震作用内力。

3. 水平地震作用

（1）计算模型 网架屋盖结构自身的地震效应是与下部结构协同工作的结果。由于下部结构的竖向刚度一般较大，不考虑网架屋盖结构与下部结构的协同工作，会对屋盖结构的地震作用，特别是水平地震作用计算产生显著影响，甚至得出错误结果。因此，考虑上下部结构的协同工作是网架屋盖结构地震作用计算的基本原理。在抗震分析时，应考虑支承体系对网架结构受力的影响。此时宜将网架结构与支承体系共同考虑，按整体分析模型进行计算；也可把支承体系简化为网架结构的弹性支座，按弹性支承模型进行计算。

（2）结构阻尼比 网架屋盖结构和下部支承结构协同分析时，当下部支承结构为钢结构或屋盖直接支承在地面时，阻尼比可取 0.02；当下部支承结构为混凝土结构时，阻尼比可取 0.025~0.035。

（3）计算方向　网架的水平地震作用计算时，应至少取两个主轴方向同时计算；对于有两个以上主轴或质量、刚度明显不对称的屋盖结构，应增加水平地震作用的计算方向。

（4）计算方法　网架结构体系水平地震作用的计算可采用振型分解反应谱法或时程分析法。通常将地震时水平地面运动分解为相互垂直的两个水平运动分量，一般只需考虑其中较大的一个，而且假定作用在结构侧向刚度较小的方向。水平地震作用下网架的内力、位移可采用空间桁架位移法计算。对于体型复杂或较大跨度的网架结构，宜进行多维地震作用下的效应分析。进行多维地震效应计算时，可采用多维随机振动分析方法、多维反应谱法或时程分析法。网架的支撑结构应按有关规范的相应规定进行抗震验算。

确定水平地震作用标准值时，通常把网架结构当作一块刚性平板而简化为单质点体系，按下列公式计算。

结构总水平地震作用标准值　　　　$F_{Ek} = \alpha_1 G_E$ （7.32）

作用于网架节点 i 上的水平地震作用标准值　$F_i = \dfrac{G_i}{\sum G_i} F_{Ek}$ （7.33）

式中　G_E——作用在屋盖上的全部重力荷载代表值（包括网架结构自重）；

G_i——网架第 i 节点的重力荷载代表值；

α_1——相应于结构基本自振周期的水平地震影响系数，根据《抗震规范》取值。

4. 网架屋盖结构的挠度限值

在重力荷载代表值和多遇竖向地震作用标准值下的组合挠度值不宜超过表 7.12 的限值。

表 7.12　网架结构的容许挠度值

结构体系	屋盖结构（短向跨度 l_1）	楼盖结构（短向跨度 l_1）	悬挑结构（悬挑跨度 l_2）
网架	$l_1/250$	$l_1/300$	$l_2/125$

注：对于设有悬挂起重设备的屋盖结构，其最大挠度值不宜大于结构跨度的 1/400。

网架可预先起拱，其起拱值可取不大于短向跨度的 1/300。当仅为改善外观要求时，最大挠度可取恒荷载与活荷载标准值作用下挠度减去起拱值。

5. 网架构件截面抗震验算

1）一般结构应进行三向地震作用效应的组合。

2）关键杆件的地震组合内力设计值应乘以增大系数。其取值，7、8、9 度宜分别按 1.1、1.15、1.2 采用。

3）关键节点的地震作用效应组合设计值应乘以增大系数。其取值，7、8、9 度宜分别按 1.15、1.2、1.25 采用。

4）对于空间传力体系，关键杆件指临支座杆件，即临支座 2 个区（网）格内的弦、腹杆，临支座 1/10 跨度范围内的弦、腹杆，两者取较小的范围。对于单向传力体系，关键杆件指与支座直接相临节间的弦杆和腹杆。关键节点为与关键杆件连接的节点。

7.5.5　网架结构的抗震措施

1. 钢杆件的长细比限值

网架结构钢杆件的长细比不宜超过表 7.13 的限值。

表 7.13 钢杆件的长细比限值

杆件类型	受 拉	受 压	压 弯	拉 弯
一般杆件	250	180	150	250
关键杆件	200	150(120)	150(120)	200

注：括号内数值用于 8、9 度。

2. 水平支撑的设置

抗震设防烈度为 7 度和 7 度以上时，网架在其支承平面周边区段宜设置水平支撑。图 7.22 所示为正交正放类和正交斜放类周边支承网架，在周边弦杆网格内设置斜杆和水平杆，以形成封闭体系。

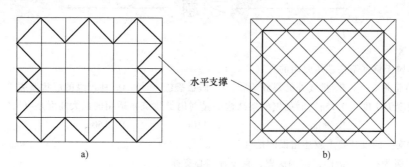

图 7.22 网架的水平支撑

a) 正交正放类网架 b) 正交斜放类网架

3. 合理的支座构造

网架结构的支座节点必须具有足够的强度和刚度，在荷载作用下不应先于杆件和其他节点而破坏，也不得产生不可忽略的变形。支座节点构造形式应传力可靠、连接简单，并应符合计算假定。

支座节点根据其主要受力特点，分别选用压力支座节点、拉力支座节点、可滑移与转动的弹性支座节点以及兼受轴力、弯矩与剪力的刚性支座节点。8、9 度时，多遇地震下只承受竖向压力的支座，宜采用拉压型构造。图 7.23 为球铰压力支座节点，可用于有抗震要求、多点支承的大跨度空间网格结构。图 7.24 为橡胶板式支座节点，可用于支座反力较大、有抗震要求、受温度影响、有较大水平位移与有转动要求的大、中跨空间网格结构。

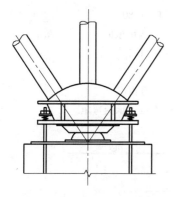

图 7.23 球铰压力支座节点

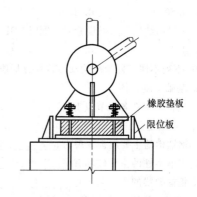

橡胶垫板
限位板

图 7.24 橡胶板式支座节点

本 章 小 结

本章结合钢结构房屋主要震害的分析，从结构选型、构件布置等方面提出了抗震设计的基本要求，阐述了钢结构房屋抗震设计的计算要点，包括地震作用计算与地震作用效应的调整、内力和变形验算，构件及节点的抗震承载力的验算，支撑及构件连接抗震承载力的验算等；同时，从抗震构造措施上介绍了钢框架、框架-中心支撑、框架-偏心支撑以及网架结构的具体构造要求，保证钢结构房屋在地震作用下抗震性能的充分发挥。

习 题

一、选择题

1. 下列不属于钢框架柱破坏原因的是（　　　）。

A. 翼缘的屈曲　　　　B. 拼接处的裂缝　　　　C. 腹板裂缝　　　　D. 柱翼缘的层状撕裂

2. 设防烈度为 7 度（0.15g）时的钢框架结构房屋（丙类建筑）适用的最大高度是（　　　）。

A. 70m　　　　　　　B. 90m　　　　　　　C. 110m　　　　　　D. 150m

3. 下列对支撑的设计要求叙述错误的是（　　　）。

A. 抗震等级为一、二级的钢结构房屋，宜设置偏心支撑

B. 抗震等级为三、四级且高度不大于 50m 的钢结构宜采用中心支撑

C. 中心支撑框架宜采用 K 形支撑

D. 偏心支撑框架的每根支撑应至少有一端与框架梁连接

4. 在框筒结构体系中，沿外框筒的四个面设置大型桁架（支撑）构成的筒体体系是（　　　）。

A. 钢框架筒体结构体系　　　　　　　　B. 竖筒结构体系

C. 筒中筒结构体系　　　　　　　　　　D. 桁架筒结构体系

5. 地震作用下的楼层重力附加弯矩大于该层初始弯矩的（　　　）时，应计入重力二阶效应的影响。

A. 5%　　　　　　　B. 8%　　　　　　　C. 10%　　　　　　　D. 12%

6. 高层钢结构房屋高度大于（　　　）时需要考虑风荷载的作用。

A. 60m　　　　　　B. 65m　　　　　　C. 70m　　　　　　D. 75m

7. 在多遇地震作用下，钢结构的弹性层间位移角应小于（　　　）。

A. 1/200　　　　　B. 1/300　　　　　C. 1/400　　　　　D. 1/500

8. 在罕遇地震作用下，钢结构的弹塑性层间位移角应小于（　　　）。

A. 1/50　　　　　　B. 1/60　　　　　　C. 1/70　　　　　　D. 1/80

9. 多层钢结构厂房需设置防震缝时，其缝宽不应小于相应混凝土结构房屋的（　　　）倍。

A. 1.2　　　　　　B. 1.3　　　　　　C. 1.4　　　　　　D. 1.5

10. 下列不属于网架结构动力特性分析假定的是（　　　）。

A. 基础为刚性体　　　　　　　　　　B. 每个节点具有三个自由度

C. 质量集中在各个节点上　　　　　　D. 杆件既可承受轴力也可承受弯矩

二、填空题

1. 钢结构的主要震害表现为_____、_____、_____、_____和_____。

2. 钢框架柱的主要破坏有_____、_____、_____和_____。

3. 钢框架梁的主要破坏有_____、_____、_____和_____。

4. 钢节点域的主要破坏有_____、_____、_____和_____。

5. 钢构件与基础的连接锚固破坏主要有_____、_____和_____。

6. 钢结构平面端部构件的最大侧移不得超过质心侧移的_____倍。

7. 偏心支撑框架的设计原则是_____、_____和_____。

8. 钢结构抗侧力构件的连接设计，应遵循_____和_____的原则。

9. 平面布置较规则的多层钢结构厂房，其横向框架的计算宜采用_____模型。

10. 平面复杂或重要的大跨度网架结构，可采用_____或_____方法作专门的抗震分析和验算。

三、判断改错题

1. 钢结构节点区的破坏主要出现在梁柱节点的梁端上翼缘处柱中。（　　）

2. 采用偏心支撑可适当减小支撑构件的轴向力，进而减小支撑失稳的可能性。（　　）

3. 在小震下消能支撑能增加结构的水平刚度，减小结构的侧移，在中震和大震下其刚度变小。（　　）

4. 当建筑平面尺寸大于 80m 时，高层钢结构房屋可考虑设置伸缩缝。（　　）

5. 中心支撑框架宜采用 K 形支撑。（　　）

6. 一般情况下，不超过 10 层的钢结构房屋可采用框架结构、框架-支撑结构。（　　）

7. 超过 50m 的钢结构应设置地下室。（　　）

8. 多、高层钢结构房屋的抗震计算可采用平面抗侧力结构的空间协同计算模型。（　　）

9. 为保证钢结构的整体稳定性，框架柱的长细比不宜太小。（　　）

10. 基本周期随网架的长向跨度增大而加大。（　　）

四、名词解释

钢框架结构体系　钢框架-支撑结构体系　中心支撑　偏心支撑　消能支撑　钢框架-抗震墙板结构体系
桁架筒结构体系　巨型框架结构体系　网架的地震反应　重力附加弯矩

五、问答题

1. 简述钢结构的地震破坏现象及产生的原因。

2. 多、高层钢结构有哪几种常用结构体系？

3. 多、高层钢结构房屋的抗震计算主要内容有哪些？

4. 简述钢结构房屋结构布置的原则。

5. 为什么要设置加强层？

6. 多、高层钢结构房屋的抗震设计采用什么方法？

7. 高层钢结构抗震设计中，"强柱弱梁"如何体现？

8. 高层钢结构的构件设计中，为什么要限制板件宽厚比？

9. 简述偏心支撑框架的设计原则。

10. 网架结构抗震设计的基本假定有哪些？

六、计算题

1. 一幢四层钢框架结构，建于天津市区，建筑场地为Ⅲ类场地土，该地区抗震设防烈度为 7 度，设计基本地震加速度为 0.15g，设计地震分组为第二组，结构质量与刚度较规则，纵向柱距为 8m，已知各层质量的重力荷载代表值（图 7.25），基本自振周期 $T_1 = 1.19s$，阻尼比 $\zeta = 0.04$。要求：确定各层的地震作用标准值。

2. 某高层钢结构建于抗震设防烈度 8 度区，设计基本地震加速度为 0.20g，设计地震分组为第二组，场地类别为Ⅲ类，结构基本周期为 2.5s，结构阻尼比为 0.04，总重力荷载代表值 $\sum G_i = 160000kN$。要求：确定顶部附加水平地震作用标准值 ΔF_n。

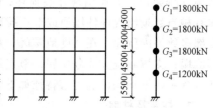

图 7.25　某四层钢框架结构计算简图

单层工业厂房抗震设计 第8章

学习要求：
- 了解单层钢筋混凝土柱厂房、单层钢结构厂房及单层砖柱厂房的震害特点。
- 理解单层厂房结构横向抗震计算的方法和单层厂房纵向抗震计算原理。
- 了解单层工业厂房的抗震构造措施。

8.1 单层工业厂房的震害特征

我国的单层工业厂房和类似的工业生产用房，大多数为装配式钢筋混凝土柱厂房。跨度在 12~15m 以内、高度在 4~5m 以下且无桥式起重机的中、小型车间和仓库常采用单层砖柱（墙垛）承重的结构，跨度在 36m 以上且有重型起重机的厂房常采用钢结构。

了解单层工业厂房的震害特征，有助于分析产生震害的主要原因，并帮助设计人员选择合理的结构体系，进行合理的结构布置。

8.1.1 单层钢筋混凝土柱厂房的震害特征

单层钢筋混凝土柱厂房是由预制钢筋混凝土屋架（或钢屋架）与钢筋混凝土柱组装成的预制装配式结构。此类厂房一般用于大、中型有起重机的厂房，跨度为 12~30m，屋架下弦标高为 7~24m，起重机起重量为 5~150t。屋盖结构大部分为以大型屋面板为主的无檩体系，也有少数采用轻型屋面板材的有檩体系。厂房布置一般为单跨、多跨等高和多跨不等高三种。

单层钢筋混凝土柱厂房在不同烈度地震区的震害不同。在 7 度地震区，厂房的主体结构完好，支撑系统基本完好，主要震害是砖围护墙体的局部开裂或外闪。在 8 度地震区，主体结构（排架柱）开始出现开裂损坏，有的严重开裂破坏；天窗架立柱开裂；屋盖与柱间支撑有相当数量出现杆件压屈或节点拉脱；砖围护墙产生较重开裂，部分墙体局部倒塌，山墙顶部多数外闪倒塌。在 9 度地震区，震害显著加重，主体结构严重开裂破坏；屋盖破坏和局部倒塌；支撑系统大部分压屈，节点拉脱破坏；砖围护墙大面积倒塌；有的厂房整个严重破坏。其主要结构构件的震害特征如下。

1. 柱头及柱肩

在强大的横向水平地震作用、竖向重力荷载和竖向地震作用的共同作用下，当屋架与柱头采取焊接连接而焊缝强度不足时，柱头可能发生焊缝切断或者因预埋锚固钢筋锚固强度不足而被拔出，而使连接破坏，屋架由柱顶塌落；当节点连接强度足够时，柱头在反复水平地震作用下处于剪压复合受力状态，加上屋架与柱顶之间由于角变变形使柱头混凝土受挤压（柱与屋架的连接为非理想铰接），柱头混凝土被剪压而出现斜裂缝，被挤压而酥落，锚筋拔出，钢筋弯折使柱头失去承载力，屋架下落（图 8.1）。

　　在高低跨厂房的中柱，常用柱肩或牛腿支承低跨屋架，地震时由于高振型影响，高低两层屋盖产生相反方向的运动，柱肩或牛腿所受的水平地震作用将增大许多，如果没有配置足够数量的水平钢筋，柱肩或牛腿就会被拉裂，产生竖向裂缝（图 8.2）。

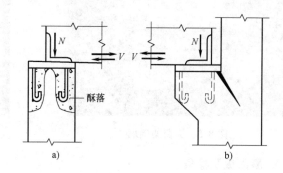

图 8.1　柱头破坏　　　　　　　　　图 8.2　屋架与柱头、柱肩节点的破坏

2. 柱身

　　上柱截面较弱，在屋盖及起重机的横向水平地震作用下承受较大的剪力，故柱子处于压弯剪复合受力状态，在柱子的变截面处因刚度突变而产生应力集中，故在吊车梁顶面附近易产生拉裂（图 8.3）甚至折断。下柱产生水平裂缝，一般发生在地坪以上窗台以下的一段，严重时可使混凝土剥落、纵筋压屈、柱根折断（图 8.4），主要原因是柱截面的抗弯承载力不足，在 9 度以上的高烈度区，曾有柱根折断而使厂房整片倒塌的例子。

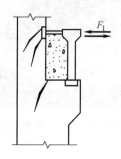

图 8.3　上柱震害　　　　　　　　　　　图 8.4　下柱震害

3. 门形天窗架

　　由于门形天窗屋盖重量大，重心高，刚度突变，横向地震作用下，受高振型影响，地震作用明显增大，造成天窗架立柱折断，或使天窗架与屋架的连接节点破坏，主要是连接焊缝或螺栓被剪断，天窗架下塌。同时，在纵向地震作用下，屋面板与天窗架之间连接破坏，纵向支撑杆件的压屈失稳或支撑与天窗架之间连接失效将引起天窗架的倾倒（图 8.5）；但如果纵向支撑过强或者天窗架的下部侧向挡板与天窗架焊接时，则将造成应力集中而使柱在平面外折断。

4. 屋架

在纵向地震作用下，屋架两端的剪力最大，而屋架端节间经常是零杆，设计的截面较弱，承载力在大震作用下不足，常出现屋架端部支承大型屋面板的支墩被切断，屋架端节间上弦被剪断。此外，屋架的平面外支撑（如屋面板）失效时，也可能引起屋架倾斜倒塌（图 8.6）。

图 8.5　天窗架倒塌　　　　　　　　　　　　图 8.6　屋架倾斜倒塌

5. 屋面板及檩条

在无檩体系中，大型屋面板屋盖由于屋面板与天窗架焊接不牢（如没有保证三点焊或焊缝长度不够），或者屋面板大肋上预埋件锚固强度不足而被拔出，都会引起屋面板与屋架的拉脱、错动以致坠落（图 8.7）。有檩体系的震害比无檩体系轻，主要是屋架与檩条之间连接不好，容易造成檩条的移位、下滑和塌落（图 8.8）。

图 8.7　屋面板从屋架坠落　　　　　　　　　图 8.8　檩条从屋架下滑

6. 支撑震害

厂房的纵向刚度主要取决于支撑系统，一般情况下支撑仅按构造设置，与抗震要求相比显得数量不足，杆件刚度偏弱以及承载力偏低，节点构造单薄，地震时容易发生压屈、部分节点板扭折、焊缝撕开、锚筋拉断等现象。在整个支撑系统中，以天窗垂直支撑的震害最为严重，其次是屋盖支撑及柱间支撑（图 8.9）。

7. 围护墙

单层钢筋混凝土柱厂房的围护墙（纵墙和山墙）是出现震害较多的部位。常发生开裂或外闪、局部或大面积倒塌，其中高悬墙、女儿墙受鞭端效应影响，破坏最为严重。同时，山墙、山尖在纵向地震作用下有可能发生外闪或局部塌落（图 8.10）。

图 8.9 柱间支撑压屈   图 8.10 纵墙倒塌

8.1.2 单层钢结构厂房的震害特征

单层钢结构厂房是指厂房主要结构构件，如屋架、柱和吊车梁等均由钢材制成的全钢结构厂房。这类厂房以往多用于冶金工业和大型机械工业工厂。

钢结构厂房由于钢材的强度高，延性和韧性良好，在构造合适、布置合理的情况下，具有很好的抗震能力。国内外多次地震均表明钢结构厂房是一种非常有利于抗震的结构。海城地震中位于 7 度地震区的鞍山钢铁公司，唐山地震中位于 10 度地震区的唐山钢铁公司的大量单层钢结构厂房，都经受住了地震的袭击，大部分厂房主体结构基本完好。

在唐山 10 度地震作用下，仅有很少量的单层钢结构厂房出现中等破坏。唐钢 37000m^2 钢结构厂房中，中等破坏的仅 10%；即使在位于震中 11 度地震区区的唐山机车车辆厂，某钢结构厂房也只是出现厂房柱柱身倾斜和柱脚螺栓被拉坏拔出，但柱身未发现破坏。

从上述情况可以看出，单层钢结构厂房在 7~9 度地震作用下，其抗震能力还是较强的，只有在高于 9 度时才产生一些局部破坏的现象，仅在个别特大地震中才出现厂房整体坍塌现象。局部破坏出现较多的部位主要是钢柱柱脚支座的锚栓连接。其破坏特征是柱脚支座的锚固螺栓剪断或拉坏，支座的混凝土破坏脱落。柱脚的锚固破坏使钢柱发生倾斜，严重时导致厂房倒塌。唐山地震中的唐山机车车辆厂的热处理车间钢结构厂房和 1978 年日本宫城县地震中的单层钢结构运动球房，即为此类破坏的典型实例。从单层钢结构厂房和单层钢筋混凝土柱厂房震害的调查对比来看，前者破坏的概率较后者低得多，除了材质的差别外，从结构设计上来看还有以下原因：

1）单层钢结构厂房，由于钢结构的构件比较薄，在设计中要求布置较强的支撑体系，以保持结构的整体稳定，故在钢结构厂房中其屋盖支撑体系、厂房柱的侧向支撑体系、天窗架支撑体系等均比钢筋混凝土柱厂房完整。

2）单层钢结构厂房一般均用于起重机荷载大的生产车间，因而厂房的纵向传力系统均经过慎重的考虑与选择，增强了厂房纵向抗震的能力。

8.1.3 单层砖柱厂房的震害特征

砖排架厂房是指由砖墙（带或不带壁柱）、砖柱承重的单跨或多跨单层房屋，其内部很少设置纵墙和横墙，是中小型企业厂房的主要结构形式，大型企业中的辅助厂房和仓库也常采用。厂房跨度一般为 9~15m，个别达 18m；屋架下弦高度一般为 4~8m，个别达 10m。屋盖结构可分为重、轻两类，重屋盖通常指采用钢筋混凝土实腹梁或桁架，上覆钢筋混凝土槽形板或大型屋面板；轻屋盖通常指采用木屋架、木檩条，上铺木望板和机瓦，或钢屋架、钢檩条，上覆瓦楞铁或波形石棉水泥瓦。有些厂房还设有 5t 以下的起重机，砖柱为变截面，呈阶梯形。

单层砖柱厂房具有构造简单、施工方便、造价低廉及就地取材等优点，使用比较普遍。因此，总结以往多次大地震的经验，分析震害原因，找出薄弱环节，有针对性地提出抗震措施，以提高砖柱厂房的抗震性能，是十分必要的。

单层砖排架厂房，单跨为砖墙承重；多跨时外圈为砖墙承重，内部为独立砖柱承重。虽然主体承重结构是砖墙，但是因为内部空旷，横墙间距大，地震时的破坏状况与多层砖墙承重房屋的破坏状况有所不同，有其自己的特征和规律。主要的震害特征是：

1）厂房的最薄弱部位是砖排架，它的抗弯强度低，是厂房倒塌的最主要原因。无筋砖柱的破坏程度和倒塌率与砖柱的高厚比无明显关系。

2）山墙和承重纵墙（或带壁柱），主要发生以水平裂缝为代表的平面外弯曲破坏，与多层房屋砖墙以斜裂缝为主的平面内剪切破坏不同。

3）砖木厂房，纵墙（包括壁柱）窗台口处或下端的水平裂缝，一直延伸到离山墙仅一两个开间处。与此同时，山墙却很少出现交叉斜裂缝，说明瓦木屋盖的空间作用很差。

4）重屋盖厂房的破坏程度稍重于轻屋盖厂房。

5）楞摊瓦和稀铺望板的瓦木屋盖，纵向水平刚度很差，不能阻止木屋架的倾斜。

6）山墙与檩条、屋架与砖柱之间因连接脆弱，容易发生水平错位。

8.2 单层工业厂房的结构布置

8.2.1 单层钢筋混凝土柱厂房

1. 平面布置

单层钢筋混凝土柱厂房多为装配式钢筋混凝土结构，其结构平面布置应尽可能简单、规则、对称，以避免显著的扭转振动，并应符合下列要求：

1）历次地震的震害表明，不等高多跨厂房有高振型反应，不等长多跨厂房有扭转效应，破坏较重，均对抗震不利。故多跨厂房宜等高和等长，高低跨厂房不宜采用一端开口的结构布置。

2）在地震作用下，防震缝处排架柱的侧移量大，当有毗邻建筑时，相互碰撞或变形受约束的情况严重，地震中有不少倒塌、严重破坏等加重震害的震例，因此，厂房的贴建房屋和构筑物不宜布置在厂房角部和紧邻防震缝处。

3）厂房体型复杂或有贴建的房屋和构筑物时，宜设防震缝；在厂房纵横跨交接处、大柱网厂房或不设柱间支撑的厂房，防震缝宽度可采用 100~150mm，其他情况可采用 50~90mm。

4）地震作用下，相邻两个独立主厂房的振动变形可能不同步协调，与之相连接的过渡跨的屋盖常倒塌破坏。为此，两个主厂房之间的过渡跨至少应有一侧采用防震缝与主厂房脱开。

5）晚间停放起重机时，会增大上起重机的铁梯所在排架的侧移刚度，加大地震反应，特别是多跨厂房各跨上起重机的铁梯集中在同一横向轴线时，会导致震害破坏，应避免。故厂房内上起重机的铁梯不应靠近防震缝设置；多跨厂房各跨上起重机的铁梯不宜设置在同一横向轴线附近。

6）工作平台或刚性内隔墙与厂房主体结构连接时，改变了主体结构的工作性状，加大了地震反应，导致应力集中，可能造成短柱效应，不仅影响排架柱，还可能涉及柱顶的连接和相邻的屋盖结构，计算和加强措施均较困难，故厂房内的工作平台、刚性工作间宜与厂房主体结构脱开。

7）厂房的同一结构单元内不应采用不同的结构形式；厂房端部应设屋架，不应采用山墙承重；厂房单元内不应采用横墙和排架混合承重。

8）当两侧为嵌砌墙，中柱列宜设柱间支撑。一侧为外贴墙或嵌砌墙，另一侧为开敞；或一侧为嵌砌墙，另一侧为外贴墙等各柱列纵向刚度严重不均匀的厂房，由于各柱列的地震作用分配不均匀，变形不协调，常导致柱列和屋盖的纵向破坏，在 7 度区就有这种震害反映，在 8 度和大于 8 度区，破坏就更普遍且严重，不少厂房柱倒屋塌，在设计中应予以避免。故厂房柱距宜相等，各柱列的侧移刚度宜均匀，当有抽柱时，应采取抗震加强措施。

2. 屋架和天窗架的布置

厂房屋架的设置，应符合下列要求：

1）轻型大型屋面板无檩屋盖和钢筋混凝土有檩屋盖的抗震性能好，故厂房宜采用钢屋架或重心较低的预应力混凝土、钢筋混凝土屋架。

2）地震震害统计分析表明，屋盖的震害破坏程度与屋盖承重结构的形式密切相关。根据 8~11 度地震区的震害调查发现：在地震中倒塌或部分倒塌的梯形屋架屋盖所占比例最高；拱形屋架屋盖次之；屋面梁屋盖最少。另外，采用下沉式屋架的屋盖，经 8~10 度强烈地震的考验，没有破坏的震例。因此厂房宜采用低重心屋盖承重结构，当跨度不大于 15m 时，可采用钢筋混凝土屋面梁。

3）跨度大于 24m，或 8 度 Ⅲ、Ⅳ 类场地和 9 度时，应优先采用钢屋架。

4）柱距为 12m 时，可采用预应力混凝土托架（梁）；当采用钢屋架时，也可采用钢托架（梁）。

5）有突出屋面天窗架的屋盖不宜采用预应力混凝土或钢筋混凝土空腹屋架。

6）8 度（0.30g）和 9 度时，跨度大于 24m 的厂房不宜采用大型屋面板。

突出屋面的天窗架给厂房的抗震带来很不利的影响，因此厂房天窗架的设置，应符合下列要求：

1）天窗宜采用突出屋面较小的避风型天窗，有条件或 9 度时宜采用下沉式天窗。

2）突出屋面的天窗宜采用钢天窗架；6~8 度时，可采用矩形截面的钢筋混凝土天窗架。

3）天窗架不宜从厂房结构单元第一开间开始设置；8 度和 9 度时，天窗架宜从厂房单元端部第三间开始设置。

4）天窗屋盖、端壁板和侧板，宜采用轻型板材，不应用端壁板代替端天窗架。

3. 围护结构布置

单层钢筋混凝土柱厂房的围护墙和隔墙，尚应符合下列要求：

1）厂房的围护墙宜采用轻质墙板或钢筋混凝土大型墙板，砌体围护墙应采用外贴式并与柱可靠拉结；外侧柱距为12m时应采用轻质墙板或钢筋混凝土大型墙板。

2）刚性围护墙沿纵向宜均匀对称布置，不宜一侧为外贴式，另一侧为嵌砌式或开敞式；不宜一侧采用砌体墙一侧采用轻质墙板。

3）不等高厂房的高跨封墙和纵横向厂房交接处的悬墙宜采用轻质墙板，6、7度采用砌体时不应直接砌在低跨屋面上。

4）砌体围护墙在下列部位应设置现浇钢筋混凝土圈梁：

① 梯形屋架端部上弦和柱顶的标高处应各设一道，但屋架端部高度不大于900mm时可合并设置。

② 应按上密下稀的原则每隔4m左右在窗顶增设一道圈梁，不等高厂房的高低跨封墙和纵墙跨交接处的悬墙，圈梁的竖向间距不应大于3m。

③ 山墙沿屋面应设钢筋混凝土卧梁，并应与屋架端部上弦标高处的圈梁连接。

5）圈梁的构造应符合下列规定：

① 圈梁宜闭合，圈梁截面宽度宜与墙厚相同，截面高度不应小于180mm；圈梁的纵筋，6~8度时不应少于4φ12，9度时不应少于4φ14。

② 厂房转角处柱顶圈梁在端开间范围内的纵筋，6~8度时不宜少于4φ14，9度时不宜少于4φ16，转角两侧各1m范围内的箍筋直径不宜小于φ8，间距不宜大于100mm；圈梁转角处应增设不少于3根且直径与纵筋相同的水平斜筋。

③ 圈梁应与柱或屋架牢固连接，山墙卧梁应与屋面板拉结；顶部圈梁与柱或屋架连接的锚拉钢筋不宜少于4φ12，且锚固长度不宜少于35倍钢筋直径，防震缝处圈梁与柱或屋架的拉结宜加强。

6）墙梁宜采用现浇，当采用预制墙梁时，梁底应与砖墙顶面牢固拉结并应与柱锚拉；厂房转角处相邻的墙梁，应相互可靠连接。

7）砌体隔墙与柱宜脱开或柔性连接，并应采取措施使墙体稳定，隔墙顶部应设现浇钢筋混凝土压顶梁。

8）砖墙的基础，8度Ⅲ、Ⅳ类场地和9度时，预制基础梁应采用现浇接头；当另设条形基础时，在柱基础顶面标高处应设置连续的现浇钢筋混凝土圈梁，其配筋不应少于4φ12。

9）砌体女儿墙高度不宜大于1m，且应采取措施防止地震时倾倒。

4. 柱的选型布置

一般情况下，按抗震要求设计的钢筋混凝土柱具有足够的抗震能力，但需要注意的是，柱子设计时，要提高其延性，使其在进入弹塑性工作阶段后仍能具有足够的变形能力和承载力。确定柱子截面时，要选取合适的刚度，过大的抗侧刚度对厂房抗震并不一定有利，相反会引起厂房横向周期的缩短而导致地震荷载的增大。8度和9度时，宜采用矩形、工字形截面柱或斜腹杆双肢柱，不宜采用薄壁工字形柱、腹板开孔工字形柱、预制腹板的工字形柱和管柱。柱底至室内地坪以上500mm范围内和阶形柱的上柱宜采用矩形截面。

8.2.2 单层钢结构厂房

本节主要介绍钢柱、钢屋架或钢屋面梁承重的单层厂房。单层的轻型钢结构厂房的抗震设计，应符合专门的规定。

1. 结构体系

原则上，单层钢结构厂房的平面、竖向布置的抗震设计要求，是使结构的质量和刚度分布均匀，厂房受力合理、变形协调。钢结构厂房的结构体系应符合下列要求：

1）厂房的横向抗侧力体系，可采用刚接框架、铰接框架、门式刚架或其他结构体系。厂房的纵向抗侧力体系，8、9度应采用柱间支撑；6、7度宜采用柱间支撑，也可采用刚接框架。

2）厂房内设有桥式起重机时，起重机梁系统的构件与厂房框架柱的连接应能可靠地传递纵向水平地震作用。

3）屋盖应设置完整的屋盖支撑系统。屋盖横梁与柱顶铰接时，宜采用螺栓连接。

2. 结构布置

厂房的平面布置、钢筋混凝土屋面板和天窗架的设置要求等，可参照上一节单层钢筋混凝土柱厂房的有关规定。平面布置的总原则为结构的质量和刚度分布均匀，结构受力合理、变形协调。从结构抗震角度考虑，单层钢结构厂房结构布置时需注意以下问题：

1）多跨厂房可以做到按等高布置的，尽可能按等高布置考虑。当因工艺原因需要设置高低跨时，对地震作用下低跨屋盖高度处的惯性力施加在连接高低跨的柱子上的横向力，钢柱设计时应予考虑。

2）结构上相互联系的车间，其平面宜规整。

3）厂房体系复杂时，宜设防震缝。当设置防震缝时，因单层钢结构厂房的抗侧刚度较钢筋混凝土单层厂房小，故其缝宽不宜小于单层混凝土柱厂房防震缝宽度的 1.5 倍。

4）厂房内上起重机的爬梯不应靠近防震缝设置；多跨厂房各跨上起重机的爬梯不应布置在同一横向轴线附近。

5）厂房各柱列的侧移刚度宜均匀。

6）屋盖平面内应设置横向水平支撑，必要时应设置纵向水平支撑和垂直支撑。

7）纵向抗侧力体系平面内，无特殊原因应设置柱间支撑。

8）厂房的围护墙板应符合对非结构构件的相关规定。

当设防烈度高或厂房较高时，或当厂房坐落在较软弱场地土或有明显扭转效应时，需适当增加结构的侧向刚度。

3. 围护结构布置

钢结构厂房的围护墙，应符合下列要求：

1）厂房的围护墙，应优先采用轻型板材（轻型板材是指彩色涂层压型钢板、硬质金属面夹芯板及铝合金板等），预制钢筋混凝土墙板宜与柱柔性连接；9度时宜采用轻型板材。降低厂房屋盖和围护结构的重量，对抗震十分有利。震害调查表明，轻型墙板的抗震效果很好。大型墙板围护厂房的抗震性能明显优于砌体围护墙厂房。大型墙板与厂房柱刚性连接，对厂房的抗震不利，并对厂房的纵向温度变形、厂房柱不均匀沉降及各种振动也都不利。因此，大型墙板与厂房柱间应优先采用柔性连接。

2）单层厂房的砌体围护墙应贴砌并与柱拉结，尚应采取措施使墙体不妨碍厂房柱列沿纵向的水平位移；嵌砌砌体墙对厂房的纵向抗震不利，故 8、9度时不应采用嵌砌式。

8.2.3 单层砖柱厂房

砖柱厂房由于造价低廉和施工方便，仍被一些中小型企业采用。虽然就材料而言，其抗震性能不如钢筋混凝土，但只要在其材料许可的范围内精心合理设计，仍可建造出具有相当抗震能力的厂房结构。在结构布置上，平面形状力求规则，不规则时应采用防震缝分成规则形状。一般应为单跨或等高多跨，以避免高振型的不利影响。本节主要介绍 6 ~ 8 度（0.20g）的烧结普通砖（黏土砖、页岩砖）、混凝土普通砖砌筑的砖柱（墙垛）承重的单跨和等高多跨且无桥式起重机，以及跨度不大于 15m 且柱顶标高不大于 6.6m 的中小型单层工业厂房的抗震设计布置原则。

1. 结构布置

单层砖柱厂房的结构布置应符合下列要求，并宜符合上一节单层钢筋混凝土柱厂房的有关规定。

1）厂房两端均应设置砖承重山墙。

2）与柱等高并相连的纵横内隔墙宜采用砖抗震墙。

3）防震缝设置应符合下列规定：

① 轻型屋盖（轻型屋盖指木屋盖和轻钢屋架、压型钢板、瓦楞铁等屋面的屋盖）厂房，可不设防震缝。

② 钢筋混凝土屋盖厂房与贴建的建（构）筑物间宜设防震缝，防震缝的宽度可采用 50 ~ 70mm，防震缝处应设置双柱或双墙。

4）天窗不应通至厂房单元的端开间，天窗不应采用端砖壁承重。

2. 结构体系

单层砖柱厂房的结构体系，尚应符合下列要求：

1）厂房屋盖宜采用轻型屋盖。

2）6 度和 7 度时，可采用十字形截面的无筋砖柱；8 度时不应采用无筋砖柱。

3）厂房纵向的独立砖柱柱列，可在柱间设置与柱等高的抗震墙承受纵向地震作用；不设置抗震墙的独立砖柱柱顶，应设通长水平压杆。

4）纵、横向内隔墙宜采用抗震墙，非承重横墙和非整体砌筑且不到顶的纵向隔墙宜采用轻质墙；当采用非轻质墙时，应计及隔墙对柱及其与屋架（屋面梁）连接节点的附加地震剪力。独立的纵向和横向内隔墙应采取措施保证其平面外的稳定性，且顶部应设置现浇钢筋混凝土压顶梁。

8.3　单层钢筋混凝土柱厂房的抗震计算

一般厂房均应沿厂房平面的两个主轴方向分别考虑水平地震作用，并分别进行纵、横向抗震验算，每个方向的地震作用全部由该方向的抗侧力构件承担。但当单层钢筋混凝土柱厂房按《抗震规范》的规定采取抗震构造措施并符合下列条件之一时，可不进行横向和纵向抗震验算：

1）7 度Ⅰ、Ⅱ类场地，柱高不超过 10m 且结构单元两端均有山墙的单跨和等高多跨厂房（锯齿形厂房除外）。

2）7 度时和 8 度（0.20g）Ⅰ、Ⅱ类场地的露天起重机栈桥。

此外，8、9 度时的跨度大于 24m 的屋架尚需考虑竖向地震作用。8 度Ⅲ、Ⅳ类场地和 9 度时，高大的单层钢筋混凝土柱厂房的横向排架，应进行罕遇地震作用下薄弱层的弹塑性变形验算。

8.3.1 横向抗震计算

1. 质量集中系数

当采用有限自由度模型时，通常需把房屋的质量集中到楼盖或屋盖处。当自由度数目较少时，特别是取单质点模型时，集中质量一般并不是简单地把质量"就近"向楼盖（屋盖）处堆成即可，若随意堆成会引起较大的误差。将不同处的质量折算入总质量时需乘的系数就是该处质量的质量集中系数。集中质量一般位于屋架下弦（柱顶）处。

在单层厂房抗震验算中，位于柱顶以上部位的重力荷载，如屋盖的恒荷载和活荷载等，可作为一个质量集中的质点来考虑。但柱自重及围护墙体自重、起重机梁自重等是一些分布的或集中于竖杆不同标高处的重力荷载，属于无限多个质点的体系。为了简化计算，将上述质量都折算到柱顶处。

质量集中系数应根据一定的原则确定。例如，计算结构的动力特性时，应根据"周期等效"的原则；计算结构的地震作用时，对于排架柱应根据柱底"弯矩相等"的原则，对于刚性剪力墙应根据墙底"剪力相等"的原则，经过换算分析后确定。下面以柱和起重机梁为例说明质量集中系数的确定方法。

取单跨对称厂房排架柱，分别按多质点体系和相应的单质点体系进行对比计算。如图 8.11 所示。计算时，取柱和外贴墙沿高度的均布质量 $\overline{m} = (1000 \sim 3000) \, \text{kg/m}$，屋盖集中质量 $M = (0 \sim 2) \overline{m} h$，其中 h 为计算模型的高度（图 8.11）。在图 8.11 的等效多质点体系中，$m_1 = m_2 = m_3 = m_4 = \overline{m} h / 5$，$m_5 = \overline{m} h / 10 + M$。排架柱的侧移刚度只考虑柱截面的弯曲变形刚度 EI 的影响。设单质点系的等效集中质量为 $\beta \overline{m} h + M$，其中 β 为分布质量集中系数，当按周期等效时，记 $\beta = \beta_T$；当按地震内力等效时，记 $\beta = \beta_M$。

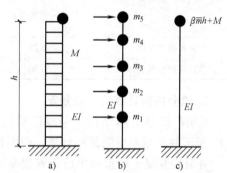

图 8.11 排架柱的质量集中系数计算简图
a) 排架柱　b) 等效多质点系　c) 等效单质点系

先计算周期等效时的分布质量集中系数 β_T。为此，使多质点系与相应的单质点系的基本自振周期相等，即可求得 β_T，见表 8.1。

表 8.1 沿柱高的均布质量按周期等效时的分布质量集中系数 β_T

	M / mh	0	1.0	2.0
$\overline{m} / (\text{kg/m})$	1000	0.252	0.247	0.246
	3000	0.250	0.247	0.246

实际上，沿柱高的分布质量是非均匀分布的，按此实际情况计算，β_T 的变化也较小，故近似取 $\beta_T = 0.25$。

计算结果表明（计算过程略），按柱底弯矩等效时的分布质量集中系数 $\beta_M = 0.45 \sim 0.5$；按柱底剪力等效时的分布质量集中系数 $\beta_V = 0.65 \sim 0.95$。对于排架柱，抗弯强度计算是主要的，因此在计算地震内力时，取沿柱高分布质量的集中系数 $\beta = \beta_M = 0.5$。

类似地，柱身某处的集中质量 m（如起重机梁）也应经换算后移至柱顶。相应的计算图如图 8.12 所示。换算后的质量记为 βm。当起重机梁高度系数（起重机梁高度与柱顶高度之比）$\eta = 0.75 \sim 0.80$，屋盖集中质量 M 与起重机梁质量 m 之比 $M/m = 0 \sim 4$，上柱截面与下柱截面抗弯刚度之比 $EI_1/EI_2 = 0.5 \sim 1.0$ 时，按周期等效算出的换算系数 $\beta_T = 0.42 \sim 0.51$，按柱底弯矩等效算出的换算系数 $\beta_M = 0.77 \sim 0.81$。因此，近似取 $\beta_T = 0.5$，$\beta_M = 0.75$。

现将单层排架厂房墙、柱、起重机梁等质量集中于屋架下弦处时的质量集中系数汇总于表 8.2。高低跨交接柱上高跨一侧的起重机梁靠近低跨屋盖，而将其质量集中于低跨屋盖时，质量集中系数取 1.0。

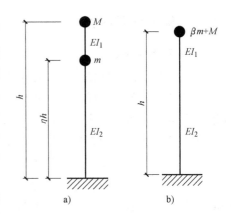

图 8.12 柱身集中质量移至柱顶的换算

表 8.2 单层排架厂房的质量集中系数

构件类型 计算阶段	弯曲型墙和柱	剪切型墙	柱上起重机梁
计算自振周期时	0.25	0.35	0.50
计算地震作用效应时	0.50	0.70	0.75

2. 横向抗震计算的一般规定

单层厂房是空间结构，一般厂房的横向抗震计算应考虑屋盖平面内的变形，按如图 8.13 所示的多质点空间结构计算。但当符合一定条件时，可按平面排架计算。

对钢筋混凝土屋盖的单层钢筋混凝柱厂房，当按本节"6. 自振周期的计算"所述方法确定基本自振周期，并符合下列要求时，可按平面排架计算，同时考虑空间工作和扭转影响，对排架柱的地震剪力和弯矩进行调整（详见本节"9. 地震作用效应的调整"）。

1) 7 度和 8 度。

2) 厂房单元屋盖长度与总跨度之比小于 8 或厂房总跨度大于 12m。屋盖长度指山

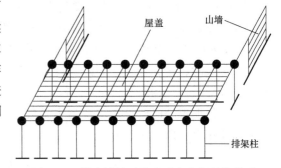

图 8.13 横向计算时的多质点空间结构模型

墙到山墙的间距，仅一端有山墙时，应取所考虑排架至山墙的距离；高低跨相差较大的不等高厂房，总跨度可不包括低跨。

3) 山墙的厚度不小于 240mm，开洞所占的水平截面积不超过总积 50%，并与屋盖系统有良好的连接。

4) 柱顶高度不大于 15m。

对钢筋混凝土屋盖和密铺望板瓦木屋盖的单层砖柱厂房，当按本节"6. 自振周期计算"

所述方法确定基本自振周期，并符合下列要求时，可按平面排架计算，同时考虑空间工作和扭转影响，对排架柱的地震剪力和弯矩进行调整（详见本节"9. 地震作用效应的调整"）。

1）7度和8度。

2）两端均有承重山墙。

3）山墙或承重（抗震）横墙的厚度不小于240mm，开洞所占的水平截面积不超过总面积的50%，并与屋盖系统有良好的连接。

4）山墙或承重（抗震）横墙的长度不宜小于其高度。

5）单元屋盖长度［指山墙到山墙或承重（抗震）横墙的间距］与总跨度之比小于8或厂房总跨度大于12m。

以下主要介绍按平面排架计算的方法。

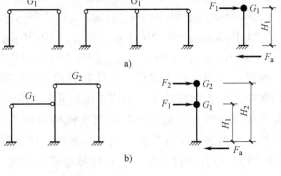

3. 计算简图

单跨或多跨等高厂房可简化为单自由度体系，将厂房质量集中于柱屋盖标高处，如图8.14a所示。两跨不等高厂房，可按不同高度处屋盖的数量和屋盖之间的连接方式，简化为双自由度体系，如图8.14b所示。图8.14c则表示

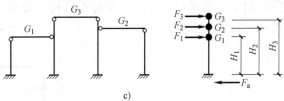

图8.14 确定厂房自振周期的计算简图

在三个高度处有屋盖时的计算简图。应注意的是，在图8.14c中，当 $H_1 = H_2$ 时，仍为三质点体系。

与静力计算一样，取单榀排架作为计算单元。由于在计算周期和计算地震作用时采取的简化假定各不相同，故其计算简图和重力荷载集中方法要分别考虑。

4. 计算自振周期时的质量集中

（1）单跨或多跨等高厂房

$$G_1 = 1.0G_{屋盖} + 0.5G_{起重机梁} + 0.25G_{柱} + 0.25G_{纵墙} + 0.5G_{雪} + 0.5G_{积灰} + 1.0G_{檐墙} \qquad (8.1)$$

（2）两跨不等高厂房

$$G_1 = 1.0G_{低跨屋盖} + 0.5G_{低跨起重机梁} + 0.25G_{低跨边柱} + 0.25G_{低跨纵墙} + 1.0G_{高跨起重机梁(中柱)} +$$
$$0.25G_{中柱下柱} + 0.5G_{中柱上柱} + 0.5G_{高跨封墙} + 0.5G_{低跨雪} + 0.5G_{低跨积灰} + 1.0G_{低跨檐墙} \qquad (8.2)$$

$$G_2 = 1.0G_{高跨屋盖} + 0.5G_{高跨起重机梁(边跨)} + 0.25G_{高跨边柱} + 0.25G_{高跨外纵墙} + 0.5G_{中柱上柱} +$$
$$0.5G_{高跨封墙} + 0.5G_{雪} + 0.5G_{积灰} + 1.0G_{高跨封墙檐墙} \qquad (8.3)$$

上面各式中，$G_{屋盖}$ 等均为重力荷载代表值（屋盖的重力荷载代表值包括作用于屋盖处的活荷载和檐墙的重力荷载代表值）。上面还假定高低跨交接柱上柱的各一半分别集中于低跨和高跨屋盖处。高低跨交接柱的高跨起重机梁的质量可集中到低跨屋盖，也可集中到高跨屋盖，以就近集中为原则。当集中到低跨屋盖时，如前所述，质量集中系数为1.0；当集中到高跨屋盖时，质量集中系数为0.5。

起重机桥架对排架的自振周期影响很小。因此，在计算自振周期时可不考虑其对质点质

量的贡献。这样做一般是偏于安全的。

5. 计算地震作用时的质量集中

（1）单跨或多跨等高厂房

$$G_1 = 1.0G_{屋盖} + 0.75G_{起重机梁} + 0.5G_{柱} + 0.5G_{纵墙} + 0.5G_{雪} + 0.5G_{积灰} + 1.0G_{檐墙} \qquad (8.4)$$

（2）两跨不等高厂房

$$G_1 = 1.0G_{低跨屋盖} + 0.75G_{低跨起重机梁} + 0.5G_{低跨边柱} + 0.5G_{低跨外纵墙} + 1.0G_{低跨檐墙} + 0.5G_{低跨雪} +$$
$$0.5G_{低跨积灰} + 1.0G_{高跨起重机梁（中柱）} + 0.5G_{中柱下柱} + 0.5G_{中柱上柱} + 0.5G_{高跨封墙} \qquad (8.5)$$

$$G_2 = 1.0G_{高跨屋盖} + 0.75G_{高跨起重机梁（边柱）} + 0.5G_{高跨边柱} + 0.5G_{高跨外纵墙} + 0.5G_{中柱上柱} +$$
$$0.5G_{高跨封墙} + 1.0G_{高跨封墙檐墙} + 0.5G_{高跨雪} + 0.5G_{高跨积灰} \qquad (8.6)$$

确定厂房的地震作用时，对设有桥式起重机的厂房，除将厂房重力荷载按前述弯矩等效原则集中于屋盖标高处外，还应考虑起重机桥架的重力荷载：如系硬钩起重机，尚应考虑最大起重量的 30%。一般是把某跨起重机桥架的重力荷载集中于该跨任一柱起重机梁的顶面标高处。如两跨不等高厂房均设有起重机，则在确定厂房地震作用时可按四个集中质点考虑（图 8.15）。应注意这种模型仅在计算地震作用时才能采用，在计算结构的动力特性（如周期等）时是不能采用。这是因为起重机桥架是局部质量，此局部质量不能有效地对整体结构的动力特性产生明显的影响。

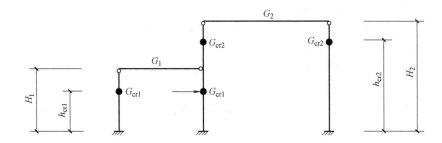

图 8.15　有桥式起重机厂房重力荷载集中简图

6. 自振周期的计算

根据厂房排架的结构计算简图，由结构动力学原理，可分别按单质点、双质点和三质点（多质点）系导出各自的基本周期 T_1 的计算公式。

（1）单跨和等高多跨厂房　这类厂房质量集中于屋盖处，可简化为单质点体系，其基本周期 T_1 的计算公式可由单质点自由振动周期的基本公式求得

$$T_1 = 2\pi\sqrt{\frac{M}{K}} = 2\pi\sqrt{\frac{G_1}{gK}} = 2\pi\sqrt{\frac{G_1\delta_{11}}{g}} \approx 2\sqrt{G_1\delta_{11}} \qquad (8.7)$$

式中　G_1——质点的等效重力荷载（kN），此处为集中于屋盖处的重力荷载代表值；

　　　　δ_{11}——单位水平力作用下排架柱顶产生的水平位移（m），$\delta_{11} = (1-x_1)\delta_{11}^A$，其中 x_1 为排架横梁内力（kN），δ_{11}^A 为 A 柱柱顶作用单位水平力时在该柱柱顶产生的水平位移（图 8.16）。

（2）两跨不等高厂房　这类厂房可简化为两质点体系。排架基本周期 T_1 的计算公式可

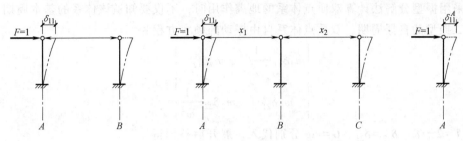

图 8.16 等高排架的侧移

由双质点的自由振动方程推得。其基本自振周期 T_1 的计算公式为

$$T_1 = 2\pi \sqrt{\frac{\sum\limits_{i=1}^{n} m_i u_i^2}{\sum\limits_{i=1}^{n} G_i u_i}} \approx 2\sqrt{\frac{G_1 u_1^2 + G_2 u_2^2}{G_1 u_1 + G_2 u_2}} \tag{8.8}$$

$$\begin{cases} u_1 = G_1\delta_{11} + G_2\delta_{12} \\ u_2 = G_1\delta_{21} + G_2\delta_{22} \end{cases} \tag{8.9}$$

式中　m_i、G_i——第 i 质点的质量和重量；

　　　　n——自由度数。

　　　　u_i——在全部 G_i（$i=1$，$\cdots$，n）沿水平方向的作用下第 i 质点的侧移；

　　　　G_1、G_2——质点的等效重力荷载（kN），此处为集中于屋盖处的重力荷载代表值；

　　　　δ_{11}、δ_{22}——$F=1$ 分别作用于屋盖 1、2 处时，在该屋盖处产生的侧移；

　　　　δ_{12}、δ_{21}——$F=1$ 作用于屋盖 2 或 1 处时，在屋盖 1 或 2 处产生的侧移，$\delta_{12}=\delta_{21}$，如图 8.17 所示。

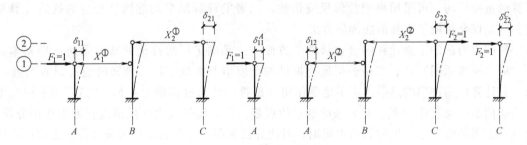

图 8.17 两跨不等高排架的侧移

$$\begin{cases} \delta_{11} = (1 - x_1^{①})\delta_{11}^{A} \\ \delta_{21} = x_2^{①}\delta_{22}^{C} = \delta_{12} = x_1^{②}\delta_{11}^{A} \\ \delta_{22} = (1 - x_2^{②})\delta_{22}^{C} \end{cases} \tag{8.10}$$

式中　$x_1^{①}$、$x_2^{①}$ 及 $x_1^{②}$、$x_2^{②}$——$F=1$ 分别作用于屋盖 1、2 处时在横梁①和②内引起的内力；

　　　　δ_{11}^{A}、δ_{22}^{C}——在 A、C 柱柱顶作用单位水平力时，在该处引起的侧移。

它们的计算可参考排架计算的相关表格。

当采用振型分解法计算双质点体系的地震作用时，不仅要知道该体系的基本周期，还要知道第二振型的自振周期，双质点体系自由振动的频率方程为

$$
\begin{vmatrix}
m_1\delta_{11} - \dfrac{1}{\omega^2} & m_2\delta_{12} \\[2mm]
m_1\delta_{21} & m_2\delta_{22} - \dfrac{1}{\omega^2}
\end{vmatrix} = 0
$$

将 $T = 2\pi/\omega$、$\delta_{12} = \delta_{21}$、$G = mg$ 分别代入，展开后整理得

$$
T_{1,2} = 1.4\sqrt{G_1\delta_{11} + G_2\delta_{22} \pm \sqrt{(G_1\delta_{11} - G_2\delta_{22})^2 + 4G_1 G_2 \delta_{12}^2}} \tag{8.11}
$$

式中各符号解释同前。

7. 横向自振周期的修正

需要指出的是，利用上述公式算得的厂房排架基本周期 T_1 值，都是在假定屋架与柱顶为铰接的基础上进行的，而且没有考虑围护纵墙对排架侧向变形的约束影响，因而所得的基本周期值都偏大。实际上，屋架与柱顶的连接并非铰接，而存在一定刚性；纵墙的刚度也增大了排架柱的侧移刚度。所以，为考虑这两种刚性对排架基本周期的影响，应对计算所得的基本周期值进行适当修正，使之接近于厂房平面排架在地震作用下的实际基本周期值。根据《抗震规范》在大量实测统计基础上提出的规定，对按上述公式算得的钢筋混凝土柱厂房排架的基本周期值，应乘以周期修正系数 ψ_{T}。

ψ_{T} 的取值为：由钢筋混凝土屋架或钢屋架与钢筋混凝土柱组成的排架，有纵墙时取0.8，无纵墙时取0.9；由钢筋混凝土屋架或钢屋架与砖柱组成的排架，取0.9；由木屋架、钢木屋架或轻钢屋架与砖柱组成的排架，取1.0。

8. 排架地震作用的计算

厂房排架地震作用的计算，可采用两种计算方法：对一般的单跨和等高多跨厂房，可采用底部剪力法；对结构布置比较复杂、质量与刚度分布很不均匀的厂房，以及少量需要精确计算的重要厂房，可采用振型分解反应谱法。二者的计算结果均能满足相应的抗震计算精度。这里仅介绍便于手算的底部剪力法。

底部剪力法的主要计算内容包括两个方面：一是确定厂房排架的基本周期（即基本振型对应的自振周期）T_1；二是根据规范提供的反应谱曲线确定厂房排架的地震影响系数 α_1 值，并计算厂房排架的总横向水平地震作用（即排架的总底部剪力）F_{Ek} 和沿厂房不同高度处的横向水平地震作用 F_i。此方法的基本特点是：按平面排架力学模型进行地震作用分析，而且只考虑结构的第一振型和基本周期。对比分析表明，采用底部剪力法计算所得的厂房排架横向水平地震作用值，与振型分解反应谱法的计算结果相比，仅差10%左右。因此，对于一般厂房来说，底部剪力法完全可以满足抗震设计精度的要求。

平面排架的水平地震作用的计算简图分别如图8.18a、b所示。此时，可将厂房结构的恒荷载及屋面积雪、积灰荷载等分别就近集中于起重机梁顶面高度，据此计算起重机自重引起的地震作用。

1）作用于排架结构底部的总地震剪力标准值 F_{Ek} 可按下式计算

$$
F_{\mathrm{Ek}} = \alpha_1 G_{\mathrm{eq}} \tag{8.12}
$$

式中　α_1——相应于结构基本周期 T_1 的地震影响系数；

G_{eq}——结构等效重力荷载代表值，单质点时取 G_{E}，多质点时取 $0.8G_{\text{E}}$；

G_{E}——结构的总重力荷载代表值，即 $G_{\text{E}} = \sum\limits_{i=1}^{n} G_i$；

G_i——集中于 i 点的重力荷载代表值。

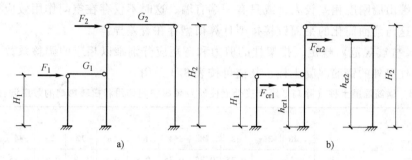

图 8.18　排架地震作用计算简图

a）确定屋盖地震作用的计算简图　b）确定起重机自重地震作用的计算简图

2）作用于厂房不同高度处的横向水平地震作用 F_i 按下式计算

$$F_i = \frac{G_i H_i}{\sum\limits_{j=1}^{n} G_j H_j} F_{\text{Ek}} \quad (i = 1,2,\cdots,n) \tag{8.13}$$

式中　H_i——第 i 屋盖的高度。

其他符号同前。

3）起重机自重产生的横向水平地震作用　起重机自重产生的横向水平地震作用可按图 8.18b，并根据式（8.14）计算。对于柱距为 12m 或 12m 以下的厂房，单跨时应取一台，多跨时不超过两台。集中的起重机自重为跨内一台最大起重机自重，软钩时不包括吊重，硬钩时要考虑吊重的 30%。

一台起重机自重产生的作用在一根柱上的起重机水平地震作用 F_{cri} 为

$$F_{\text{cri}} = \alpha_1 G_{\text{cri}} \frac{h_{\text{cri}}}{H_i} \tag{8.14}$$

式中　G_{cri}——第 i 跨起重机自重作用于一根柱上的重力荷载，其数值取一台吊车自重轮压在一根柱上的牛腿反力；

h_{cri}——第 i 跨吊车梁面标高处的高度；

H_i——起重机所在跨柱顶的高度；

α_1——按厂房平面排架横向水平地震作用计算所取的 α_1 值采用。

当为多跨厂房时，各跨的起重机地震作用应分别进行计算。

9. 地震作用效应的调整

将上述作用于排架上的 F_i 视为静力荷载，作用于排架相应的 i 点，如图 8.18a 所示，然后按结构力学的方法对此平面排架进行内力分析，求出各柱控制截面的地震作用效应，并将此简化计算结果按如下规定进行修正。

（1）考虑空间工作和扭转影响的内力调整　由于上述简化计算仅考虑了单个平面排架，并没有考虑厂房整体结构的空间作用。当厂房两端有山墙时，实际的屋盖平面内刚度并不是无限刚性,屋架也会产生弯曲、剪切变形。由于变形必须协调,排架和山墙将共同承担地震作用,即出现了空间作用效应。空间作用的结果是厂房上的地震作用将有一部分通过屋盖传给山墙,使得作用在排架上的地震作用有所减小。空间作用效应取决于山墙间距的大小,山墙间距越小,则空间作用越明显,各排架实际承受的地震作用将越小于平面排架的简化计算结果。若两端山墙刚度相差较大,或只有一端有墙,这时不仅存在空间作用效应,还会出现扭转效应,这与前面简化的平面铰接排架计算模型存在着差异。

因此,《抗震规范》规定,排架柱的剪力和弯矩应分别乘以相应的调整系数,除高低跨度交接处上柱以外的钢筋混凝土柱,其值可按表8.3采用。

表 8.3　钢筋混凝土柱(除高低跨交接处上柱外)考虑空间作用和扭转影响的效应调整系数

屋盖	山墙		屋盖长度/m											
			≤30	36	42	48	54	60	66	72	78	84	90	96
钢筋混凝土无檩屋盖	两端山墙	等高厂房	—	—	0.75	0.75	0.75	0.8	0.8	0.8	0.85	0.85	0.85	0.9
		不等高厂房	—	—	0.85	0.85	0.85	0.9	0.9	0.9	0.95	0.95	0.95	1.0
	一端山墙		1.05	1.15	1.2	1.25	1.3	1.3	1.3	1.3	1.35	1.35	1.35	1.35
钢筋混凝土有檩屋盖	两端山墙	等高厂房	—	—	0.8	0.85	0.9	0.95	0.95	1.0	1.0	1.05	1.05	1.1
		不等高厂房	—	—	0.85	0.9	0.95	1.0	1.0	1.05	1.05	1.1	1.1	1.15
	一端山墙		1.0	1.05	1.1	1.1	1.15	1.15	1.15	1.2	1.2	1.2	1.25	1.25

(2) 高低跨交接处上柱地震作用效应的调整　不等高厂房高低跨交接处钢筋混凝土柱,在支承低跨屋盖牛腿以上的各截面,按底部剪力法求得的地震弯矩和剪力应乘以增大系数 η,其值可按下式采用

$$\eta = \zeta \left(1 + 1.7 \frac{n_h}{n_0} \frac{G_{El}}{G_{Eh}} \right) \tag{8.15}$$

式中　η——地震剪力和弯矩的增大系数;

　　　ζ——不等高厂房高低跨交接处的空间影响系数,可按表8.4采用;

　　　n_h——高跨跨数;

　　　n_0——计算跨数,仅一侧有低跨时应取总跨数,两侧均有低跨时应取总跨数与高跨跨数之和;

　　　G_{Eh}——集中于高跨柱顶标高处的总重力荷载代表值;

　　　G_{El}——集中于交接处一侧各低跨屋盖标高处的总重力荷载代表值。

表 8.4　高低跨交接处钢筋混凝土上柱空间工作影响系数

屋盖	山墙	屋盖长度/m										
		≤36	42	48	54	60	66	72	78	84	90	96
钢筋混凝土无檩屋盖	两端山墙	—	0.7	0.76	0.82	0.88	0.94	1.0	1.06	1.06	1.06	1.06
	一端山墙	1.25										
钢筋混凝土有檩屋盖	两端山墙	—	0.9	1.0	1.05	1.1	1.1	1.15	1.15	1.15	1.2	1.2
	一端山墙	1.05										

(3) 起重机桥架引起的地震作用效应调整　起重机桥架是一个较大的移动质量,在地震

时往往引起厂房的强烈局部振动。因此，应考虑起重机桥架自重引起的地震作用效应，并乘以效应增大系数。钢筋混凝土柱单层厂房的吊车梁顶标高处的上柱截面，由起重机桥架引起的地震剪力和弯矩应乘以增大系数，当按底部剪力法简化计算时，此项增大系数可按表 8.5 采用。

表 8.5　起重机桥架地震作用效应增大系数

屋盖类别		山墙	边柱	高低跨处	其他中柱
钢筋混凝土无檩屋盖	两端山墙		2.0	2.5	3.0
	一端山墙		1.5	2.0	2.5
钢筋混凝土有檩屋盖	两端山墙		1.5	2.0	2.5
	一端山墙		1.5	2.0	2.0

10. 排架内力组合

在抗震设计中，地震作用效应组合是指与地震作用同时存在的其他重力荷载代表值引起的荷载效应的不利组合。在单层厂房排架的地震作用效应组合中，一般不考虑风荷载效应，不考虑起重机横向水平制动力引起的内力，也不考虑竖向地震作用，从而可得单层厂房的地震作用效应组合的表达式为

$$S = \gamma_G S_{GE} + \gamma_{Eh} S_{Ehk} \tag{8.16}$$

式中　γ_G——重力荷载分项系数，一般取 1.2；

　　　γ_{Eh}——水平地震作用分项系数，可取 1.3；

　　　S_{GE}——重力荷载代表值的效应，有起重机时，尚应包括悬吊物重力标准值的效应；

　　　S_{Ehk}——水平地震作用标准值的效应，尚应乘以相应的增大系数或调整系数。

11. 截面抗震验算

（1）柱的截面抗震验算　排架柱一般按偏心受压构件验算其截面承载力。验算的一般表达式为

$$S \leqslant R / \gamma_{RE} \tag{8.17}$$

式中　R——结构构件的承载力设计值，按现行《混凝土结构设计规范》规定的偏心受压构件的承载力计算公式计算；

　　　γ_{RE}——承载力抗震调整系数，当轴压比小于 0.15 时，取 0.75，当轴压比不小于 0.15 时，取 0.80。

对于两个主轴方向柱距均不小于 12m、无桥式起重机且无柱间支撑的大柱网厂房，柱截面验算时应同时考虑两个主轴方向的水平地震作用，并应考虑位移引起的附加弯矩。

8 度和 9 度时，高大山墙的抗风柱应进行平面外的截面抗震验算。

（2）支承低跨屋盖柱牛腿的水平受拉钢筋抗震验算　为防止高低跨交接处支承低跨屋盖的柱牛腿在地震中竖向拉裂（图 8.19），应按下式确定牛腿的水平受拉钢筋截面面积 A_s

$$A_s \geqslant \left(\frac{N_G \alpha}{0.85 h_0 f_y} + 1.2 \frac{N_E}{f_y} \right) \gamma_{RE} \tag{8.18}$$

式中　N_G——柱牛腿面上重力荷载代表值产生的压力设计值；

　　　N_E——柱牛腿面上地震组合的水平拉力设计值；

　　　α——牛腿面上重力作用点至下柱近侧边缘的距离，当小于 $0.3 h_0$ 时采用 $0.3 h_0$；

　　　h_0——牛腿根部截面（最大竖向截面）的有效高度；

f_y——钢筋的抗拉强度设计值；

γ_{RE}——承载力抗震调整系数，取 1.0。

（3）其他部位的抗震验算

1）高大山墙的抗风柱，在 8 度和 9 度时应进行平面外的截面抗震承载力验算。

2）当抗风柱与屋架下弦连接时，连接点应设在下弦横向支撑的节点处，并且应对下弦横向支撑杆件的截面和连接节点进行抗震承载力验算。

3）当工作平台和刚性内隔墙与厂房主体结构连接时，应采用与厂房实际受力相适应的计算简图，并计入工作平台和刚性内隔墙对厂房的附加地震作用影响。变位受约束且剪跨比不大于 2 的排架柱，其斜截面受剪承载力应按现行《混凝土结构设计规范》的规定计算，并采取相应的抗震构造措施。

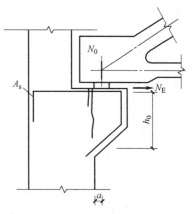

图 8.19　支承低跨屋盖的柱牛腿

4）8 度 Ⅲ、Ⅳ类场地和 9 度时，带有小立柱的拱形和折线形屋架或上弦节间较长且矢高较大的屋架，其上弦宜进行抗扭验算。

12. 突出屋面天窗架的横向抗震计算

实际震害表明，突出屋面的钢筋混凝土天窗架的横向损坏并不明显。计算分析表明，常用的钢筋混凝土带斜撑杆的三铰拱式天窗架的横向刚度很大，其位移与屋盖基本相同，故可把天窗架和屋盖作为一个质点（重力为 $G_{屋盖}$，包括天窗架质点的重量 $G_{天窗}$），按底部剪力法计算。设算得的作用在 $G_{屋盖}$ 上的地震作用为 $F_{屋盖}$，则天窗架所受的地震作用 $F_{天窗}$ 为

$$F_{天窗} = \frac{G_{天窗}}{G_{屋盖}} F_{屋盖} \tag{8.19}$$

然而，当 9 度时或天窗架跨度大于 9m 时，天窗架部分的惯性力将有所增大。这时若仍把天窗架和屋盖作为一个质点按底部剪力法计算，则天窗架的横向地震作用效应宜乘以增大系数 1.5，以考虑高振型的影响。

对钢天窗架的横向抗震计算也可采用底部剪力法。

对其他情况下的天窗架，可采用振型分解反应谱法计算其横向水平地震作用。

8.3.2　纵向抗震计算

单层厂房受纵向地震力作用时的震害是较严重的。这是因为，在纵向地震作用下，纵墙参与了工作，并且屋盖在其平面内产生了纵向水平变形，使中柱列侧移大于边柱列侧移。单层厂房的纵向振动十分复杂。在纵向地震作用下，质量和刚度分布均匀的等高厂房仅产生纵向水平振动；质量中心和刚度中心不重合的高低跨厂房将产生纵向平动和扭转的偶联振动。因此，在地震作用下，厂房的纵向是整体空间工作的，故必须对单层厂房的纵向进行抗震计算。纵向抗震计算的目的在于：确定厂房纵向的动力特性和地震作用，验算厂房纵向抗侧力构件，如柱间支撑、天窗架纵向支撑等在纵向水平地震力作用下的承载能力。

《抗震规范》规定，钢筋混凝土无檩和有檩屋盖及有较完整支撑系统的轻型屋盖厂房，其纵向抗震验算可采用下列方法：

1）一般情况下，宜考虑屋盖的纵向弹性变形、围护墙与隔墙的有效刚度，不对称时尚宜计及扭转的影响，按多质点进行空间结构分析。

2）柱顶标高不大于15m且平均跨度不大于30m的单跨或等高多跨的钢筋混凝土柱厂房，宜采用修正刚度法计算。

规范还规定，纵墙对称布置的单跨厂房和轻型屋盖的多跨厂房，可按柱列分片独立计算。

除了修正刚度法外，简化方法还有柱列法和拟能量法，柱列法适用于单跨厂房或轻屋盖等高多跨厂房，拟能量法仅适用于钢筋混凝土无檩及有檩屋盖的两跨不等高厂房。下面仅介绍修正刚度法。此法是把厂房纵向视为一个单自由度体系，求出总地震作用后，再按各柱列的修正刚度，把总地震作用分配到各柱列。

1. 厂房纵向的基本自振周期

（1）按单质点系确定　把所有的重力荷载代表值按周期等效原则集中到柱顶得结构的总质量，把所有的纵向抗侧力构件的刚度加在一起得厂房纵向的总侧向刚度，再考虑屋盖的变形，引入修正系数 ψ_T，得出纵向基本自振周期 T_1 的计算公式为

$$T_1 = 2\pi\psi_T\sqrt{\frac{\sum G_i}{g\sum K_i}} \approx 2\psi_T\sqrt{\frac{\sum G_i}{\sum K_i}} \tag{8.20}$$

$$G_i = 1.0G_{屋盖} + 0.5(G_{起重机} + G_{吊车梁}) + 0.25(G_{柱} + G_{横墙}) + $$
$$0.35G_{纵墙} + 0.5G_{雪} + 0.5G_{积灰} \tag{8.21}$$

$$K_i = \sum K_c + \sum K_b + \sum K_w \tag{8.22}$$

式中　G_i——第 i 柱列集中到柱顶标高处的等效重力荷载代表值，式（8.21）中各系数是根据多质点与单质点体系动能等效原则确定的，0.35 是纵墙按剪切振动动能等效的换算系数；

K_i——第 i 柱列的侧移刚度；

K_c、K_b——单根柱子、单片支撑的弹性侧移刚度；

K_w——贴砌砖围护墙的侧移刚度，应考虑墙开裂引起的刚度折减，可根据柱列侧移值的大小取刚度折减系数为 0.2~0.6。

ψ_T——厂房的纵向自振周期修正系数，按表 8.6 采用。

表 8.6　钢筋混凝土屋盖厂房的纵向周期修正系数 ψ_T

屋盖 纵向围护墙	无檩屋盖		有檩屋盖	
	边跨无天窗	边跨有天窗	边跨无天窗	边跨有天窗
砖墙	1.45	1.50	1.60	1.65
无墙、石棉瓦、挂板	1.0	1.0	1.0	1.0

（2）按《抗震规范》方法确定　在计算单跨或等高多跨的钢筋混凝土柱厂房纵向地震作用时，在柱顶标高不大于15m且平均跨度不大于30m时，纵向基本周期 T_1 可按下列方法确定。

对于砖围护墙厂房　　　　$T_1 = 0.23 + 0.00025\psi_1 l\sqrt{H^3}$ 　　　　（8.23）

式中　ψ_1——屋盖类型系数，大型屋面板钢筋混凝土屋架采用 1.0，钢屋架取 0.85；

l——厂房跨度（m），多跨厂房可取各跨的平均值；

H——基础顶面至柱顶的高度（m）。

对于敞开、半敞开或墙板与柱子柔性连接的厂房，基本自振周期 T_1 尚应乘以围护墙影响系数 ψ_2，ψ_2 小于 1.0 时取 1.0。

$$\psi_2 = 2.6 - 0.002l\sqrt{H^3} \tag{8.24}$$

2. 柱列地震作用的计算

自振周期算出后，即可按底部剪力法求出总地震作用 F_{Ek}

$$F_{Ek} = \alpha_1 G_{eq} \tag{8.25}$$

式中　α_1——相应于厂房纵向基本自振周期的水平地震影响系数；

G_{eq}——厂房单元柱列总等效重力荷载代表值，应包括屋盖的重力荷载代表值、70%纵墙自重、50%横墙与山墙自重及折算的柱自重（有起重机时采用10%柱自重，无起重机时采用50%柱自重），用公式表示为

无起重机厂房　$G_{eq} = 1.0G_{屋盖} + 0.5(G_{雪} + G_{灰}) + 0.5(G_{柱} + G_{横墙}) + 0.7G_{纵墙}$ （8.26）

有起重机厂房　$G_{eq} = 1.0G_{屋盖} + 0.5(G_{雪} + G_{灰}) + 0.1G_{柱} + 0.5G_{横墙} + 0.7G_{纵墙}$ （8.27）

然后，把 F_{Ek} 按各柱列的刚度分配给各柱列。这时，为考虑屋盖变形的影响，需将侧移较大的中柱列的刚度乘以大于1的调整系数，将侧移较小的边柱列的刚度乘以小于1的调整系数。这些调整系数是根据对多种屋盖、跨度、跨数、有无砖墙等大量工况的对比计算结果确定的；并且在大致保持原结构总刚度不变的前提下，对中柱列偏于安全地加大了刚度调整系数，对边柱列则考虑到砖围护墙的潜力较大，适当减小了刚度调整系数。因此，对等高多跨钢筋混凝土屋盖的厂房，各纵向柱列的柱顶标高处的地震作用标准值为

$$F_i = F_{Ek} \frac{K_{ai}}{\sum K_{ai}} \tag{8.28}$$

$$K_{ai} = \psi_3 \psi_4 K_i \tag{8.29}$$

式中　K_{ai}——i 柱列柱顶的调整侧移刚度；

K_i——i 柱列柱顶的总侧移刚度，应包括 i 柱列内柱子和上、下柱间支撑的侧移刚度及纵墙的折减侧移刚度的总和，贴砌的砖围护墙侧移刚度的折减系数可根据柱列侧移值的大小，采用 0.2~0.6，见式（8.22）；

ψ_3——柱列侧移刚度的围护墙影响系数，按表 8.7 采用，有纵向砖围护墙的四跨或五跨厂房，由边柱列数起的第三柱列，可按表内相应数值的 1.15 倍采用；

ψ_4——柱列侧移刚度的柱间支撑影响系数，纵向为砖围护墙时，边柱列可采用 1.0，中柱列可按表 8.8 采用。

表 8.7　围护墙影响系数 ψ_3

围护墙类别和烈度		柱列和屋盖类别				
		边柱列	中柱列			
			无檩屋盖		有檩屋盖	
240 砖墙	370 砖墙		边跨无天窗	边跨有天窗	边跨无天窗	边跨有天窗
	7 度	0.85	1.7	1.8	1.8	1.9
7 度	8 度	0.85	1.5	1.6	1.6	1.7
8 度	9 度	0.85	1.3	1.4	1.4	1.5
9 度		0.85	1.2	1.3	1.3	1.4
无墙、石棉瓦、挂板		0.90	1.1	1.1	1.2	1.2

表 8.8　纵向采用砖围护墙的中柱列柱间支撑影响系数 ψ_4

厂房单元内设置下柱支撑的柱间数	中柱列下柱支撑斜杆的长细比					中柱列无支撑
	≤40	41~80	81~120	121~150	>150	
一柱间	0.9	0.95	1.0	1.1	1.25	1.4
二柱间	—	—	0.9	0.95	1.0	1.4

有起重机的等高多跨钢筋混凝土屋盖厂房，根据地震作用沿厂房高度呈倒三角分布的假定，柱列各吊车梁顶标高处的纵向地震作用标准值，可按下式确定

$$F_{ci} = \alpha_1 G_{ci} \frac{H_{ci}}{H_i} \tag{8.30}$$

$$G_{ci} = 0.4 G_{柱} + 1.0 G_{吊车梁} + 0.5 G_{吊车桥} \tag{8.31}$$

式中　G_{ci}——集中于 i 柱列吊车梁顶标高处的等效重力荷载代表值（kN）；

　　　H_{ci}、H_i——第 i 柱列吊车梁顶高度及柱列柱顶高度（m）。

3. 纵向构件刚度计算

要计算柱列的基本周期和抗侧力构件（柱、支撑、纵墙）的地震作用，需要知道柱列的刚度，柱列的刚度由柱列各个抗侧力构件的刚度叠加而成。

（1）柱的侧移刚度　对于等截面柱，其侧移刚度为

$$K_c = \mu \frac{3 E_c I_c}{H^3} \tag{8.32}$$

式中　E_c、H——柱混凝土的弹性模量、柱的高度；

　　　I_c——柱在所考虑方向的截面刚性矩；

　　　μ——屋盖、吊车梁等纵向构件对柱侧移刚度的影响系数，无起重机时取 1.1，有起重机时取 1.5。

对于变截面柱侧移刚度的计算，可参看有关的设计手册，但需注意 μ 的影响。

（2）纵墙的侧移刚度

1）上、下端嵌固的无洞单肢墙。当单位水平力作用于墙的顶部时（图 8.20），考虑其弯曲和剪切变形，该处产生的侧移可按下式计算

$$\delta_{w1} = \frac{h^3}{12 E I_w} + \frac{\xi h}{G A_w} \tag{8.33}$$

式中　E、G——砖墙的弹性模量和剪切模量；

　　　I_w——砖墙的水平截面惯性矩，$I_w = tb^3/12$，b、t 为墙肢的宽度和厚度；

　　　A_w——砖墙的水平截面面积，$A_w = tb$；

　　　ξ——剪应变不均匀系数，取 $\xi = 1.2$；

　　　h——墙肢的高度。

引入墙肢高宽比 $\rho = h/b$，代入上式可得

$$\delta_{w1} = \frac{\rho^3 + 3\rho}{Et} \tag{8.34}$$

该墙肢的侧移刚度　　　　　$$K_w = \frac{1}{\delta_{w1}} \tag{8.35}$$

2）多层多肢贴砌砖墙（图8.21）。洞口将砖墙分为侧移刚度不同的若干层，墙体的侧移刚度可以依据在单位水平力作用下侧移等于各层砖墙的侧移之和的原则来计算。在计算各层墙体的柔度时，对无洞口层的墙体可以只考虑剪切变形，窗间墙可视为两端嵌固的墙段，计算时需同时考虑剪切变形和弯曲变形。

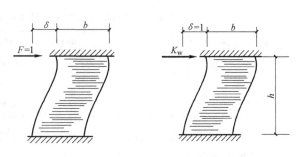

图 8.20　上下嵌固墙的柔度和刚度

第 i 层无洞口层墙体的柔度

$$\delta_i = \frac{3\rho_i}{Et_i} \tag{8.36}$$

式中　t_i、ρ_i——第 i 层墙的厚度和高宽比。

第 i 层多段（m 段）窗间墙的柔度

$$\delta_i = \sum_{j=1}^{m} \frac{\rho_{ij}^3 + 3\rho_{ij}}{Et_{ij}} \tag{8.37}$$

式中　t_{ij}、ρ_{ij}——第 i 层第 j 段窗间墙的厚度和高宽比；

m——第 i 层窗间墙的总数。

多层（n 层）墙体的柔度

$$\delta_w = \sum_{i=1}^{n} \delta_i \tag{8.38}$$

故多层墙体的刚度

$$K_w = \frac{1}{\delta_w} \tag{8.39}$$

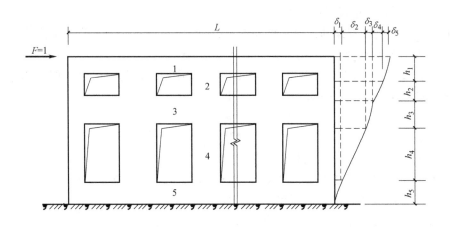

图 8.21　多层多肢贴砌砖墙的侧移

（3）柱间支撑的侧移刚度　一般的柱间支撑均采用半刚性支撑，支撑杆件的长细比 $\lambda = 40 \sim 150$。在确定支撑柔度时，不计柱和水平杆的轴向变形，以简化计算。图 8.22 表示设有上柱支撑和下柱支撑的 X 形交叉柱间支撑，在单位力 $F=1$ 的作用下可求得柱顶的侧移，即支撑的柔度为

$$\delta_b = \frac{1}{EL^2}\left[\frac{l_1^3}{(1+\varphi_1)A_1} + \frac{l_2^3}{(1+\varphi_2)A_2}\right] \tag{8.40}$$

侧移刚度 $$K_b = \frac{1}{\delta_b} \tag{8.41}$$

式中 l_1、A_1——下柱支撑的斜杆长度和截面面积;

l_2、A_2——上柱支撑的斜杆长度和截面面积;

E——钢材的弹性模量;

L——柱间支撑的宽度;

φ_1、φ_2——下柱和上柱支撑斜杆受压时的稳定系数（根据杆件长细比 λ,由《钢结构设计标准》查得）。

（4）柱列的侧移刚度 图 8.23 表示 i 柱列各抗侧力构件仅在柱顶设置水平连杆的简化模型。第 i 柱列柱顶标高的侧移刚度等于各抗侧力构件在同一标高的侧移刚度之和,即

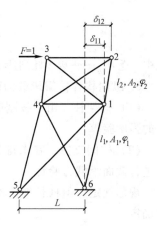

$$K_i = \sum K_c + \sum K_b + \sum K_w \tag{8.42}$$

式中 K_c、K_b、K_w——一根柱子、一片支撑和一片纵墙的顶点侧移刚度。

为简化计算,对于钢筋混凝土柱,一个柱列内全部柱子的总侧移刚度 $\sum K_c$ 可近似取该柱列所有柱间支撑侧移刚度的 10%,即 $\sum K_c = 0.1\sum K_b$。

考虑到在持续地震作用下,砖墙会开裂,导致刚度降低,对于贴砌的砖围护墙,其纵向侧移刚度 K_w 应根据地震烈度的大小,取不同的刚度折减系数 ψ_k,烈度为 7、8、9 度时,ψ_k 分别取 0.6、0.4 和 0.2。

图 8.22 支撑的侧移

4. 构件地震作用的计算

柱列的地震作用算出后,就可将此地震作用按刚度比例分配给柱列中的各个构件。

（1）无起重机时,作用在柱列柱顶高度处水平地震作用 算出的第 i 柱列柱顶高度处的水平地震作用 F_i,然后按刚度分配给该柱列中的各柱、支撑和砖墙。前面已算出 i 柱列的总刚度为 K_i,则可得如下公式:

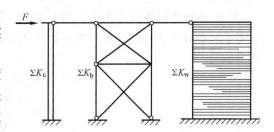

图 8.23 仅在柱顶设置水平连杆的力学模型

在第 i 柱列中,刚度为 K_{cij} 的第 j 柱柱顶所受的地震力 $$F_{cij} = \frac{K_{cij}}{K_i}F_i \tag{8.43a}$$

在第 i 柱列中,刚度为 K_{bij} 的第 j 柱间支撑顶部所受的地震力 $$F_{bij} = \frac{K_{bij}}{K_i}F_i \tag{8.43b}$$

在第 i 柱列中,刚度为 K_{wij} 的第 j 纵墙顶部所受的地震力 $$F_{wij} = \frac{\psi_k K_{wij}}{K_i}F_i \tag{8.43c}$$

式中 ψ_k——贴砌砖墙的刚度折减系数。

（2）有起重机时，柱列吊车梁顶标高处的纵向水平地震作用的分配　同无起重机柱列。对吊车梁顶的地震作用分配，第 i 柱列作用于吊车梁顶标高处的纵向水平地震作用 F_{ci} 因偏离砖墙较远，故不计砖墙的贡献，并认为主要由柱间支撑承担。为简化计算，对中小型厂房，可近似取相应的柱刚度之和等于 0.1 倍柱间支撑刚度之和。

对于第 i 柱列，一根柱子在吊车梁顶标高处分担的纵向水平地震作用 F_{ci1} 为（n 为第 i 柱列中柱子的根数，并且认为各柱分得的值相同）

$$F_{ci1} = \frac{1}{11n} F_{ci} \tag{8.44a}$$

对于第 i 柱列，刚度为 K_{bij} 的第 j 片柱间支撑在吊车梁顶标高处分担的纵向水平地震作用 F_{bij} 为

$$F_{bij} = \frac{K_{bij}}{1.1 \sum K_{bij}} F_{ci} \tag{8.44b}$$

式中，$\sum K_{bij}$——第 i 柱列所有柱间支撑的刚度之和。

5. 纵向构件抗震承载力验算

（1）排架柱　由于按刚度分配承担的地震作用内力较小，一般不必进行纵向地震作用下的强度验算。

（2）柱间支撑　在求得分配于柱间支撑上的地震作用之后，便可进一步确定杆件内力并进行截面承载力验算。

规范规定，斜杆长细比不大于 200 的柱间支撑在单位侧向力作用下的水平位移，可按下式确定

$$u = \sum \frac{1}{1 + \varphi_i} u_{ti} \tag{8.45}$$

式中　φ_i——第 i 节间斜杆的轴心受压稳定系数（按《钢结构设计标准》采用）；

u_{ti}——在单位侧向力作用下第 i 节间仅考虑拉杆受力的相对位移。

对于长细比不大于 200 的斜杆截面，可仅按抗拉要求验算，但应考虑压杆的卸载影响。验算公式为

$$N_{bi} \leqslant A_i f / \gamma_{RE} \tag{8.46}$$

$$N_{bi} = \frac{l_i}{(1 + \varphi_i \psi_c) L} V_{bi} \tag{8.47}$$

式中　N_{bi}——第 i 节间支撑斜杆抗拉验算时的轴向拉力设计值；

l_i——第 i 节间斜杆的全长；

ψ_c——压杆卸载系数，压杆长细比为 60、100 和 200 时，可分别采用 0.7、0.6 和 0.5；

V_{bi}——第 i 节间支撑承受的地震剪力设计值；

L——支撑所在柱间的净距。

无贴砌墙的纵向柱列，上柱支撑与同列下柱支撑宜等强设计。

柱间支撑与柱连接节点预埋板的锚件可采用角钢加端板（图 8.24）。此时，其截面抗震承载力宜按下列公式验算

$$N \leqslant \frac{0.7}{\gamma_{RE}\left(\dfrac{\sin\theta}{V_{u0}}+\dfrac{\cos\theta}{\psi N_{u0}}\right)} \tag{8.48}$$

$$V_{u0}=3n\zeta_r\sqrt{W_{min}bf_af_c}, \quad N_{u0}=0.8nf_aA_s \tag{8.49}$$

式中　N——预埋板的斜向拉力，可采用全截面屈服强度计算的支撑斜杆轴向力的 1.05 倍；

γ_{RE}——承载力抗震调整系数，可采用 1.0；

θ——斜向拉力与其水平投影的夹角；

n、b——角钢根数、角钢肢宽；

W_{min}——与剪力方向垂直的角钢最小截面模量；

A_s、f_a——单根角钢的截面面积、单根角钢抗拉强度设计值。

柱间支撑与柱连接节点预埋板的锚件也可采用锚筋（图 8.25）。此时，其截面抗震承载力宜按下列公式验算

$$N \leqslant \frac{0.8f_yA_s}{\gamma_{RE}\left(\dfrac{\sin\theta}{\zeta_r\zeta_v}+\dfrac{\cos\theta}{0.8\zeta_m\psi}\right)} \tag{8.50}$$

$$\psi=\frac{1}{1+\dfrac{0.6e_0}{\zeta_rs}}, \quad \zeta_m=0.6+0.25\frac{t}{d}, \quad \zeta_v=(4-0.08d)\sqrt{\frac{f_c}{f_y}} \tag{8.51}$$

式中　A_s——锚筋总截面面积；

e_0——斜向拉力对锚筋合力作用线的偏心距，应小于外排锚筋之间距离的 20%；

ψ——偏心影响系数；

s——外排锚筋之间的距离；

ζ_m——预埋板弯曲变形影响系数；

ζ_r——验算方向锚筋排数的影响系数，二、三和四排可分别采用 1.0、0.9 和 0.85；

ζ_v——锚筋的受剪影响系数，大于 0.7 时应采用 0.7；

t——预埋板厚度；

d——锚筋直径。

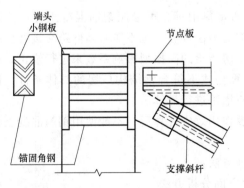

图 8.24　支撑与柱的连接（角钢加端板）

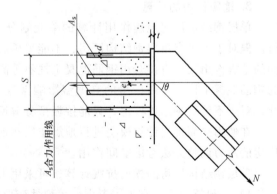

图 8.25　柱间支撑与柱连接节点

6. 突出屋面天窗架的纵向水平地震作用

突出屋面天窗架的纵向水平地震作用，可考虑屋盖平面弹性变形和纵墙的有效刚度，按空间体系分析确定。柱高不超过 15m 的单跨和等高多跨钢筋混凝土无檩屋盖厂房的天窗架纵向水平地震作用，可按底部剪力法计算，并按以下效应增大系数 η 调整天窗架的地震作用效应。

单跨、边跨屋盖或有纵向内隔墙的中跨屋盖 $\eta = 1 + 0.5n$ (8.52)

其他中跨屋盖 $\eta = 0.5n$ (8.53)

式中 n——厂房跨数，超过 4 跨按 4 跨考虑。

用底部剪力法计算天窗架纵向地震作用时，可近似计算为

$$F = \alpha_1 G \frac{H_1}{H_2}$$ (8.54)

式中 α_1——相应于基本自振周期的水平地震影响系数；

   G——集中于某跨天窗屋盖标高处的等效重力荷载代表值；

H_1、H_2——天窗屋盖、厂房屋盖的高度。

8.4 单层钢结构厂房的抗震计算

1. 结构计算模型的选取

单层钢结构厂房地震作用计算时，根据屋盖高差和起重机设置情况，可分别采用单质点、双质点或多质点的与厂房结构的实际工作状况相适应的结构计算模型。

单层厂房的阻尼比，可依据屋盖和围护墙的类型，取 0.045~0.05。

2. 围护墙自重和刚度的取值

厂房地震作用计算时，围护墙体的自重和刚度，应按下列规定取值：

1）轻型墙板或与柱柔性连接的预制混凝土墙板，应计入其全部自重，但不应计入其刚度。

2）柱边贴砌且与柱有拉结的砌体围护墙，应计入其全部自重；当沿墙体纵向进行地震作用计算时，尚可计入普通砖砌体墙的折算刚度。折算系数，7、8 和 9 度可分别取 0.6、0.4 和 0.2。

3. 地震作用的计算

单层钢结构厂房地震作用计算的单元划分、质量集中等，可参照钢筋混凝土柱厂房执行。但对于不等高单层钢结构厂房，不能采用底部剪力法计算，也不能对高低跨交接处柱截面的地震作用效应直接套用钢筋混凝土柱不等高厂房所给的高振型影响系数来进行修正。因为钢筋混凝土柱不等高厂房的高振型影响系数计算公式不符合钢结构厂房的具体条件。因此，对于不等高钢结构厂房，只能按振型分解反应谱法进行计算。

在使用平面排架计算模型进行地震作用和地震作用效应计算后，不能使用钢筋混凝土柱厂房的内力调整方法考虑空间作用。

单层钢结构厂房的横向抗震计算，可采用下列方法：

1）一般情况下，宜采用考虑屋盖弹性变形的空间分析方法。

2）平面规则、抗侧刚度均匀的轻型屋盖厂房，可按平面框架进行计算。等高厂房可采

用底部剪力法，高低跨厂房应采用振型分解反应谱法。

单层钢结构厂房的纵向抗震计算，可采用下列方法：

1）采用轻型板材围护墙或与柱柔性连接的大型墙板的厂房，可采用底部剪力法计算，各纵向柱列的地震作用可按下列原则分配：轻型屋盖可按纵向柱列承受的重力荷载代表值的比例分配；钢筋混凝土无檩屋盖可按纵向柱列刚度比例分配；钢筋混凝土有檩屋盖可取上述两种分配结果的平均值。

2）采用柱边贴砌且与柱拉结的普通砖砌体围护墙厂房，可参照单层钢筋混凝土柱厂房的计算方法。

3）设置柱间支撑的柱列应计入支撑杆件屈曲后的地震作用效应。

4．单层钢结构厂房构件的抗震验算

（1）屋盖 厂房屋盖构件的抗震计算，应符合下列要求：

1）竖向支撑桁架的腹杆应能承受和传递屋盖的水平地震作用，其连接的承载力应大于腹杆的承载力，并满足构造要求。

2）屋盖横向水平支撑、纵向水平支撑的交叉斜杆均可按拉杆设计，并取相同的截面面积。

3）8、9度时，支承跨度大于24m的屋盖横梁的托架及设备荷重较大的屋盖横梁，均应计算其竖向地震作用。

（2）柱间支撑

1）柱间X形、V形或A形支撑应考虑拉压杆共同作用，其地震作用及验算可按单层钢筋混凝土柱厂房柱间支撑地震作用效应及验算方法按拉杆计算，并计及相交受压杆的影响，但压杆卸载系数宜取0.30。

2）交叉支撑端部的连接，对单角钢支撑应计入强度折减，8、9度时不得采用单面偏心连接；交叉支撑有一杆中断时，交叉节点板应予以加强，其承载力不小于1.1倍杆件承载力。支撑杆件的截面应力比，不宜大于0.75。

（3）构件连接的承载力验算 厂房结构构件连接的承载力计算，应符合下列规定：

1）框架上柱的拼接位置应选择弯矩较小区域，其承载力不应小于按上柱两端呈全截面塑性屈服状态计算的拼接处的内力，且不得小于柱全截面受拉屈服承载力的0.5倍。

2）刚接框架屋盖横梁的拼接，当位于横梁最大应力区以外时，宜按与被拼接截面等强度设计。

3）实腹屋面梁与柱的刚性连接、梁端梁与梁的拼接，应采用地震组合内力进行弹性阶段设计。梁柱刚性连接、梁与梁拼接的极限受弯承载力应符合下列要求：

① 一般情况，可按《抗震规范》钢结构梁柱刚接、梁与梁拼接的规定考虑连接系数进行验算。其中，当最大应力区在上柱时，全塑性受弯承载力应取实腹梁、上柱二者的较小值。

② 当屋面梁采用钢结构弹性设计阶段的板件宽厚比时，梁柱刚性连接和梁与梁拼接，应能可靠传递设防烈度地震组合内力或按①验算。

刚接框架的屋架上弦与柱相连的连接板，在设防地震下不宜出现塑性变形。

4）柱间支撑与构件的连接，不应小于支撑杆件塑性承载力的1.2倍。

8.5　单层砖柱厂房的抗震计算

按《抗震规范》相关规定采取抗震构造措施的单层砖柱厂房,当符合下列条件之一时,可不进行横向或纵向截面抗震验算:

1）7 度（0.10g） Ⅰ、Ⅱ类场地,柱顶标高不超过 4.5m,且结构单元两端均有山墙的单跨及等高多跨砖柱厂房,可不进行横向和纵向抗震验算。

2）7 度（0.10g） Ⅰ、Ⅱ类场地,柱顶标高不超过 6.6m,两侧设有厚度不小于 240mm 且开洞截面面积不超过 50%的外纵墙,结构单元两端均有山墙的单跨厂房,可不进行纵向抗震验算。

8.5.1　单层砖柱厂房的横向抗震计算

轻型屋盖砖柱厂房可按平面排架计算。计算结构刚度的方法,除柱应采用砌体的弹性模量之外,其他与单层钢筋混凝土柱厂房抗震计算方法基本相同。质量集中的方法也与单层钢筋混凝土柱厂房相同。刚度和质量算出后,即可计算结构的基本自振周期,通常按单自由度体系计算即可。对计算出的基本自振周期,也需考虑纵墙及屋架与柱连接的固结作用加以调整,但采用的调整系数与单层钢筋混凝土柱厂房不同。《抗震规范》规定,按理论公式算出的砖柱厂房的自振周期还应进行如下调整:由钢筋混凝土屋架或钢屋架与砖柱组成的排架,取周期计算值的 90%;由木屋架、钢木屋架或轻钢屋架与砖柱组成的排架,取周期计算值。

排架集中质点处（柱顶）的水平地震作用 F_{Ek} 可按下式计算

$$F_{Ek} = \alpha_1 G_{eq} \tag{8.55}$$

式中各符号的意义与前述相同。

对钢筋混凝土屋盖和密铺望板瓦木屋盖的单层砖柱厂房,当符合下列要求时,可考虑空间工作,对按平面排架计算的排架柱的地震剪力和弯矩加以调整:

1）基本自振周期是按平面排架计算的,并考虑纵墙及屋架与柱连接的固结作用按上述要求加以了调整。

2）7 度或 8 度。

3）两端均有承重山墙。

4）山墙或承重（抗震）横墙的厚度不小于 240mm,开洞所占的水平截面积不超过总面积的 50%,并与屋盖系统有良好的连接。

5）山墙或承重（抗震）横墙的长度不宜小于其高度。

6）单元屋盖长度（山墙到山墙或承重（抗震）横墙的间距）与总跨度之比小于 8 或厂房总跨度大于 12m。

调整的方法是对排架柱的剪力和弯矩分别乘以表 8.9 所列的调整系数。

表 8.9　砖柱考虑空间作用的效应调整系数

屋盖类型	山墙或承重(抗震)横墙间距/m										
	≤12	18	24	30	36	42	48	54	60	66	72
钢筋混凝土无檩屋盖	0.6	0.65	0.70	0.75	0.80	0.85	0.85	0.90	0.95	0.95	1.00
钢筋混凝土有檩屋盖或密铺望板瓦木屋盖	0.65	0.70	0.75	0.80	0.90	0.95	0.95	1.00	1.05	1.05	1.10

偏心受压砖柱的抗震验算，应符合下列要求：

1）无筋砖柱由地震作用标准值和重力荷载代表值产生的总偏心距，不宜超过0.9倍截面形心到轴向力所在方向截面边缘的距离；承载力抗震调整系数可采用0.9。

2）组合砖柱的配筋应按计算确定，承载力抗震调整系数可采用0.85。

8.5.2 单层砖柱厂房的纵向抗震验算

单层砖柱厂房的纵向抗震计算，可采用下列方法：

1）钢筋混凝土屋盖厂房宜采用振型分解反应谱法进行计算。

2）钢筋混凝土屋盖的等高多跨砖柱厂房，可按修正刚度法进行计算。

3）纵墙对称布置的单跨厂房和轻型屋盖的多跨厂房，可采用柱列分片独立进行计算。

修正刚度法适用于钢筋混凝土屋盖（无檩或有檩）等高多跨单层砖柱厂房的纵向抗震验算。纵向基本自振周期可按下式计算

$$T_1 = 2\psi_T \sqrt{\frac{\sum G_i}{\sum K_i}} \tag{8.56}$$

式中　ψ_T——周期修正系数，按表8.10采用；

　　　K_i——第i柱列的侧移刚度；

　　　G_i——第i柱列的集中重力荷载，包括柱列左右各半跨的屋盖和山墙重力荷载，及按动能等效原则换算集中到柱顶或墙顶处的墙、柱重力荷载，其表达式为

$$G_i = 1.0G_{屋盖} + 0.5(G_雪 + G_灰) + 0.25G_柱 + 0.25G_{山墙} + 0.35G_{纵墙} \tag{8.57}$$

表8.10　砖柱厂房纵向基本自振周期修正系数 ψ_T

屋盖类型	钢筋混凝土无檩屋盖		钢筋混凝土有檩屋盖	
	边跨无天窗	边跨有天窗	边跨无天窗	边跨有天窗
周期修正系数	1.3	1.35	1.4	1.45

在计算第i柱列的侧移刚度K_i时，应注意：由于砖柱厂房的纵墙完全起抗侧力作用（非贴砌），故须取砖墙的刚度降低系数$\psi_k = 1.0$；同时，只有独立砖柱才能作为柱计算其抗侧刚度，带壁柱墙中的壁柱不能作为柱计算其刚度，带壁柱墙作为整体应按墙计算其抗侧刚度，此时，可近似地按截面相等原则将其换算成矩形截面；显然，在计算砖柱的侧移刚度时，应采用相应砌体的弹性模量，并且影响系数$\mu = 1$。

单层砖柱厂房纵向总水平地震作用标准值可按下式计算

$$F_{Ek} = \alpha_1 \sum \overline{G}_i \tag{8.58}$$

$$\overline{G}_i = 1.0G_{屋盖} + 0.5(G_雪 + G_灰) + 0.5G_柱 + 0.5G_{山墙} + 0.7G_{纵墙} \tag{8.59}$$

式中　α_1——相应于纵向基本自振周期T_1的地震影响系数；

　　　$\overline{G}_i$——按照柱列底部剪力相等的原则，第i柱列换算成集中到墙顶处的重力荷载代表值。

沿厂房纵向第 i 柱列上端的水平地震作用可按下式计算

$$F_i = \frac{\psi_i K_i}{\sum \psi_i K_i} F_{Ek} \tag{8.60}$$

式中　ψ_i——反映屋盖水平变形影响的柱列刚度调整系数，根据屋盖类型和各柱列的纵墙设置情况，按表 8.11 采用。

表 8.11　砖柱厂房柱列刚度调整系数 ψ_i

纵墙设置情况		屋盖类型			
		钢筋混凝土无檩屋盖		钢筋混凝土有檩屋盖	
		边柱列	中柱列	边柱列	中柱列
砖柱敞棚		0.95	1.1	0.9	1.6
各柱列均为带壁柱砖墙		0.95	1.1	0.9	1.2
边柱列为带壁柱砖墙	中柱列的纵墙不少于 4 开间	0.7	1.4	0.75	1.5
	中柱列的纵墙少于 4 开间	0.6	1.8	0.65	1.9

8.6　单层工业厂房的抗震构造措施

8.6.1　单层钢筋混凝土柱厂房

1. 屋盖构件的连接及支撑布置

（1）有檩屋盖构件的连接及支撑布置要求

1）檩条应与混凝土屋架（屋面梁）焊牢，并应有足够的支承长度。

2）双脊檩应在跨度 1/3 处相互拉结。

3）压型钢板应与檩条可靠连接，瓦楞铁、石棉瓦等应与檩条拉结。

4）有檩屋盖支撑布置宜符合表 8.12 的要求。

表 8.12　有檩屋盖的支撑布置

支撑名称		设防烈度		
		6、7 度	8 度	9 度
屋架支撑	上弦横向支撑	单元端开间各设置一道	单元端开间及单元长度大于 66m 的柱间支撑开间各设置一道；天窗开洞范围的两端各增设局部支撑一道	单元端开间及单元长度大于 42m 的柱间支撑开间各设置一道；天窗开洞范围的两端各增设局部的上弦横向支撑一道
	下弦横向支撑	同非抗震设计		
	跨中竖向支撑			
	端部竖向支撑	屋架端部高度大于 900mm 时，单元端开间及柱间支撑开间各设一道		
天窗架支撑	上弦横向支撑	单元天窗端开间各设一道	单元天窗端开间及每隔 30m 各设一道	单元天窗端开间及每隔 18m 各设一道
	两侧竖向支撑	单元天窗端开间及每隔 36m 各设一道		

（2）无檩屋盖构件的连接及支撑布置要求

1）大型屋面板应与屋架（屋面梁）焊牢，靠柱列的屋面板与屋架（屋面梁）的连接焊缝长度不宜小于80mm。

2）6度和7度时，有天窗厂房单元的端开间，或8度和9度时各开间，宜将垂直屋架方向两侧相邻的大型屋面板的顶面彼此焊牢。

3）8度和9度时，大型屋面板端头底面的预埋件宜采用角钢并与主筋焊牢。

4）非标准屋面板宜采用装配整体式接头，或将板四角切掉后与屋架（屋面梁）焊牢。

5）屋架（屋面梁）端部顶面预埋件的锚筋，8度时不宜少于$4\phi10$，9度时不宜少于$4\phi12$。

6）支撑的布置宜符合表8.13的要求，有中间井式天窗时宜符合表8.14的要求；8度和9度跨度不大于15m的厂房屋盖采用屋面梁时，可仅在厂房单元两端各设竖向支撑一道；单坡屋面梁的屋盖支撑布置，宜按屋架端部高度大于900mm的屋盖支撑布置执行。

表8.13 无檩屋盖的支撑布置

支撑名称		设防烈度		
		6、7 度	8 度	9 度
屋架支撑	上弦横向支撑	屋架跨度小于18m时同非抗震设计，跨度不小于18m时在厂房单元端开间各设一道	单元端开间及柱间支撑开间各设置一道，天窗开洞范围的两端各增设局部支撑一道	
	上弦通长水平系杆	同非抗震设计	沿屋架跨度不大于15m设一道，但装配整体式屋面可仅在天窗开洞范围内设置；围护墙在屋架上弦高度有现浇圈梁时，其端部可不另设	沿屋架跨度不大于12m设一道，但装配整体式屋面可仅在天窗开洞范围内设置；围护墙在屋架上弦高度有现浇圈梁时，其端部可不另设
	下弦横向支撑		同非抗震设计	同上弦横向支撑
	跨中竖向支撑			
端部竖向支撑	屋架端部高度 ≤900mm	同非抗震设计	厂房单元端开间各设一道	厂房单元端开间及每隔48m各设一道
	屋架端部高度 >900mm	厂房单元端开间各设一道	厂房单元端开间及柱间支撑开间各设一道	厂房单元端开间、柱间支撑开间及每隔30m各设一道
天窗支撑	上弦横向支撑	同非抗震设计	天窗跨度≥9m时，单元天窗端开间及柱间支撑开间各设一道	单元天窗端开间及柱间支撑开间各设一道
	两侧竖向支撑	厂房单元天窗端开间及每隔30m各设一道	厂房单元天窗端开间及每隔24m各设一道	厂房单元天窗端开间及每隔18m各设一道

表 8.14　中间井式天窗无檩屋盖支撑布置

支撑名称		6、7 度	8 度	9 度
上弦横向支撑 下弦横向支撑		厂房单元端开间各设一道	厂房单元端开间及柱间支撑开间各设一道	
上弦通长水平系杆		天窗范围内屋架跨中上弦节点处设置		
下弦通长水平系杆		天窗两侧及天窗范围内屋架下弦节点处设置		
跨中竖向支撑		有上弦横向支撑开间设置,位置与下弦通长系杆相对应		
两端竖向支撑	屋架端部高度 ≤900mm	同非抗震设计		有上弦横向支撑开间,且间距不大于 48m
	屋架端部高度 >900mm	厂房单元端开间各设一道	有上弦横向支撑开间,且间距不大于 48m	有上弦横向支撑开间,且间距不大于 30m

（3）屋盖支撑的布置要求　屋盖支撑是保证屋盖结构整体刚度的重要构件,应符合下列要求:

1）天窗开洞范围内,在屋架脊点处应设上弦通长水平压杆;8 度 Ⅲ、Ⅳ 类场地和 9 度时,梯形屋架端部上节点应沿厂房纵向设置通长水平压杆。

2）屋架跨中竖向支撑在跨度方向的间距,6~8 度时不大于 15m,9 度时不大于 12m;当仅在跨中设一道时,应设在跨中屋架屋脊处;当设两道时,应在跨度方向均匀布置。

3）屋架上、下弦通长水平系杆与竖向支撑宜配合设置。

4）柱距不小于 12m 且屋架间距 6m 的厂房,托架（梁）区段及其相邻开间应设下弦纵向水平支撑。

5）屋盖支撑杆件宜用型钢。屋盖支撑桁架的腹杆与弦杆连接的承载力,不宜小于腹杆的承载力。屋架竖向支撑桁架应能传递和承受屋盖的水平地震作用。

2. 屋架的配筋

混凝土屋架的截面和配筋,应符合下列要求:

1）屋架上弦第一节间和梯形屋架端竖杆的配筋,6 度和 7 度时不宜少于 $4\phi12$,8 度和 9 度时不宜少于 $4\phi14$。

2）梯形屋架的端竖杆截面宽度宜与上弦宽度相同。

3）拱形和折线形屋架上弦端部支撑屋面板的小立柱,截面不宜小于 200mm×200mm,高度不宜大于 500mm,主筋宜采用 Ⅱ 形,6 度和 7 度时不宜少于 $4\phi12$,8 度和 9 度时不宜少于 $4\phi14$,箍筋可采用 $\phi6$,间距不宜大于 100mm。

3. 柱

（1）厂房柱子的箍筋布置要求

1）下列范围内柱的箍筋应加密:

① 柱头,到柱顶以下 500mm 并不小于柱截面长边尺寸。

② 上柱,取阶形柱自牛腿面至吊车梁顶面以上 300mm 高度范围内。

③ 牛腿（柱肩）,取全高。

④ 柱根,取下柱柱底至室内地坪以上 500mm。

⑤ 柱间支撑与柱连接节点和柱变位受平台等约束的部位,取节点上、下各 300mm。

2）加密区箍筋间距不应大于 100mm，箍筋肢距和最小直径应符合表 8.15 的规定。

表 8.15　柱加密区箍筋最大肢距和最小箍筋直径

烈度和场地类别		6 度和 7 度 Ⅰ 、Ⅱ 类场地	7 度 Ⅲ 、Ⅳ 类场地和 8 度 Ⅰ 、Ⅱ 类场地	8 度 Ⅲ 、Ⅳ 类场地和 9 度
箍筋最大肢距/mm		300	250	200
箍筋的最小直径	一般柱头和柱根	$\phi6$	$\phi8$	$\phi8(\phi10)$
	角柱柱头	$\phi8$	$\phi10$	$\phi10$
	上柱牛腿和有支撑的柱根	$\phi8$	$\phi8$	$\phi10$
	有支撑的柱头和柱变位受约束的部位	$\phi8$	$\phi10$	$\phi12$

注：括号内数值用于柱根。

（2）山墙抗风柱的配筋要求

1）抗风柱柱顶以下 300mm 和牛腿（柱肩）面以上 300mm 范围内的箍筋，直径不宜小于 6mm，间距不应大于 100mm，肢距不宜大于 250mm。

2）抗风柱的变截面牛腿（柱肩）处，宜设置纵向受拉钢筋。

（3）大柱网厂房柱的截面和配筋构造要求

1）柱截面宜采用正方形或接近正方形的矩形，边长不宜小于柱全高的 1/18~1/16。

2）重屋盖厂房考虑地震组合的柱轴压比，6、7 度时不宜大于 0.8，8 度时不宜大于 0.7，9 度时不宜大于 0.6。

3）纵向钢筋宜沿柱截面周边对称配置，间距不宜大于 200mm，角部宜配置直径较大的钢筋。

4）柱头和柱根的箍筋应加密，并应符合下列要求：加密范围，柱根取基础顶面至室内地坪以上 1m，且不小于柱全高的 1/6，柱头取柱顶以下 500mm，且不小于柱截面长边尺寸；箍筋直径、间距和肢距应符合厂房柱箍筋的相应要求。

（4）当铰接排架侧向受约束，且剪跨比不大于 2 时，柱顶预埋钢板和柱顶箍筋加密区的构造要求

1）柱顶预埋钢板沿排架平面方向的长度，宜取柱顶的截面高度 h，且不得小于截面高度的 1/2 及 300mm。

2）屋架的安装位置，宜减小在柱顶的偏心，其柱顶轴向力的偏心距不应大于截面高度的 1/4。

3）柱顶轴向力排架平面内的偏心距在截面高度的 1/6~1/4 范围内时，柱顶箍筋加密区的箍筋体积配筋率：9 度不宜小于 1.2%，8 度不宜小于 1.0%，6、7 度不宜小于 0.8%。

4）加密区箍筋宜配置四肢箍，肢距不大于 200mm。

4. 柱间支撑

厂房柱间支撑的布置，应符合下列规定：

1）一般情况下，应在厂房单元中部设置上、下柱间支撑，且下柱支撑应与上柱支撑配套设置。

2）有起重机或 8 度和 9 度时，宜在厂房单元两端增设上柱支撑。

3）厂房单元较长或 8 度 Ⅲ 、Ⅳ 类场地和 9 度时，可在厂房单元中部 1/3 区段内设置两

道柱间支撑。

柱间支撑应采用型钢，支撑形式宜采用交叉式，其斜杆与水平面的交角不宜大于55°。支撑杆件的长细比，不宜超过表8.16的规定。

表8.16 交叉支撑斜杆的最大长细比

位置	烈度			
	6度和7度Ⅰ、Ⅱ类场地	7度Ⅲ、Ⅳ类场地和8度Ⅰ、Ⅱ类场地	8度Ⅲ、Ⅳ类场地和9度Ⅰ、Ⅱ类场地	9度Ⅲ、Ⅳ类场地
上柱支撑	250	250	200	150
下柱支撑	200	150	120	120

下柱支撑的下节点位置和构造措施，应保证将地震作用直接传给基础；当6度和7度（0.10g）不能直接传给基础时，应计及支撑对柱和基础的不利影响并采取加强措施。交叉支撑在交叉点应设置节点板，其厚度不应小于10mm，斜杆与交叉节点板应焊接，与端节点板宜焊接。

8度时跨度不小于18m的多跨厂房中柱和9度时多跨厂房各柱，柱顶宜设置通长水平压杆，此压杆可与梯形屋架支座处通长水平系杆合并设置，钢筋混凝土系杆端头与屋架间的空隙应采用混凝土填实。

5. 连接节点

屋架（屋面梁）与柱顶的连接有焊接、螺栓连接和钢板铰连接三种形式（图8.26）。焊接连接的构造接近刚性，变形能力差。故8度时宜采用螺栓，9度时宜采用钢板铰（图8.27b），也可采用螺栓；屋架（屋面梁）端部支承垫板的厚度不宜小于16mm。

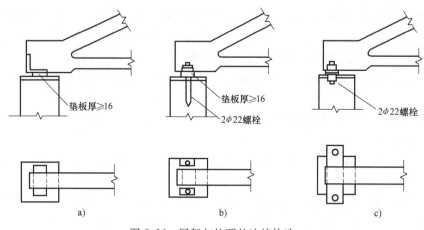

图8.26 屋架与柱顶的连接构造
a）焊接连接 b）螺栓连接 c）钢板铰连接

柱顶预埋件的锚筋，8度时不宜小于4φ14，9度时不宜少于4φ16，有柱间支撑的柱子，柱顶预埋件尚应增设抗剪钢板（图8.27a）。

山墙抗风柱的柱顶，应设置预埋板，使柱顶与端屋架上弦（屋面梁上翼缘）可靠连接。连接部位应在上弦横向支撑与屋架的连接点处，不符合时可在支撑中增设次腹杆或设置型钢横梁，将水平地震作用传至节点部位。

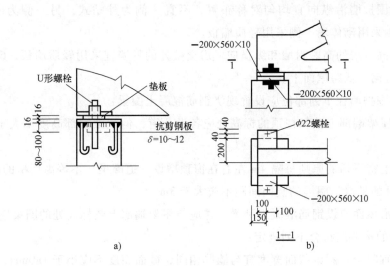

图 8.27 屋架与柱的连接
a) 加抗剪钢板 b) 钢板铰连接

支承低跨屋盖的中柱牛腿（柱肩）的预埋件，应与牛腿（柱肩）中按计算承受水平拉力部分的纵向钢筋焊接，且焊接的钢筋，6 度和 7 度时不应少于 $2\phi12$，8 度时不应少于 $2\phi14$，9 度时不应少于 $2\phi16$。

柱间支撑与柱连接节点预埋件的锚件，8 度 Ⅲ、Ⅳ 类场地和 9 度时，宜采用角钢加端板，其他情况可采用不低于 HRB335 级的热轧钢筋，但锚固长度不应小于 30 倍锚筋直径或增设端板。厂房中的起重机走道板、端屋架与山墙间的填充小屋面板、天沟板、天窗端壁板和天窗侧板下的填充砌体等构件应与支承结构有可靠的连接。

6. 隔墙和围护墙

单层钢筋混凝土柱厂房的砌体隔墙和围护墙应符合下列要求：

1）厂房的围护墙宜采用轻质墙板或钢筋混凝土大型墙板，砌体围护墙应采用外贴式并与柱可靠拉结（图 8.28）；外侧柱距为 12m 时应采用轻质墙板或钢筋混凝土大型墙板。

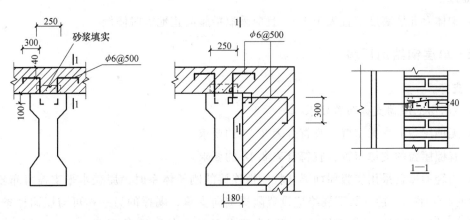

图 8.28 砖墙与柱的拉结

2）刚性围护墙沿纵向宜均匀对称布置，不宜一侧为外贴式，另一侧为嵌砌式或开敞式；不宜一侧采用砌体墙一侧采用轻质墙板。

3）不等高厂房的高跨封墙和纵横向厂房交接处的悬墙宜采用轻质墙板，6、7度采用砌体时不应直接砌在低跨屋面上。

4）砌体围护墙在下列部位应设置现浇钢筋混凝土圈梁：

① 梯形屋架端部上弦和柱顶的标高处应各设一道，但屋架端部高度不大于900mm时可合并设置。

② 应按上密下稀的原则每隔4m左右在窗顶增设一道圈梁，不等高厂房的高低跨封墙和纵墙跨交接处的悬墙，圈梁的竖向间距不应大于3m。

③ 山墙沿屋面应设钢筋混凝土卧梁，并应与屋架端部上弦标高处的圈梁连接。

5）圈梁的构造应符合下列规定：

① 圈梁宜闭合，圈梁截面宽度宜与墙厚相同，截面高度不应小于180mm；圈梁的纵筋，6~8度时不应少于4ϕ12，9度时不应少于4ϕ14。

② 厂房转角处柱顶圈梁在端开间范围内的纵筋，6~8度时不宜少于4ϕ14，9度时不宜少于4ϕ16，转角两侧各1m范围内的箍筋直径不宜小于ϕ8，间距不宜大于100mm；圈梁转角处应增设不少于3根且直径与纵筋相同的水平斜筋。

③ 圈梁应与柱或屋架牢固连接，山墙卧梁应与屋面板拉结；顶部圈梁与柱或屋架连接的锚拉钢筋不宜少于4ϕ12，且锚固长度不宜小于35倍钢筋直径，防震缝处圈梁与柱或屋架的拉结宜加强。

6）墙梁宜采用现浇，当采用预制墙梁时，梁底应与砖墙顶面牢固拉结并应与柱锚拉；厂房转角处相邻的墙梁，应相互可靠连接。

7）砌体隔墙与柱宜脱开或柔性连接，并应采取措施使墙体稳定，隔墙顶部应设现浇钢筋混凝土压顶梁。

8）砖墙的基础，8度Ⅲ、Ⅳ类场地和9度时，预制基础梁应采用现浇接头；当另设条形基础时，在柱基础顶面标高处应设置连续的现浇钢筋混凝土圈梁，其配筋不应少于4ϕ12。

9）砌体女儿墙高度不宜大于1m，且应采取措施防止地震时倾倒。

8.6.2 单层钢结构厂房

1. 支撑

（1）厂房的屋盖支撑布置要求

1）无檩屋盖的支撑布置，宜符合表8.17的要求。

2）有檩屋盖的支撑布置，宜符合表8.18的要求。

3）当轻型屋盖采用实腹屋面梁、柱刚性连接的刚架体系时，屋盖水平支撑可布置在屋面梁的上翼缘平面。屋面梁下翼缘应设置隔撑侧向支承，隔撑的另一端可与屋面檩条连接。屋盖横向支撑、纵向天窗架支撑的布置可参照表8.17、表8.18的要求。

表 8.17　无檩屋盖的支撑系统布置

支撑名称			烈度		
			6、7	8	9
屋架支撑	上、下弦横向支撑		屋架跨度小于 18m 时同非抗震设计;屋架跨度不小于 18m 时,在厂房单元端开间各设一道	厂房单元端开间及上柱支撑开间各设一道;天窗开洞范围的两端各增设局部上弦支撑一道;当屋架端部支承在屋架上弦时,其下弦横向支撑同非抗震设计	
	上弦通长水平系杆			在屋脊处、天窗架竖向支撑处、横向支撑节点处和屋架两端处设置	
	下弦通长水平系杆			屋架竖向支撑节点处设置;当屋架与柱刚接时,在屋架端节点处控制下弦平面外长细比不大于 150 设置	
	竖向支撑	屋架跨度小于 30m	同非抗震设计	厂房单元两端开间及上柱支撑各开间屋架端部各设一道	同 8 度,且每隔 42m 在屋架端部设置
		屋架跨度大于等于 30m		厂房单元的端开间,屋架 1/3 跨度处和上柱支撑开间内的屋架端部设置,并与上、下弦横向支撑相对应	同 8 度,且每隔 36m 在屋架端部设置
纵向天窗架支撑	上弦横向支撑		天窗架单元两端开间各设一道	天窗架单元端开间及柱间支撑开间各设一道	
	竖向支撑	跨中	跨度不小于 12m 时设置,其道数与两侧相同	跨度不小于 9m 时设置,其道数与两侧相同	
		两侧	天窗架单元端开间及每隔 36m 设置	天窗架单元端开间及每隔 30m 设置	天窗架单元端开间及每隔 24m 设置

表 8.18　有檩屋盖的支撑系统布置

支撑名称		烈度		
		6、7	8	9
屋架支撑	上弦横向支撑	厂房单元端开间及每隔 60m 各设一道	厂房单元端开间及上柱柱间支撑开间各设一道	同 8 度,且天窗开洞范围的两端各增设局部上弦横向支撑一道
	下弦横向支撑	同非抗震设计;当屋架端部支承在屋架下弦时,同上弦横向支撑		
	跨中竖向支撑	同非抗震设计		屋架跨度大于等于 30m 时,跨中增设一道
	两侧竖向支撑	屋架端部高度大于 900mm 时,厂房单元端开间及柱间支撑开间各设一道		
	下弦通长系杆	同非抗震设计	屋架两端和屋架竖向支撑处设置;与柱刚接时,屋架端节间处按控制下弦平面外长细比不大于 150 设置	
纵向天窗架支撑	上弦横向支撑	天窗架单元两端开间各设一道	天窗架单元两端开间及每隔 54m 各设一道	天窗架单元两端开间及每隔 48m 各设一道
	两侧竖向支撑	天窗架单元两端开间及每隔 42m 各设一道	天窗架单元两端开间及每隔 36m 各设一道	天窗架单元两端开间及每隔 24m 各设一道

4）屋盖纵向水平支撑的布置，尚应符合下列规定：

① 当采用托架支撑屋盖横梁的屋盖结构时，应沿厂房单元全长设置纵向水平支撑。

② 对于高低跨厂房，在低跨屋盖横梁端部支承处，应沿屋盖全长设置纵向水平支撑。

③ 纵向柱列局部柱间采用托架支撑屋盖横梁时，应沿托架的柱间及向其两侧至少各延伸一个柱间设置屋盖纵向水平支撑。

④ 当设置沿结构单元全长的纵向水平支撑时，应与横向水平支撑形成封闭的水平支撑体系。多跨厂房屋盖纵向水平支撑的间距不宜超过两跨，不得超过三跨；高跨和低跨宜按各自的标高组成相对独立的封闭支撑体系。

5）支撑杆宜采用型钢；设置交叉支撑时，支撑杆的长细比限值可取 350。

（2）柱间支撑的布置要求

1）厂房单元的各纵向柱列，应在厂房单元中部布置一道下柱柱间支撑；当 7 度厂房单元长度大于 120m（采用轻型围护材料时为 150m）、8 度和 9 度厂房单元大于 90m（采用轻型围护材料时为 120m）时，应在厂房单元 1/3 区段内各布置一道下柱支撑；当柱距数不超过 5 个且厂房长度小于 60m 时，也可在厂房单元的两端布置下柱支撑。上柱柱间支撑应布置在厂房单元两端和具有下柱支撑的柱间。

2）柱间支撑宜采用 X 形支撑，条件限制时也可采用 V 形、Λ 形及其他形式的支撑。X 形支撑斜杆与水平面的夹角不宜大于 55°、支撑斜杆交叉点的节点板厚度，其厚度不应小于 10mm。

3）柱间支撑杆件的长细比限值，应符合现行《钢结构设计规范》的规定。

4）柱间支撑宜采用整根型钢，当热轧型钢超过材料最大长度规格时，可采用拼接等强接长。

5）有条件时，可采用消能支撑。

2. 柱、梁

厂房框架柱的长细比，轴压比小于 0.2 时不宜大于 150；轴压比不小于 0.2 时，不宜大于 $120\sqrt{235/f_{ay}}$。其中 f_{ay} 为钢材的屈服强度。

框架柱、梁截面板件的宽厚比的限值应符合下列要求：

1）重屋盖厂房，板件宽厚比限值可按表 7.6 的规定采用，7、8、9 度的抗震等级可分别按四、三、二级采用。

2）轻屋盖厂房，塑性耗能区板件宽厚比限值可根据其承载力的高低按性能目标确定。塑性耗能区外的板件宽厚比限值，可采用现行《钢结构设计规范》弹性设计阶段的板件宽厚比限值。腹板的宽厚比，可通过设置纵向加劲肋减小。

柱脚应能可靠传递柱身承载力，宜采用埋入式、插入式或外包式柱脚，6、7 度时也可采用外露式柱脚。柱脚设计应符合下列要求：

1）实腹式钢柱采用埋入式、插入式柱脚的埋入深度，应由计算确定，且不得小于钢柱截面高度的 2.5 倍。

2）格构式柱采用插入式柱脚的埋入深度，应由计算确定，其最小插入深度不得小于单肢截面高度（或外径）的 2.5 倍，且不得小于柱总宽度的 0.5 倍。

3）采用外包式柱脚时，实腹 H 形截面柱的钢筋混凝土外包高度不宜小于 2.5 倍的钢结构截面高度，箱形截面柱或圆管截面柱的钢筋混凝土外包高度不宜小于3倍的钢结构截面高度或圆管截面直径。

4）当采用外露式柱脚时，柱脚承载力不宜小于柱截面塑性屈服承载力的 1.2 倍。柱脚锚栓不宜用以承受柱底水平剪力，柱底剪力应由钢底板与基础间的摩擦力或设置抗剪键及其他措施承担。柱脚锚栓应可靠锚固。

3. 围护墙体

钢结构厂房的围护墙，应符合下列要求：

1）厂房的围护墙，应优先采用轻型板材，预制钢筋混凝土墙板宜与柱柔性连接；9 度时宜采用轻型板材。

2）单层厂房的砌体围护墙应贴砌并与柱拉结，尚应采取措施使墙体不妨碍厂房柱列沿纵向的水平位移；8、9 度时不应采用嵌砌式。

8.6.3　单层砖柱厂房

1. 屋盖及支撑

钢筋混凝土屋盖的构造措施，按单层钢筋混凝土柱厂房的相关规定执行。

钢屋架、压型钢板、瓦楞铁等轻型屋盖的支撑，可按表 8.18 的规定设置，上、下弦横向支撑应布置在两端第二开间；木屋盖的支撑布置，宜符合表 8.19 的要求，支撑与屋架或天窗架应采用螺栓连接；木天窗架的边柱，宜采用通长木夹板或铁板并通过螺栓加强边柱与屋架上弦的连接。

表 8.19　木屋盖的支撑布置

支撑名称		烈度		
		6、7	8	
		各类屋盖	满铺望板	稀铺望板或无望板
屋架支撑	上弦横向支撑	同非抗震设计		屋架跨度大于 6m 时，房屋单元两端第二开间及每隔 20m 设一道
	下弦横向支撑	同非抗震设计		
	跨中竖向支撑	同非抗震设计		
天窗架支撑	天窗两侧竖向支撑	同非抗震设计	不宜设置天窗	
	上弦横向支撑			

檩条与山墙卧梁应可靠连接，搁置长度不应小于 120mm，有条件时可采用檩条伸出山墙的屋面结构。

厂房柱顶标高处应沿房屋外墙及承重内墙设置现浇闭合圈梁，8 度时还应沿墙高每隔 3~4m 增设一道圈梁，圈梁的截面高度不应小于 180mm，配筋不应少于 $4\phi12$；当地基为软弱黏性土、液化土、新近填土或严重不均匀土层时，尚应设置基础圈梁。当圈梁兼作门窗过梁或抵抗不均匀沉降影响时，其截面和配筋除满足抗震要求外，尚应根据实际受力计算确定。

山墙应沿屋面设置现浇钢筋混凝土卧梁，并应与屋盖构件锚拉；山墙壁柱的截面与配筋，不宜小于排架柱，壁柱应通到墙顶并与卧梁或屋盖构件连接。

屋架（屋面梁）与墙顶圈梁或柱顶垫块，应采用螺栓或焊接连接；柱顶垫块厚度不应小于 240mm，并应配置两层直径不小于 8mm、间距不大于 100mm 的钢筋网；墙顶圈梁应与柱顶垫块整浇。

2. 砖柱

砖柱的构造应符合下列要求：

（1）砖的强度等级不应低于 MU10，砂浆的强度等级不应低于 M5。组合砖柱中混凝土的强度等级宜采用 C20。

（2）砖柱的防潮层应采用防水砂浆。

3. 墙体

钢筋混凝土屋盖的砖柱厂房，山墙开洞的水平截面面积不宜超过总截面面积的 50%。8 度时，应在山、横墙两端设置钢筋混凝土构造柱，构造柱的截面尺寸可采用 240mm×240mm，竖向钢筋不应少于 4ϕ12，箍筋可采用 ϕ6，间距宜为 250~300mm。

砖砌体墙的构造应符合下列要求：

1）8 度时，钢筋混凝土无檩屋盖砖柱厂房，砖围护墙顶部宜沿墙长每隔 1m 埋入 1ϕ8 竖向钢筋，并插入顶部圈梁内。

2）7 度且墙顶高度大于 4.8m 或 8 度时，不设置构造柱的外墙转角及承重内横墙与外纵墙交接处，应沿墙高每 500mm 配置 2ϕ6 钢筋，每边伸入墙内不小于 1m。

3）出屋面女儿墙，在人流出入口和通道处应与主体结构锚固；非出入口无锚固的女儿墙高度，6~8 度时不宜超过 0.5m。防震缝处女儿墙应留有足够的宽度，缝两侧的自由端应予以加强。且砌体女儿墙高度不宜大于 1m。

本章小结

本章介绍了单层钢筋混凝土柱厂房、单层钢结构厂房及单层砖柱厂房的震害特点、发生原因和对应的抗震设计原则及具体的抗震构造措施；详细阐述了单层厂房结构横向抗震计算的原理；对于单层厂房纵向抗震计算，主要介绍了修正刚度法的概念。

习题

一、选择题

1. 下列有利于单层钢筋混凝土柱厂房抗震的布置是（　　）。

A. 采用不等高多跨厂房　　　　　　　B. 采用不等长多跨厂房

C. 紧临防震缝处布置贴建房屋　　　　D. 厂房端部采用屋架承重

2. 在单层厂房中，柱底至室内地坪以上 500mm 范围内和阶形柱的上柱宜采用的截面形式是（　　）。

A. 矩形　　　　B. 工字形　　　　C. T 形　　　　D. I 形

3. 在厂房支撑系统的震害中，最严重的是（　　）。

A. 柱间支撑　　B. 屋盖水平支撑　　C. 屋盖垂直支撑　　D. 天窗架垂直支撑

4. 对于单层砖柱厂房，需设防震缝的屋盖形式是（　　）。

A. 木屋盖　　　B. 轻钢屋盖　　　C. 钢筋混凝土屋盖　　D. 石棉瓦屋面

5. 柱间支撑的杆件宜采用（　　　）。

A. 型钢　　　　　　　B. 混凝土　　　　　　C. 钢筋混凝土　　　　D. 木材

6. 对等高多跨厂房，随屋盖刚度基本值减小，天窗纵向地震作用将（　　　）。

A. 减小　　　　　　　B. 增加　　　　　　　C. 先减小后增加　　　D. 先增加后减小

7. 《抗震规范》规定，厂房的围护墙宜采用（　　　）。

A. 无筋砖墙　　　　　B. 砌块墙　　　　　　C. 配筋砖墙　　　　　D. 轻质墙板

8. 下列情况中，厂房应优先采用钢屋架。（　　　）

A. 跨度 12m　　　　　B. 7 度　　　　　　　C. 8 度　　　　　　　D. 9 度

9. 单层钢结构厂房的纵向抗侧力体系，8、9 度时应采用（　　　）。

A. 柱间支撑　　　　　B. 刚接框架　　　　　C. 铰接框架　　　　　D. 门式刚架

10. 排架柱一般按（　　　）构件验算其截面承载力。

A. 轴心受拉　　　　　B. 轴心受压　　　　　C. 偏心受拉　　　　　D. 偏心受压

二、填空题

1. 单层厂房的纵向抗震计算中常用的简化计算方法是_____、_____和_____。

2. 柱间支撑是_____和_____的重要抗侧力构件。

3. 支撑构件的性能与杆件的_____、_____、_____、_____、_____和_____等因素有关。

4. 厂房宜采用_____的屋盖承重结构。

5. 单层钢结构厂房中的柱间_____、_____或支撑应考虑拉压杆共同作用。

6. 单层钢筋混凝土柱厂房的山墙沿屋面应设_____，并应与_____连接。

7. 单层钢结构厂房的纵向抗侧力体系，6、7 度时宜采用_____，也可采用_____。

8. 单层砖柱厂房两端均应设置_____山墙。

9. _____和_____时，高大的单层钢筋混凝土柱厂房的横向排架，应进行罕遇地震作用下薄弱层的弹塑性变形验算。

10. 在单层厂房排架的地震作用效应组合中，一般不考虑_____效应，不考虑_____的内力，也不考虑_____作用。

三、判断改错题

1. 单层砖柱厂房屋盖宜采用重型屋盖。　　　　　　　　　　　　　　　　　（　　　）

2. 厂房跨度大于 24m 时应优先采用钢屋架。　　　　　　　　　　　　　　（　　　）

3. 9 度时，跨度大于 24m 的厂房宜采用大型屋面板。　　　　　　　　　　（　　　）

4. 单层钢结构厂房的屋盖横梁与柱顶铰接时，宜采用螺栓连接。　　　　　（　　　）

5. 轻型屋盖厂房，可不设防震缝。　　　　　　　　　　　　　　　　　　（　　　）

6. 单层砖柱厂房 7 度时，不应采用无筋砖柱。　　　　　　　　　　　　　（　　　）

7. 厂房的横向水平地震作用由所有的抗侧力构件共同承担。　　　　　　　（　　　）

8. 厂房的山墙间距越小，空间作用越小。　　　　　　　　　　　　　　　（　　　）

9. 柱顶标高不大于 15m 的单层钢筋混凝土柱厂房，宜采用修正刚度法进行纵向抗震验算。（　　　）

10. 一般的柱间支撑均采用半刚性支撑。　　　　　　　　　　　　　　　　（　　　）

四、名词解释

质量集中系数　空间作用效应　刚度修正法

五、简答题

1. 单层钢筋混凝土柱厂房主要有哪些震害？

2. 单层钢筋混凝土柱厂房哪些情况下可不进行抗震计算？

3. 单层砖柱厂房的纵向抗震计算方法有哪些？

4. 怎样确定单层厂房结构的横向抗震计算简图及等效重力荷载代表值？

5. 怎样计算排架的横向基本周期?

6. 单层钢结构厂房的抗震设计应该注意哪些问题?

六、计算题

某单层钢筋混凝土柱厂房结构自振周期 $T=0.5s$,质点重量 $G=200kN$,位于设防烈度为 8 度的 II 类场地上,该地区的设计基本地震加速度为 $0.20g$,设计地震分组为第二组。试用底部剪力法计算结构在多遇地震时的水平地震作用。($T_g=0.4s$,$\alpha_{max}=0.16$)

桥梁结构抗震 | 第9章

学习要求：
- 了解桥梁震害的特点及震害教训。
- 理解桥梁抗震设防标准和设计流程。
- 掌握桥梁地震反应分析的实用方法。
- 理解桥梁延性抗震设计的基本原理和方法。

9.1　桥梁的震害

地震灾害引起的生命线工程（指城市供水、供电、供气、通信、交通等工程设施）的破坏将造成震后救灾工作的巨大困难，使次生灾害加重，影响极为严重。桥梁工程作为生命线工程之一，调查与分析桥梁的震害及其产生的原因是建立正确的抗震设计方法，采取有效抗震措施的科学依据。

桥梁如缺乏正确的抗震设计，在地震时将产生严重的损坏。事实表明，由于地震袭击而毁坏的桥梁的数量，远远多于因风振、船撞等其他原因破坏的桥梁。如在 1975 年的海城地震中 618 座桥梁（铁路桥 182 座，公路桥 436 座）中有 193 座遭到不同程度的损坏（铁路桥 55 座，公路桥 138 座），占 31.2%，其中有 16 座桥梁严重损坏，无法继续使用。在 1976 年唐山地震中，对京山、通坨、津蓟及南堡专用线的统计，遭受震害的铁路桥占总数的 39.3%（其中严重破坏的占 45%）。2008 年的汶川地震共造成 24 条高速公路、161 条国省干线、8618 条乡村公路、156 条隧道受损，受损桥梁高达 6140 座。

大量震害分析表明，引起桥梁震害的主要原因有：①地震强度超过了抗震设防标准，这是无法预料的；②桥梁场地对抗震不利，可通过合理的工程选址来避免；③桥梁结构设计、施工错误或存在缺陷；④桥梁结构本身抗震能力不足。由于地震的不确定性和复杂性，目前还无法准确预测桥址未来可能发生的地震强度，所以本节主要着眼于桥梁震害的内因，着重说明由结构设计和细部构造等的不合理引起的震害，并总结桥梁震害的教训和启示。

9.1.1　桥梁上部结构的震害

桥梁上部结构自身遭受震害被毁坏的情形较少，在已有的震害中，一般有伸缩缝处的伸缩装置破坏、人行道栏杆或车行道护栏破坏、桥面混凝土开裂等，另外有钢结构的局部屈曲破坏。图 9.1 为 2008 年汶川地震中什邡金华大桥（主跨 150m 的钢筋混凝土肋拱）的伸缩装置破坏情况。图 9.2 为 1995 年阪神地震中钢箱梁侧壁和底板的屈曲破坏情况。图 9.3 是阪神地震中拱桥风撑的屈曲破坏。

图 9.1 金华大桥伸缩装置破坏

图 9.2 阪神地震中钢箱梁的局部屈曲破坏

相对而言，桥梁上部结构的主要震害表现为移位震害（包括落梁震害）及上部结构的碰撞震害。

1. 上部结构的移位震害

桥梁上部结构的移位震害极为常见，表现为桥梁上部结构的纵向移位、横向移位和扭转移位，最常见的是桥梁上部结构的纵向移位和落梁震害。通常，设置伸缩缝的地方易发生移位震害。当上部结构的移位超出了墩、台等的支承面，就会发生更为严重的落梁震害。落梁时，如果撞击桥墩，则会给桥梁下部结构造成破坏。发生落梁的原因主要有桥台倾斜或倒塌、河岸滑坡、地基下沉、桥墩破坏、支座破坏、相邻墩发生过大相对位移等。

图 9.3 阪神地震中拱桥风撑的屈曲破坏

图 9.4 为 2008 年汶川地震中上部结构的横向移位震害，盖梁的横向抗震挡块有效地限制了上部结构的横向位移。图 9.5 为汶川地震中映秀岷江大桥的横向移位震害，该桥上部为预应力简支板梁斜桥，主梁与盖梁斜交角约为 80°，地震中主梁发生水平面转动，映秀岸梁端向上游产生移位 80cm 左右，汶川岸向下游移动约 150cm 左右，支座脱落，混凝土挡块破坏。

图 9.4 汶川地震中上部结构横向移位

图 9.5 汶川地震映秀岷江大桥横向移位

图 9.6 为汶川地震中庙子坪大桥的引桥第 5 跨（从主桥计算）落梁震害。该桥为连续钢构桥，桥墩高 108 余 m，引桥为 50m 先简支后连续桥梁（桥面连续），共 19 跨。由于地震中梁、墩相对位移过大，引桥第 5 跨伸缩缝处由于梁、墩相对位移大于墩顶支承面宽度而落梁。从图 9.6b、c 可以看出，该引桥采用的板式橡胶支座放在支座垫石上，支座垫石的支承面宽度约为 50cm，无任何防止纵桥向落梁的措施。类似的落梁震害也曾发生在 1971 年美国圣·费尔南多地震中，图 9.7a、b 所示分别为金州 5 号高速干道与 14 号高速公路的立交枢纽、金州 5 号高速干道与州际 210 干道的立交枢纽，落梁发生的原因仍是桥墩墩顶和挂梁支承牛腿处的支承面过窄。图 9.7a 中坠落的主梁支承在高约 43m、横截面为 1.8m×3m 的独立柱墩上。图 9.8 为 1994 年美国北岭地震中，箱梁自桥台处坠落的震害实例，其主要原因是桥台处的支承宽度过小，仅 14in(1in = 0.0254m)。

a)

b)　　　　　　　　　　　　　　　　c)

图 9.6　庙子坪大桥引桥落梁震害

a) 第 5 跨落梁　b) 落梁局部（伸缩缝 A 处）　c) 落梁局部（伸缩缝 B 处）

从上述震害分析可见，落梁除与地震引起较大梁、墩相对位移有关外，还与支承部位的构造细节有关。我国桥梁通常先在桥墩顶部浇筑支座垫石，再在垫石上放置板式橡胶支座，而支座垫石的支承面宽度要远小于桥墩的支承宽度，易引起落梁。

2. 上部结构的碰撞震害

如果上部相邻结构间距过小，在地震中就可能发生碰撞，产生巨大的撞击力，从而使结构发生破坏。比较典型的碰撞有相邻跨上部结构的碰撞、上部结构与桥台的碰撞及相邻桥梁间的碰撞。

a)   b)

图 9.7　1971 年美国圣·费尔南多地震中的落梁震害

a）金州 5 号高速干道与 14 号　b）金州 5 号高速干道与州际

210 干道的立交枢纽高速公路的立交枢纽

图 9.9 为 2008 年汶川地震中相邻上部结构的碰撞震害。图 9.10 为 1989 年美国洛马·普里埃塔地震中相邻桥梁结构间的碰撞震害，该桥梁中较低桥梁的上部结构与支承相邻较高桥梁的墩柱间发生碰撞。这种碰撞非常不利，撞击力会大大增加柱墩的剪力，严重时会导致墩柱的剪切破坏，从而引起桥梁的倒塌。可通过在上部结构间设置足够的间距来避免这种碰撞。

图 9.8　1994 年美国北岭地震中桥台落梁震害

图 9.9　汶川地震中相邻上部结构的碰撞震害

图 9.10　相邻桥梁结构间的碰撞震害

9.1.2 支座震害

地震中，桥梁支座的震害极为普遍。支座历来被认为是桥梁整体抗震性能上的一个薄弱环节，其原因主要是支座设计没有充分考虑抗震的要求，连接与支挡等构造措施不足，某些支座形式和材料的缺陷等。破坏形式主要表现为支座移位，支座锚固螺栓拔出、剪断，活动支座脱落，以及支座本身构造上的破坏等。支座破坏的同时，也伴随着支座下垫石混凝土破碎。尤其是在支座倾倒、脱落、位移后，力的传递方式发生改变，从而对结构其他部位的抗震产生影响，进一步加重震害。桥梁支座是桥墩与梁体联系、传力的关键部位，它的破坏直接影响到梁体与桥墩。以往常采用加强设计、增加支挡限位的构造措施来保证支座的抗震力及其作用。近30年来，由于桥梁的跨度不断加大，支座构造设计加强遇到一定困难，从而研究隔震、减震耗能式的抗震支座为结构工程师所重视，在日本、新西兰等国家已有初步的实践经验。

在我国，板式橡胶支座在公路桥梁中的应用非常广泛，而在2008年的汶川地震中，这种支座的震害现象很常见，主要表现为移位震害（图9.11）。一般直接将板式橡胶支座放置在支座垫石上，然后将主梁直接放置在支座上，支座与主梁以及垫石间缺少必要的锚固连接，因此，支座与主梁以及垫石间的水平抗力主要依赖接触面的摩擦力，在地震作用下，大量支座产生移位震害，其中相当一部分甚至滑出垫石以外，造成支座脱落。

a)   b)

图9.11 汶川地震中板式橡胶支座移位震害

此外，当支座与上下部结构之间的连接强度不足或者支座自身强度不足时，也会发生相应的锚固破坏或构造破坏，如图9.12、图9.13所示。

图9.12 汶川地震中盆式橡胶支座震害   图9.13 阪神地震中三维铰支座劈裂

9.1.3 下部结构和基脚的震害

下部结构和基脚的严重破坏可能引起桥梁倒塌，且在震后难以修复。桥梁墩台因砂土液化、地基下沉、岸坡滑移或开裂发生破坏是很难采用加强它们的抗震能力来避免的，一般应在选择桥址、桥型及结构布置上加以注意。如难以避免在地震不良地段建造桥梁，则除桥型及结构布置要采取措施外，还应采取必要的土层加固措施。桥梁下部结构在较大的水平地震力作用下，发生瞬时反复推动，在相对薄弱的截面上就会发生破坏。主要表现有桥梁墩柱的震害及桥台的震害。

1. 墩柱的震害

桥梁结构中普遍采用钢筋混凝土柱式墩，其破坏形式主要有弯曲破坏和剪切破坏。弯曲破坏是延性破坏，多为混凝土开裂、剥落压溃、钢筋裸露和弯曲等，并产生很大的塑性变形。发生弯曲破坏的主要原因是约束箍筋配置不足、纵向钢筋的搭接或焊接不牢等引起的墩柱延性不足。剪切破坏是脆性破坏，伴随着强度和刚度的急剧下降，往往会造成墩柱及上部结构的倒塌，震害较为严重。高柔的桥墩多为弯曲破坏；而矮粗的桥墩多为剪切破坏；介于二者之间的，为混合型。此外桥梁墩柱的基脚破坏也是一种可能的破坏形式。

图 9.14 为 2008 年汶川地震中的白花大桥发生的墩柱弯曲破坏，纵筋发生屈曲，核心区混凝土破坏严重，主要原因是约束箍筋配置不足，箍筋间距达 60cm。图 9.15 为汶川地震中龙尾大桥的墩柱震害，图中可见墩柱已严重倾斜。图 9.16 为 1995 年阪神地震中，阪神高速线上一个墩柱发生弯曲破坏，从而引起桥梁倒塌的严重震害，其原因也是约束箍筋不足，以及纵向主筋的焊接接头破坏。图 9.17 为 2008 年汶川地震中绵竹回澜立交桥的桥墩压溃情况。

图 9.14　汶川地震中的白花大桥墩柱破坏

图 9.15　汶川地震中的龙尾大桥墩柱破坏

图 9.16　阪神地震中墩柱倒塌

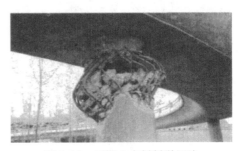

图 9.17　回澜立交桥桥墩压溃

　　最为惨重的墩柱剪切破坏发生在 1995 年日本的阪神地震中。阪神高速线在神户市内的高架桥共 18 个独立柱墩剪断，长 500m 左右的梁侧向倾倒（图 9.18）。模拟分析结果表明，独柱墩剪切破坏的主要原因是纵向钢筋过早切断（有 1/3 纵筋在距墩底 1/5 墩高处被切断）及约束箍筋不足。图 9.19 是 1971 年美国圣·费尔南多地震中，州际高速公路某立交桥结构发生的墩柱剪切破坏。该墩柱两端没有弯曲破坏迹象，而剪切破坏却发生在墩柱中部，显然是由于墩柱的抗剪强度低于弯曲强度造成的。墩柱中部往往约束箍筋配置较少，因而抗剪强度相对较低。

图 9.18　阪神地震中独柱墩倒塌

图 9.19　圣·费尔南多地震中柱墩剪切破坏

　　图 9.20 为 2008 年汶川地震中白花大桥的墩柱发生弯剪混合破坏，其主要原因是桥墩箍筋配置不足。9.21 为汶川地震中小鱼洞大桥的桁架拱构件发生的剪切破坏。图 9.22 为 1999 年台湾集集地震中发生的墩柱剪切破坏。

图 9.20　汶川地震中白花大桥的墩柱
弯剪混合破坏

图 9.21　汶川地震中小鱼洞大桥的桁架
拱构件发生的剪切破坏

　　城市高架桥中常采用框架墩，框架墩的震害主要表现为盖梁破坏、墩柱破坏及节点破坏。盖梁主要破坏形式有：抗剪强度不足引起的剪切破坏，盖梁负弯矩钢筋过早截断引起的弯曲破坏，以及盖梁钢筋锚固长度不够引起的破坏等。墩柱破坏形式与前述情形类似，而节点的破坏主要是剪切破坏。

　　最为严重的框架墩震害出现在 1989 年美国洛马·普里埃塔地震中，高速公路 880 号线的高架桥，有一段 800m 长的上层桥面因墩柱断裂塌落在下层桥面上，

图 9.22　台湾集集地震台三线乌
溪桥桥墩剪切破坏

上层框架完全毁坏（图 9.23）。其原因主要是上层框架柱底与下层框架间普遍采用铰接的形式，梁柱节点配筋不足，竖向柱配筋连续性和横向箍筋不足，且盖梁钢筋的锚固长度也不够。

图 9.23　美国洛马·普里埃塔地震高架桥上层框架塌落

2. 基脚的震害

墩柱基脚的震害相当少见，但一旦出现，则可能导致墩梁倒塌的严重后果。如图 9.24 所示 1971 年美国圣·费尔南多地震中，某桥梁墩柱基脚 22 根螺纹钢筋从桩基础中拔出，导致桥墩倒塌。显然，发生该震害的原因是墩底主筋的构造处理不当，造成主筋锚固失败。可见，保证墩柱和下部基础的整体作用是相当重要的。

图 9.24　美国圣·费尔南多地震中墩柱基脚主筋拔出

3. 桥台的震害

桥台的震害较为常见。除了地基丧失承载力（如砂土液化）等引起的桥台滑移外，桥台的震害主要表现为台身与上部结构（如梁）的碰撞破坏，以及桥台向后倾斜。图 9.25～图 9.27 为 2008 年汶川地震中的桥台震害，包括台身结构破坏和护坡垮塌等。图 9.28 为 1999 年台湾集集地震中桥台向后倾斜的震害实例。

图 9.25　汶川地震中桥台胸墙震害

图 9.26　汶川地震中桥台耳墙震害

图 9.27　汶川地震中桥台护坡垮塌震害

图 9.28　台湾集集地震中桥台后倾震害

9.1.4　基础的震害

桥梁基础破坏是桥梁震害的主要现象之一（图 9.29）。

我国唐山地震桥梁震害中，遭受破坏最严重的 18 座桥梁中，有 15 座是由于不同程度的岸坡滑移、地基失效等原因造成的。日本新潟地震，因该地区含有松砂层、地下水位较高，地震中有 2/3 的桥梁震害与地基砂土液化及岸坡滑移有关，其中位于新潟市的昭和大桥，砂土液化和下部结构刚度不足，造成 1、4 号墩倾斜，5、6 号墩完全倒塌及 5 孔落梁。

通常，在软弱地基上采用桩基础的结构往往比无桩基础的结构具有更好的抗震性能，

图 9.29　沉箱基础受剪破坏

但是在地震作用下，群桩基础依然是整座桥梁中抗震的薄弱部位。除了地基失效外，群桩基础还会发生由上部结构传下来的惯性力引起的桩基剪切、弯曲破坏，或者群桩设计不当引起的震害，如桩基没有深入稳定土层足够长度，桩顶与承台连接构造措施不足等。图 9.30 为 1989 年美国洛马·普里埃塔地震中，某桩基公路桥倒塌震害。该处地基没有发生液化，桩基没有竖向沉降，但桩与桩周土发生了 30~45cm 的脱空（图 9.31），造成地基土对桩身横向约束力不足，桩身产生了过大的横向位移，最终导致桩顶弯曲、剪切破坏（图 9.32）。

图 9.30　1989 年美国洛马·普里埃塔地震中桩基破坏引起的桥梁倒塌

图 9.31　洛马·普里埃塔地震中桩土脱空震害

　　还需要注意的是，地基或基础的震害具有较大的隐蔽性，许多基础震害是通过上部结构的震害体现出来的，如图 9.33 所示。

图 9.32　洛马·普里埃塔地震中桩顶弯剪震害

图 9.33　基础沉陷导致桥面下陷

　　综上所述，桥梁震害的直接起因是：

　　1）在强震时，地形地貌产生剧烈变化（如地裂、断层等），河岸向河心滑移等致使桥梁结构难以抵抗巨大挤压力而导致破坏；或河床砂土液化、地基失效致使桥梁墩台基础急剧下沉或不均匀下沉而引起破坏（图 9.33）。

　　2）在地震力作用下，桥梁结构本身抗震能力不足发生破坏（图 9.18），包括强度与弹塑性变形的承受能力不足。

　　3）因桥梁结构造型、构造或连接措施不当产生的震害。

9.2　桥梁抗震计算的地震力理论及抗震设计方法的演变

　　桥梁工程抗震设防标准、抗震计算的地震力理论与桥梁抗震设计的破坏准则，这三者是密切相关的。桥梁工程抗震设防标准，通俗地讲，就是如何确定地震荷载的标准。荷载定得过大，即抗震设防标准要求越高，结构在其寿命时间为抗震需要所投入的费用越大。然而，结构在其寿命期间遭遇抗震设防标准所期望的地震总是少数。这就是决策的矛盾点，一方面要求保证结构抗震安全；另一方面又要适度投入抗震设防的费用，使投入费用取得最好的效益。

9.2.1　静力法

1899 年，日本大房森吉提出静力法的概念。它假设结构物各个部分与地震动具有相同的振动。此时结构物上只作用着地面运动加速度 $\ddot{\delta}_g$ 乘上结构物质量 M 产生的惯性力，把惯性力视作静力作用于结构物进行抗震计算。惯性力计算公式为

$$F = \ddot{\delta}_g M = \ddot{\delta}_g \frac{W}{g} = \frac{\ddot{\delta}_g}{g} W = KW \tag{9.1}$$

式中　W——结构各部分总重量；

　　　K——地面运动加速度峰值与重力加速度 g 的比值。

从动力学的角度，把地震加速度看作是结构地震破坏的单一因素有极大的局限性，因为它忽略了结构的动力特性这一重要因素。只有当结构物的基本固有周期比地面运动卓越周期小很多时，结构物在地震震动时才可能几乎不产生变形而可以被当作刚体，静力法才能成立，如重力式桥台等。如果超出范围，就不可能适用。

静力法以地震荷载代替结构在地震强迫振动下的激励外因，作用于结构的计算静力效应代替结构在地面运动激励下的动力效应。显然，工程设计人员很容易接受地震荷载这一量度，但静力法常导致对结构抗震能力的错误判断。

9.2.2　动力法——反应谱理论

通过对地震震害资料的分析和对地震作用的深入研究，抗震计算的静力法越来越暴露出其不合理性。众所周知，一个单自由度体系在周期外力作用时，当体系固有频率接近振动外力的频率时，共振现象是十分明显的。地震是一种随机现象，地震波是频率成分十分复杂的波，其中含有一定的卓越频率，所以当地震的卓越频率与结构的固有频率一致时，结构物的动力反应就要放大。

1931 年，美国开始进行强震观测网的布置。1940 年，美国英佩里亚尔谷（Imperial Valley）地震成功地收集了包括 EL-Centro 地震在内的大量地震加速度记录资料，为抗震计算动力法的建立提供了宝贵的科学资料。1943 年，M A Biot 提出了反应谱概念，给出了世界上第一个弹性反应谱，即一个单质点弹性体系对应于某一个强震记录情况下，体系的周期与最大反应（加速度、相对速度、相对位移）的关系曲线。1948 年，G W Honsner 提出基于反应谱理论的抗震计算的动力法。至 1958 年，第一届世界地震工程会议后，这一方法被多国采纳并写入相应的工程结构抗震设计规范中。

反应谱方法通过反应谱概念巧妙地将动力问题静力化，概念简单，设计计算方便，可以用较少的计算量获得结构的最大反应值。

但反应谱方法也存在一些缺陷。如反应谱只是弹性范围内的概念，当结构在强烈地震下进入塑性工作阶段时则不能直接应用；地震作用是一个时间过程，但反应谱方法只能得到最大反应，不能给出结构在地震动过程中的响应，也不能反映地震动持续时间的影响；对多振型反应谱法，还存在振型组合问题等。另外，基于弹性反应谱理论的现行规范设计方法，还往往给设计人员造成一种错觉，使设计者只重视结构强度，即认为不需要提高结构延性能

力，只需通过增强结构强度即可提高结构的抗震能力，而忽略了结构所应具有的非弹性变形能力即延性。

9.2.3 动力法——动态时程分析法

由于反应谱理论无法反映许多实际的复杂因素，诸如大跨桥梁的地震波输入相位差、结构的非线性二次效应、地震振动的结构-基础-土的共同作用等问题。因此，随着强震记录的增多（不但是数量，而且反映着各类不同场地土、近震或远震的影响等），计算机技术的广泛应用，发展了直接求解结构地震强迫振动方程的研究，建立了动力法——动态时程分析法。20世纪60年代后，重要的建筑物、大跨桥梁和其他特殊结构物采用多节点、多自由度的结构有限元动力计算图式，直接输入地震强迫振动的激振——地震加速度时程，对结构进行地震时程反应分析，通称为动态时程分析。

动态时程分析法可以精确地考虑结构、土和深基础相互作用，地震波相位差及不同地震波多分量多点输入等因素，建立起结构动力计算图式和相应地震振动方程。同时，考虑结构几何和物理非线性以及各种减震、隔震装置非线性性质（如桥梁特制橡胶支座、特种阻尼装置等）的非线性地震反应分析更趋成熟与完善。

该方法从选定合适的地震动输入（地震动加速度时程）出发，采用多节点、多自由度的结构有限元动力计算模型建立地震振动方程，然后采用逐步积分法对方程进行求解，计算地震过程中每一瞬时结构的位移、速度和加速度反应，从而分析出结构在地震作用下弹性和非弹性阶段的内力变化以及构件逐步开裂、损坏直至倒塌的全过程。

9.2.4 能力设计方法

按照多级设防的思想，桥梁结构抗震设计的基本原则是保证结构在大概率发生的地震作用下能维持正常的使用功能，在小概率发生的地震作用下结构整体或任何结构部件都不发生倒塌破坏。也就是说，在大概率发生的地震作用下，允许结构出现一定程度的损坏，但不应发生倒塌破坏，这也就意味着桥梁结构进入弹塑性变形阶段。这个原则体现了对桥梁结构抗震设防的最低目标要求。

在近十年来发生的地震中，经过抗震设计的现代桥梁再次遭受地震的严重破坏，桥梁表现出来的震害特点再次证实了结构遭受严重破坏的根本原因是不合理的结构抗震体系及设计、细部构造等方面的缺陷，同时也显示出桥梁缺乏延性的严重性。

能力设计方法主要包括以下方面：

1）在概念设计阶段选择合理的结构布局。

2）确定地震中预期出现的弯曲塑性铰的合理位置，并保证结构能形成一个适当的塑性耗能机制。

3）对潜在塑性铰区域建立截面弯矩 M-曲率 Φ 的对应关系。这个过程可以通过计算分析或估算进行，从而确定结构的位移延性和塑性铰区截面的预期抗弯强度。

4）对选定的塑性耗能构件进行抗弯设计。

5）估算塑性铰区截面发生设计预期的最大延性范围内的变形时可能达到的最大抗弯强度，以此来考虑各种设计因素的变异性。

6）按塑性铰区截面的抗弯超强进行塑性耗能构件的抗剪设计，以及能力保护构件的强度设计。

7）对塑性铰区域进行细致的构造设计，以确保潜在塑性铰区截面的延性能力。

很多情况下，能力设计过程并不需要复杂的、精细的动力分析技巧，只要求在粗略的估算条件下，即可保证结构具有预知的和满意的延性性能。结合相应的延性构造措施，能力设计依靠合理选择的塑性铰机构，使结构达到优化的能量耗散，以适应未来的大地震可能激起的延性需求。

与常规的静力强度设计方法相比，采用能力设计方法设计的抗震结构具有明显的优势：第一，塑性铰只出现在预定的结构部位；第二，可以选择合适的耗能机制；第三，预期发生塑性铰的各个构件，均可独立进行专门设计；第四，构件局部延性需求可以与结构整体延性需求直接联系起来。

9.3 公路桥梁抗震设防要求

9.3.1 公路桥梁抗震设防措施等级

JTG/TB 02-01—2008《公路桥梁抗震设计细则》（以下简称《公路桥梁抗震细则》）根据工程的重要性和修复（抢修）难易程度，将公路桥梁抗震设防划分为四个类别，即 A、B、C、D 类，见表 9.1。对于 A、B、C 类桥梁采用两水平设防、两阶段设计；对于 D 类桥梁采用一水平设防、一阶段设计。

表 9.1　各桥梁抗震设防类别适用范围

抗震设防类别	适 用 范 围
A 类	单跨跨径超过 150m 的特大桥
B 类	单跨跨径不超过 150m 的高速公路、一级公路上的桥梁，单跨跨径不超过 150m 的二级公路上的特大桥、大桥
C 类	二级公路上的中桥、小桥，单跨跨径不超过 150m 的三、四级公路上的特大桥、大桥
D 类	三、四级公路上的中桥、小桥

A 类桥梁的抗震设防目标是中震（E1 地震作用，重现期约为 475 年）不坏，大震（E2 地震作用，重现期约为 2000 年）可修；B、C 类桥梁的抗震设防目标是小震（E1 地震作用，重现期为 50~100 年）不坏，中震（重现期约为 475 年）可修，大震（E2 地震作用，重现期为 2000 年）不倒；D 类桥梁的抗震设防目标是小震（重现期约为 25 年）不坏。各类桥梁在不同抗震设防烈度下的抗震设防措施等级按表 9.2 确定。

表 9.2　各类桥梁在不同抗震设防烈度下的抗震设防措施等级

抗震设防烈度 抗震设防类别	6	7		8		9
	0.05g	0.1g	0.15g	0.2g	0.3g	0.4g
A 类	7	8	9	9	更高，专门研究	
B 类	7	8	8	9	9	≥9
C 类	6	7	7	8	8	9
D 类	6	7	7	8	8	9

注：表中，g 为重力加速度。

CJJ 166—2011《城市桥梁抗震设计规范》（以下简称《城市桥梁抗震规范》）将桥梁按其在城市交通网络中位置的重要性以及承担的交通量，分为甲、乙、丙、丁四个抗震设防类别。见表 9.3。对各类桥梁分别规定了 E1、E2 两级抗震设防标准，见表 9.4。

表 9.3　城市桥梁抗震设防分类

桥梁抗震设防分类	桥 梁 类 型
甲	悬索桥、斜拉桥以及大跨度拱桥
乙	除甲类桥梁以外的交通网络中枢纽位置的桥梁和城市快速路上的桥梁
丙	城市主干道和轨道交通桥梁
丁	除甲、乙和丙三类桥梁以外的其他桥梁

表 9.4　城市桥梁抗震设防标准

桥梁抗震设防分类	E1 地震作用		E2 地震作用	
	震后使用要求	损伤状态	震后使用要求	损伤状态
甲	立即使用	结构总体反应在弹性范围，基本无损伤	不需修复或经简单修复可继续使用	可发生局部轻微损伤
乙	立即使用	结构总体反应在弹性范围，基本无损伤	经抢修可恢复使用，永久性修复后恢复正常运营功能	有限损伤
丙	立即使用	结构总体反应在弹性范围，基本无损伤	经临时加固，可供紧急救援车辆使用	不产生严重的结构损伤
丁	立即使用	结构总体反应在弹性范围，基本无损伤	—	不致倒塌

对各类桥梁应按下列要求考虑地震影响：甲类桥梁应按地震安全性评价确定，相应的 E1 和 E2 地震重现期分别为 475 年和 2500 年；其他各类桥梁应根据现行《中国地震动参数区划图》的地震动峰值加速度、地震动反应谱特征周期以及表 9.5 规定的地震调整系数来表征，即乙、丙、丁类桥梁的水平向地震动峰值加速度的取值，应根据现行《中国地震动参数区划图》查得的地震动峰值加速度，乘以表 9.5 中给出的地震调整系数 C_i 得到。

表 9.5　各类桥梁 E1 和 E2 地震调整系数 C_i

抗震设防类别	E1 地震作用				E2 地震作用			
	6 度	7 度	8 度	9 度	6 度	7 度	8 度	9 度
乙类	0.61	0.61	0.61	0.61	—	2.2(2.05)	2.0(1.7)	1.55
丙类	0.46	0.46	0.46	0.46	—	2.2(2.05)	2.0(1.7)	1.55
丁类	0.35	0.35	0.35	0.35	—	—	—	—

注：括号内数值分别用于设计基本地震加速度为 0.15g 和 0.30g 的地区。

对甲类桥梁应采用动态时程分析法进行抗震设计，乙类、丙类、丁类桥梁的抗震设计方法根据桥梁场地地震基本烈度和桥梁抗震设防分类，分为 A、B、C 三类，乙类桥梁在 6 度设防时，按 B 类设计，7~9 度按 A 类设计；丙类桥梁在 6 度设防时，按 C 类设计，7~9 度按 A 类设计；丁类桥梁在 6 度设防时，按 C 类设计，7~9 度按 B 类设计。A、B、C 各类设计应分别符合以下规定：

（1）A 类　应进行 E1 和 E2 地震作用下的抗震分析和抗震验算，并应满足桥梁抗震体系及相关构造和抗震措施的要求。

（2）B 类　应进行 E1 地震作用下的抗震分析和抗震验算，并应满足相关构造和抗震措施的要求。

（3）C 类　应满足相关构造和抗震措施的要求，不需进行抗震分析和抗震验算。

《公路桥梁抗震细则》和《城市桥梁抗震规范》均要求桥梁所在地区的地震基本烈度为 6 度及以上时，就必须进行抗震设计。两规范的结构抗震性能目标差别不大，但在设防地震概论水准上，后者稍大。

9.3.2　桥梁抗震设计的一般规定

1. 选择对抗震有利地段

桥位选择应在工程地质勘察和专门工程地质、水文地质调查的基础上，按地质构造的活动性、边坡稳定性和场地的地质条件等进行综合评价，应查明对公路桥梁抗震有利、不利和危险的地段，宜充分利用对抗震有利地段。

1）抗震有利地段一般是指建设场地及其邻近无近期活动性断裂，地质构造相对稳定，同时地基比较完整的岩体、坚硬土或开阔平坦密实的中硬土等。

2）抗震不利地段一般指软弱黏性土层、液化土层和地层严重不均匀的地段，地形陡峭、孤突、岩土松散或破碎的地段，地下水位埋藏较浅、地表排水条件不良的地段。严重不均匀地层指岩性、土质、层厚、界面等在水平方向变化很大的地层。

3）抗震危险地段一般指地震时可能发生滑坡、崩塌的地段，地震时可能塌陷的地段，溶洞等岩溶地段和已采空的矿穴地段，河床内基岩具有倾向河槽的构造软弱面被深切河槽所切割的地段，发震断裂、地震时可能坍塌而中断交通的各种地段。

在抗震不利地段布设桥位时，宜对地基采取适当抗震加固措施。在软弱黏性土层、液化土层和严重不均匀地层上，不宜修建大跨径超静定桥梁。各级公路桥位宜避绕抗震危险地段，当高速公路、一级公路必须通过抗震危险地段时，宜做地震安全性评价分析。对地震时可能因发生滑坡、崩塌造成堰塞湖的地段，应估计其淹没和溃决的影响范围，合理确定路线的高程，选定桥位。当可能因发生滑坡、崩塌而改变河流流向，影响岸坡、桥梁墩台及路基的安全时，应采取适当措施。

2. 确定合理的桥梁结构方案

地震区的桥型选择，宜按以下几个原则进行：尽量减轻结构的自重，降低其重心，以减小结构物的地震作用和内力，提高其稳定性；力求使结构物的质量中心与刚度中心重合，以减小在地震中因扭转引起的附加地震力；协调结构物的长度和高度，以减小各部分不同性质的振动造成的危害作用；适当降低结构刚度，使用延性材料提高其变形能力，从而减少地震作用；加强地基的调整和处理，以减小地基变形和防止地基失效。

对于按 A 类设计的城市桥梁，还应该满足以下桥梁结构体系的要求：有可靠和稳定传递地震作用到地基的途径；有效的位移约束，能可靠地控制结构地震位移，避免发生落梁破坏；有明确、可靠、合理的地震能量耗散部位；避免因部分结构构件的破坏而导致整个结构丧失抗震能力或对重力荷载的承载能力。

3. 各类桥梁结构地震作用的确定原则

1）一般情况下，公路桥梁可只考虑水平向地震作用，直线桥可分别考虑顺桥向 x 和横桥向 y 的地震作用。

2）抗震设防烈度为 8 度和 9 度的拱式结构、长悬臂桥梁结构和大跨度结构，以及竖向作用引起的地震效应很重要时，应同时考虑顺桥向 x、横桥向 y 和竖向 z 的地震作用。

3）地震作用分量组合。采用反应谱法或功率谱法同时考虑三个正交方向（水平向 x、y 和竖向 z）引起的地震作用时，可分别单独计算 x 向地震作用产生的最大效应 E_x，y 向地震作用产生的最大效应 E_y 与 z 向地震作用产生的最大效应 E_z。总的设计最大地震作用效应 E 按下式求取

$$E = \sqrt{E_x^2 + E_y^2 + E_z^2} \tag{9.2}$$

4）当采用时程分析法时，应同时输入三个方向分量的一组地震动时程计算地震作用效应。

地震作用可以用设计加速度反应谱、设计地震动时程和设计地震动功率谱表征。

4. 公路桥梁设计反应谱

一般桥梁抗震计算仍采用反应谱理论，如图 9.34 所示。桥梁抗震设计反应谱与建筑抗震设计反应谱的基本原理和导出方式均相同，但表达方式不同，谱的形状及参数取值也有微小差别。

（1）水平设计加速度反应谱　阻尼比为 0.05 的水平设计加速度反应谱 S 由下式确定

$$S = \begin{cases} S_{max}(5.5T+0.45) & (T<0.1\text{s}) \\ S_{max} & (0.1\text{s} \leqslant T \leqslant T_g) \\ S_{max}(T_g/T) & (T>T_g) \end{cases} \tag{9.3}$$

式中　T_g、T——特征周期（s）、结构自振周期（s）；

　　　S_{max}——水平设计加速度反应谱最大值。

水平设计加速度反应谱最大值 S_{max} 由下式确定

$$S_{max} = 2.25C_iC_sC_dA \tag{9.4}$$

式中　C_i——抗震重要性系数，按表 9.6 取值；

　　　C_s——场地系数，按表 9.7 取值；

　　　C_d——阻尼调整系数；

　　　A——水平向设计基本地震动加速度峰值，按表 9.8 取值。

除有专门规定外，结构的阻尼比 ζ 应取值 0.05，式（9.3）中的阻尼调整系数 C_d 取值 1.0。当结构的阻尼比按有关规定取值不等于 0.05 时，阻尼调整系数 C_d 应按下式取值

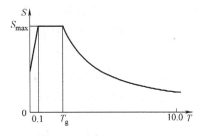

图 9.34　水平设计加速度反应谱

$$C_d = 1 + \frac{0.05-\zeta}{0.06+1.7\zeta} \geqslant 0.55 \tag{9.5}$$

表9.6 各类公路桥梁的抗震重要性系数 C_i

抗震设防类别	E1 地震作用	E2 地震作用
A 类	1.0	1.7
B 类	0.43(0.5)	1.3(1.7)
C 类	0.34	1.0
D 类	0.23	—

注：高速公路和一级公路上的大桥、特大桥，其抗震重要性系数取 B 类括号内的值。

表9.7 场地系数 C_s

抗震设防烈度 场地类型	6	7		8		9
	0.05g	0.1g	0.15g	0.2g	0.3g	0.4g
Ⅰ	1.2	1.0	0.9	0.9	0.9	0.9
Ⅱ	1.0	1.0	1.0	1.0	1.0	1.0
Ⅲ	1.1	1.3	1.2	1.2	1.0	1.0
Ⅳ	1.2	1.4	1.3	1.3	1.0	0.9

表9.8 抗震设防烈度和水平向设计基本地震动加速度峰值 A

抗震设防烈度	6	7	8	9
A	0.05g	0.10(0.15)g	0.20(0.30)g	0.40g

特征周期 T_g 按桥址位置在《中国地震动反应谱特征周期区划图》上查取，根据场地类型，按表9.9取值。

表9.9 设计加速度反应谱特征周期调整

区划图上的 特征周期/s	场地类型划分			
	Ⅰ	Ⅱ	Ⅲ	Ⅱ
0.35	0.25	0.35	0.45	0.65
0.40	0.30	0.40	0.55	0.75
0.45	0.35	0.45	0.65	0.90

（2）竖向设计加速度反应谱 竖向设计加速度反应谱由水平向设计加速度反应谱乘以下式给出的竖向/水平向谱比函数 R

基岩场地 $\qquad R = 0.65$

土层场地 $\qquad R = \begin{cases} 1.0 & (T < 0.1s) \\ 1.0 - 2.5(T - 0.1) & (0.1s \leq T \leq T_g) \\ 0.5 & (T > T_g) \end{cases}$ (9.6)

城市桥梁抗震设计用加速度反应谱与公路桥梁设计用加速度反应谱略有不同，可参见《城市桥梁抗震设计规范》，此处略。

5. 桥梁设计应考虑的作用

1）永久作用，包括结构重力、预应力、土压力、水压力。

2）地震作用，包括地震动的作用和地震土压力、水压力等。

3）在进行支座抗震验算时，应计入50%均匀温度作用效应。

9.3.3 桥梁抗震设计的一般流程

桥梁工程在其使用期内，要承受多种作用的影响，包括永久作用、可变作用和偶然作用三大类。地震是桥梁工程的一种偶然作用，在使用期内不一定会出现，但一旦出现，对结构的影响很大。桥梁工程必须首先确保运行功能，即满足永久作用和可变作用的要求，这是静力设计目标，其次还应该满足在地震下的安全性能，因此必须进行抗震设计。目前，桥梁工程的抗震设计一般配合静力设计进行，并贯穿桥梁结构设计的全过程。

桥梁抗震设计，应选择合理的结构形式，合理地分配结构的刚度、质量和阻尼等，并正确估计地震可能对结构造成的破坏，以便通过结构、构造和其他抗震措施，使损失控制在限定的范围内。桥梁抗震设计过程一般包括七个步骤，即抗震设防标准确定、地震输入选择、抗震概念设计、延性抗震设计（或减、隔震设计）、地震反应分析、抗震性能验算以及抗震措施设计，如图 9.35 所示。其中单点画线框中的部分是桥梁工程抗震设计中最为复杂的内容。如果采用两级设防的抗震设计思想，单点画线框中的地震反应分析和抗震验算就要做两次循环，即对应于每一个设防水准，进行一次地震反应分析，并进行相应的抗震性能验算，直到结构的抗震性能满足要求。

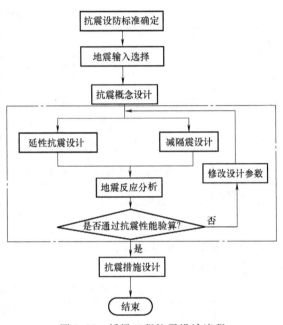

图 9.35 桥梁工程抗震设计流程

需要注意的是，规范规定的桥梁抗震设防标准是一种最低标准，实际桥梁结构的抗震设防标准可根据实际需要选择更高的标准。常规桥梁的抗震设计可采用两种抗震设计策略，即延性抗震设计和减隔震设计。对于延性抗震设计，桥梁的弹塑性变形、耗能部位通常位于桥墩；对于减隔震设计，桥梁的耗能部位通常是桥梁上、下部之间的连接构件（支座、耗能装置），结构构件则基本在弹性范围工作。完成桥梁抗震性能验算后，选择合理的抗震措施是非常重要的一步，主要涉及支承连接部位支承宽度设计、各种防落梁装置设计及碰撞缓冲设计等。

9.4 桥梁结构地震作用计算

根据现行《公路桥梁抗震设计细则》和《城市桥梁抗震设计规范》，桥梁工程的抗震分析方法主要有单振型反应谱法、多振型反应谱法、功率谱法及时程分析法。

《公路桥梁抗震设计细则》中规定，单跨跨径不超过 150m 的混凝土梁桥、圬工或混凝土拱桥等称为常规桥梁，根据在地震作用下动力响应特性的复杂程度，常规桥梁又分为规则桥梁和非规则桥梁两类，见表 9.10，不在表 9.10 限定范围内的桥梁属于不规则桥梁，拱桥为非规则桥梁。

表 9.10　规则桥梁定义

参　　数	参　数　值				
单跨最大跨径	≤90m				
墩高	≤30m				
单墩高度与直径或宽度比	大于 2.5 且小于 10				
跨数	2	3	4	5	6
曲线桥梁圆心角 φ 及半径 R	单跨 $\varphi<30°$ 且一联累积 $\varphi<90°$，同时曲梁半径 $R≥20b$（b 为桥宽）				
跨与跨间最大跨长比	3	2	2	1.5	1.5
轴压比	<0.3				
跨与跨间桥墩最大刚度比	—	4	4	3	2
支座类型	普通板式橡胶支座、盆式支座（铰接约束）等。使用滑板支座、减隔震支座等属于非规则桥梁				
下部结构类型	桥墩为单柱墩、双柱框架墩、多柱排架墩				
地基条件	不易液化、侧向滑移或易冲刷的场地、远离断层				

根据上表对规则桥梁和非规则桥梁的分类，各类桥梁的抗震分析方法可参见表 9.11。

表 9.11　桥梁抗震分析可采用的计算方法

地震作用	桥梁分类 B 类		C 类		D 类	
	规则	非规则	规则	非规则	规则	非规则
E1	SM/MM	MM/TH	SM/MM	MM/TH	SM/MM	MM
E2	SM/MM	TH	SM/MM	TH		

注：SM 为单振型反应谱或功率谱方法；MM 为多振型反应谱或功率谱方法；TH 为线性或非线性时程计算方法。

综上所述，对于公路桥梁中的 A 类桥梁，以及表 9.11 中要求按照 TH 方法进行分析的桥梁，均应按时程分析法进行地震效应分析，其他则可采用反应谱或功率谱方法进行分析（适用反应谱法计算的结构，一般也可用功率谱法计算，两种方法可做相互检验，功率谱法计算结果与反应谱法计算结果相差不应超过 20%）。

《城市桥梁抗震设计规范》也类似地将桥梁划分为规则桥梁和非规则桥梁，并对不同桥梁的抗震分析计算方法做了类似的规定，此处不再赘述。

本节重点介绍规则桥梁地震反应简化分析方法。

9.4.1　规则桥梁水平地震力计算

由于规则桥梁的地震反应以一阶振型为主导，因此对于规则桥梁的地震反应分析可采用单自由度体系的简化分析方法。

求解规则桥梁的弹性地震反应，首先需要确定控制结构地震反应的主振型，即需要求解振型的刚度、质量及频率等相关信息。

1. 基本周期

《城市桥梁抗震设计规范》对简支梁桥采用的水平荷载模式是：在顺桥向或横桥向作用于支座顶面或上部结构质量重心上单位水平力，求取在该点引起的水平位移，从而确定顺桥向和横桥向的等效刚度。对于振型质量，不仅应考虑上部结构的质量，还应考虑墩身、盖梁等的质量参与作用，进行等效质量换算，从而求出单质点体系换算质点处的等效质量。得到等效刚度和等效振型质量后，即可根据结构动力学知识，确定基本周期。

规则桥梁的基本周期可按下式计算

$$T_1 = 2\pi\sqrt{M_t\delta} \tag{9.7}$$

$$M_t = M_{sp} + \eta_{cp}M_{cp} + \eta_p M_p$$

$$\eta_{cp} = X_0^2$$

$$\eta_p = 0.16(X_0^2 + X_f^2 + 2X_{f\frac{1}{2}}^2 + X_f X_{f\frac{1}{2}} + X_0 X_{f\frac{1}{2}})$$

式中　　M_t——换算质点等效质量（t）；

$\quad M_{sp}$——桥梁上部结构的质量（t），一跨梁的质量，对于轨道交通桥梁横桥向，还应计入 50% 活载质量；

$\quad M_{cp}$——盖梁的质量（t）；

$\quad M_p$——墩身的质量（t），对于扩大基础，为基础顶面以上墩身的质量；

η_{cp}、η_p——盖梁质量换算系数、墩身质量换算系数；

$\quad X_0$——考虑地基变形时，顺桥向作用于支座顶面或横桥向作用于上部结构质心处的单位水平力在墩身计算高度 H 处引起的水平位移与单位力作用处的水平位移的比值；

X_f、$X_{f\frac{1}{2}}$——考虑地基变形时，顺桥向作用于支座顶面上或横桥向作用于上部结构质心处的单位水平力在墩身计算高度 $H/2$ 处，一般冲刷线或基础顶面引起的水平位移与单位力作用处的水平位移的比值；

$\quad \delta$——在顺桥向或横桥向作用于支座顶面或上部结构质心上单位水平力在该处引起的水平位移（m/kN），顺桥向和横桥向应分别计算，计算时可按 JTG D63—2007《公路桥涵地基与基础设计规范》的有关规定计算地基变形作用效应。

2. 水平地震作用求解

以《公路桥梁抗震设计细则》为例，说明在地震作用下，规则桥梁水平地震力的计算方法。

1）重力式桥墩顺桥向和横桥向的水平地震力，采用反应谱法计算时，可按下式计算，其结构计算简图如图 9.36 所示

$$E_{ihp} = \frac{S_{h1}\gamma_1 X_{1i}G_i}{g} \tag{9.8}$$

$$\gamma_1 = \frac{\displaystyle\sum_{i=0}^{n} X_{1i}G_i}{\displaystyle\sum_{i=0}^{n} X_{1i}^2 G_i}$$

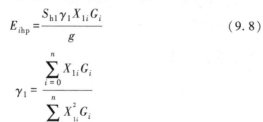

图 9.36　结构计算简图

式中　　E_{ihp}——作用于桥梁桥墩质点 i 的水平地震荷载（kN）；

$\quad S_{h1}$——水平方向的加速度反应谱值，可根据图 9.34 计算；

$\quad G_i$——重力（kN，$G_{i=0}$ 为桥梁上部结构重力，对于简支梁桥，计算顺桥向地震荷载时为相应于墩顶固定支座的一孔梁的重力；计算横桥向地震荷载时为相邻两孔梁重力的一半；$G_{i=1,2,3,\cdots}$ 为桥墩墩身各分段的重力）；

γ_1——桥墩顺桥向或横桥向的基本振型参与系数；

X_{1i}——桥墩基本振型在 i 分段重心处的相对水平位移。

对于实体桥墩

当 $H/B>5$ 时　　　　$X_{1i}=X_{\mathrm{f}}+\dfrac{1-X_{\mathrm{f}}}{H}H_i$（一般适用于顺桥向）

当 $H/B<5$ 时　　　　$X_{1i}=X_{\mathrm{f}}+\left(\dfrac{H_i}{H}\right)^{\frac{1}{3}}(1-X_{\mathrm{f}})$（一般适用于横桥向）

式中　X_{f}——考虑地基变形时，顺桥向作用于支座顶面或横桥向作用于上部结构质量重心上的单位水平力在一般冲刷线或基础顶面引起的水平位移，与支座顶面或上部结构质量重心处的水平位移的比值；

　　　　H_i——一般冲刷线或基础顶面至墩身各分段重心处的垂直距离；

　　　　H——桥墩的计算高度，即一般冲刷线或基础顶面至支座顶面或上部结构质量重心处的垂直距离（m）；

　　　　B——顺桥向或横桥向的墩身最大宽度（图 9.37）。

2）规则桥梁的柱式桥墩采用反应谱法计算时，顺桥向水平地震荷载可采用式（9.8）计算，其计算简图如图 9.38 所示。

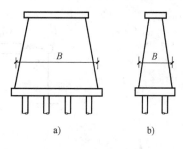

$$E_{\mathrm{htp}}=\frac{S_{\mathrm{h1}}G_{\mathrm{t}}}{g} \tag{9.9}$$

$$G_{\mathrm{t}}=G_{\mathrm{sp}}+G_{\mathrm{cp}}+\eta G_{\mathrm{p}} \tag{9.10}$$

$$\eta=0.16(X_{\mathrm{f}}^2+X_{\mathrm{f}\frac{1}{2}}^2+X_{\mathrm{f}}X_{\mathrm{f}\frac{1}{2}}+X_{\mathrm{f}\frac{1}{2}}+1) \tag{9.11}$$

图 9.37　墩身计算宽度

a）横桥向　b）顺桥向

式中　E_{htp}——作用于支座顶面处的水平地震荷载（kN）；

　　　　G_{t}——支座顶面处的换算质点重力（kN）；

　　　　G_{sp}——桥梁上部结构重力（kN，对于简支梁桥，计算地震荷载时为相应于墩顶固定支座的一孔梁的重力）；

G_{cp}、G_{p}——盖梁重力（kN）、墩身重力（kN，对于扩大基础，为基础顶面以上墩身重力；对于桩基础，为一般冲刷线以上墩身重力）；

　　　　η——墩身换算系数；

　　　　$X_{\mathrm{f}\frac{1}{2}}$——考虑地基变形时，顺桥向作用在支座顶面上的单位水平力在墩身计算高度 $H/2$ 处引起的水平位移与支座顶面水平位移的比值。

3）采用板式橡胶支座规则桥梁的地震力计算。全联均采用板式橡胶支座的连续梁桥或桥面连续、顺桥向具有足够强度的抗震连接措施的简支梁桥，其水平地震力可按下述简化方法计算。

上部结构对板式橡胶支座顶面的水平地震力为

$$E_{i\mathrm{hs}}=\frac{k_{i\mathrm{tp}}}{\displaystyle\sum_{i=1}^{n}k_{i\mathrm{tp}}}\frac{S_{\mathrm{h1}}G_{\mathrm{sp}}}{g} \tag{9.12}$$

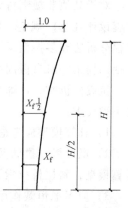

图 9.38　柱式墩计算简图

式中　E_{ihs}——上部结构对第 i 号板式橡胶支座顶面处产生的水平地震力；

　　　k_{itp}——第 i 号墩组合抗推刚度，$k_{itp}=\dfrac{k_{is}k_{ip}}{k_{is}+k_{ip}}$（$k_{is}$ 为第 i 号墩板式橡胶支座抗推刚度，

　　　　　　　k_{ip} 为第 i 号墩墩顶抗推刚度）；

　　　G_{sp}——一联上部结构的总重力。

实体墩墩身自重在墩身质点 i 的墩身水平地震力为

$$E_{ihp}=\frac{S_{h1}\gamma_1 X_{1i}G_i}{g} \tag{9.13}$$

柱式墩墩身自重在板式橡胶支座顶面产生的水平地震力为

$$E_{ihp}=\frac{S_{h1}G_{tp}}{g} \tag{9.14}$$

式中　G_{tp}——桥墩对板式橡胶支座顶面处的换算质点重力，$G_{tp}=G_{cp}+\eta G_p$。

其他符号意义同式（9.8）。

采用板式橡胶支座的多跨简支梁桥，对刚性墩可按单墩单梁计算；对柔性墩应考虑支座与上、下部结构的耦联作用（一般情况下可考虑 3~5 孔），按图 9.39 进行计算。

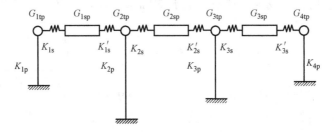

图 9.39　板式橡胶支座简支梁桥计算简图

对于采用板式橡胶支座的规则简支梁桥和连续梁桥，当横桥向设置有限制横桥向位移的抗震措施时，桥墩横桥向水平地震力可按式（9.6）计算。

9.4.2　其他桥梁的地震作用计算

对于其他非规则桥梁，则应采用多振型反应谱法或功率谱法或时程分析法。《城市桥梁抗震设计规范》规定，城市桥梁中的斜拉桥、悬索桥和大跨度拱桥的地震反应分析可采用时程分析法和多振型反应谱法。地震反应分析采用的地震加速度时程、反应谱的频谱含量应包括结构第一阶自振周期在内的长周期成分。

抗震分析时，计算模型应真实模拟桥梁结构的刚度和质量分布及边界连接条件，并应满足下列要求：

1）计算模型应考虑相邻引桥对主桥地震反应的影响。

2）墩、塔、拱肋及拱上立柱可采用空间梁单元模拟，桥面系应根据截面形式选用合理计算模型，斜拉桥拉索、悬索桥主缆和吊杆、拱桥吊杆和系杆可采用空间桁架单元。

3）应考虑恒载作用下结构初应力刚度、拉索垂度效应等几何非线性影响。

4）当进行非线性时程分析时，支承连接条件应采用能反映支座力学特性的单元模拟，

应选用适当的弹塑性单元进行模拟。

反应谱分析应满足下列要求：当墩、塔、锚碇基础建在不同土质条件的地基上时，可采用包络反应谱法计算。当进行多振型反应谱法分析时，振型阶数在计算方向给出的有效振型参与质量不应低于该方向结构总质量的 90%，振型组合应采用 CQC 法。

当采用时程分析时，已进行地震安全性评价的桥址，设计地震动时程应根据地震安全性评价的结果确定；未进行地震安全性评价的桥址，可按《公路桥梁抗震设计细则》或《城市桥梁抗震设计规范》规定的设计加速度反应谱为目标拟合设计加速度时程，也可选用与设定地震震级、距离、场地特性大体相近的实际地震加速度记录，通过时域方法调整，使其加速度反应谱与规范设计加速度反应谱匹配。对于时程分析法的计算结果，当采用 3 组地震加速度时程计算时，时程分析的最终结果应取 3 组计算结果的最大值；当采用 7 组地震加速度时程计算时，可取 7 组结果的平均值。

9.5　桥梁结构抗震验算

梁式桥的桥墩、桥台、基础及支座等应做抗震验算。

在 E1 地震作用下，结构在弹性范围内工作，基本不损伤；在 E2 地震作用下，延性构件（墩柱）可发生损伤，产生弹塑性变形，耗散地震能量，但延性构件（墩柱）的塑性铰区应具有足够的塑性变形能力。

桥梁基础、盖梁、梁体及墩柱的抗剪按能力保护原则设计，在 E2 地震作用下基本不发生损伤。

在 E2 地震作用下，混凝土拱桥的主拱圈和基础基本不发生损伤，对系杆拱桥，其桥墩、支座和基础的抗震性能可按梁桥的要求进行抗震设计。

对于 D 类桥梁、圬工拱桥、重力式桥墩和桥台，可只进行 E1 地震作用下结构的地震反应分析。

下面以《公路桥梁抗震设计细则》的相关规定为例，说明桥梁结构抗震验算的要求。

9.5.1　桥梁墩台的抗震强度验算

1. D 类桥梁、圬工拱桥、重力式桥墩和桥台强度验算

顺桥向和横桥向 E1 地震作用效应和永久作用效应组合后，应按现行公路桥涵规范相关规定验算重力式桥墩、桥台、圬工拱桥主拱及基础的强度、偏心和稳定性。

顺桥向和横桥向 E1 地震作用效应和永久作用效应组合后，应按现行公路桥涵规范相关规定验算 D 类桥梁桥墩、盖梁和基础的强度。

D 类桥梁和重力式桥墩桥梁采用板式橡胶支座时，应进行支座厚度验算、支座抗滑稳定性验算。

板式橡胶支座的抗震验算按以下方法进行：

1）支座厚度验算

$$\sum t \geqslant \frac{X_{\mathrm{E}}}{\tan\gamma} = X_{\mathrm{E}} \tag{9.15}$$

$$X_{\mathrm{E}} = \alpha_{\mathrm{d}} X_{\mathrm{D}} + X_{\mathrm{H}}$$

式中 $\sum t$——橡胶层总厚度（m）；

$\tan\gamma$——橡胶片剪切角正切值，取 $\tan\gamma = 1$；

X_D——在 E1 地震作用下，橡胶支座顶面相对于底面的水平位移（m）；

X_H——永久作用产生的橡胶支座顶面相对于底面的水平位移（m）；

α_d——支座调整系数，一般取 2.3。

2）支座抗滑稳定性验算

$$\mu_d R_b \geq E_{hzh} \tag{9.16}$$

$$E_{hzh} = \alpha_d E_{hze} + E_{hzd}$$

式中 μ_d——支座动摩阻系数，橡胶支座与混凝土表面的动摩阻系数采用 0.15，与钢板的动摩阻系数采用 0.1；

R_b——上部结构重力在支座上产生的反力（kN）；

E_{hzh}——橡胶支座的水平组合地震力；

E_{hze}——在 E1 地震作用下，橡胶支座的水平地震力（kN）；

E_{hzd}——永久作用产生的橡胶支座的水平力（kN）；

α_d——支座调整系数，一般取 2.3。

2. B类、C类桥梁抗震强度验算

顺桥向和横桥向 E1 地震作用效应和永久作用效应组合后，应按现行公路桥涵规范相关规定验算桥墩的强度、墩柱塑性铰区域沿顺桥向和横桥向的斜截面抗剪强度。

墩柱塑性铰区域沿顺桥向和横桥向的斜截面抗剪强度应按下式验算

$$V_{c0} \leq \phi(0.0023\sqrt{f'_c} A_e + V_s) \tag{9.17}$$

$$V_s = 0.1 \frac{A_k b}{S_k} f_{yh} \leq 0.067\sqrt{f'_c} A_e$$

式中 V_{c0}——剪力设计值（kN），按 9.6 节的相关内容计算；

f'_c、f_{yh}——混凝土抗压强度标准值（MPa）、箍筋抗拉强度设计值（MPa）

V_s——箍筋提供的抗剪能力（kN）；

A_e、A_k——核心混凝土面积（cm²）、同一截面上箍筋的总面积（cm²）；

S_k——箍筋间距（cm）；

b——沿计算方向墩柱的宽度（cm）；

ϕ——抗剪强度折减系数，取 0.85。

同时，根据计算出的弯矩、剪力和轴力设计值和永久作用效应组合后，按 JTG D63—2007《公路桥涵地基与基础设计规范》验算基础的承载能力。

根据算出的盖梁弯矩、剪力和轴力设计值和永久作用效应组合后，按 JTG D62—2004《公路钢筋混凝土及预应力混凝土桥涵设计规范》验算盖梁的正截面抗弯强度和斜截面抗剪强度。

根据算出的桥台的地震作用效应和永久作用效应组合后，按现行公路桥涵规范相关规定验算桥台的承载能力。

9.5.2 B类、C类桥梁墩柱的变形验算

在 E2 地震作用下，规则桥梁可按下式验算桥墩墩顶的位移

$$\Delta_d \le \Delta_u \tag{9.18}$$

式中　Δ_d——在 E2 地震作用下，墩顶的位移（cm）；

Δ_u——桥墩容许位移（cm）。

对于单柱墩容许位移可按下式（9.18）计算。

$$\Delta_u = \frac{1}{3}H^2\phi_y + \left(H - \frac{L_P}{2}\right)\theta_u \tag{9.19}$$

$$\theta_u = L_P(\phi_u - \phi_y)/K$$

式中　H——悬臂墩的高度或塑性铰截面到反弯点的距离（cm）；

ϕ_y——截面的等效屈服曲率（一般情况下，可根据图 9.40 中两个阴影面积相等求得，计算中应考虑最不利轴力组合；对于矩形截面和圆形截面桥墩，则按《公路桥梁抗震设计细则》附录 B 计算）；

ϕ_u——极限破坏状态的曲率，一般情况下，可取混凝土极限压应变 ε_{cu}，对于矩形截面和圆形截面桥墩，按《公路桥梁抗震设计细则》附录 B 计算；

K——延性安全系数，取 2.0；

L_P——等效塑性铰长度（cm），取以下两式计算结果的较小值

$$L_P = 0.08H + 0.022f_y d_s \ge 0.011f_y d_s$$

$$L_P = \frac{2}{3}b$$

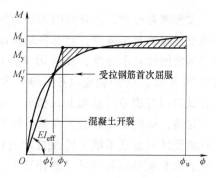

图 9.40　等效屈服曲率

式中　d_s——纵向钢筋直径（cm）；

b——矩形截面的短边尺寸或圆形截面直径（cm）；

f_y——纵向钢筋抗拉强度标准值（MPa）。

对于双柱墩、排架墩，其顺桥向的容许位移可按式（9.18）计算；横桥向的容许位移可在盖梁处施加水平力 F，进行非线性静力分析。当墩柱的任一塑性铰达到其最大容许转角时，盖梁处的横向水平位移即为容许位移（图 9.41）。

9.5.3　B 类、C 类桥梁支座抗震验算

在 E2 地震作用下，板式橡胶支座的抗震验算按下式进行。

（1）支座厚度的验算

$$\sum t \ge \frac{X_0}{\tan\gamma} = X_0 \tag{9.20}$$

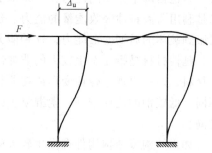

图 9.41　双墩柱的容许位移

式中　$\sum t$——橡胶层总厚度（m）；

$\tan\gamma$——橡胶片剪切角正切值，取 $\tan\gamma = 1$；

X_0——E2 地震作用效应和永久作用效应组合后橡胶支座顶面相对于底面的水平位移

（m）。

（2） 支座抗滑稳定性验算

$$\mu_d R_b \geq E_{hzb} \qquad (9.21)$$

式中　μ_d——支座动摩阻系数，橡胶支座与混凝土表面的动摩阻系数采用 0.15，与钢板的
　　　　　　动摩阻系数采用 0.1；

　　　R_b——上部结构重力在支座上产生的反力；

　　E_{hzb}——在 E2 地震作用效应和永久作用效应组合后橡胶支座的水平地震力。

当跨径比较小，地震水平力比较大时，有可能使支座产生滑动，因此还应验算支座抗滑
稳定性，抗滑摩阻系数可取静摩擦力系数的 50%。

9.6　桥梁的延性抗震设计简介

震害调查显示，在强烈的地震动作用下，按规范进行抗震设计的结构很多情况下并不具
备抵抗强震的足够强度，但有些结构却没有倒塌，甚至没有发生严重破坏。其原因是结构的
初始强度能够基本维持，没有因非弹性变形的加剧而过度下降，也即具有较好的延性。20
世纪 70 年代，以 R-帕克（R-Park）和 T-鲍雷（T-Paulay）为首的新西兰学者在总结震害教
训和试验研究成果的基础上，提出了延性抗震设计理论及能力设计方法。

目前，抗震设计方法正在从传统的强度理论向延性抗震理论过渡，大多数地震国家的桥
梁抗震设计规范已采纳了延性抗震理论。该理论是通过结构选定部位的塑性变形（形成塑
性铰）来抵抗地震作用的。利用选定部位的塑性变形，不仅能消耗地震能量，还能延长结
构周期，从而减小地震反应。本章将概要介绍桥梁延性抗震设计的基本理论，包括延性的基
本概念、延性抗震设计基本理论、钢筋混凝土墩柱的延性设计方法和能力保护构件的设计
方法。

9.6.1　延性的基本概念

材料、构件或结构的延性，通常定义为在初始强度没有明显退化情况下的非弹性变形能
力。它包括两个方面的能力：一是承受较大的非弹性变形，同时强度没有明显下降的能力；
二是利用滞回特性吸收能量的能力。延性的本质反映的是一种非弹性变形的能力，即结构从
屈服到破坏的后期变形能力，这种能力保证强度不会因为发生非弹性变形而急剧下降。

延性材料是指在发生较大的非弹性变形时，强度没有明显下降的材料，与之对应的是脆
性材料，即一出现非弹性变形或在非弹性变形极小的情况下就破坏的材料。不同材料的延性
不同，低碳钢的延性较好，素混凝土的延性较差，而混凝土配置适当钢筋时延性就会有显著
提高。

如果结构或结构构件在发生较大的非弹性变形时，其抗力仍没有明显的下降，则这类结
构或结构构件称为延性结构或延性构件。结构的延性称为整体延性，结构构件的延性称为局
部延性。整体延性与局部延性密切相关，而构件的局部延性又和构成构件的材料延性密切
相关。

延性通常用延性指标来量化表示，最常用的延性指标是曲率延性系数（简称曲率延性）
和位移延性系数（简称位移延性）。

在地震动这种随机反复荷载作用下，结构和构件的延性会有所降低，因此，在延性抗震设计中，延性系数应具有一定的安全度。

1. 曲率延性系数

钢筋混凝土延性构件的非弹性变形能力，来自塑性铰区截面的塑性转动能力，因此可以采用截面的曲率延性系数来反映。曲率延性系数定义为截面的极限曲率与屈服曲率之比，即

$$u_\phi = \frac{\phi_u}{\phi_y} \tag{9.22}$$

式中　ϕ_y、ϕ_u——塑性铰区截面的屈服曲率和极限曲率（图 9.42）。

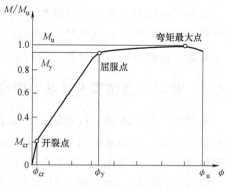

对钢筋混凝土构件，塑性铰区截面的屈服曲率，一般指截面最外层受拉钢筋初始屈服时的曲率，（适筋构件）或截面混凝土受压区最外层纤维初次达到峰值应变值时的曲率（超筋构件或高轴压比构件，轴压比为截面所受的轴力与其名义抗压强度之比）。而塑性铰区截面的极限曲率，通常由两个条件控制，即被箍筋约束的核心混凝土达到极限压应变值，或临界截面的抗弯能力下降到最大弯矩值的 85%。

图 9.42　截面弯矩-曲率关系示意

2. 位移延性系数

与曲率延性系数的定义类似，钢筋混凝土构件的位移延性系数定义为构件的极限位移与屈服位移之比，即

$$u_\Delta = \frac{\Delta_u}{\Delta_y} \tag{9.23}$$

式中　Δ_y、Δ_u——延性构件的屈服位移和极限位移，临界截面的屈服位移和极限位移的定义与临界截面的屈服曲率和极限曲率的定义相似。

钢筋混凝土结构的位移延性系数与结构体系布置有关，一般没有统一的表达式。

3. 延性、位移延性系数与变形能力

构件或结构的延性、位移延性系数与变形能力，这三者的关系既密切联系，又有一定区别。

材料、构件或结构的变形能力，是指其达到破坏极限状态时的最大变形；延性指其非弹性变形的能力；位移延性系数则是指最大位移与屈服位移之比。因此，这三者都是与变形有关的量（图 9.43）。

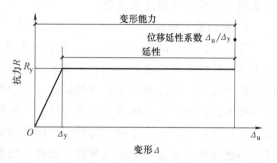

图 9.43　延性、位移延性系数和变形能力

需要注意的是，一个结构或构件可能有较大的变形能力，但它实际可利用的延性却可能较低。如图 9.44 所示，与刚度较大的低矮墩相比，柔性高墩的变形能力相对较大，但由于受容许变形值的限制，它实际可利用的延性（$\Delta_{su} - \Delta_{ty}$）却反而较低。另外，一个结构或构件可能有较大的延性，但最大位移延性系数却可能较低。如图中的柔性高墩与刚性矮

墩相比，延性较高，但位移延性系数却较低。

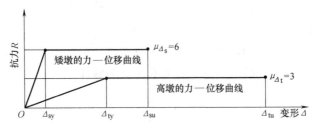

图 9.44　柔性高墩与刚性矮墩的比较

此外，结构的整体延性与结构中构件的局部延性密切相关，但这并不意味着结构中有一些延性很高的构件，其结构的整体延性就一定高。实际上，如果设计不合理，即使个别构件延性很高，但结构的整体延性却有可能相当低。

9.6.2　桥梁延性抗震设计基本理论

采用延性概念来设计抗震结构，要求结构在预期的设计地震作用下必须有一定可靠度保证的延性储备。即必须在概率意义上保证结构具有的延性，超过预期地震动所能激起的最大非弹性变形（延性需求）。为了实现这个目标，在设计延性抗震结构时，就必须进行延性需求与能力分析比较。由于延性概念涉及结构的非弹性变形问题，因此延性需求的计算相对困难。

延性需求可通过弹塑性动力时程分析来获得，但这种方法计算工作量大，计算分析过程比较复杂，不利于在工程设计中推广应用。目前，对于量多面广的规则桥梁（可近似简化为单自由度体系进行地震反应分析的桥梁），一般采用简化的延性抗震设计理论，但对于复杂桥梁，只能进行结构弹塑性动力时程分析来获得结构的延性需求。实际上，由于无法可靠地预测未来发生的地震地面运动，在分析中没有必要刻意追求"精确"，通过选择合理的抗震结构体系和进行合理抗震构造设计更有意义。

另一方面，要保证延性结构在大震下以延性的形式反应，能够充分发挥延性构件的延性能力，就必须确保不发生脆性破坏模式（如剪切破坏），以及防止脆性构件和不希望发生非弹性变形的构件发生破坏。要达到这一目的，就要采用能力设计方法进行延性抗震设计，这正逐渐为世界各国规范所接受。

1. 能力设计方法

能力设计方法的基本原理为，在结构体系中的延性构件和能力保护构件（脆性构件以及不希望发生非弹性变形的构件，统称为能力保护构件）之间建立强度安全等级差异，即能力保护构件在设计时采用更高的强度等级，即可确保结构不会发生脆性的破坏模式。

能力设计方法是结构动力概念设计的一种体现，它的主要优点是设计人员可对结构在屈服时、屈服后的形状给予合理的控制，即结构屈服后的性能是按照设计人员的意图出现的，这是传统抗震设计方法无法做到的。此外，根据能力设计方法设计的结构具有很好的延性，能最大限度地避免结构倒塌，同时也降低了结构对许多不确定因素的敏感性。

采用能力设计方法进行延性抗震设计，一般分以下四步进行：

1）根据桥梁结构体系的受力特点以及结构的预期性能要求，选择合适的延性构件。

2）选定延性构件中的潜在塑性铰区的位置，把塑性铰区截面的抗弯强度尽可能设计得与需求的强度接近。然后对塑性铰区进行仔细的构造设计，以确保塑性铰区截面能够提供设计预期的塑性转动能力，这主要依靠约束混凝土概念来实现。

3）在含有塑性铰的构件中，通过提供足够的强度安全系数来避免诸如剪切破坏、锚固失效或失稳等脆性破坏模式。

4）对脆性构件或不希望出现塑性变形的构件，确保其强度安全等级高于包含塑性铰的构件。这样，不论可能出现的地震动强度有多大，这些构件都因其"能力"高于包含塑性铰的构件而始终处于弹性状态。

2. 延性构件与能力保护构件的选择

延性抗震设计的第一步，是选择合适的延性构件，要求既能切实使结构在强震下通过整体延性来减轻地震损害、避免倒塌，同时又能使桥梁的功能要求以及结构的自身安全得到最大的保障。因此，选择延性构件时，应综合考虑结构的预期性能以及结构体系的受力特点，分析各个构件的重要性，发生损伤后检查、修复的难易程度，是否可进行更换，损伤的过程是否为延性可控，以及是否会引发结构连续倒塌等诸多因素。

一座常规桥梁通常由主梁、支承连接构件（支座）、盖（帽）梁、桥墩、基础等几部分组成。在地震作用下，主梁产生水平惯性力，并通过支承连接构件传递给盖梁以及桥墩，进一步传递给基础，最终传递给地基承受。在抗震设计时，必须保证这条传力路径不中断，还应保证震后桥梁的行车功能。震害调查显示，上部结构很少会因直接的地震动作用而破坏，而下部结构则常常因遭受巨大的水平地震惯性力作用破坏。因此，作为支撑车辆通行主要构件的主梁，若发生损伤，难免会影响桥梁的行车能力，不适宜选择为延性构件；而支座一般表现为脆性破坏，破坏后会造成原有传力路径丧失，导致梁体位移过大甚至发生落梁震害，应选择为能力保护构件；盖（帽）梁是支撑主梁的关键构件，若发生地震损伤，也会影响桥梁的通行性能，甚至引发落梁震害，也应视为能力保护构件。桥墩在地震作用下，主要负责将上部结构传递来的惯性力向基础传递，进入延性后会形成结构整体的延性机制，而且发生损伤后也易于检查和修复，甚至置换。一般情况下，长宽比大于 2.5 的悬臂墩以及长宽比大于 5 的双柱墩，在水平力作用下较容易形成塑性铰，因此适宜作为延性构件设计；但对于长宽比较小的墩柱，则较容易发生脆性的剪切破坏，难以形成整体延性机制，不宜作为延性构件设计，应进行强度设计。钢筋混凝土构件的剪切破坏属于脆性破坏，会大大降低结构延性能力，应采用能力保护设计方法进行延性墩柱的抗剪设计。桥梁基础一般属于隐蔽工程，发生损伤后，难以检查和修复，所以选择为能力保护构件进行设计。

3. 潜在塑性铰位置的选择

延性构件主要是通过在特定位置形成塑性铰来提供延性，在选择和设计结构中预期出现的塑性铰位置时，除了应能使结构获得最优的耗能，并尽可能使预期的塑性铰出现在易于发现和修复的结构部位外，还应尽可能减小塑性损伤对结构造成的不利影响。

如图 9.44 所示，单柱式桥墩和墙式桥墩的潜在塑性铰区一般选择在墩底（图 9.44a、b），双柱式桥墩纵向的潜在塑性铰区也在墩底，而双柱式桥墩在横桥向以及刚构桥在纵向上，潜在塑性铰区一般选择在墩顶和墩底两个部位（图 9.44c、d）。对于系梁式双柱墩（图 9.44e），由于系梁本身并不是能力保护构件，其发生损伤后对结构整体的影响也较小，因此在条件许可时，应尽量使墩上部塑性铰发生在系梁上。

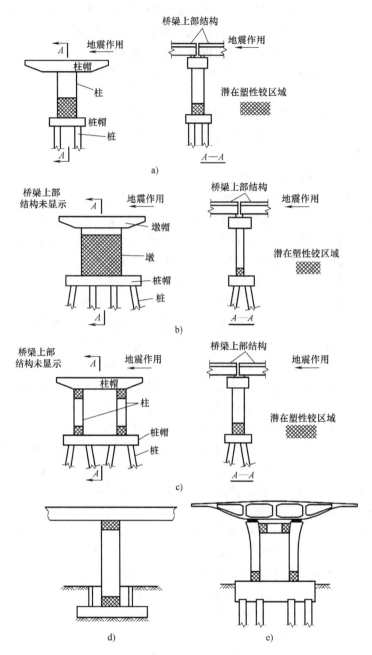

图 9.45 潜在塑性铰位置的选择

a）地震沿横桥向和顺桥向作用时单柱式桥墩的可能塑性铰 b）地震沿横桥向和顺桥向作用时墙式桥墩的可能塑性铰
c）地震沿横桥向和顺桥向作用时双柱式桥墩的可能塑性铰 d）刚构桥顺桥向可能塑性铰区域
e）系梁式双柱墩可能塑性铰区域

9.6.3 延性构件的强度设计与验算

延性抗震设计实质上是通过让结构在特定部位形成塑性铰，结构整体进入延性状态而起到减震耗能作用。显然，这一过程势必造成结构的损伤，而且延性系数越大，造成的结构损伤程度也越大。因此，为了防止结构在较小的地震作用下即发生损伤，同时也为了控制损伤发生的程度，必须赋予延性构件一定的强度，使其在构件强度和延性水平之间合理地平衡。

《公路桥梁抗震设计细则》和《城市桥梁抗震设计规范》要求进行两个水准的地震（E1、E2）设防，进行 E1 地震作用和 E2 地震作用下的抗震设计。在 E1 地震作用下，各类桥梁结构总体反应在弹性阶段，基本无损伤，震后立即使用；在 E2 地震作用下，桥梁根据重要性可遭受不同程度的损伤，但不致倒塌。

按规范要求，在 E1 地震作用下，应进行桥梁结构的弹性地震反应分析，并验算包括延性构件在内的结构全部构件是否满足弹性性能要求。根据延性抗震设计中的能力设计方法，在整个结构体系中，强度上的首要薄弱部位应是延性构件的弯曲塑性铰区，因此，在 E1 地震作用下，实际上只要进行延性构件潜在塑性铰区的抗弯强度验算即可。

因此，采用两水准抗震设防进行两阶段抗震设计时，延性构件的设计强度需求可直接由 E1 地震作用下桥梁结构的弹性地震反应谱分析得到。

9.6.4　延性构件的延性设计与验算

1. 延性设计与验算

确保延性构件的延性能力满足设计需求，对于保证延性抗震体系的安全至关重要。在两水准设防、两阶段抗震设计中，要求 E1 地震下验算延性构件的抗弯强度，E2 地震下验算延性构件的延性能力或变形能力。一般来说，在 E2 地震作用下，可采用弹塑性时程分析方法直接得到塑性铰区域的塑性转动需求，并直接验算塑性铰区域的塑性转动能力。而对于规则桥梁，则可简化为墩顶位移能力的验算。

钢筋混凝土结构中，截面箍筋配置水平是影响塑性铰区域延性能力的一个主要因素。在静力设计完成后，除箍筋配置以外的各个结构影响参数已基本确定，因此，钢筋混凝土桥墩的延性设计，主要就是根据结构预期的位移延性水平，确定桥墩塑性铰区范围内需要的约束箍筋用量及配置方案。

大量试验研究表明，数量足够、配置合理的横向箍筋，能和纵筋一起对核心区混凝土提供有效约束作用。在箍筋约束混凝土桥墩中，横向箍筋有三个重要作用：提供斜截面的抗剪能力；约束核心区混凝土，大大提高混凝土的极限压应变，从而大大提高塑性铰区截面的转动能力；阻止纵向受压钢筋过早屈曲。

大量研究表明，钢筋混凝土墩柱的延性与以下因素有关：

1）轴压比。轴压比对延性影响很大，轴压比提高，延性下降，当轴压比达到或超过 25% 时，延性下降幅度较大。

2）箍筋用量。适当加密箍筋配置，可大幅度提高延性。

3）箍筋形状。同样数量的螺旋箍筋与矩形箍筋相比，前者可获得更好的约束效果，但方形箍筋与矩形箍筋相比，约束效果差别不大。

4）混凝土强度。混凝土强度越高，延性越低。

5）保护层厚度。保护层厚度增大，对延性不利。

6）纵向钢筋。纵向钢筋增加会改变截面中性轴位置，从而改变截面的屈服曲率和极限曲率，总体上对延性有不利影响。

7）截面形式。空心截面与相应的实心截面相比具有更好的延性；圆形截面与矩形截面相比延性更好。

除了试验方法以外，钢筋混凝土墩柱的延性指标可以通过塑性铰区截面的弯矩-曲率分析，从理论上确定。在保护层混凝土、核心区混凝土和钢筋应力-应变关系已知的情况下，利用计算机程序进行数值积分，可以算出塑性铰区截面的弯矩-曲率关系曲线，得到屈服曲率和极限曲率，确定截面的曲率延性系数，进一步得到桥墩的位移延性系数。具体分析方法可参考相关书籍。

2. 钢筋混凝土墩柱的延性构造设计

对于延性桥梁，钢筋混凝土墩柱的细部构造设计是保证结构能够发挥预期延性水平的一个重要因素。因此各国规范都十分重视延性桥墩的构造设计，并都规定了具体的细部构造要求。

（1）横向箍筋配置　现行《公路桥梁抗震设计细则》和《城市桥梁抗震设计规范》对地震基本烈度为 7、8 度的地区，给出了圆形、矩形墩柱潜在塑性铰区内加密箍筋的最小体积配箍率 ρ_{smin} 的要求

$$圆形截面\quad \rho_{smin} = 1.52\left[0.14\eta_k + 5.84(\eta_k - 0.1)(\rho_t - 0.01) + 0.028\right]\frac{f_{cd}}{f_{yh}} \geq 0.004 \tag{9.24}$$

$$矩形截面\quad \rho_{smin} = 1.52\left[0.1\eta_k + 4.17(\eta_k - 0.1)(\rho_t - 0.01) + 0.02\right]\frac{f_{cd}}{f_{yh}} \geq 0.004 \tag{9.25}$$

式中　η_k——轴压比；

ρ_t——纵向配筋率；

f_{cd}——混凝土抗压强度设计值；

f_{yh}——箍筋强度设计值。

此外，对空心截面墩柱的潜在塑性铰区域内加密箍筋配置，除应满足对实体桥墩的要求外，还应配置内外两层环形箍筋，在内外两层环形箍筋之间应配置足够的拉筋，如图 9.46 所示。

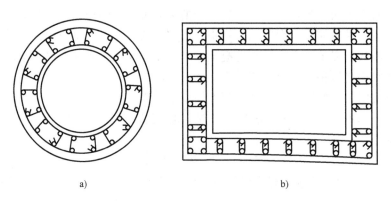

a)　　　　　　　　　　　　　b)

图 9.46　常用空心截面类型

（2）塑性铰区长度　桥墩塑性铰区长度与等效塑性铰长度是两个不同概念，前者用于确定实际施工中延性桥墩箍筋加密段的长度，后者则只是一个理论上的概念。各国规范都对

延性桥墩的塑性铰区长度做了明确规定。我国规范要求地震基本烈度 7 度及以上地区，墩柱潜在塑性铰加密区的长度不应小于墩柱弯曲方向截面边长或墩柱上弯矩超过最大弯矩 80% 的范围，当墩柱的高度与弯曲方向截面边长之比小于 2.5 时，墩柱加密区的长度应取全高。

（3）纵向钢筋的配筋率　理论分析表明，桥墩中纵向钢筋的含量对桥墩延性有一定影响。一般来说，延性桥墩中的纵向钢筋含量不宜太低，也不宜太高。我国规范要求墩柱的纵向钢筋宜对称配置，纵向钢筋配筋率不宜小于 0.6%，也不应大于 4%。

（4）钢筋的锚固与搭接　钢筋的锚固与搭接设计不当引起的桥梁震害，在多次震害调查中都有发现。为了保证桥墩的延性能力，对塑性铰区截面内的钢筋的锚固和搭接细节都必须仔细考虑。我国规范规定箍筋的直径不应小于 10mm，加密箍筋的最大间距不应大于 100mm 或 6 倍纵筋直径或墩柱弯曲方向截面边长的 1/4，螺旋式箍筋的接头必须采用焊接，矩形箍筋应有 135° 弯钩，并伸入核心区混凝土之内 6 倍钢筋直径以上。此外，塑性铰加密区配置的箍筋应延续到盖梁和承台内，墩柱的纵筋也应尽可能地延伸至盖梁和承台的另一侧面。

9.6.5　能力保护构件的强度设计与验算

1. 塑性铰区超强弯矩

延性桥墩截面通过抗弯强度验算后，塑性铰区截面的纵向钢筋即已确定，因此塑性铰区的实际抗弯能力也就确定了。根据能力设计原理，为了确保强震作用下塑性铰发生在延性构件上，能力保护构件的设计荷载应根据延性构件塑性铰区的实际抗弯承载力加以确定。

从大量震害和试验结果的观察发现，钢筋混凝土墩柱的实际抗弯承载力要大于其设计承载能力，这种现象称为墩柱抗弯超强现象。如果墩柱塑性铰的抗弯承载能力出现很大的超强，所能承受的地震力超过了能力保护构件，则将导致能力保护构件先失效，预设的塑性铰不能产生，桥梁发生脆性破坏。

引起钢筋混凝土墩柱抗弯超强的原因很多，主要原因是钢筋实际屈服强度大于设计强度、钢筋硬化引起极限强度大于屈服强度、混凝土实际抗压强度大于设计强度、约束混凝土的极限压应变显著大于屈服压应变等。其中，前两个因素影响更大。因此，混凝土墩柱的超强系数与设计规范对材料相关指标的规定直接相关，材料设计强度的安全系数越大，产生的超强系数也越大。对一个钢筋混凝土墩柱截面来说，超强系数又和墩柱轴压比、主筋配筋率有很大关系，图 9.47 为按美国 ACI 规范设计的一个钢筋混凝土圆形截面和矩形截面的抗弯超强系数随轴压比和纵向配筋率变化的曲线。

因此，为了确保结构不会发生脆性破坏，在确定能力保护构件的强度设计值时，需要引入抗弯超强系数 ϕ^0 来考虑延性构件的超强现象。《公路桥梁抗震设计细则》和《城市桥梁抗震设计规范》中 ϕ^0 的取值为 1.2。于是，桥墩塑性铰区截面的超强弯矩 M_0 为

$$M_0 = \phi^0 \cdot M_R \tag{9.26}$$

式中　M_R——塑性铰区截面的名义抗弯强度（按截面实际配筋，采用材料强度标准值，在恒载轴力作用下计算）。

2. 延性构件的抗剪强度

根据能力设计原则，延性构件的抗剪强度应采用塑性铰区截面超强弯矩对应的剪力值来进行验算。以独柱墩为例，桥墩的最大水平剪力需求 V_0 为

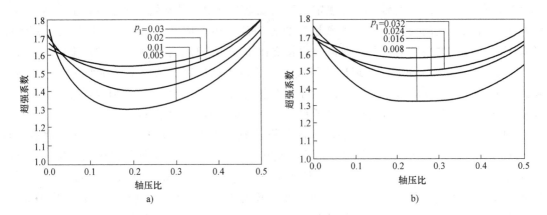

图 9.47　钢筋混凝土桥墩的抗弯超强系数
a）圆形截面　b）矩形截面

$$V_0 = \frac{M_0}{H} \qquad\qquad (9.27)$$

式中　M_0——塑性铰区截面超强弯矩；

　　　　H——墩高。

　　要避免发生脆性剪切破坏，钢筋混凝土桥墩的抗剪强度验算应按下式进行

$$V_{c0} \leqslant \phi V_n \qquad\qquad (9.28)$$
$$V_n = V_c + V_s$$

式中　V_{c0}——墩柱可能承受的最大地震剪力；

　　　　ϕ——抗剪强度折减系数，取 0.85；

　　　　V_n——墩柱的名义抗剪强度；

V_c、V_s——混凝土提供的抗剪强度、箍筋提供的抗剪强度，V_c、V_s 的具体计算方法可参
　　　　考桥梁抗震设计的相关书籍。

3. 其他能力保护构件

　　其他能力保护构件，包括盖梁、支座和基础等，按照能力设计方法，在任何地震作用下
应始终处于弹性反应范围，因此，其设计过程实际上是常规的强度设计过程，概述如下：

　　（1）盖梁　按桥墩塑性铰区截面的超强弯矩计算设计荷载效应，并按现行的公路桥涵
设计规范进行强度验算。

　　（2）支座　对设置在延性桥墩上的弹性支座进行支座厚度和抗滑稳定性验算，以及对
固定支座进行强度验算时，支座的设计地震力应根据桥墩塑性铰区截面的超强弯矩进行
计算。

　　（3）基础　与延性桥墩直接连接的基础，应按桥墩塑性铰区截面的超强弯矩计算设计
荷载效应，并按现行的公路桥涵设计规范进行强度验算。

━━━━━━ 本章小结 ━━━━━━

　　本章介绍并分析了桥梁震害的特点，总结了震害经验，论述了桥梁的抗震设防标准和设

计流程，并介绍了桥梁结构地震分析的实用方法，以及桥梁延性抗震设计的基本原理和方法。

习　题

一、选择题

1. 以下不属于桥梁上部结构震害的是（　　）。

A. 拱桥风撑屈曲　　　B. 墩柱弯曲破坏　　　C. 主梁横向侧移过大　　　D. 落梁破坏

2. 发生落梁震害的主要原因是（　　）。

A. 墩台支承宽度过小　　B. 桥墩强度不足　　C. 地基失效　　　　　　D. 桥面栏杆碰撞

3. 以下不属于墩柱弯曲破坏的是（　　）。

A. 墩柱混凝土开裂、剥落　　　　　　B. 墩柱钢筋弯曲裸露

C. 墩柱中部发生斜裂缝导致墩柱破坏　　D. 墩柱混凝土剥落压溃

4. 《公路桥梁抗震设计细则》采用的是（　　）。

A. 单一阶段抗震设计方法　　　　　　B. 两阶段抗震设计方法

C. 三阶段抗震设计方法　　　　　　　D. 多阶段抗震设计方法

5. 《公路桥梁抗震设计细则》将桥梁的抗震设防类别划分为（　　）。

A. 两类　　　　　B. 三类　　　　　C. 四类　　　　　D. 五类

6. 《城市桥梁抗震设计规范》将桥梁的抗震设防类别划分为（　　）。

A. 两类　　　　　B. 三类　　　　　C. 四类　　　　　D. 五类

7. 《城市桥梁抗震设计规范》对各类桥梁分别规定了（　　）设防地震参数。

A. E1、E2 两级　　B. E1、E2、E3 三级　　C. 甲、乙、丙、丁四级　　D. A、B、C、D 四级

8. 以下不是桥梁结构的地震反应分析方法的是（　　）。

A. 静力法　　　　　B. 反应谱法　　　　　C. 时程分析法　　　　　D. 安全系数法

9. 钢筋混凝土墩柱的纵向钢筋配筋率最小不宜小于（　　）。

A. 0.8%　　　　　B. 0.6%　　　　　C. 0.5%　　　　　D. 0.4%

10. 钢筋混凝土墩柱中矩形箍筋弯钩为（　　）。

A. 90°　　　　　B. 120°　　　　　C. 135°　　　　　D. 180°

二、填空题

1. 《公路桥梁抗震设计细则》根据_____和_____，将桥梁划分为四个抗震设防类别。

2. 单跨跨径超过 150m 的特大桥为_____类桥梁。

3. 常规桥梁的抗震设计可以采用两种抗震设计策略，即_____和_____。

4. 《城市桥梁抗震设计规范》规定进行桥梁抗震的动力时程分析时，加速度时程不得少于_____组。

5. 桥梁结构的地震反应分析方法主要有_____、_____、_____、_____。

6. 规则桥梁的地震反应以_____振型为主。

7. 延性的本质是反应_____的能力。

8. 主要的延性指标有_____、_____。

9. 两水准设防，两阶段抗震设计中，对延性构件的抗震设计要求是_____，_____。

10. 影响钢筋混凝土墩柱延性的因素有_____、_____、_____、_____、_____、_____、_____。

三、判断改错题

1. 地基失效引起的桥梁结构震害易于修复。　　　　　　　　　　　　　　　　　　（　　）

2. 结构设计和细部构造设计不当可能引起桥梁结构震害。 （　　）

3. 板式橡胶支座直接放置在支座垫石上容易发生支座脱落。 （　　）

4. 钢筋混凝土墩柱发生剪切破坏的危害没有其发生弯曲破坏的危害大。 （　　）

5. 低碳钢的延性优于高强度钢材。 （　　）

6. 钢筋混凝土延性构件塑性铰区的极限曲率可取被箍筋约束的核心区混凝土达到极限压应变时的值。

（　　）

7. 结构或构件的变形能力大，其延性一定好。 （　　）

8. 一个结构或构件的延性好，其位移延性系数一定大。 （　　）

9. 延性设计时，延性构件和能力保护构件应采用相同的强度安全等级进行设计。 （　　）

10. 延性设计时，对含有塑性铰的构件，应避免其出现脆性破坏模式。 （　　）

四、名词解释

E1 地震作用　延性构件　能力保护构件　限位装置

五、简答题

1. 简述桥梁墩柱震害的常见形式及产生原因。

2. 能力设计方法的主要步骤是什么？

3.《公路桥梁抗震设计细则》中对各类桥梁的抗震设计有哪些要求？

4.《城市桥梁抗震设计规范》对各类桥梁的抗震设计方法是如何规定的？

5. 地震区的桥型选择的基本原则是什么？

6. 桥梁抗震设计应考虑哪些作用？

7. 能力设计方法的基本原理是什么？

8. 桥梁延性设计时，应如何选择延性构件？

9. 影响钢筋混凝土墩柱延性的主要因素有哪些？

隔震和消能减震设计 | 第10章

学习要求：
- 理解隔震与耗能减震概念与原理。
- 熟悉隔震装置与耗能器的类型和特点，掌握隔震与耗能减震设计要求和设计方法。
- 了解隔震结构的有关构造措施和桥梁结构滑动隔震体系以及桥梁隔震设计方法。

10.1 概述

土木工程结构在地震、强风等外部动力荷载作用下会产生振动，过大的结构振动现象不仅会影响到结构物的正常使用，还会造成结构破坏。为了保护人类生命财产的安全，减轻地震灾害，各国地震工程科技人员致力于提高建筑抗震能力的研究，已形成了一套较为完整的抗震设计理论。这种抗震设计理论建立在传统抵御地震灾害思想的基础上，主要是通过增强结构本身的强度、刚度或延性来抵御地震作用，即由结构本身储存和消耗地震能量。传统的抗震理论虽然在很多情况下非常有效，但仍然存在较大的局限性。由于人们尚不能准确地估计未来地震灾害作用的强度和特性，按传统抗震方法设计的结构不具备自我调节的能力。因此，结构可能不满足安全性的要求，而产生严重破坏和倒塌，造成重大的经济损失和人员伤亡。

合理有效的抗震途径是通过结构地震反应控制的方法，防止或减轻建筑物上部结构发生非弹性变形，提高结构的抗震能力。结构地震反应控制就是对结构在地震作用下的动力反应和动力不稳定性（自激振动）加以控制，使结构在规定的范围内工作，满足其正常使用要求。结构地震反应控制按照有无外部能源供给可分为被动控制、主动控制和混合控制。

被动控制是通过减震、隔震装置来消耗地震能量，同时阻止振动在结构上的传播，不需要外部能源输入提供控制力，控制过程不依赖于结构反应和外界干扰信息。被动控制包括减震和隔震。采用减震、隔震装置抗震时，要求减震、隔震装置具有足够的强度和刚度以满足正常使用条件下结构的功能。被动控制方法的主要缺点是对地震的频域特性非常敏感，当地震超过减震装置的设计要求时，它的减震效果就非常差。

主动控制是控制系统通过施加外部的能量来抵消和消耗地震作用，从而有效地降低地震对结构的破坏。同被动控制相比，主动控制有许多优点：加强了运动控制的效率；相对而言，对场地和地面运动不敏感；适用于多种灾害的防护（如抗风、抗震和抗暴等）；控制目标具有可选择性。理论上较有效的抗震方法是主动抗震控制。主动控制系统由传感器、运算器和加载器三部分组成。主动控制是将现代控制理论和自动控制技术应用于结构抗震的高新技术。

混合控制实际上是在被动的动态吸振器所构成的结构控制中附加上主动控制机能，吸取各控制技术的优点，避免其缺点，形成较为成熟而先进有效的第三种控震（振）技术。

结构抗震设计同结构地震反应控制的关系如图 10.1 所示。

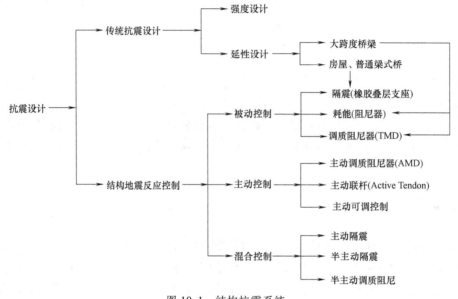

图 10.1　结构抗震系统

10.2　隔震结构设计

结构隔震主要有基础隔震和悬挂隔震两种方法，其目的是减弱或改变地震动对结构的作用方式和强度，以减小主体结构的振动反应。目前的隔震方法均用于隔离水平地震作用。下面仅介绍基础隔震原理及方法。

10.2.1　基础隔震技术的研究与发展

基础隔震的思想，我国古代已有。闻名于世的紫禁城是明成祖永乐皇帝从 1460 年起历经 14 年建造的一座皇城。南北约 1km，东西约 700m，面积 72 万 m²，城内数百个大小不同的建筑物排列成一个巨大的建筑群。这座现存的中世纪木结构建筑群虽然处在地震区，但受到的地震灾害却很少。究其原因，奥秘之一是地下的一种柔性构造。1975 年开始的紫禁城设备配管工作中，从中枢部位地下 5~6m 处挖掘出略带黏性的物质，检查结果是一层煮过的糯米拌石灰。紫禁城的主要建筑都建在大理石高坛之上，下面有这样一层柔软的糯米层，就能够在一定程度上把建筑物与地震输入隔离开来，从而使建筑物免遭震灾。

位于西安市的小雁塔始建于唐代，距今已有 1000 余年，历经两次大的地震破坏而不倒，使其充满了神奇的色彩。新近研究表明，其基础与地基连接处理不是一个平面，而是采用圆弧形的球面，其塔身与基础坐落于圆弧球面上，形成了一个类似于"不倒翁"的结构。这也许是最朴素的隔震思想。1881 年，日本人河合浩藏在日本《建筑杂志》上提出了在地基上横竖交替卧放几层圆木，在圆木上再做混凝土基础，再在基础上盖房，以削弱地震向建筑物传递的方法。1890 年，德国人 Jacob Bechtold 设计了一种钢盘、滚珠构成的隔震器。美国旧金山地震后，1909 年英国人 Calcantarients 在斯坦福大学提出了在建筑物与基础之间铺设一层滑石粉或云母，以隔离基础与建筑物的方案，并申请了专利。

1921 年，首幢按隔震思路设计的房屋——日本东京帝国饭店落成。其设计者 F. L. Wright 并未对地表以下软泥层进行传统处理，而是有意采用密集型短桩穿过表层坚硬土，落到软泥层顶部，使软泥层成为防止灾难性冲击的极好防震垫。1923 年，关东大地震时，该建筑物成为震后少数幸存建筑物之一。1924 年，日本山下兴家氏和鬼头健三郎氏两人分别以弹簧及球体隔震方法取得专利。1934 年日本真岛教授将一楼与二楼在结构上分开，二楼以柔弱柱支持以求减震。

1965 年在新西兰举行的第三次世界地震工程会议提出了首篇以解析方法论证隔震构造的论文，其作者日本的松下清夫和泉正哲在文中提出了以摇动球座（Rocking Ball）为隔震装置进行隔震。

采用隔震技术建造建筑物在国外已有很多的实例。如瑞士人利用橡胶支承垫隔震技术于1969 年在南斯拉夫建造了一所小学；1974 年新西兰人采用多种耗能器在新西兰首都惠灵顿的惠位姆-卡立顿筹划建造一座 4 层办公大楼，该楼于 1982 年建成；1981 年日本松下教授利用双重柱为隔震装置建成了东京理科大学一号馆；1985 年美国采用隔震技术建成了加州圣伯纳丁诺司法事务中心；1986 年日本东京又建成了一座 5 层高隔震技术中心；1986 年新西兰又利用隔震技术建成 10 层联合大楼。

1970 年后多层橡胶支承垫开发成功。南非和法国一些核能电厂采用了多层橡胶垫；1982 年在新西兰的一座建筑上首次采用含铅芯的多层橡胶支承垫。新西兰、美国、日本在桥梁中也广泛采用隔震技术，日本已将隔震设计纳入建筑设计指南中，取得了合法的地位。

随后，各种隔震方法先后在不同的国家被提了出来，隔震理论的研究也日趋深入完善。以隔震方法建造的建筑也如雨后春笋般地涌现出来。目前在世界上大约有 25 个国家在进行隔震技术的研究，其中 17 个国家相继建成的建筑物有 600 多幢。

中国的隔震研究开始于 20 世纪 70 年代，真正用于工程上是在 80 年代。李立教授多年研究砂垫层隔震结构并在北京建成了一座 4 层隔震楼房。80 年代以来，我国隔震研究逐渐受到重视，并取得了不少成果。冶金部建筑研究总院、西安建筑科技大学等单位对滑动摩擦系统进行了较为全面和系统的研究；西安建筑科技大学和西安城市建设开发公司联合开发和研究的基础滑移隔震房屋先后在云南大理和西安等地建成；华中理工大学、华南建设学院、中国建筑科学研究院抗震所、西安建筑科技大学等单位对叠层橡胶垫隔震系统进行了深入的研究。1990 年，我国首幢采用橡胶垫隔震器的多层隔震房屋在河南省安阳市竣工；1993 年，我国另一幢采用橡胶垫隔震器的 8 层住宅房屋在汕头市竣工，这都受到了国际著名专家的赞誉。我国在 GB 50011—2001《建筑抗震设计规范》中纳入了隔震与消耗减震的内容，并在GB 50011—2010《建筑抗震设计规范》中加强了这部分内容。另外还制定了 GB 20688.3—2006《建筑隔震橡胶支座标准》、GB 20688.2—2006《桥梁隔震橡胶支座标准》和 CECS 126—2001《叠层橡胶支座隔震技术规程》。

10.2.2　结构隔震的原理和隔震结构的特点

1. 结构隔震的概念与原理

在建筑物基础与上部结构之间设置隔震装置（或系统）形成隔震层，把房屋结构与基础隔离开来，利用隔震装置来隔离或耗散地震能量以避免或减少地震能量向上部结构传输，以延长整个结构体系的自振周期，减少建筑物的地震反应，使建筑物在地震发生时只发生轻微运动和变形，从而使建筑物在地震作用下不损坏或倒塌，这种抗震方法称为房屋基础隔震。图 10.2 为隔震结构的模型。隔震系统一般由隔震器、阻尼器等构成，它具有竖向刚度大、水平刚度小、能提供较大阻尼的特点。

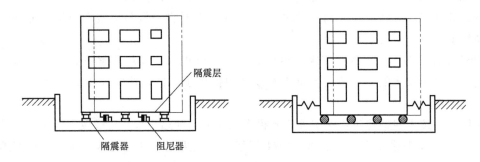

图 10.2　隔震结构的模型

基础隔震的原理可用建筑物的地震反应谱来说明，图 10.3 分别为普通建筑物的加速度反应谱与位移反应谱。从图 10.3 中可以看出，建筑物的地震反应取决于自振周期和阻尼特性两个因素。一般中低层钢筋混凝土或砌体结构建筑物刚度大、周期短，基本周期正好与地震动的卓越周期相近，所以，建筑物的加速度反应比地面运动的加速度放大若干倍，而位移反应则较小，如图 10.3 中 A 点所示。采用隔震措施后，建筑物的基本周期大大延长，避开了地面运动的卓越周期，使建筑物的加速度大大降低，若阻尼保持不变，则位移反应增加，如图 10.3 中 B 点所示。要是再加大结构的阻尼，则加速度反应继续减小，位移反应得到明显抑制，如图 10.3 中 C 点所示。

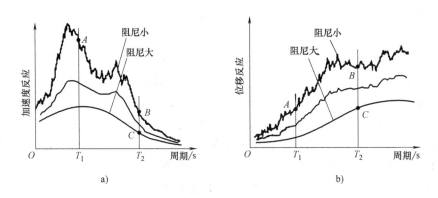

图 10.3　结构反应谱曲线
a）加速度反应谱　　b）位移反应谱

　　综上所述，基础隔震的原理就是通过设置隔震装置系统形成隔震层，延长结构的周期，适当增加结构的阻尼，使结构的加速度反应大大减小，同时使结构的位移集中于隔震层，上部结构像刚体一样，自身相对位移很小，结构基本上处于弹性工作状态，从而建筑物不产生破坏或倒塌。

2. 隔震结构的特点

　　抗震设计的原则是在多遇地震作用下，建筑物基本不发生损坏；在罕遇地震作用下，建筑物允许发生破坏但不倒塌。按抗震设计的建筑物，不能规避地震时的强烈晃动，当遭遇大地震时，虽然可以保证人身安全，但不能保证建筑物及其内部设备及设施安全，而且建筑物的严重破坏常常不可修复。但如果用隔震结构就可以避免这类情况发生。隔震结构通过隔震层集中的大变形和提供的阻尼将地震能量隔离或耗散，地震能量不能向上部结构全部传输，因而，上部结构的地震反应大大减小，振动减轻，结构不发生破坏，人员安全和财产安全均可以得到保证。图 10.4 为传统抗震房屋与隔震房屋在地震中的情况对比。

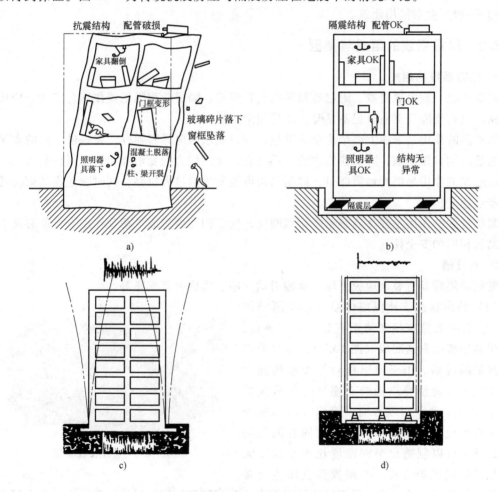

图 10.4　传统抗震房屋与隔震房屋在地震中的情况对比

a）传统抗震房屋强烈晃动　b）隔震房屋轻微晃动　c）传统房屋的地震反应　d）隔震房屋的地震反应

　　与传统抗震结构相比，隔震结构具有以下优点：

1）提高了结构在地震时的安全性。

2）上部结构设计更加灵活，抗震措施简单明了。

3）防止内部物品的振动、移动、翻倒，减少了次生灾害。

4）防止非结构构件的损坏。

5）抑制了振动时的不舒适感，提高了安全感和居住性。

6）可以保持机械、仪表、器具的功能。

7）震后无须修复，具有明显的社会和经济效益。

8）经合理设计，可以降低工程造价。

3. 隔震结构适用范围

1）医院、银行、保险、通信、警察、消防、电力等重要建筑。

2）首脑机关、指挥中心以及放置贵重设备、物品的房屋。

3）图书馆和纪念性建筑。

4）一般工业与民用建筑。

10.2.3 隔震系统的组成与类型

1. 隔震系统的组成

隔震系统一般由隔震器、阻尼器和复位装置组成。隔震器和阻尼器往往合二为一构成隔震支座，只有当隔震支座阻尼不足时，才另加阻尼器。

隔震器的作用是支撑上部结构全部重量，同时在水平向具有弹性，能提供一定的水平刚度，延长结构自振周期，降低建筑物的地震反应，提供较大的变形能力和自复位能力。

阻尼器的作用是消耗地震能量，抑制结构可能发生的过大位移，同时在地震结束时帮助隔震器迅速复位。

复位装置的作用是提高隔震系统早期刚度，使结构在微震或风荷载作用下，能够具有和普通结构相同的安全性。

2. 隔震器

常用的隔震器有叠层橡胶支座、摩擦滑动支座、螺旋弹簧支座等。

（1）叠层橡胶支座隔震体系（LBR 隔震体系）　它是由薄橡胶板和薄钢板分层交替叠合，经高温高压硫化黏结而成（图 10.5），是目前应用最多的隔震器。由于薄钢板对橡胶板横向变形产生约束，而使叠层橡胶支座具有非常大的竖向刚度。在水平刚度方面，薄钢板不影响橡胶板的水平变形，因而保持了橡胶固有的柔韧性。这样就可以制造出竖向刚度比水平刚度大许多倍的叠层橡胶支座。叠层橡胶支座主要是通过增加结构系统的柔性，提高结构的周期来达到减震和隔震的目的。叠层橡胶支座隔震是国外当前发展较快、比较成熟、前景广阔的一种隔震方法，我国在多层钢筋混凝土结构及砖混结构中也有应用。

图 10.5　叠层橡胶支座

根据叠层橡胶支座中使用的橡胶材料是否加有铅芯，又可将其分为普通叠层橡胶支座、铅芯叠层橡胶支座、高阻尼叠层橡胶支座。

1）普通叠层橡胶支座。普通橡胶叠层支座一般都是用天然橡胶或氯丁二乙烯橡胶制造。它只具有弹性性质，本身并无显著的阻尼性能，因此必须和阻尼器配合使用。

2）铅芯叠层橡胶支座。铅芯叠层橡胶支座是在普通板式叠层橡胶支座中部竖向灌入铅棒而形成的（图 10.6）。通过灌入铅棒可提高支座的早期刚度，对于控制风振反应和抵抗地基的微振动有利。

铅芯橡胶支座的吸能效果主要是利用铅芯弹塑性变形来实现的。铅棒的屈服强度较低（约为 7MPa），并在弹塑性变形条件下具有较好的疲劳性，被认为是一种较理想的阻尼器。大量的实验研究表明：铅芯橡胶支座的恢复力模式可以用双线性来表示，如图 10.7 所示。

图 10.6　铅芯叠层橡胶支座

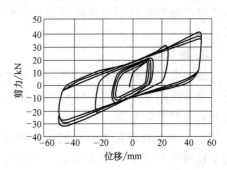

图 10.7　铅心橡胶支座恢复力滞回曲线

由于铅芯橡胶支座构造简单，能够提供较大的阻尼性能，可以单独在隔震体系中使用，所以在新西兰、美国和日本被大量应用于桥梁的隔震。

3）高阻尼叠层橡胶支座。这种支座采用高阻尼橡胶材料制造。高阻尼橡胶可以通过在天然橡胶中掺入石墨得到，根据石墨的掺入量可调节材料的阻尼特性。高阻尼橡胶也可以是高分子合成材料，这种人工合成橡胶不仅性能好，抗劣化性能也极佳。

（2）摩擦滑动支座　滑动支座主要是利用下部结构与基础之间的滑移运动实现基础隔震。国内外有关滑动隔震体系的研究表明，用干摩擦材料来隔离地面运动和上部结构，能够有效地控制地面传到上部结构的地震作用，减少结构的地震反应。用于滑动摩擦隔震的装置主要有聚四氟乙烯支座（Teflon Bearing）、回弹滑动支座（R-FBI）和摩擦锤（FPS）等。

1）聚四氟乙烯支座。聚四氟乙烯支座是一种滑动摩擦隔震体系，通过大量试验研究发现，滑动速度及竖向压力的大小对聚四氟乙烯支座的摩擦系数影响较大。在滑动速度增加到一定值时，滑动摩擦系数不受滑动速度的影响。纯滑动摩擦隔震体系的最大优点是它对输入地震波的频率不敏感，隔震范围较广泛。但这种装置不易控制上部结构与隔震装置间的相对位移。当滑动装置与其上部结构接触面出现偶然倾斜时，其相对位移还要增大很多。为了解决这一问题，出现了回弹滑动支座、摩擦锤等隔震系统。

2）回弹滑动支座。为了解决滑动隔震系统上部结构与滑动装置之间位移过大的问题，20 世纪 80 年代末国外提出了 R-FBI 隔震系统。R-FBI 隔震支座由一组重叠放置又相互滑动的带孔四氟薄板和一个中央橡胶核、若干个卫星橡胶核组成，如图 10.8 所示。卫星橡胶核的作用是对四氟薄板间的滑动位移与滑动速度沿支座高度加以分配，防止出现某些局部的过度位移，并且向滑动位移提供恢复力。四氟薄板间的摩擦力对结构起着风控制和抗地基微振动的作用。当结构受低水平力激励时，摩擦力能阻止上部结构与支座之间的相对运动。当地基振动超过一定程度后，水平荷载超过了静摩擦力，上部结构与支座接触面开始滑动，橡胶核发生变形提供向平衡位置的恢复力，而地震能量的相当一部分被四氟薄板间的摩擦所消耗。

R-FBI 隔震装置是靠橡胶核提供向平衡位置的恢复力控制过大的相对位移，而通过摩擦来消耗地震能量，因此具有两者的优点。通过调整四氟乙烯板之间的摩擦系数和中央橡胶核的直径能达到较好的隔震性能。但这种隔震装置构造比较复杂。

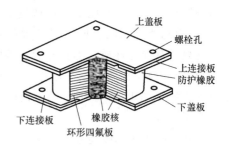

图 10.8 R-FBI 支座

3. 阻尼器

铅芯叠层橡胶支座、高阻尼叠层橡胶支座及部分滑动支座都具有隔震系统所需要的阻尼，当系统阻尼不足时，可另加阻尼器。常用的基底隔震阻尼器有弹塑性阻尼器、干摩擦阻尼器和黏弹性阻尼器。

（1）弹塑性阻尼器　软钢具有良好的塑性变形能力，可以在超过屈服应变几十倍的情况下经历往复变形不发生断裂，因此可制成各种形状的阻尼器（图 10.9）。铅具有软化刚度，进入塑性后表现出滞回特点，利用独立铅棒变形吸能可制成铅阻尼器（图 10.10）。

图 10.9　软钢阻尼器　　　　　　　　　图 10.10　铅棒阻尼器

（2）干摩擦阻尼器　在普通叠层橡胶支座上加摩擦板就形成了干摩擦阻尼器（图 10.11），上滑板为不锈钢板，嵌于结构底部；下滑板为青铜铅板，置于叠层支座顶部。地震时，上下两板间发生滑动，产生阻尼，同时也保护了叠层式隔震器。

（3）黏弹性阻尼器　它由液缸、黏性液体以及活塞组成（图 10.12），其工作原理是将黏弹性材料置于隔震支座钢板与结构底部钢板之间，利用高阻尼黏弹性材料与钢板之间的摩擦产生较大的阻尼。

图 10.11　干摩擦阻尼器　　　　　　　　图 10.12　黏弹性阻尼器

4. 复位装置

为了防止建筑物在微震或风荷载作用下发生运动，影响结构使用，同时便于建筑物在大震后及时复位，应设置微震和风反应控制装置或建筑物复位装置。部分隔震支座带有复位功能，目前已应用的具有风稳定的支座还有回弹滑动支座及螺旋弹簧支座。

（1）风稳定装置　图 10.13 所示的风稳定装置具有双向复位功能，可以满足 500 年一遇的台风风振控制，不需外部电源驱动可以自行复位。大震时会自动解锁产生滑动隔震，地震结束后自动复位。

（2）抗倾覆装置　滚轴隔震支座和其他抗倾覆能力较差的隔震支座，在承受强风和地震时，会产生上拔力，故需要在其基底和上部结构中设置抗倾覆装置（图 10.14），该装置的上支座板可沿下支座板槽道双向滑动，能够承受竖向拉拔力，并限制支座的扭转效应。

图 10.13　风稳定装置　　　　　　　图 10.14　抗倾覆装置

10.2.4　隔震结构的抗震设计

1. 隔震结构方案的选择

建筑结构采用隔震设计时应符合下列各项要求：

1）结构高宽比宜小于 4，且不应大于相关规范规程对非隔震结构的具体规定，其变形特征接近剪切变形，最大高度应满足《抗震规范》非隔震结构的要求；高宽比大于 4 或超出《抗震规范》对非隔震结构相关规定的结构采用隔震设计时，应进行专门研究。

2）建筑场地宜为Ⅰ、Ⅱ、Ⅲ类，并应选用稳定性较好的基础类型。

3）风荷载和其他非地震作用的水平荷载标准值产生的总水平力不宜超过结构总重力的 10%。

4）隔震层应提供必要的竖向承载力、侧向刚度和阻尼；穿过隔震层的设备配管、配线，应采用柔性连接或其他有效措施以适应隔震层的罕遇地震水平位移。

理论分析及工程经验表明，硬土场地上比较适合隔震房屋，软弱场地可以滤掉地震波中的高频分量，若在其上建造隔震房屋，延长结构周期，将增大而不是减小地震反应。

2. 隔震层的设置

隔震层宜设置在结构的底部或下部，其橡胶隔震支座应设置在受力较大的位置，间距不宜过大，其规格、数量和分布应根据竖向承载力、侧向刚度和阻尼的要求通过计算确定。隔震层在罕遇地震下应保持稳定，不宜出现不可恢复的变形；其橡胶支座在罕遇地震的水平和竖向地震同时作用下，拉应力不应大于 1MPa。

隔震层的布置应符合下列要求：

1）隔震层可由隔震支座、阻尼装置和复位装置组成。阻尼装置和抗风装置可与隔震支座合为一体，也可单独设置。必要时可设置限位装置。

2）隔震层刚度中心宜与上部结构的质量中心重合。

3）隔震支座的平面布置宜与上部结构和下部结构的竖向受力构件的平面位置相对应。

4）同一房屋选用多种规格的隔震支座时，应充分发挥每个隔震支座的承载力和水平变形能力。

5）同一支承处选用多个隔震支座时，隔震支座之间的净距应大于安装操作需要的空间要求。

6）设置在隔震层的抗风装置宜对称，分散地布置在建筑物的周边或周边附近。

3. 隔震结构的抗震分析

隔震结构的抗震分析方法主要采用底部剪力法和时程分析法。一般情况下，宜采用时程分析法计算隔震和非隔震结构，计算简图可采用剪切型结构模型（图10.15），当上部结构体型复杂或隔震层以上结构的质心与隔震层刚度中心不重合时，应计入扭转效应的影响。隔震层顶部的梁板结构，应作为其上部结构的一部分进行计算和设计。一般情况下，上部结构可采用线弹性模型，隔震层根据不同情况，可采用线弹性模型或双线性模型。输入地震波的反应谱特性和数量应符合现行《抗震规范》的有关要求，计算结果宜取其包络值；当处于发震断层10km以内时，输入地震波应考虑近场影响系数，5km以内取1.5，5km以外可取不小于1.25。砌体结构及基本周期与其相当的结构可按《抗震规范》附录L简化计算。

隔震体系的计算简图中，应包括隔震支座及与之相连的柱墩和顶部梁板等，如图10.16所示。

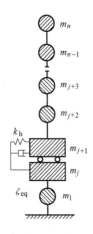

图 10.15　隔震结构计算简图

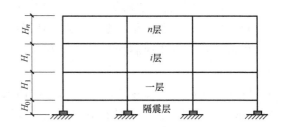

图 10.16　某基础隔震结构的计算简图

4. 上部结构的抗震设计

隔震房屋可根据不同的结构类型，按下列原则调整对应非隔震结构的地震作用计算、抗震验算：

1）对于多层结构，水平地震作用沿高度可按重力荷载代表值分布。

2）隔震后水平地震作用计算的水平地震影响系数可按3.2.7节确定。其中，水平地震

影响系数最大值可按下式计算

$$\alpha_{\max 1} = \beta \alpha_{\max} / \varphi \qquad (10.1)$$

式中　$\alpha_{\max 1}$——隔震后水平地震影响系数最大值；

　　　$\alpha_{\max}$——非隔震的水平地震影响系数最大值，按 3.2.7 节确定；

　　　φ——调整系数（一般橡胶支座取 0.80，支座剪切性能偏差为 S—A 类时取 0.85，隔震装置带有阻尼器时相应减少 0.05）；

　　　β——水平向减震系数。

注意：

1. 弹性计算时，简化计算和反应谱分析时宜按隔震支座水平剪切应变为 100% 时的性能参数进行计算；当采用时程分析法时按设计基本地震加速度输入进行计算。

2. 支座剪切性能偏差按 GB 20688.3—2006《橡胶支座第 3 部分：建筑隔震橡胶支座》确定。

计算隔震结构水平地震作用时，水平向减震系数 β 可按下列原则确定：

① 对于多层建筑，水平向减震系数为按弹性计算所得的隔震房屋和非隔震房屋在多遇地震作用下各层最大层间剪力的最大比值；对于高层建筑，还应计算隔震房屋与非隔震房屋各层倾覆力矩的最大比值，并与层间剪力的最大比值相比较，取两者的较大值。

② 砌体结构的水平向减震系数 β，可根据隔震体系的基本周期，按下式确定

$$\beta = 1.2\eta_2 \left(\frac{T_{\mathrm{gm}}}{T_1} \right)^{\gamma} \qquad (10.2)$$

式中　γ——地震影响系数曲线下降段衰减指数［可按式（3.42）确定］；

　　　η_2——水平地震影响系数的阻尼调整系数［可按式（3.44）确定］；

　　　T_{gm}——采用隔震方案时的特征周期（当小于 0.4s 时按 0.4s 采用）；

　　　T_1——隔震体系的基本周期（不应大于 2.0s 和 5 倍特征周期的较大值）。

③ 与砌体结构周期相当的结构，其水平向减震系数宜根据隔震体系的基本周期，按下式确定

$$\beta = 1.2\eta_2 \left(\frac{T_{\mathrm{g}}}{T_1} \right)^{\gamma} \left(\frac{T_0}{T_{\mathrm{g}}} \right) \qquad (10.3)$$

式中　T_0——非隔震结构的计算周期（当小于特征周期时应采用特征周期的数值）；

　　　T_1——隔震后体系的基本周期（不应大于 5 倍特征周期值）；

　　　T_{g}——特征周期。

砌体结构及与其基本周期相当的结构，隔震体系的基本周期 T_1 可按下式计算

$$T_1 = 2\pi \sqrt{\frac{G}{K_{\mathrm{h}} g}} \qquad (10.4)$$

式中　G——隔震层以上结构的重力荷载代表值；

　　　K_{h}——隔震层水平等效刚度；

　　　g——重力加速度。

式（10.4）中隔震层的水平等效刚度 K_{h} 和等效黏滞阻尼比 ζ_{eq} 可按下式确定

$$K_h = \sum K_j, \quad \zeta_{eq} = \frac{\sum K_j \zeta_j}{K_h}$$

式中　ζ_j——第 j 个隔震支座由试验确定的等效黏滞阻尼比,单独设置阻尼器时,应包括该阻尼器的相应阻尼比;

　　K_j——第 j 个隔震支座由试验确定的水平等效刚度。

对水平向减震系数计算,K_j、ζ_j 宜采用隔震支座剪切变形为 100% 时的等效刚度和等效黏滞阻尼比;验算罕遇地震时,K_j、ζ_j 宜采用隔震支座剪切变形 250%、直径小于 600mm 时的等效刚度和等效黏滞阻尼比;当隔震支座直径较大时,K_j、ζ_j 宜采用隔震支座剪切变形为 100% 时的等效刚度和等效黏滞阻尼比。当采用时程分析时,应以试验所得滞回曲线作为计算依据。

3)隔震后的上部结构按相关规范和规定进行设计时,地震作用可以降低,抗震措施也可以适当降低。隔震后结构的水平地震作用大致归纳为比非隔震时降低 0.5 度、1.0 度和 1.5 度三个档次,见表 10.1(对于一般橡胶支座)。隔震后的上部结构的抗震措施,一般橡胶支座以水平向减震系数 0.40 为界划分,只能按降低 1 度分档,即以 $\beta = 0.40$ 分档,见表 10.2。

表 10.1　水平向减震系数与隔震后结构水平作用所对应烈度的分档

本地设防烈度 (设计基本地震加速度)	水平向减震系数 β		
	$0.53 \geqslant \beta \geqslant 0.40$	$0.40 > \beta > 0.27$	$\beta \leqslant 0.27$
9(0.40g)	8(0.30g)	8(0.20g)	7(0.15g)
8(0.30g)	8(0.20g)	7(0.15g)	7(0.10g)
8(0.20g)	7(0.15g)	7(0.10g)	7(0.10g)
7(0.15g)	7(0.10g)	7(0.10g)	6(0.05g)
7(0.10g)	7(0.10g)	6(0.05g)	6(0.05g)

表 10.2　水平向减震系数与隔震后上部结构抗震措施对应烈度的分档

本地设防烈度取 (设计基本地震加速度)		9(0.40g)	8(0.30g)	8(0.20g)	7(0.15g)	7(0.10g)
水平向减震 系数 β	$\beta \geqslant 0.40$	8(0.30g)	8(0.20g)	7(0.15g)	7(0.10g)	7(0.10g)
	$\beta < 0.40$	8(0.20g)	7(0.15g)	7(0.10g)	7(0.10g)	6(0.05g)

4)隔震层以上结构的总水平地震作用不得低于非隔震结构在 6 度设防时的总水平地震作用,并应进行抗震验算;各楼层的水平地震剪力尚应符合《抗震规范》对本地区设防烈度的最小地震剪力系数的规定。

5)由于隔震层对竖向隔震效果不明显,故当设防烈度为 9 度时和 8 度且水平向减震系数不大于 0.3 时,隔震层以上的结构应进行竖向地震作用的计算。隔震层以上结构竖向地震作用标准值计算时,各楼层可视为质点,并按式(3.139)计算竖向地震作用标准值沿高度的分布。

5. 隔震层的抗震计算

(1)橡胶隔震支座平均压应力限值和拉应力规定　橡胶支座的压应力既是确保橡胶隔

震支座在无地震时正常使用的重要指标，也是直接影响橡胶隔震支座在地震作用时其他各种力学性能的重要指标。它是设计或选用隔震支座的关键因素之一。橡胶隔震支座在重力荷载代表值的竖向压应力不应超过表 10.3 的规定，在罕遇地震作用下，拉应力不应大于 1MPa。隔震支座在表 10.3 所列的压应力下的极限水平变位，应大于其有效直径的 0.55 倍和支座内部橡胶总厚度 3 倍二者的较大值。在经历相应设计基准期的耐久试验后，隔震支座刚度、阻尼特性变化不超过初期值的 120%；徐变量不超过支座内部橡胶总厚度的 5%。

表 10.3　橡胶隔震支座平均压应力限值

建筑类别	甲类建筑	乙类建筑	丙类建筑
压应力限值/MPa	10	12	15

注：1. 压应力设计值应按永久荷载和可变荷载的组合计算；其中，楼面活荷载应按 GB 50009—2012 的规定乘以折减系数《建筑结构荷载规范》。

　　2. 对需验算倾覆的结构，压应力应包括水平地震作用效应组合。

　　3. 对需进行竖向地震作用计算的结构，压应力尚应包括竖向地震作用效应组合。

　　4. 当橡胶支座的第二形状系数（有效直径与橡胶层总厚度之比）小于 5.0 时应降低压应力限值：小于 5 不小于 4 时降低 20%，小于 4 不小于 3 时降低 40%。

　　5. 外径小于 300mm 的橡胶支座，丙类建筑的压应力限值为 10MPa。

规定隔震支座控制拉应力，主要考虑下列三个因素：

1）橡胶受拉后内部有损伤，降低了支座的弹性性能。

2）隔震支座出现拉应力，意味着上部结构存在倾覆危险。

3）规定隔震支座拉应力 $\sigma_t < 1\text{MPa}$ 的理由：在广州大学工程抗震研究中心的橡胶垫的抗拉试验中，其极限抗拉强度为 2.0 ~ 2.5MPa；美国 UBC 规范采用的容许抗拉强度为 1.5MPa。

（2）隔震支座在罕遇地震作用下的水平位移验算　隔震支座的水平剪力应根据隔震层在罕遇地震下的水平剪力按各隔震支座的水平等效刚度分配；当按扭转耦联计算时，尚应计及隔震层的扭转刚度。

隔震支座对应于罕遇地震水平剪力的水平位移，应符合下列要求

$$u_i \leq [u_i] \tag{10.5}$$

$$u_i = \eta_i u_c \tag{10.6}$$

式中　u_i——罕遇地震作用下，第 i 个隔震支座考虑扭转的水平位移；

　　$[u_i]$——第 i 个隔震支座的水平位移限值（对橡胶隔震支座，不宜超过该支座橡胶直径的 0.55 倍和支座橡胶总厚度 3.0 倍二者的较小值）；

　　u_c——罕遇地震下隔震层质心处或不考虑扭转的水平位移；

　　η_i——第 i 个隔震支座的扭转影响系数（应取考虑扭转和不考虑扭转时 i 支座计算位移的比值；当隔震层以上结构的质心与隔震层刚心在两个主轴方向均无偏心时，边支座的扭转影响系数不应小于 1.15）。

罕遇地震下的水平位移宜采用时程分析法计算，对砌体结构及与其基本周期相当的结构，隔震层质心处在罕遇地震下的水平位移可按下式计算

$$u_e = \frac{\lambda_s \alpha_1(\zeta_{eq}) G}{K_h} \tag{10.7}$$

式中　λ_s——近场系数（距发震断层 5km 以内取 1.5；5 ~ 10km 取 1.25；10km 以外取 1.0）；

$\alpha_1(\zeta_{eq})$——罕遇地震下的地震影响系数值，可根据隔震层参数，按第 3 章的有关规定计算；

K_h——罕遇地震下隔震层的水平等效刚度，按式（10.5a）确定。

隔震层扭转影响系数，应取考虑扭转和不考虑扭转时第 i 支座计算位移的比值。当隔震支座的平面布置为矩形或接近矩形时，可按下列方法确定：

1）当隔震层以上结构的质心与隔震层刚度中心在两个主轴方向均无偏心时，边支座的扭转影响系数不宜小于 1.15。

2）仅考虑单向地震作用的扭转时，扭转影响系数可按下式估计

$$\eta = \frac{1+12es_i}{a^2+b^2} \qquad (10.8)$$

式中　e——上部结构质心与隔震层刚度中心在垂直于地震作用方向的偏心距，如图 10.17 所示；

　　　s_i——第 i 个隔震支座与隔震层刚度中心在垂直于地震作用方向的距离；

a、b——隔震层平面的两个边长。

对边支座，其扭转影响系数不宜小于 1.15；当隔震层和上部结构采取有效的抗扭措施后或扭转周期小于平动周期的 70%，扭转影响系数可取 1.15。

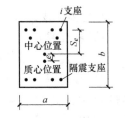

3）同时考虑双向地震作用的扭转时，可仍按式（10.8）计算，但式中的偏心距 e 应采用下列公式中的较大值代替

$$e = \sqrt{e_x^2+(0.85e_y)^2}, \quad e = \sqrt{e_y^2+(0.85e_x)^2} \qquad (10.9)$$

式中　e_x、e_y——y、x 方向地震作用时的偏心距。

图 10.17　扭转计算示意

对边支座，其扭转影响系数不宜小于 1.2。

6. 隔震层以下的结构计算

对隔震层以下的结构部分，主要设计要求是：保证隔震设计能在罕遇地震下发挥隔震效果。因此，需进行与设防地震、罕遇地震有关的验算，并适当提高抗液化措施。

1）隔震层支墩、支柱及相连构件，应采用隔震结构罕遇地震下隔震支座底部的竖向力、水平力和力矩进行承载力验算。

2）隔震层以下的结构（包括地下室和隔震塔楼下的底盘）中直接支承隔震层以上结构的相关构件，应满足嵌固的刚度比和隔震后设防地震的抗震承载力要求，并按罕遇地震进行抗剪承载力验算。隔震层以下地面以上的结构在罕遇地震下的层间位移角限值应满足表 10.4 要求。

3）隔震建筑地基基础的抗震验算和地基处理仍应按本地区抗震设防烈度进行，甲、乙类建筑的抗液化措施应按提高一个液化等级确定，直至全部消除液化沉陷。

表 10.4　隔震层以下地面以上结构罕遇地震作用下层间弹塑性位移角限值

下部结构类型	$[\theta_p]$
钢筋混凝土框架结构和钢结构	1/100
钢筋混凝土框架-抗震墙	1/200
钢筋混凝土抗震墙	1/250

10.2.5　隔震结构的构造措施

1. 隔震结构的隔震措施

1）隔震结构应采取不阻碍隔震层在罕遇地震下发生大变形的下列措施：

① 上部结构的周边应设置竖向隔离缝，缝宽不宜小于各隔震支座在罕遇地震下的最大水平位移值的 1.2 倍且不小于 200mm。对两相邻隔震结构，其缝宽取最大水平位移值之和，且不小于 400mm。

② 上部结构与下部结构之间，应设置完全贯通的水平隔离缝，缝高可取 20mm，并用柔性材料填充；当设置水平隔离缝确有困难时，应设置可靠的水平滑移垫层。穿过隔震层的设备管、配线应采用柔性连接等以适应隔震层在罕遇地震下水平位移的措施；采用钢筋或刚架接地的避雷设备，应设置跨越隔震层的接地配线。

③ 穿越隔震层的门廊、楼梯、电梯、车道等部位，应防止可能的碰撞。

2）隔震层以上结构的抗震措施，当水平向减震系数大于 0.40 时（设置阻尼器时为 0.38）不应降低非隔震时的有关要求；水平向减震系数不大于 0.40 时（设置阻尼器时为 0.38），可适当降低本规范有关章节对非隔震建筑的要求，但烈度降低不得超过 1 度，与抵抗竖向地震作用有关的抗震构造措施不应降低。此时，对砌体结构，可按《抗震规范》附录 L 采取抗震构造措施。

> 注意：与抵抗竖向地震作用有关的抗震措施，对钢筋混凝土结构，指墙、柱的轴压比规定；对砌体结构，指外墙尽端墙体的最小尺寸和圈梁的有关规定。

2. 连接构造

1）隔震层顶部应设置梁板式楼盖，且应符合下列要求：

① 隔震支座的相关部位应采用现浇混凝土梁板结构，现浇板厚度不应小于 160mm。

② 隔震层顶部梁、板的刚度和承载力，宜大于一般楼盖梁板的刚度和承载力。

③ 隔震支座附近的梁、柱应计算冲切和局部承压、加密箍筋并根据需要配置网状钢筋。

2）隔震支座和阻尼装置的连接构造，应符合下列要求：

① 隔震支座和阻尼装置应安装在便于维护人员接近的部位。

② 隔震支座与上部结构、下部结构之间的连接件，应能传递罕遇地震下支座的最大水平剪力和弯矩。

③ 外露的预埋件应有可靠的防锈措施。预埋件的锚固钢筋应与钢板牢固连接，锚固钢筋的锚固长度宜大于 20 倍锚固钢筋直径，且不应小于 250mm。

3. 隔震层顶部梁板体系的构造要求

为了保证隔震层能够整体协调工作，隔震层顶部应设置平面内刚度足够大的梁板体系。隔震层顶部梁、板的刚度和承载力，宜大于一般楼盖梁板的刚度和承载力；隔震支座相关部位应采用现浇钢筋混凝土梁板结构，现浇板厚度不应小于 160mm；隔震支座上方的纵横梁应采用现浇钢筋混凝土结构。

隔震支座附近的梁柱受力状态复杂，地震时还会受冲切，因此，应考虑冲切和局部承压、加密箍筋并根据需要配置网状钢筋。

10.3 耗能减震结构设计

10.3.1 结构耗能减震原理与耗能减震结构特点

结构耗能减震技术是在结构物某些部位（如支撑、剪力墙、节点、连接缝或连接件、楼层空间、相邻建筑间、主附结构间等）设置耗能（阻尼）装置（或元件），通过耗能（阻尼）装置产生摩擦、弯曲（或剪切、扭转）、弹塑（或黏弹）性滞回变形耗能来耗散或吸收地震输入结构中的能量，以减小主体结构地震反应，从而避免结构产生破坏或倒塌，达到减震控震的目的。装有耗能（阻尼）装置的结构称为耗能减震结构。

耗能减震的原理可以从能量的角度来描述，如图 10.18 所示结构在地震中任意时刻的能量方程为

传统抗震结构
$$E_{in} = E_v + E_c + E_k + E_h \tag{10.10}$$

耗能减震结构
$$E'_{in} = E'_v + E'_c + E'_k + E'_h + E'_d \tag{10.11}$$

式中 E_{in}、E'_{in}——地震过程中输入结构体系的能量；

$\quad\quad E_v$、E'_v——结构体系的动能；

$\quad\quad E_c$、E'_c——结构体系的黏滞阻尼耗能；

$\quad\quad E_k$、E'_k——结构体系的弹性应变能；

$\quad\quad E_h$、E'_h——结构体系的滞回耗能；

$\quad\quad E_d$——耗能（阻尼）装置或耗能元件耗散或吸收的能量。

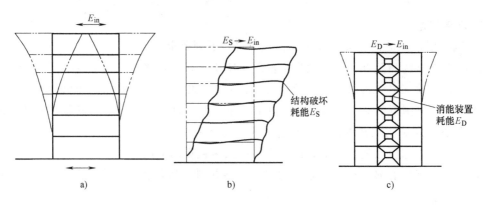

图 10.18　结构能量转换途径对比

a）地震输入　b）传统抗震结构　c）消能减震结构

在上述能量方程中，由于 E_v（或 E'_v）和 E_k（或 E'_k）仅仅是能量转换，不能耗能，E_c 和 E'_c 只占总能量的很小部分（约 5%），可以忽略不计。在传统的抗震结构中，主要依靠 E_h 消耗输入结构的地震能量，但因结构构件在利用其自身弹塑性变形消耗地震能量的同时，构件本身将遭到损伤甚至破坏，某一结构构件耗能越多，则其破坏越严重。在耗能减震体系中，耗能（阻尼）装置或元件在主体结构进入非弹性状态前率先进入耗能工作状态，充分发挥耗能作用，耗散大量输入结构体系的地震能量，则结构本身需消耗的能量很少，这意味着结构反应将大大减小，从而有效地保护了主体结构，使其不再受到损伤或破坏。

一般来说，结构的损伤程度与结构的最大变形 $\Delta_{\max}$ 和滞回耗能（或累积塑性变形）E_h 成正比，可以表达为

$$D = f(\Delta_{\max}, E_h) \tag{10.12}$$

在耗能减震结构中，由于最大变形 $\Delta'_{\max}$ 和构件的滞回耗能 E'_h 较传统抗震结构的最大变形 $\Delta_{\max}$ 和滞回耗能 E_h 大大减少，因此结构的损伤大大减少。

耗能减震结构具有减震机理明确、减震效果显著、安全可靠、经济合理、技术先进、适用范围广等特点。目前，已被成功用于工程结构的减震控制中。

10.3.2　耗能减震装置的类型与性能

1. 耗能减震装置的类型与性能

耗能减震装置的种类很多，根据耗能机制的不同可分为摩擦耗能器、钢弹塑性耗能器、铅挤压阻尼器、黏弹性阻尼器和黏滞阻尼器等；根据耗能器耗能的依赖性可分为速度相关型（如黏滞消能器和黏弹性消能器）和位移相关型（指金属屈服消能器和摩擦消能器，如摩擦耗能器、钢弹塑性耗能器和铅挤压阻尼器）等。

（1）摩擦耗能器　摩擦耗能器是根据摩擦做功而耗散能量的原理设计的。目前已有多种不同构造的摩擦耗能器，如 Pall 型摩擦耗能器、摩擦筒制震器、限位摩擦耗能器、摩擦滑动螺栓节点及摩擦剪切铰耗能器等。图 10.19a、b 为 Pall 等设计的摩擦耗能装置，它是一可滑动而改变形状的机构。机构带有摩擦制动板，机构的滑移受板间摩擦力控制，而摩擦力取决于板间的挤压力，可以通过松紧节点板的高强螺栓来调节。该装置按正常使用荷载及小震作用下不发生滑动设计，而在强烈地震作用下，其主要构件尚未发生屈服，装置即产生滑移以摩擦功耗散地震能量，并改变了结构的自振频率，从而使结构在强震中改变动力特性，达到减震目的。摩擦耗能器种类很多，但都具有很好的滞回特性、滞回环呈矩形、耗能能力强、工作性能稳定等特点。图 10.19c 为典型的滞回曲线。摩擦耗能器一般安装在支撑上形成摩擦耗能支撑。

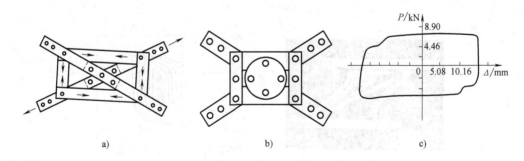

图 10.19　Pall 型摩擦耗能器及典型滞回曲线

（2）钢弹塑性耗能器　软钢具有较好的屈服后性能，利用其进入弹塑性范围后的良好滞回特性，目前已研究开发了多种耗能装置，如加劲阻尼（ADAS）装置、锥形钢耗能器、圆环（或方框）钢耗能器、双环钢耗能器、加劲圆环耗能器、低屈服点钢耗能器等。这类耗能器具有滞回性能稳定、耗能能力大、长期可靠并不受环境与温度影响的特点。

加劲阻尼装置是由数块相互平行的 X 形或三角形钢板通过定位件组装而成的耗能减震

装置，如图 10.20a 所示。它一般安装在人字形支撑顶部和框架梁之间，在地震作用下，框架层间相对变形引起装置顶部相对于底部的水平运动，使钢板产生弯曲屈服，利用弹塑性滞回变形耗散地震能量。图 10.20b 为 8 块三角形钢板组成的加劲阻尼装置的滞回曲线。

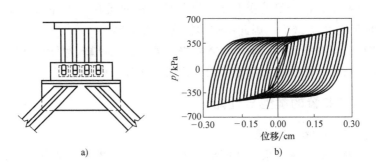

a)   b)

图 10.20　加劲阻尼装置及其滞回曲线

a）加劲阻尼装置及其支撑连接　　b）加劲阻尼装置的滞回曲线

双环钢环耗能器由两个简单的耗能圆环构成，这种耗能器既保留了圆环钢耗能器变形大、构造简单、制作方便的特点，又提高了初始的承载能力和刚度，使其耗能能力大为改善。试验研究表明，这种耗能器的滞回环为典型的纺锤形，形状饱满，具有稳定的滞变回路。

加劲圆环耗能器由耗能圆环和加劲弧板构成，即在圆环耗能器中附加弧形钢板以提高圆环钢耗能器的刚度和阻尼，改善圆环钢耗能器承载能力和初始刚度较低的缺点。试验研究表明，加劲圆环耗能器工作性能稳定，适应性好，变形能力强，耗能能力可随变形的增大而提高，而且具有多道减震防线和多重耗能特性。

低屈服点钢是一种延性滞回性能很好的材料。图 10.21 所示为钢材型号为 BT—LYP100、宽厚比 D/t 为 40 的低屈服点钢耗能器试验后的形状和滞回曲线。可以看出，该类耗能器具有较强的耗能能力，滞回曲线形状饱满，性能稳定。

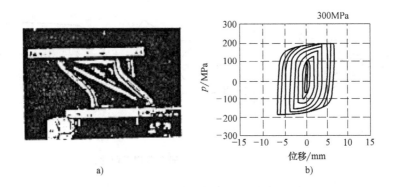

a)   b)

图 10.21　低屈服点钢阻尼器的构造与典型滞回曲线

a）低屈服点钢阻尼器的构造　　b）低屈服点钢阻尼器的滞回曲线

（3）铅挤压阻尼器　铅是一种结晶金属，具有密度大、熔点低、塑性好、强度低等特点。发生塑性变形时晶格被拉长或错动，一部分能量将转换成热量，另一部分能量为促使再结晶而消耗，使铅的组织和性能回复至变形前的状态。铅的动态回复与再结晶过程在常温下进行，耗时短且无疲劳现象，因此具有稳定的耗能能力。图 10.22 为利用铅挤压产生塑性变形耗散能量的原理制成的阻尼器。图 10.22a 为收缩管型，图 10.22b 为鼓凸轴型，当中心轴相对钢管运动时，铅被挤压通过中心轴与管壁间形成的挤压口而产生塑性挤压变形耗散能量。铅挤压阻尼器具有"库仑摩擦"的特点，其滞回曲线基本呈矩形，如图 10.22c 所示，在地震作用下，挤压力和耗能能力基本上与速度无关。

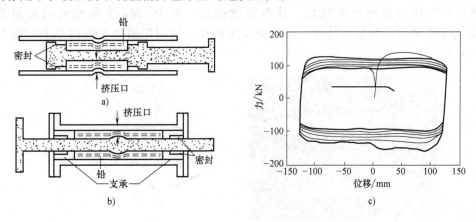

图 10.22　铅挤压阻尼器及典型滞回曲线

a）收缩管型　b）鼓凸轴型　c）滞回曲线

　　此外，还有利用铅产生剪切或弯剪塑性滞回变形耗能原理制成的铅剪切阻尼器、U 形铅阻尼器等。

　　（4）黏弹性阻尼器　黏弹性阻尼器是由黏弹性材料和约束钢板组成的。典型的黏弹性阻尼器如图 10.23a 所示，它是由两个 T 形约束钢板夹一块矩形钢板组成的，T 形约束钢板与中间钢板之间夹有一层黏弹性材料，在反复轴向力作用下，约束 T 形钢板与中间钢板产生相对运动，使黏弹性材料产生往复剪切滞回变形，以吸收和耗散能量。图 10.23b 为黏弹性阻尼器的典型滞回曲线，可以看出，其滞回环呈椭圆形，具有很好的耗能性能，它能同时提供刚度和阻尼。由于黏弹性材料的性能受温度、频率和应变幅值的影响，所以黏弹性阻尼器的性能受温度、频率和应变幅值的影响，有关研究结果表明，其耗能能力随着温度的增加而

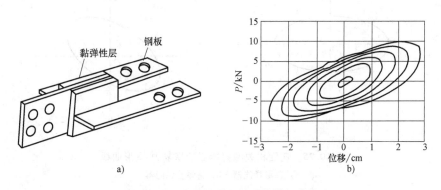

图 10.23　黏弹性阻尼器及其滞回曲线

a）黏弹性阻尼器　b）黏弹性阻尼器滞回曲线

降低；随着频率的增加而增加，但在高频下，随着循环次数的增加，耗能能力逐渐退化至某一平衡值。当应变幅值小于50%时，应变的影响不大，但在大应变的激励下，随着循环次数的增加，耗能能力逐渐退化至某一平衡值。

（5）黏滞阻尼器　黏滞阻尼器主要有筒式黏滞阻尼器、黏滞阻尼墙系统等。筒式黏滞阻尼器一般由缸体、活塞和黏滞流体组成。活塞上开有小孔，并可以在充有硅油或其他黏性流体的缸内做往复运动。当活塞与筒体间产生相对运动时，流体从活塞的小孔内通过，对两者的相对运动产生阻尼，从而耗散能量。图10.24a为典型的油阻尼器，图10.24b为油阻尼器的恢复力特性，形状近似为椭圆。油阻尼器产生的阻尼力一般与速度和温度有关。

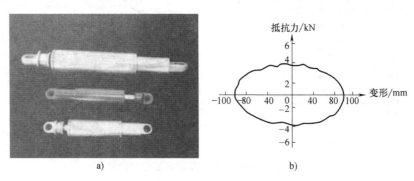

图 10.24　油阻尼器及滞回曲线

a）油阻尼器　b）油阻尼器的恢复力特性

2. 耗能器的恢复力模型

（1）速度相关型耗能器的恢复力模型　图10.25为速度相关型耗能器的恢复力-变形曲线。速度相关型耗能器的恢复力与变形和速度的关系一般可以表示为

$$F_d = K_d \Delta + C_d \dot{\Delta} \tag{10.13}$$

式中　K_d、C_d——耗能器的刚度和阻尼器系数；

$\dot{\Delta}$——耗能器的相对位移和相对速度。

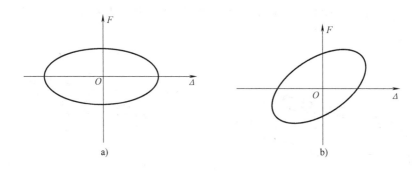

图 10.25　速度相关型耗能器的恢复力-变形曲线

a）黏滞耗能器　b）黏弹性耗能器

对于黏滞阻尼器，一般 $K_d = 0$，$C_d = C_0$，阻尼力仅与速度有关，可表示为

$$F_\mathrm{d} = C_\mathrm{d}\dot{\Delta} \tag{10.14}$$

式中 C_d——黏滞阻尼器阻尼系数，可由阻尼器的产品型号给定或由试验确定。

对于黏弹性阻尼器，刚度 K_d 和阻尼系数 C_d 一般可按下式确定

$$C_\mathrm{d} = \frac{\eta(\omega)AG(\omega)}{\omega\delta} \qquad K_\mathrm{d} = \frac{AG(\omega)}{\delta} \tag{10.15}$$

式中 $\eta(\omega)$、$G(\omega)$——黏弹性材料的损失因子和剪切模量，一般与频率和速度有关，由黏弹性材料特性曲线决定；

A、δ——黏弹性材料层的受剪面积和厚度；

ω——结构振动频率。

（2）滞变型耗能器的恢复力模型 软钢类耗能器具有类似的滞回性能，可采用相似的计算模型，仅其特征参数不同。该类耗能器的最理想的数学模型可采用 Ramberg-Osgood 模型，但由于其不便于计算分析，故可采用如图 10.26a 所示的折线型弹性-应变硬化模型来描述，恢复力和变形的关系可表示为

$$F_\mathrm{d} = K_1\Delta_\mathrm{y} + \alpha_0 K_1(\Delta - \Delta_\mathrm{y}) \tag{10.16}$$

式中 K_1——初始刚度；

α_0——第二刚度系数；

Δ_y——屈服变形。

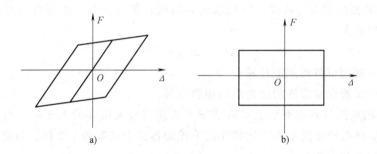

图 10.26 滞变型耗能器的力-变形曲线

a）金属耗能器 b）摩擦耗能器和铅耗能器

摩擦耗能器和铅耗能器的滞回曲线近似为"矩形"，具有较好的库仑特性，且基本不受荷载大小、频率、循环次数等的影响，故可采用如图 10.26b 所示的刚塑性恢复力模型。

对于摩擦耗能器，恢复力可由下式计算

$$F_\mathrm{d} = F_0\mathrm{sgn}(\dot{\Delta}(t)) \tag{10.17}$$

式中 F_0——静摩擦力。

对于铅挤压阻尼器，恢复力可按下式计算

$$F_\mathrm{d} = \beta\sigma_\mathrm{y}\ln(A_1/A_2) + f_0 \tag{10.18}$$

式中 β——大于 1.0 的系数；

A_1、A_2——铅变形前的面积、铅发生塑性后的截面面积；

f_0——摩擦力。

10.3.3 耗能减震结构的设计要求

1. 耗能部件的设置

耗能减震结构应根据罕遇地震作用下的预期结构位移控制要求，设置适当的耗能部件，耗能部件可由耗能器及斜支撑、填充墙、梁或节点等组成。

耗能减震结构中的耗能部件应沿结构的两个主轴方向分别设置，耗能部件宜设置在层间变形较大的位置，其数量和分布应通过综合分析合理确定。

2. 耗能部件的性能要求

1）耗能器应具有足够的吸收和耗散地震能量的能力和恰当的阻尼；耗能部件附加给结构的有效阻尼比宜大于 15%，超过 25% 时宜按 25% 计算。

2）耗能部件应具有足够的初始刚度，并满足下列要求：

① 速度线性相关型耗能器与斜撑、填充墙或梁组成耗能部件时，该部件在耗能器耗能方向的刚度应符合下式要求

$$K_{\mathrm{b}} \geqslant \left(\frac{6\pi}{T_1}\right) C_{\mathrm{D}} \qquad (10.19)$$

式中　K_{b}——支承构件在耗能器方向的刚度；

C_{D}——耗能器的线性阻尼系数；

T_1——耗能减震结构的基本自振周期。

② 位移相关型耗能器与斜撑、填充墙或梁组成耗能部件时，该部件恢复力滞回模型的参数宜符合下列要求

$$\Delta U_{\mathrm{py}}/\Delta U_{\mathrm{sy}} \leqslant 2/3 \qquad (10.20)$$

式中　ΔU_{py}——耗能部件的屈服位移；

ΔU_{sy}——设置耗能部件的结构层间屈服位移。

③ 耗能器的极限位移应不小于罕遇地震下耗能器最大位移的 1.2 倍，对速度相关型耗能器，耗能器的极限速度应不小于地震作用下耗能器最大速度的 1.2 倍，且耗能器应满足在此极限速度下的承载力要求。

3）耗能器应具有优良的耐久性能，能长期保持其初始性能。

4）耗能器构造应简单，施工方便，易维护。

5）耗能器与斜支撑、填充墙、梁或节点的连接，应符合钢构件连接或钢与钢筋混凝土构件连接的构造要求，并能承担耗能器施加给连接节点的最大作用力。

3. 耗能器附加给结构的有效阻尼比和有效刚度

当采用底部剪力法、振型分解反应谱法和静力非线性法时，耗能部件附加给结构的有效阻尼比，可按下式估算

$$\xi_{\mathrm{a}} = \frac{\sum_j W_{cj}}{4\pi W_{\mathrm{s}}} \qquad (10.21)$$

式中　ξ_{a}——耗能减震结构的附加阻尼比；

W_{cj}——所有耗能部件在结构预期位移下往复一周消耗的能量；

W_{s}——设置耗能部件的结构在预期位移下的总应变能。

注意：当消能部件在结构上分布较均匀，且附加给结构的有效阻尼比小于 20% 时，消能部件附加给结构的有效阻尼比也可采用强行解耦方法确定。

不考虑扭转影响时，耗能减震结构在其水平地震作用下的总应变能，可按下式估算

$$W_s = 1/2 \sum (F_i U_i) \tag{10.22}$$

式中 F_i——质点 i 的水平地震作用标准值；

U_i——质点 i 对应于水平地震作用标准值的位移。

速度线性相关耗能器在水平地震作用下消耗的能量 W_{cj}，可按下式估算

$$W_{cj} = \left(\frac{2\pi^2}{T_1}\right) C_j \cos^2 \theta_j \Delta U_j^2 \tag{10.23}$$

式中 T_1——耗能减震结构的基本自振周期；

C_j——第 j 个耗能器的线性阻尼系数；

θ_j——第 j 个耗能器的耗能方向和水平面的夹角；

ΔU_j——第 j 个耗能器两端的相对水平位移。

当耗能器的阻尼系数和有效刚度与结构振动周期有关时，可取相应于耗能减震结构基本自振周期的值。

位移相关型、速度非线性相关型和其他类型耗能器在水平地震作用下往复循环一圈消耗的能量 W_{cj}，可按下式估算为

$$W_{cj} = A_j \tag{10.24}$$

式中 A_j——第 j 个耗能器的恢复力滞回环在相对水平位移 Δu_j 时的面积。

耗能器的有效刚度可取耗能器的恢复力滞回环在相对水平位移 Δu_j 时的割线刚度。当采用非线性时程分析法时，耗能器附加给结构的有效阻尼比和有效刚度宜根据耗能器的恢复力模型确定。

4. 耗能减震结构体系的抗震计算分析

当消能减震主体结构基本处于弹性工作阶段时，可采用线性分析方法作简化估算，并根据结构的变形特征和高度等，分别采用底部剪力法、振型分解反应谱法和时程分析法。消能减震结构的地震影响系数可根据消能减震结构的总阻尼比按第 3 章的规定采用。消能减震结构的自振周期应根据消能减震结构的总刚度确定，总刚度应为结构刚度和消能部件有效刚度的总和。消能减震结构的总阻尼比应为结构阻尼比和消能部件附加给结构的有效阻尼比的总和；多遇地震和罕遇地震下的总阻尼比应分别计算。

对主体结构进入弹塑性阶段的情况，应根据主体结构体系特征，采用静力非线性分析方法或非线性时程分析方法。在非线性分析中，消能减震结构的恢复力模型应包括结构恢复力模型和消能部件的恢复力模型。

消能减震结构的层间弹塑性位移角限值，应符合预期的变形控制要求，宜比非消能减震结构适当减小。

10.4 桥梁结构减震、隔震介绍

自 20 世纪 60 年代以来，减震、隔震方法已成为地震工程中相当活跃的一部分，引起了

世界许多国家的注意并且开始大量应用于实际建筑和桥梁结构中。在世界上，至少有 200 多座桥梁采用了基础隔震和减震支座的方法。

10.4.1 桥梁结构滑动隔震体系

桥梁上部结构通常支承在滑动支座和固定支座上，安装滑动支座是为了满足梁体由于温度、收缩和徐变产生的变形而可以自由伸缩；安装固定支座是为了传递由汽车制动、地震及风产生的水平荷载。但是在较大的地震作用下，固定支座及安装固定支座的桥墩所受的水平地震作用非常大。如果所有支座都改为滑动支座，其支座与桥墩在地震作用下的受力大为减小，但是梁体与桥墩、台之间的相对位移又非常大。为了解决这一矛盾，Constantinou 在 1991 年提出采用位移控制装置和滑动支座相结合形成桥梁结构滑动隔震体系（图 10.27）。

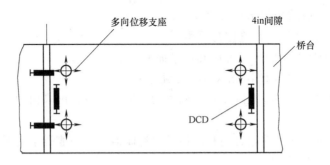

图 10.27　桥梁结构滑动隔震体系

注：1in = 25.4mm。

桥梁抗震位移控制装置如图 10.28 所示。位移控制装置由弹簧系统和摩擦装置组合而成，弹簧提供恢复力，摩擦装置起耗能作用。位移控制装置通过万向铰与梁体和桥墩（或桥台）连接。当其受到水平荷载小于其特征强度 F_f（摩擦力）时，不发生运动；当其受到的水平力大于 F_f 时，位移控制装置发生滑动，产生图 10.29 所示的力-位移关系。

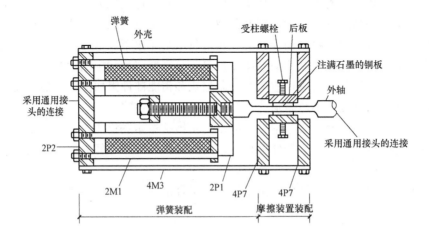

图 10.28　位移控制装置

Constantinou 对位移控制装置进行了大量试验，试验过程采用位移控制使其产生正弦运动，结果表明这种装置在不同的正压力下，频率在 0.1 ~ 0.5Hz 的运动满足设计要求，并能在多次循环过程中呈现稳定的特性。

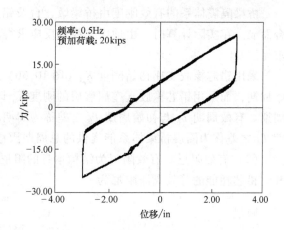

图 10.29　位移控制装置的力-位移关系

注：1kips = 4448.22N，1in = 25.4mm。

10.4.2　桥梁隔震设计方法

1. 设计地震力

由于铅芯橡胶支座广泛用于桥梁隔震，美国 AASHTO 1991 抗震规范列入了桥梁隔震设计内容。在设计隔震桥梁结构时，对弹性反应谱水平地震力系数 C_s 进行了修正，取

$$C_s = \frac{AS_i}{TB} \qquad (10.25)$$

$$T = 2\pi \sqrt{\frac{W}{\sum K_{eff}g}} \qquad (10.26)$$

式中　A、S_i——加速度系数、地基条件系数；

　　　　B——考虑隔震系统阻尼影响的修正系数（当阻尼比 $\zeta = 5\%$ 时，$B = 1$；$\zeta = 10\%$ 时，$B = 1.2$；$\zeta = 20\%$ 时，$B = 1.5$；$\zeta = 30\%$ 时，$B = 1.7$）隔震系统的阻尼比可由等效黏滞阻尼比求得；

　　　　T——隔震桥梁的有效周期；

　　　　$\sum K_{eff}$——所有桥墩和隔震装置有效弹性剪切刚度之和，对于铅芯橡胶支座，其有效剪切刚度如图 10.30 所示。

采用 AASHTO 1991 年抗震规范设计桥梁隔震结构时，关键是确定等效黏滞阻尼比和有效剪切刚度 K_{eff}。由于隔震装置进入非线性状态，在计算等效黏滞阻尼比和有效剪切刚度时要经过多次试算才能得出正确结果。

2. 有效周期与有效阻尼

为了简化桥墩隔震支座隔震桥梁的设计，规范采用的设计方法是计算支座的有效周期和有效阻尼比，然后利用弹性反应谱进行设计。

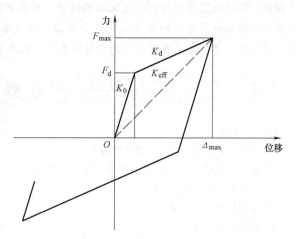

图 10.30　铅芯橡胶支座有效剪切刚度

（1）有效周期　有效周期 T_e 定义为

$$T_e = 2\pi \sqrt{\frac{M}{\sum K_e}} \qquad (10.27)$$

式中　$\sum K_e$——桥梁隔震体系的有效刚度。

桥梁隔震体系的有效刚度由桥梁墩、台及铅芯橡胶支座的割线刚度 K_{eff}（图 10.30）组合而成。在实际计算时，由地震非线性反应求得的梁体最大位移除以相应各支座剪力之和来求得。

采用铅芯橡胶支座初始刚度 K_0（图 10.30）计算的桥梁隔震体系的基本周期 T_0 称为初始周期，而采用铅芯橡胶支座屈服后的刚度 K_d 计算的桥梁隔震体系的基本周期 T_d 称为屈后周期。有效周期 T_e 与初始周期 T_0 之差称为周期漂移（Period shift）；初始周期 T_0 与屈后周期 T_d 之差称为隔震桥梁体系能提供的总周期漂移（The total available period shift）。

（2）有效阻尼 有效阻尼为结构本身的阻尼（0.5%）与铅芯耗能所等效的黏滞阻尼之和。铅芯耗能的等效黏滞阻尼为

阻尼
$$C_e = \frac{W_d}{\pi \omega_e X_{max}^2} \tag{10.28}$$

阻尼比
$$\lambda_e = \frac{C_e}{2\omega_e M} \tag{10.29}$$

$$\omega_e = 2\pi / T_e$$

式中　W_d——铅心消耗的能量；

　　　X_{max}——梁体的最大位移。

本 章 小 结

本章主要介绍隔震与耗能减震设计。主要内容包括：隔震的概念、隔震发展与原理、隔震结构的特点与适用范围、隔震的类型、隔震结构的设计要求、隔震结构的抗震计算、隔震结构的构造措施；耗能减震原理与耗能减震结构特点、耗能器的类型和性能、耗能减震结构的设计要求；桥梁结构滑动隔震体系和桥梁隔震设计方法。隔震和耗能减震是结构抗震的一种新方法、新对策、新途径。学习时应注意本章内容与前面学习的各类结构抗震设计方法的区别与联系。

习 题

一、选择题

1. 以下不属于抗震被动控制结构的是（　　　）。

A. 基础隔震结构　　　B. 设置屈曲约束支撑的结构　　C. 首层隔震结构　　　D. 设置 AMD 的结构

2. 以下不是主动控制的优点的是（　　　）。

A. 加强运动控制的效率　　　　　　　　　　B. 适用于多种灾害的防护

C. 控制目标可选　　　　　　　　　　　　　D. 对场地运动敏感

3. 以下不是基础隔震结构的优点的是（　　　）。

A. 提高结构在地震时的安全性　　　　　　　B. 防止非结构构件损坏

C. 增加工程造价　　　　　　　　　　　　　D. 上部结构设计更加灵活

4. 以下属于隔震器的有（　　　）。

A. 软钢阻尼器　　　　B. 屈曲约束支撑　　　　　C. 滑动摩擦支座　　　D. 黏滞阻尼器

5. 以下古建筑中采用了隔震结构的是（　　　）。

A. 紫禁城　　　　B. 大雁塔　　　　　　　C. 赵州桥　　　　D. 比萨斜塔

6. 隔震结构能使结构周期（　　　）。

A. 不变　　　　　　　B. 延长　　　　　　　C. 减小　　　　　　D. 变化不确定

7. 隔震结构的高宽比宜（　　　）。

A. 大于 4　　　　　　B. 小于 4　　　　　　C. 大于 5　　　　　D. 小于 5

8. 设计隔震结构时，隔震层以上结构的总水平地震作用应满足（　　　）。

A. 不得低于非隔震结构在 7 度设防时的总水平地震作用

B. 不得低于非隔震结构在 8 度设防时的总水平地震作用

C. 不得低于非隔震结构在 9 度设防时的总水平地震作用

D. 不得低于非隔震结构在 6 度设防时的总水平地震作用

9. 以下属于消能减震装置的是（　　　）。

A. 橡胶叠层支座　　　B. 螺旋弹簧支座　　　C. 摩擦消能器　　　D. 铅芯橡胶支座

10. 隔震层顶部现浇钢筋混凝土梁板结构的厚度不应小于（　　　）。

A. 120mm　　　　　　B. 140mm　　　　　　C. 160mm　　　　　D. 180mm

二、填空题

1. 结构地震反应控制按照有无外部能源供给可分为_____、_____和_____。

2. 被动控制是通过_____、_____、_____装置来消耗地震能量，同时阻止振动在结构上的传播，不需要_____、_____输入提供控制力。

3. 被动控制方法的主要缺点是_____。

4. 主动控制由_____、_____和_____组成。

5. 结构隔震主要有_____和_____两种方法。

6. 结构耗能减震技术是在_____、_____、_____、_____、_____、_____等部位设置耗能元件，以减小主体结构的地震反应。

7. 隔震结构的上部结构周边应设置竖向隔离缝，缝宽不宜小于_____，且不小于_____。

8. 隔震结构的上部结构与下部结构之间应设置完全贯通的水平隔离缝，缝高_____，并用柔性材料填充。

9. 隔震后结构的水平地震作用大致归纳为比非隔震时降低_____、_____、_____三个档次。

10. 黏滞阻尼器主要有_____、_____等。

三、判断改错题

1. 隔震结构能够防止建筑物内部物品的振动、翻倒，减少了次生灾害的发生。　　　（　　　）

2. 隔震结构可以用于医院、银行、电力等重要建筑。　　　（　　　）

3. 隔震系统一般由隔震器和复位装置组成。　　　（　　　）

4. 隔震结构中的复位装置是为了便于建筑物在风荷载作用下及时复位。　　　（　　　）

5. 隔震层刚度中心宜与上部结构的质量中心重合。　　　（　　　）

6. 设置在隔震层的抗风装置应集中布置在结构的中心。　　　（　　　）

7. 隔震后的水平地震影响系数应提高。　　　（　　　）

8. 当设防烈度为 9 度时，隔震层以上的结构应进行竖向地震作用的计算。　　　（　　　）

9. 隔震支座附近的梁、柱不需要计算局部承压，只需加密箍筋。　　　（　　　）

10. 耗能减震结构中的耗能部件应沿结构的两个主轴方向分别设置。　　　（　　　）

四、名词解释

被动控制　主动控制　混合控制　结构隔震　消能减震

五、简答题

1. 隔震结构与传统抗震结构有何区别和联系？

2. 隔震层的设置应符合哪些要求？

3. 什么是水平向减震系数？如何取值？

4. 为什么要规定隔震支座控制拉应力？

5. 耗能器有哪些类型？其性能特点是什么？

6. 耗能部件应如何设置？应满足哪些性能要求？

参 考 文 献

[1] 中国建筑科学研究院. 建筑抗震设计规范（2016 年版）：GB 50011—2010 [S]. 北京：中国建筑工业出版社，2016.

[2] 中国建筑科学研究院. 建筑工程抗震设防分类标准：GB 50223—2008 [S]. 北京：中国建筑工业出版社，2008.

[3] 中国建筑科学研究院. 混凝土结构设计规范（2015 年版）：GB 50010—2010 [S]. 北京：中国建筑工业出版社，2016.

[4] 重庆交通科研设计院. 公路桥梁抗震设计细则：JTG/T B02-01—2008 [S]. 北京：人民交通出版社，2008.

[5] 同济大学. 城市桥梁抗震设计规范：CJJ 166—2011 [S]. 北京：中国建筑工业出版社，2011.

[6] 中国地震局地球物理研究所，等. 中国地震动参数区划图：GB 18306—2015 [S]. 北京：中国建筑工业出版社，2015.

[7] 中国建筑科学研究院. 高层建筑混凝土结构技术规程：JGJ 3—2010 [S]. 北京：中国建筑工业出版社，2010.

[8] 中国建筑科学研究院. 高层民用建筑钢结构技术规程：JGJ 99—2015 [S]. 北京：中国建筑工业出版社，2015.

[9] 东南大学. 建筑消能阻尼器：JG/T 209—2012 [S]. 北京：中国建筑工业出版社，2012.

[10] 广州大学，中国建筑科学研究院. 叠层橡胶支座隔震技术规程：CECS 126—2001 [S]. 北京：中国建筑工业出版社，2001.

[11] 柳炳康，沈小璞. 工程结构抗震设计 [M]. 武汉：武汉理工大学出版社，2010.

[12] 朱炳寅. 建筑抗震设计规范应用与分析（GB 50011—2010） [M]. 北京：中国建筑工业出版社，2011.

[13] 李宏男，等. 地震工程学 [M]. 北京：机械工业出版社，2013.

[14] 周俐俐. 多层钢筋混凝土框架结构设计实例详解 [M]. 北京：中国水利水电出版社，2008.

[15] 尚守平. 结构抗震设计 [M]. 北京：高等教育出版社，2003.

[16] 丰定国，王社良. 抗震结构设计 [M]. 武汉：武汉理工大学出版社，2003.

[17] 包世华. 新编高层建筑结构 [M]. 北京：中国水利水电出版社，2001.

[18] 徐建，裘民川，刘大海，等. 单层工业厂房抗震设计 [M]. 北京：地震出版社，2004.

[19] 周云，张文芳，宗兰. 土木工程抗震设计 [M]. 北京：科学出版社，2011.

[20] 李国强，李杰，苏小卒. 建筑结构抗震设计 [M]. 北京：中国建筑工业出版社，2002.

[21] 龚思礼，等. 建筑抗震设计 [M]. 北京：中国建筑工业出版社，1994.

[22] 陈兴冲. 工程结构抗震设计 [M]. 重庆：重庆大学出版社，2001.

[23] 王天稳. 土木工程结构试验 [M]. 武汉：武汉理工大学出版社，2003.

[24] 杨德建，王宁. 建筑结构试验 [M]. 武汉：武汉理工大学出版社，2006.

[25] 湖南大学，太原工业大学，福州大学. 建筑结构试验 [M]. 北京：中国建筑工业出版社，2000.

[26] 周明华. 土木工程结构试验与检测 [M]. 南京：东南大学出版社，2005.

[27] 胡聿贤. 地震工程学 [M]. 北京：地震出版社，1988.

[28] 姚谦峰，苏三庆. 地震工程 [M]. 西安：陕西科学技术出版社，2001.

[29] 范立础. 桥梁抗震 [M]. 上海：同济大学出版社，1997.

[30] 叶爱君，范仲国，等. 桥梁抗震 [M]. 2 版. 北京：人民交通出版社，2011.

[31] 唐家祥，刘再华. 建筑结构基础隔震 [M]. 武汉：华中理工大学出版社，1992.

[32] 袁万城，范立础. 桥梁新型减震橡胶支座减震耗能性能研究 [C] //中国科协首届青年学术年会论文集（工科分册）. 1992.

[33] Victor A Zayas, Stanley S Low, Stephen A Mahin. A Simple Pendulum Technique for Achieving Seismic Isolation [J]. Earthquake Spectra, 1990, 6 (2).

[34] Constantinou M C, Reinhorm A M, Mokha A, ct al. Displacement Control Device for Base-Isolated Bridges [J]. Earthquake Spectra, 1991, 7 (2).

[35] 胡庆昌，等. 多层和高层钢筋混凝土房屋抗震设计简介 [J]. 建筑科学，2001 (6).

[36] 鲍雷 T，普里斯特利 M J N. 钢筋混凝土和砌体结构的抗震设计 [M]. 戴瑞同，等译. 北京：中国建筑工业出版社，1999.

[37] 沈聚敏，周锡元，高小旺，等. 抗震工程学 [M]. 北京：中国建筑工业出版社，2000.

[38] 周炳章. 砌体房屋抗震设计 [M]. 北京：地震出版社，1990.

[39] 刘大海. 房屋抗震设计 [M]. 西安：陕西科学技术出版社，1985.

[40] 高小旺，等. 砖墙与钢筋混凝土墙组合结构抗震性能和设计方法的研究 [R]. 中国建筑科学研究院工程抗震研究报告，1997.

[41] 李爱群，等. 工程结构抗震设计 [M]. 北京：中国建筑工业出版社，2005.

[42] 李国豪. 桥梁结构稳定与振动 [M]. 北京：中国铁道出版社，2003.

[43] 劳尔 S S. 工程中的有限元法 [M]. 傅子智，译. 北京：科学出版社，1991.